# 石墨烯材料

## 基本原理与新兴应用

# Graphene Materials

## Fundamentals and Emerging Applications

[美]阿舒塔什·蒂瓦里(Ashutosh Tiwari)
[瑞典]米凯尔·西瓦贾维(Mikael Syväjärvi) 主编

中国石化催化剂有限公司 译

中国石化出版社

著作权合同登记　图字 01-2015-5734



**图书在版编目(CIP)数据**

石墨烯材料基本原理与新兴应用 / (美)阿舒塔什·蒂瓦里(Ashutosh Tiwari)，(瑞典)米凯尔·西瓦贾维(Mikael Syvajarvi)主编;中国石化催化剂有限公司译．—北京:中国石化出版社，2018.1
ISBN 978-7-5114-4784-5

Ⅰ.①石… Ⅱ.①阿… ②…米 ③中… Ⅲ.①石墨-复合材料 Ⅳ.①TB332

中国版本图书馆 CIP 数据核字(2017)第 322812 号



**中国石化出版社出版发行**
地址:北京市朝阳区吉市口路 9 号
邮编:100020　电话:(010)59964500
发行部电话:(010)59964526
http://www.sinopec-press.com
E-mail:press@sinopec.com
北京柏力行彩印有限公司印刷
全国各地新华书店经销
*
710×1000 毫米 16 开本 21 印张 413 千字
2018 年 1 月第 1 版　2018 年 1 月第 1 次印刷
定价:66.00 元

# 编译委员会

# 译 者 序

众所周知，催化剂是现代石油炼制和石油化工的核心技术产品，而催化材料又是开发新催化剂不可或缺的。进入21世纪后，催化技术在应对日益增多的来自经济、能源和环境保护的挑战方面，发挥着比以往更加重要的作用。中国石化催化剂有限公司是全球品种最全、规模最大的催化剂制造专业公司之一，产品涵盖炼油催化剂、化工催化剂、基本有机原料和环保催化剂四大领域，是催化剂行业内举足轻重的催化剂制造商。为更加深入地了解国外在催化剂材料、催化剂设计、合成、表征以及催化剂使用方面的最新技术进展，并为对催化剂感兴趣的研发人员提供有价值的参考资料，中国石化催化剂有限公司与中国石化出版社合作，选择并引进了国外新近出版的催化剂技术专业图书，由中国石化催化剂有限公司负责组织编译，由中国石化出版社出版发行。《石墨烯材料–基本原理与新兴应用》便是其中一部值得向读者推荐的佳作。

本书分为上下两篇，上篇为石墨烯基础知识及石墨烯基纳米复合物，系统介绍了石墨烯及其相关的二维材料、石墨烯表面功能化技术、三维石墨烯功能网络材料的结构及应用以及石墨烯–聚合物共价纳米复合物等。下篇为石墨烯在能源、健康、环境及传感器方面的新兴应用，介绍了纳米石墨烯增强的金属镁复合物、石墨烯及其衍生物在贮能方面的应用、石墨烯–聚吡咯纳米复合物、用于太阳能电池的疏水性ZnO锚定的石墨烯复合物、用于贮能和生物传感的三维石墨烯双金属纳米催化剂泡沫、使用石墨烯和石墨烯基纳米复合物的电化学传感和生物传感平台、以及石墨烯电极在健康和环境监测领域的应用。这是一本由浅入深介绍有关石墨烯及相关材料合成知识和新兴应用方面的好书，它既可为在校学生和从业者提供石墨烯及其相关材料合成及应用的入门介绍，又为具有一定经验的科研工作者和资深从业者提供一部极具参考价值的专著。

本书由刘志坚、曹光伟组织编译。全书由曹光伟、胡学武统稿、审校。参与书稿翻译、审阅工作的还有张英、刘春生等同志，在此一并致谢。

限于译校者水平，不妥和错误之处在所难免，敬请读者批评指正。

译者

2017 年 11 月

# 序　言

在物理、化学、生物学、应用科学与工程等诸多领域的基本现象中，石墨烯材料扮演了不同角色，从而为材料学研究搭建了当今最为炫目的竞技平台。作为一种只有原子厚度的二维晶体材料，石墨烯不断地为人们铺垫出探索纳米材料与纳米技术的神奇之路。单层石墨烯纳米片是各类石墨烯材料最底层架构的基本结构单元，为了制备这种纳米片并赋予其多样化的功能性，人们已经开发出为数不少的各类方法。石墨烯材料具备独特的物理-化学性质，包括大表面积、良好的电导率与机械强度、高热稳定性和理想的柔韧性。一言以蔽之，这类材料产生了一种崭新的超薄现象，并呈现出诱人的广泛应用前景。石墨烯中的电子现象，比如与晶格离子相互作用而获得的迪拉克费米子(Dirac fermions)就导致了新奇迹的发现，如碳基固态体系中克莱因隧道效应(Kleint tunneling)，还有由于特殊类型的贝里相位(Berry phase)产生的所谓半整数量子霍尔效应(half-integer quantum Hall effect)。《石墨烯材料-基本原理与新兴应用》就石墨烯材料的加工、性质与技术进展提供了内容翔实的现代篇章，其中涉及多功能石墨烯片、表面功能化、共价纳米复合材料、补强纳米晶片复合材料等，旨在探索石墨烯材料的广泛应用。

石墨烯已经引起了人们对二维材料性质的深厚兴趣。氧化石墨烯也已经显示出有可能成为一种大量复制的材料，不过在制造之前仍需先行了解其相关性质，以期获得可以重复的材料质量。对于各种各样的应用而言，目前尚不清楚何种类型的二维材料才是恰到好处的最佳候选者。其他种类的二维材料或许更适合于某些类型的应用，因此需要对相关材料进行更为详细的了解。此外，混合物和二维材料还可以通过改性与修饰而获得扩展属性。

第 1 章介绍氧化石墨烯与二维材料的制造，诸如硒化物、$SnS_2$、$MnO_2$、NiO、BN、$MoS_2$和 $WS_2$，最后一种材料具有不同的晶体结构与层数，不过仍旧可以作为润滑材料用于高温与高压场合。相比之下，$MoS_2$是一种过渡金属二硫化物，可以用作电池、电化学电容器、存储单元、催化剂和复合材料。这一章也介绍了将 $WS_2$ 纳米片与还原态氧化石墨烯纳米片进行杂化的构想，以期获取优异的催化活性。

将石墨烯和氧化石墨烯与其他新型纳米材料进行组合便可以获得新颖的特性，所述纳米材料包括磁纳米粒子、碳点、碳纳米管、纳米半导体、量子点等。这种组合的必要条件是石墨烯表面必须已经实现了功能化。第 2 章介绍了石墨烯和氧化石墨烯的非共价与共价功能化。非共价功能化包括疏水性的、π–π、范德华与静电性质的各种相互作用。在这类过程中，一般都需要在石墨烯表面上物理吸附适当的分子。共价功能化可以发生于纳米片的边缘和/或表面。无机纳米粒子与氧化石墨烯的结合既可以采用前–石墨烯化(氧化石墨烯与纳米级粒子混合)方法，也可以采用后–石墨烯化(其中纳米粒子与石墨烯是分别制备的)方法。功能化的石墨烯纳米片可以用于构建三维多孔性石墨烯网络，这种结构材料具有大表面积、良好的电导率与机械强度、高稳定性与柔韧性。

在第 3 章中，介绍了组装三维多孔性石墨烯网络以及表征其结构的最常用方法。针对石墨烯在传感器与能量器件中的应用，还提供了若干实例。石墨烯–基复合材料具有大比表面积、多孔性结构与快电子传输动力学，从而呈现出独特的物理化学性质，这种材料在力学上颇为坚固，不仅有相当高的电导率与热稳定性，更兼具非常迅速的质量与电子传输性质。需要指出的是，在三维材料的开发中，真正的挑战在于控制孔径尺寸与功能性，以便在架构的开发中享有灵活性，如此方能使所得材料不仅在力学上表现坚固，同时又可保持结构的完整性、稳定性与电导率。

石墨烯基纳米复合材料可以同时兼作石墨烯填料与聚合物主体。其性能之卓著在众多应用领域是尽人皆知的，比如柔性包装、运输或储能器中的结构组件、存储器件、储氢与印刷电子学等。以石墨烯共价补强的聚合物可以成为最佳材料之一，其前提条件是：只要石墨烯在基体中得以均匀分散且形成牢固的填料/聚合物界面，同时也未发生相分离现象，特别是聚合物与石墨烯之间实现了共价键结合。“接枝–于”方法(将石墨烯作为大分子引发剂以便在其表面上生长刷状高分子)和“接枝–到”方法(通过化学反应使石墨烯与聚合物相结合)均可用来将聚合物键合于石墨烯之上，这也是第 4 章中讨论的主要内容。

在第5章中，作者研究了在航空航天与汽车工业中常用的金属基复合材料，其中采用了石墨烯和以石墨烯纳米片晶补强的镁基复合材料。镁-石墨烯复合材料的机械性能表明，将石墨烯片晶加入纯镁基体并未对拉伸强度产生多少效果，但将石墨烯片晶掺入镁合金后却使后者的机械强度得到显著提高。此外，石墨烯与碳纳米管在Mg-1Al合金基体内产生了协同效应，这主要体现在较高的抗拉断裂应变性能上，由单独石墨烯纳米片晶或多壁碳纳米管分别补强的相同样品皆未能达到一样的效果。

日益高涨的节能需求推动了石墨烯在电池与超级电容器领域内的应用。石墨烯以其出色的电子转移行为与独特的二维表面已经被公认为最具潜力的一种电极材料。石墨烯之所以引人注目就在于其改善了电导率、充电率与能量容量。石墨烯的卓越化学稳定性、高电导率与大表面积使其有能力减小锂电池与石墨烯-基超级电容器中的电极材料体积膨胀，用其制造的这类设备可以展现出存储容量高、能量释放快速、再充电时间短与使用寿命长等诸多优点。第6章将为不良动力学、大体积膨胀与电解液中的聚硫化物分解等传统固有挑战提供颇有见地的论点，这些现象通常会发生于下述材料：石墨烯基电池、$V_2O_5$/还原态氧化石墨烯纳米复合材料、$Co_3O_4$纳米片/还原态氧化石墨烯复合材料和石墨烯/NiO以及石墨烯-$MnO_2$混合物，除此之外，还有超级电容器中采用的其他一些电极材料。在大功率超级电容器中，导电聚合物在充电/放电期间的不良稳定性也是一项重要的挑战。此外，导电聚合物的低电导率也将产生很高的电阻极化并且导致可逆性与稳定性出现衰退。

第7章介绍具有优异电导率与大赝电容的导电聚合物，包括聚吡咯、聚苯胺与聚(3，4-乙烯二氧噻吩)等，由于这类聚合物的高电导率与快速氧化还原电活性，已经激起人们极大的兴趣，并且有意将其作为超级电容器的电极材料。

第8章涉及以氧化锌/石墨烯纳米复合材料为基材制备的本体异质结太阳能电池，重点研究了载流子扩散长度、复合损耗、器件架构局限性、高效电荷分离和到达各自电极的传输，以及在有机光伏效率、介电常数值与电荷载流子迁移率等参数中可能存在的约束条件。

双金属纳米催化剂可以提供大表面积、出色的分散性与高灵敏度。

第九章描述了掺入三维石墨烯泡沫的铂-钌纳米粒子，这种粒子修饰的材料具有分层结构，可作为燃料电池的电极，为了强化其性能采取了如下方法：减小粒度，提高对甲醇或乙醇的活性位点数量，增强对一氧化碳(CO)毒害的抵抗能力等，另外，利用能够与过氧化氢($H_2O_2$)相互作用的铂(Pt)活性结合位点也可以在生物传感中检测 $H_2O_2$，以期提高 $H_2O_2$检测的催化活性。石墨烯与石墨烯基纳米复合材料可以作为电化学传感与生物传感的平台。这些材料可以制成分析性能卓越的生物传感器，可将高灵敏度、低检测限，低工作电位和长稳定性等优点集于一身。

采用以金属纳米粒子和金属纳米线修饰的石墨烯可以使葡萄糖的直接电化学检测或无酶传感具有可行性，并且可以在低外加电位下工作。特别需要提及的是，石墨烯常有外露的类-棱晶面，故在脱氧核糖核酸碱基(DNA bases)的催化氧化方面具有优于其他电极材料的若干特点，这在第 10 章中已经做出描述。这些优势也常用来证明石墨烯如何可以作为生物相容性衬底(或底物)，以促进细胞的粘附与生长并最终形成细胞检测的基础。

第 11 章介绍了已经得到实际采纳的一些石墨烯应用技术或方法，主要是用于改进以石墨烯纳米材料制成的微型化电化学生物传感器的性能，这类传感器能够结合各种各样的酶。通过这些方法可以利用石墨烯作为许多设备中的换能器，如生物-场-效应晶体管、电阻抗生物传感器、电化学发光生物传感器和荧光生物传感器，以及生物分子标签等。不仅如此，石墨烯-纳米结构化生物传感器还展现了广泛的适用性，如环境监测(特别是有毒气体和重金属离子监测)与有机污染物检测等。

编者

Ashutosh Tiwari 博士、理学博士

Mikael Syvajarvi 博士

于林雪平大学

2015 年 2 月

# 前　言

石墨烯是一种二维(2D)密堆积的单层碳原子，具有类蜂巢状晶体结构。可以将石墨烯视为三维(3D)石墨、准一维(1D)碳纳米管和准零维(0D)富勒烯的结构单元。石墨烯也是一种在价带与导带(零带隙半导体)之间存在微小重叠的半金属。直至2004年，人们才知道以独立形态存在的石墨烯。在那之前，人们的认知里只有一维或零维的存在形式，或许有些人还知道三维结构的石墨，这是由石墨烯片组成的材料，具有晶面内的强键合与片层之间弱如范德华力的耦合。此外，人们也曾推测，一个单独的二维石墨烯片在热力学上是不稳定的。只是到了2004年，来自曼彻斯特的研究者康斯坦丁·诺沃肖洛夫和安德烈·海姆才证明，确实有可能实现稳定的单层和少层石墨烯片。正因为二维石墨烯材料的这一开创性实验，这两位学者荣获了2010年的诺贝尔物理学奖。利用黏胶带巧妙地解理石墨样品，两位学者首次得到了真正的石墨烯。

直接观察成功分离出来的石墨烯单层已经激发了人们与日俱增的巨大兴趣。短短几年的时间里，就聚集起为数众多的科技界人士积极投身于这种奇妙材料的研究，孜孜不倦地探索其不凡性质。仅在2010年，已经有大约3500篇与石墨烯相关的科学论文公开发表，呈现出可喜的百家争鸣之势。鉴于石墨烯在磁场与低温下的特殊电子行为，自然引起了介观物理学家的好奇心。放眼科技前沿，当今的科学活动中有很大一部分内容涉及到石墨烯的探索项目，重点是研究和按需调制这种材料所呈现的从宏观到分子尺度的传输特性。材料科学家们已经捷足先蹬，迅速抓住了利用石墨烯某些有益性质的机会，而且正在探索将石墨烯掺入实用器件与材料的多种方式。

由于石墨烯表现出交叉于狄拉克点的线性能量-动量色散关系，因而在未来电子学技术以及基础物理应用方面具有无限且巨大的发展潜力。石墨烯确实有诸多极不寻常的性质，其中两项最为引人注目，其一是绝对二维性(平面状态)，其二则是如同狄拉克粒子的电荷载流子行为，这种行为遵循狄拉克方程而不是通常的薛定谔方程。由此产生的结果是，固体物理学领域内中的许多著名效应或许都需要做出一定程度的适当修正。

石墨烯的超常电子特性(例如高载流子迁移率)以及透明性使其成为极受青睐的候选材料，有望进入多种应用领域，如电子学、光电子学与传感器制造等，而且，当电子受限于(石墨烯)二维空间时的行为方式也成为基础研究的重点。与此同时，石墨烯的轻质、高机械强度与高电导率也特别适合制备复合材料和轻质高分子材料。

石墨烯可以由多种不同工艺制备，从剥离到化学合成与 SiC 热分解等，不一而足，也可以探索固相、液相与气相等不同方式。晶体石墨烯是迄今为止最薄的一种多用途材料，可以期待其目不暇接的成功应用将有益于人类的未来发展。为解决当今面临的健康、节能与生态等重大课题，石墨烯材料及其在诸多领域的广泛应用必将会做出积极贡献。最后，需要指出的是，石墨烯的应用要强调针对性，力求因需开发，材尽其用。在本书中，读者将有机会浏览采自诸多领域的前沿知识，并从中寻找出各自所需的有用信息。

Rositsa Yakimova<br>林雪平，瑞典<br>2014 年 11 月 27 日

Rositsa Yakimova 是一名成就卓著的材料科学教授，供职于林雪平大学。在半导体晶体与纳米结构材料生长领域，她是一位国际公认的知名学者。自 1993 年以来，她为开发碳化硅(SiC)的升华生长工艺做出了重大贡献。Rositsa Yakimova 教授于近期的主要工作是研究由碳化硅制备石墨烯的技术。她率先发明了一种新方法，可以在碳化硅上制造出均匀外延生长的大面积石墨烯，自 2008 年以来，她一直在林雪平大学领导自碳化硅制备石墨烯的研究课题。

# 目　　录

## 上篇　石墨烯与石墨烯基纳米复合材料基础


第1章　石墨烯与相关二维材料 …………………………………………（3）
1.1　前言 ……………………………………………………………………（3）
1.2　以改良版 Hummers 法制备氧化石墨烯 ………………………………（5）
1.3　氧化石墨烯在有机溶剂中的分散 ……………………………………（5）
1.4　类纸状氧化石墨烯 ……………………………………………………（6）
1.5　氧化石墨烯与石墨烯的薄膜 …………………………………………（6）
1.6　氧化石墨烯纳米复合材料 ……………………………………………（7）
1.7　石墨烯基材料 …………………………………………………………（7）
1.8　其他二维材料 …………………………………………………………（9）
1.9　结论 ……………………………………………………………………（17）
参考文献 …………………………………………………………………（18）
第2章　石墨烯表面功能化 ………………………………………………（21）
2.1　前言 ……………………………………………………………………（21）
2.2　石墨烯的非共价功能化 ………………………………………………（22）
2.3　石墨烯的共价功能化 …………………………………………………（28）
2.4　石墨烯-纳米粒子 ……………………………………………………（39）
2.5　结论 ……………………………………………………………………（45）
参考文献 …………………………………………………………………（45）
第3章　功能性三维石墨烯网络的架构与应用 …………………………（52）
3.1　前言 ……………………………………………………………………（52）
3.2　应用 ……………………………………………………………………（63）
3.3　总结、结论与展望 ……………………………………………………（71）
缩写 ………………………………………………………………………（71）
参考文献 …………………………………………………………………（72）
第4章　共价石墨烯-聚合物纳米复合材料 ………………………………（78）
4.1　前言 ……………………………………………………………………（78）
4.2　石墨烯在聚合物补强中的性能 ………………………………………（79）

4.3 石墨烯与类石墨烯材料 …………………………………… (79)
4.4 生产方法 …………………………………………………… (81)
4.5 石墨烯化学 ………………………………………………… (84)
4.6 传统石墨烯-基聚合物纳米复合材料 ……………………… (84)
4.7 共价石墨烯-聚合物纳米复合材料 ………………………… (87)
4.8 “接枝-于”方法 …………………………………………… (89)
4.9 “接枝-到”方法 …………………………………………… (99)
4.10 结论……………………………………………………… (111)
致谢 ……………………………………………………………… (112)
参考文献 ………………………………………………………… (112)

## 下篇 石墨烯在能量、健康、环境与传感器领域的新兴应用

**第5章 石墨烯纳米片补强的镁基复合材料** ……………………… (123)
5.1 前言 ………………………………………………………… (123)
5.2 石墨烯纳米片对纯镁机械性能的影响 ……………………… (126)
5.3 石墨烯纳米片(GNPs)和多壁碳纳米管(MWCNTs)对纯镁机械性能的协同效应 ……………………………………………………… (131)
5.4 加入石墨烯纳米片(GNPs)对镁-钛合金强度与塑性的影响 ……… (141)
5.5 石墨烯纳米片对 Mg-1%Al-1%Sn 合金抗拉性能的影响 ……… (145)
致谢 ……………………………………………………………… (149)
参考文献 ………………………………………………………… (149)
**第6章 储能用石墨烯及其衍生物** ……………………………… (154)
6.1 前言 ………………………………………………………… (154)
6.2 锂电池中的石墨烯 ………………………………………… (155)
6.3 超级电容器中的石墨烯 …………………………………… (171)
6.4 总结 ………………………………………………………… (175)
参考文献 ………………………………………………………… (175)
**第7章 石墨烯-聚吡咯纳米复合材料：高性能超级电容器的理想电活性材料** ……………………………………………………… (183)
7.1 前言 ………………………………………………………… (183)
7.2 可再生能源 ………………………………………………… (184)
7.3 能量存储的重要性 ………………………………………… (185)
7.4 超级电容器 ………………………………………………… (185)
7.5 超级电容的原理与操作 …………………………………… (186)

7.6　超级电容器的电极材料 …………………………………………………… (187)
7.7　石墨烯-基超级电容器及其局限性 ………………………………………… (188)
7.8　石墨烯-聚合物-复合材料-基超级电容器 ………………………………… (188)
7.9　石墨烯-聚吡咯纳米复合材料基超级电容器 ……………………………… (189)
7.10　制造超级电容器用石墨烯-聚吡咯纳米复合材料 ………………………… (189)
7.11　石墨烯-聚吡咯纳米复合材料-基超级电容器的性能 …………………… (193)
7.12　总结与展望……………………………………………………………… (195)
参考文献 ………………………………………………………………………… (196)
**第8章　由疏水 ZnO 固定的石墨烯纳米复合材料提高短路电流密度的本体异质结太阳能电池** ………………………………………………… (198)
8.1　前言 …………………………………………………………………… (199)
8.2　OPV 的经济预期 ……………………………………………………… (201)
8.3　器件架构 ……………………………………………………………… (204)
8.4　工作原理 ……………………………………………………………… (205)
8.5　合成疏水纳米材料的实验步骤 ………………………………………… (207)
8.6　合成的 ZnO 纳米粒子与 ZnO 修饰的石墨烯复合材料的表征 ……………………………………………………………………… (210)
8.7　混合型太阳能电池的制造与表征 ……………………………………… (216)
8.8　结论 …………………………………………………………………… (221)
致谢 ……………………………………………………………………………… (221)
参考文献 ………………………………………………………………………… (221)
**第9章　用于能量存储与生物传感的三维石墨烯双金属纳米催化剂泡沫** ………………………………………………………………… (225)
9.1　背景与前言 …………………………………………………………… (225)
9.2　制备与表征用于 $H_2O_2$ 基电化学生物传感器的三维石墨烯泡沫负载的铂-钌双金属纳米催化剂 …………………………………………… (235)
9.3　用于直接甲醇与直接乙醇燃料电池的三维石墨烯泡沫负载的铂-钌双金属纳米催化剂 …………………………………………………… (248)
9.4　结论 …………………………………………………………………… (256)
致谢 ……………………………………………………………………………… (257)
参考文献 ………………………………………………………………………… (257)
**第10章　采用石墨烯和石墨烯-基纳米复合材料的电化学传感与生物传感平台** …………………………………………………………… (262)
10.1　前言……………………………………………………………………… (262)
10.2　石墨烯及其衍生物的制造………………………………………………… (264)

10.3 石墨烯及其衍生物的性质…………………………………………………（267）
10.4 石墨烯的电化学……………………………………………………………（269）
10.5 石墨烯与石墨烯基纳米复合材料作为电极材料……………………………（271）
10.6 电化学传感/生物传感 ………………………………………………………（271）
10.7 挑战与未来趋势……………………………………………………………（280）
参考文献 ………………………………………………………………………（283）
**第11章 石墨烯电极在健康与环境监测中的应用** ………………………………（293）
11.1 基于纳米结构材料的生物传感器……………………………………………（293）
11.2 电化学(生物)传感器制造中采用的石墨烯纳米材料 ………………………（294）
11.3 健康监测适用的微型化石墨烯纳米结构生物传感器…………………………（296）
11.4 环境监测中的微型化石墨烯纳米结构生物传感器……………………………（305）
11.5 结论与展望…………………………………………………………………（311）
致谢 ……………………………………………………………………………（313）
参考文献 ………………………………………………………………………（313）

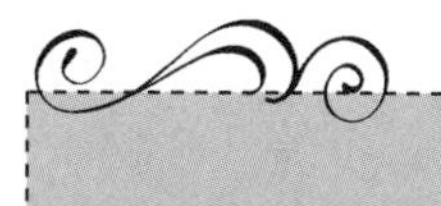

# 上篇

# 石墨烯与石墨烯基纳米复合材料基础

# 第 1 章　石墨烯与相关二维材料

*Manas Mandal*、*Anirban Maitra*，*Tanya Das*，*Chapal Kumar Das*

**摘　要：**目前，在纳米材料发展略显趋缓的领域里，除了夹层化合物如石墨、富勒烯与碳纳米管之外，再去寻觅真正二维(2D)材料诸如石墨烯、六方氮化硼(h-BN)、单层二硫化钼、硒化钼($MoSe_2$)、碲化钼、硫化钨等，显然是步入了一条并不平坦的科学探索之路，更何况还要将这类二维材料巧妙地用于电池、电致变色显示、集成电路、光伏、化妆品、催化剂、固体润滑剂和超级电容器等行业。石墨烯是一种可以由原始石墨制取的、最为重要的二维纳米材料，具有以蜂巢状形式排列的 $sp^2$ 杂化碳原子。石墨烯基本上属于一类零带隙半导体型材料。与此同时，这类材料也有非常高的电荷迁移率，比硅半导体高出若干数量级。为了增加石墨烯的电导率，可以用氮对其进行掺杂。此外，石墨烯也具有相当高的表面积以及出色的导热性。在石墨烯-基聚合物纳米复合材料的实例中，石墨烯也可以提供高模量和卓越的机械稳定性与热稳定性。本章将描述石墨烯与相似二维材料的性质与制备方法。

**关键词：**纳米材料；2D 材料；聚合物纳米复合材料；超级电容器；压电体；场效应晶体管

## 1.1　前言

石墨烯是一种新型二维碳同素异形体，具有单原子厚度的六方(蜂巢状)晶格结构，其碳—碳间距为 1.42Å。换言之，这是由 $sp^2$ 杂化碳原子组成的一片单层石墨。石墨烯是所有其他石墨材料如三维(3D)石墨、一维(1D)碳纳米管和零维(0D)富勒烯的基本结构单元[1]。由于其具有倍受青睐的物理与化学性质，如非常高的表面积、出色的电子传导率与热传导率、优异的机械稳定性与电化学稳定性，近年来，石墨烯在科学与技术领域内的发展风头正劲[2]。此外，通过氧化石墨烯的还原，可以较为容易地大规模生产石墨烯。由于石墨烯的这些突出性质以及易于合成的优势，使其在众多领域内均获得了广泛应用，如聚合物纳米复合材料、能量存储与转换设备(例如超级电容器、电池、燃料电池与太阳能电池)、化学传感器、柔性电子与光学器件等[3-8]。石墨烯显示出双电层电容，这是由于在电极/电解液接合的表面上出现电荷或离子累积导致的。(译者注：双电层电容器亦称超级电容器，是一种新型储能装置，具有充电时间短、使用寿命长、温度特性好、节约能源和绿色环保等特点。)。

本征(未掺杂的)石墨烯是一种半金属或零带隙半导体。其展现出了令人惊异的电子性能与机械性能，例如，在室温下的极高电荷载流子(电子和空穴)迁移率=230000cm²/V·s、导热率=3000W/m·K和机械刚度=1TPa以及大表面积=2600m²/g[9]。石墨烯也是一种透明材料，可以吸收2.3%的源自光学区的光辐照。2010年，Andre K. Geim和Konstantin S. Novoselov因其“二维石墨烯材料的开创性实验”而被授予诺贝尔奖。他们采用了一种并非复杂但卓有成效的机械剥离方法，其中巧妙地运用了黏带与硅衬底，第一次成功地制备出无支撑石墨烯膜[10]。石墨烯可谓是第一种二维原子晶体[11]，也可以将之视为其他二维材料如金属硫族化合物、过渡金属氧化物和单层氮化硼等的典型代表。

在石墨中，相邻石墨烯层是由$P_z$轨道的弱相互作用结合的。$P_z$轨道之间的这种相互作用限制了本体石墨层在外力作用下完全分离成单一石墨烯片的可能性。机械方法剥离石墨可产生片层堆垛，或是少量的分离片层，这取决于具体的机械剥离条件。通过化学氧化并随后对氧化石墨(译者注：graphite oxide，亦称为石墨氧化物或石墨酸)进行还原也是一种方法，可生成类石墨烯材料，常称之为高度还原的氧化石墨烯(HRG)。不过，这种产物含有缺陷，在片层的周边还有残留的含氧官能团。

一般来讲，制备石墨烯和HRG的方法可以分成五类[11,12]：①从类薄片状原始石墨机械剥离出单片石墨烯；②石墨烯在$SiO_2$衬底上的外延生长；③石墨烯单层的化学气相沉积(CVD)；④碳纳米管的纵向“拉开”(有时亦称“解拉链”)；⑤氧化石墨烯与氟化石墨烯的还原。

外延生长通常可制备缺陷较少的高质量石墨烯，其不足之处在于这种方法需要高真空环境与昂贵的制造体系，且只能生产小尺寸膜。化学气相沉积(CVD)技术可生产大表面积的石墨烯单层。碳纳米管的纵向“拉开”可以获得主要为石墨烯纳米带的产物，不过，其宽度是与纳米管的直径相关的。时下，石墨烯衍生物的还原已经成为一种制备类片状石墨烯的新策略。采用适当的化学反应可以相对容易地修饰氧化石墨烯、高度还原的氧化石墨烯(HRG)和石墨烯，并可作为纳米填料随后引入聚合物和/或无机材料基体以制取复合材料。大量生产还原石墨烯的最常用技术路线始于简单的化学反应，即通过石墨的氧化反应制取氧化石墨烯(GO)。

氧化石墨烯是在数十年前由Brodie、Staudenmeier和Hummer首先发明的[13-15]。科学家们至今仍在沿用大致相同的合成步骤，只是做了若干微小的调整。C/O 原子比表示石墨氧化的程度，只取决于合成步骤与氧化时间长短[16]。Hummers 法是制备氧化石墨烯的一种更为有效的方法，这一方法得到研究者们的广泛认同，达成共识的背后原因主要有两种：(i)只需很短时间即可完成反应；(ii)无需使用颇有风险的二氧化氯。美中不足的是该方法有时会造成过量高锰酸盐离子的污染，不过，利用 $H_2O_2$ 进行处理并随后用水冲洗即可消除这一问题[17]。将石墨氧化成氧化石墨烯(GO)打破了堆叠石墨烯层的 $sp^2$ 杂化结构[18]，相邻层的间隙也由原始石墨粉的 3.35Å 增加至氧化石墨烯粉的 6.8Å[19]。“$d$ 间距”值的增量也常常随着引入堆叠片结构的含水量而发生显著的变化[20]，并且水分还降低了片层之间的相互作用，因而促进了氧化石墨烯在超声波作用下发生分层，并进一步形成分离的氧化石墨烯片。氧化石墨烯表面上的亲水含氧基团可以保持这些片层在水介质中的分散状态[21]。

## 1.2 以改良版 Hummers 法制备氧化石墨烯

Marcano 等于最近报道说，采用改良版 Hummers 法可以相对容易地合成出氧化石墨烯[22]。简单地说，将 3g 石墨细粉加入浓 $H_2SO_4/H_3PO_4$(540mL：60mL)的混合物中，然后用涂有聚四氟乙烯的机械搅拌器进行一定时间的搅拌。然后，一点一点地将 18g$KMnO_4$加入混合溶液中，之所以采用缓慢加入的方式是考虑到在该放热反应中会产生巨大热量。此时溶液呈现淡绿色。在油浴中继续搅拌该混合物 12h，搅拌速度为 340r/min。此后，将反应混合物冷却至室温，然后，将所得混合物灌入含有 30%$H_2O_2$(3mL)的冰水(400mL)中，此时可以观察到漂亮的颜色变化，由淡绿变为灰色，再变成淡黄色。将氧化石墨烯悬浮液再搅拌 4h，在 4000r/min 的速度下进行离心处理。用 20%的盐酸(HCl)、丙酮和过量水连续洗涤所得固体材料，直至 pH 值达到大约 7。最后，将呈现灰色的固体氧化石墨烯置于真空装置内，在 60℃下干燥 48h。

## 1.3 氧化石墨烯在有机溶剂中的分散

由于在表面上存在含氧官能团，故氧化石墨烯是亲水性的。采用超声波方法便可在水中分散氧化石墨烯。不过，在有机溶剂中悬浮氧化石墨烯就成为一项相当棘手的工作，这需要用异氰酸酯类的有机化合物对氧化石墨烯进行改性[23]，其中氧化石墨烯表面与边缘上的羟基和羧基分别转化成为胺基和氨基甲酸酯基团。以异氰酸基改性的氧化石墨烯片层很容易分散于 N，N-二甲基甲酰胺(DMF)、二甲基亚砜(DMSO)和 N-甲基吡咯烷酮(NMP)，因为这些是极性有机溶剂，但其仍不能分散于水中。

在 $TiO_2$纳米粒子的存在下，氧化石墨烯片的悬浮液不会发生团聚，因为 $TiO_2$ 纳米粒子覆盖并稳定化了氧化石墨烯片的表面[24]。若要制备有机分散体，对氧化石墨烯的表面进行改性是很有益处的作法。不过，在有些情况下，$TiO_2$也会带来一个意外问题：当氧化石墨烯片在有机溶剂中进行分散时，表面上涂覆的 $TiO_2$ 可能在很大程度上改变了氧化石墨烯的电子性质。Cai 等[20]在 N,N-二甲基甲酰胺中制备了全剥离型的氧化石墨烯纳米片晶，不过，帕雷德斯(Paredes)的研究团队采用某些极性有机溶剂如 N-甲基吡咯烷酮、乙二醇和四氢呋喃(THF)，将氧化石墨烯悬浮液的稳定性保持时间延长到两至三个星期之久[21]。劳夫(Ruoff)的研究小组采用 9∶1 的有机溶剂：水介质[体积比]获得了未改性氧化石墨烯的稳定悬浮液[25]。他们指出，有可能利用适宜的有机溶剂通过稀释方法来分散氧化石墨烯。N,N-二甲基甲酰胺、二甲基亚砜、乙醇、N-甲基吡咯烷酮可以产生稳定的氧化石墨烯悬浮液，因为这些溶剂的极性非常高。相似地，极性较低的有机溶剂如丙酮、四氢呋喃(THF)和甲苯等会使氧化石墨烯形成絮凝物或聚集体。

## 1.4 类纸状氧化石墨烯

最近，以流动-导向过滤法将层状黏土(蛭石和云母)的水悬浮液制成无支撑纸已经成为一种非常著名的商业化模式。Dikin 等效仿这种技术，将其用于氧化石墨烯悬浮液以期制成纸形产品[(见图 1.1(a)][26]。图 1.1(a)示出了一张棕黑色的类纸材料，其具有层状结构且层间距为 8.3Å，已经非常接近于非剥离型氧化石墨烯的相应值(6.8Å)[13]。不过，这仅仅是由于水的插入作用产生的结果。图 1.1(b)示出氧化石墨烯纸边缘的扫描电子显微镜(SEM)图像，这种纸是以非常紧密堆积的片层组成的，在纸表面上形成了颇为平稳的波浪形态。

## 1.5 氧化石墨烯与石墨烯的薄膜

另一项重要的发现是氧化石墨烯薄膜。这种纳米级厚度的薄膜是由几层氧化石墨烯组成的，可以是单层、双层和三层氧化石墨烯。这种类型的薄膜可用作场-效应晶体管中的某些部分，如沟道层等[27]。采用交替且均匀排列的单层氧化石墨烯片与聚电解质层就可以制备出离子传导复合膜[28,29]。石墨烯薄膜是一种非常有前景的材料，因为其具有高电导率与透明性[图 1.1(c)][30]。但是，石墨烯薄膜的大量生产却不是一件轻而易举之事。无论怎样，将人工制备的氧化石墨烯薄膜进行还原处理依旧是大规模生产石墨烯薄膜的唯一有利工艺。Mattevi 等采用溶液法与热处理技术制备出了氧化石墨烯薄膜，产品从单层到数层不等[31]。

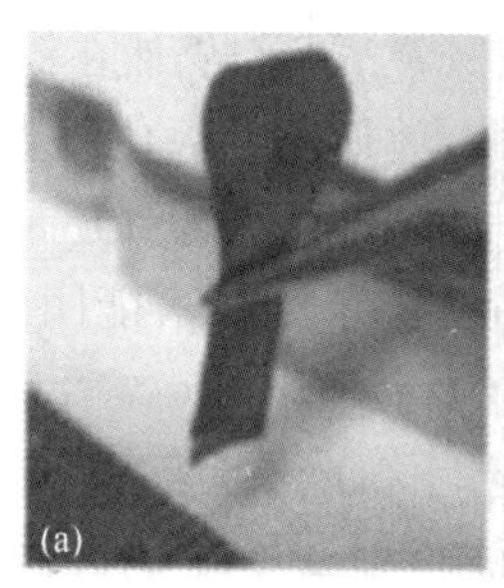

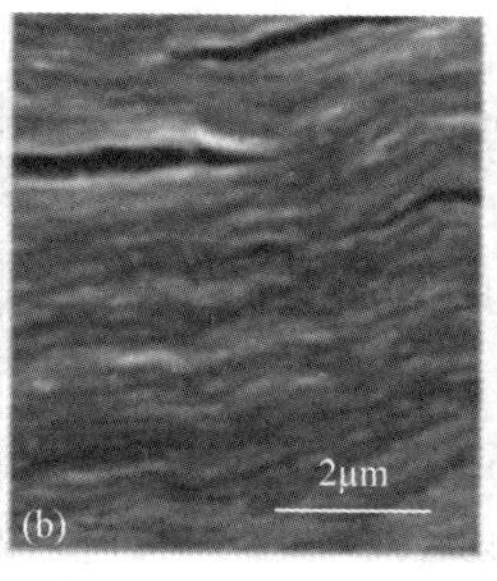

图 1.1 (a)氧化石墨烯纸带；(b)氧化石墨烯纸边缘的扫描电子显微镜(SEM)图像[Dikinet al, Nature 2007(ref. 25)]；(c)石墨烯水溶液经过滤后制备的石墨烯纸[Li et al, Science 2008(ref. 30)]

## 1.6 氧化石墨烯纳米复合材料

如今，氧化石墨烯纳米复合材料已经受到研究人员的极大关注，因为氧化石墨烯片作为填料已经能够分散于连续聚合物或无机聚合物基体之中。人们也一直在研究如何将含有氧化石墨烯片的聚合物纳米材料广泛用于不同领域[32]。作为碳衍生物的氧化石墨烯片在结构上几乎完全等同于二维蒙脱石黏土，不同之处就在于含氧官能团是在层表面上取向的。聚合物-黏土纳米复合材料主要是通过挤出、熔融共混、溶液浇铸等技术加工的，在这一过程中，聚合物强有力地插入层状的黏土结构中[33]。与黏土不同的是，氧化石墨烯在形成纳米复合材料时呈现出许多优势，如高表面积/体积比、在水中以及其他有机溶剂中的高分散性、高机械强度及较好的化学稳定性等。氧化石墨烯表面存在大量的含氧官能团，能够促进氧化石墨烯在溶剂中的分散性，减少聚集现象，加强纳米复合材料中填料与基体之间的相互作用。人们正在研究以氧化石墨烯复合材料制造的多种薄膜，以期将其用于透明且柔韧的电子器件。在相关电导率的研究实例中，通常要将氧化石墨烯还原成石墨烯。薄膜主要是采用旋转涂布法制备的，或者是以旋转涂覆方式在适当的衬底(或底物)上制备的。Watcharotone 等采用氧化石墨烯片在玻璃和 $SiO_x$/硅胶底物上制造了一种导电性的透明石墨烯-二氧化硅复合材料[34]。

## 1.7 石墨烯基材料

由于具有不同寻常的电子性能与机械性能，二维石墨烯片成为远胜过碳纳米管的优选材料。在材料科学领域内，正在进行之中的石墨烯研究开创了一个如火如荼的崭新纪元。大量的剥离型石墨烯片是通过氧化石墨烯还原制备的，而不是由市售的石墨直接合成石墨烯。尽管很难获得原始石墨烯，人们仍然在锲而不舍地开发一系列还原策略(热还原或化学还原法)，以求有效地还原氧化石墨烯[35]。如此获得的剥离型石墨烯片称为还原态氧化石墨烯片(RGO)，因为其还具有一些残余的含氧官能团，比如周边的羧酸基团(见图1.2)。由于这些官能团的存在，还原态石墨烯的C∶O范围甚宽，可由10∶1[36]至5∶1不等[37]。

机械剥离的原始石墨烯片在机械强度与导电性能上优于还原态氧化石墨烯，这是因为其具有高度延伸的共轭结构[10,38]。通过多种新型石墨烯基材料的合成可以强化这些物理性能。就在最近，作为聚合物纳米复合材料填充剂的还原态氧化石墨烯已经引起了人们的高度关注，其原因在于这种填充剂很容易官能化，在许多聚合物中的分散度非常之高，甚至与聚合物基体中的其他纳米粒子发生了协同效应。在所述聚合物纳米复合材料中，只需加入很少量(0.1%~5%，体积分数)的还原态氧化石墨烯便可使电子性能与机械性能发生巨大改进[32]。Stankovich等以异氰酸苯酯改性的剥离型氧化石墨烯和聚苯乙烯为原料，首次制备出具有导电性的聚苯乙烯-石墨烯纳米复合材料，其中采用了溶液相混合法以及随后实施的化学还原步骤，终于实现了单独石墨烯片在整个聚合物基体中的高度分散[39]。从扫描电子显微镜(SEM)图像可知，确实获得了纳米片晶形态而未发生任何多层堆叠(图1.3)。纳米复合材料的电导率测量表明，随着石墨烯片添加量的提高(1%~2.5%，体积分数)，电导率呈现逐步增加之势(0.1~1S/m)。

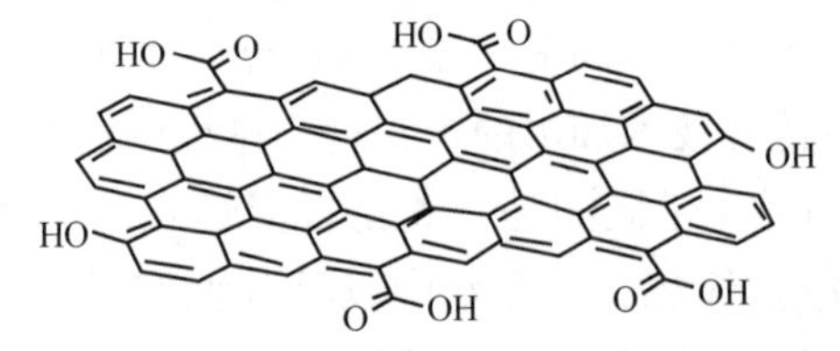


图1.2　还原态氧化石墨烯片的示意模型

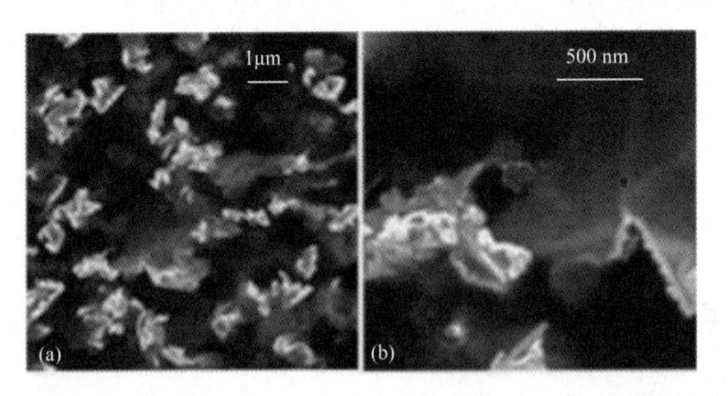


图1.3　石墨烯-聚苯乙烯纳米复合材料的扫描电子显微镜(SEM)图像：(a)在低倍下拍摄的图像；(b)在高倍下拍摄的图像。[Stankovich et al. Nature，2006(ref. 39)]

将数量非常少的石墨烯片加入到聚合物基体中，就可以使热性能与机械性能得到异乎寻常的改进。Ramanathan 等已经指出，良好的分散状态以及石墨烯片与基体聚合物之间的密切相互作用可以显著提高材料的性能[40]。他们制备了功能化石墨烯片与聚甲基丙烯酸甲酯(PMMA)的复合材料，其中只加入了少量(0.01%，质量分数)的氧化石墨烯片，却明显改善了玻璃化转变温度($T_g$)(~30℃)以及杨氏模量(33%)。Yuan 等只加入了 0.5%(质量分数)的石墨烯，便将石墨烯-PMMA 纳米复合材料的拉伸强度提高了 67%[41]。在聚苯乙烯-接枝石墨烯纳米复合材料的另一项研究中，人们已经观察到杨氏模量与极限拉伸强度均到得相似改善，前者增值为(57%)，后者增值为(70%)[42]。

## 1.8 其他二维材料

由于人们对石墨烯材料的兴趣与日俱增，进而促使科学界拓宽了研究视野，对其他二维材料也给予了同等程度的密切关注，比如过渡金属二硫化物(TMD)[$WS_2$、$MoS_2$、$SnS_2$、SnSe 和 $SnSe_2$]、过渡金属氧化物($MnO_2$，NiO)和六方氮化硼等。这里，我们将简要地讨论这些材料的合成步骤、性质与应用。

### 1.8.1 硫化钨

在最近一段时间里，原子量较高的过渡金属二硫化物在先进材料的研究领域中造成了深远影响，主要缘于这种材料所展现的单层排列。在 1992 年，Tenne 等率先获得了稳定的二硫化钨多面体和圆柱形结构，其采用的方法是在硫化氢气氛中加热钨膜[43]。一般来说，过渡金属硫化物具有类似石墨烯的层状结构，过渡金属原子置于三角棱柱配位层。图 1.4 表示六方过渡金属二硫化物(TMD)单层的结构。这些二硫化物的电性质取决于其组成、晶体结构与层数[44]。

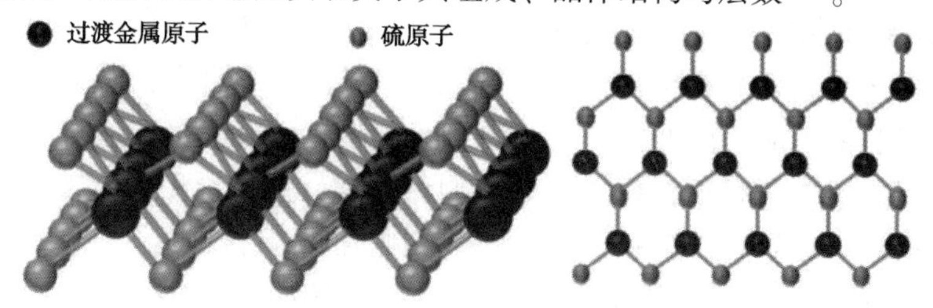


图 1.4　六方过渡金属二硫化物(TMD)单层的结构：(a)透视图；(b)沿垂直轴的投影

#### 1.8.1.1 制备 $WS_2$的不同方法

合成硫化钨的方法有很多种，包括：①水热合成制备法；②在氢气存在下，在 1200℃下还原四硫代钨酸铵[$(NH_4)_2WS_4$]；③硫化氢与金属钨在氩气氛下进行气相反应；④各种四硫代钨酸四烷基铵前驱体在惰性气体中的分解反应；⑤微波处理钨酸、元素硫与单乙醇胺的浓缩溶液；⑥在无氧气氛下加热 $WS_3$(否则产物将成为三氧化钨)；⑦熔融 $WO_3$、$K_2CO_3$与硫的成比例混合物；⑧在氯磺酸的存在下，于液相内机械剥离硫化钨。

一般说来，采用机械剥离法和化学气相沉积法(CVD)中的相关步骤可以制备出单层和堆叠少层的硫化钨，原料可用 $WOCl_4$、$WO(CO)_6$和带有 HS-$(CH_2)_2$-SH 或 HSC$(CH_3)_3$基团的 $WCl_6$作为前驱体[45]。Seo 等使用一维的(1D)$W_{18}O_{49}$为原料，合成出一种 2D$WS_2$纳米片晶体，其横向尺寸小于 100nm，制备中采用了辊平法和表面活性剂-辅助的溶液法[46]。最近，Wu 等利用机械活化策略由氧化钨($WO_3$)和硫粉制取了 $WS_2$纳米片，其厚度小于 10nm。(矿物在机械力作用下会产生晶格畸变和局部破坏，并形成各种缺陷，导致其内能增大，反应活性增强，从而可以实现矿物在较低浸取剂浓度和温度下的浸出，这一效应或现象又称为“机械活化”-译者注)。整体反应过程包括球磨法以及随后在 600~700℃下的氩气氛中进行的热处理[47]。在 773K 的氮气氛下，钨酸与硫脲之间发生反应，可生成类石墨烯结构的均匀层状 $WS_2$[48]。

如果要在低温下大规模地合成过渡金属二硫化物，最为有利的策略当属水热合成法。(水热合成是指温度为 100~1000℃、压力为 1MPa~1GPa 条件下利用水溶液中物质化学反应所进行的合成。在亚临界和超临界水热条件下，由于反应处于分子水平，反应性提高，因而水热反应可以替代某些高温固相反应-译者注)。但是，利用水热合成法制备硫化钨纳米片仍然存在相当大的困难，有碍于纳米片生成的主要不利因素是：由于 $WS_2$的形成需要先驱体 $WO_x$，而后者不会以二维的形式出现。$WO_x$通常采取一维纳米结构方式，或者在很罕见的情况下采取零维纳米结构形式，这就是为什么 $WO_x$的硫化通常会产生零维的类富勒烯结构或者一维的纳米管/纳米棒结构[49]。最近，Cao 等人使用不同的表面活性剂成功地制备出形态各异的 $WS_2$，如纳米粒子、纳米棒、纳米片与纳米纤维等，此外，还讨论了不同纳米结构的可能生长机理[50]。不过，采用水热合成法制备 1D$WS_2$纳米晶体或纳米管的研究工作早在 2005 年就已经见诸报道。准 1D$WS_2$纳米晶体和多壁纳米管是以 $Na_2WO_4$或$(NH_4)_{10}W_{12}O_{41}$为前驱体制备的，其过程是：首先由前驱体与酸反应生成 $WO_x$纳米粒子，然后再对所得三氧化物进行硫化以生成 $WS_2$[51,52]。一般而言，在硫化钨纳米片的形成期间，缩合的 $WO_x$纳米粒子可以起到模板的作用[49]。

#### 1.8.1.2　$WS_2$的性质

硫化钨通常为深灰色，具有六方晶体结构。这种材料在化学上呈惰性，且只溶于硝酸与氢氟酸的定量混合物中。在氧的存在下，煅烧硫化钨可以将其转化成相应的三氧化钨。在没有氧气存在的条件下，硫化钨不会在加热时融化。在接近1250℃的温度下，硫化钨分解成元素钨与硫[53]。二硫化钨可以作为润滑材料，因为其摩擦系数只有0.03。在严苛的负荷、真空与温度条件下，硫化钨的润滑性能仍然能保持在极好水平。在高温与高压的应用条件下，二硫化钨的表现也给人留下了深刻印象。在大气压下，这种材料可以提供240~650℃的宽范围温度屏蔽，而在真空状态下，这一温度范围则可扩大为170~1316℃。掺入硫化钨的薄膜具有非常高的承载能力，可达300000psi（磅/平方英寸）。在某些领域内，二硫化钨可以取替二硫化钼与石墨烯，如电与电子工业、声学检测、电子频率与高压产品等。二硫化钨属于压电材料，具有在受到外部机械应力时产生电荷的能力，这是一种可逆过程。当机械应力（如形变、弯曲力、压力）施加于这些材料时，晶体结构内部的电荷对称性就会遭到破坏，因此而产生一个外部电场；反之亦然[54]。美国国家航空航天局（NASA）、军事部门、航空航天以及汽车工业等也广泛地使用这种压电材料。

#### 1.8.1.3 $WS_2$与还原态氧化石墨烯纳米复合材料

鉴于采用水热合成法制备$WS_2$纳米片尚存在不少重大难题，许多研究人员正试图以氧化石墨烯原位还原的方式来合成一种由$WS_2$纳米片与还原态石墨烯制成的混合型纳米复合材料，旨在为这种材料开拓出众多的应用领域[49,55-57]。硫化钨/还原态氧化石墨烯（$WS_2$/RGO）混合型纳米复合材料表现出优异的制氢催化活性，也可以将其用于能量存储与转换，如超级电容器、Na离子电池和太阳能光伏器件。根据阻抗谱测量，人们得出结论：$WS_2$/RGO纳米复合材料的催化活性之所以得到提高，主要是由于电荷转移现象。因为在硫化钨与还原态氧化石墨烯组分之间出现紧密接触，才使有效电荷转移得以实现。正如上文所提及，制备硫化钨的水热合成法对于温度是相当敏感的。硫化钨/还原态氧化石墨烯纳米复合材料片是在300℃下干燥的，其目的是提高纳米片的结晶度[49]。

图1.5（a）和（b）分别示出了$WS_2$和$WS_2$/RGO纳米复合材料的扫描电子显微镜（SEM）图像[49]。二硫化钨的表面相当粗糙，表面上存在大量的微空隙与微孔。依上述方法制备出的二硫化钨/还原态氧化石墨烯混合型纳米复合材料在冷冻-干燥之后立即出现收缩，这可能是由于吸附于还原态氧化石墨烯的水分脱离造成的结果。图1.6是二硫化钨/还原态氧化石墨烯混合型纳米复合材料的高分辨透射电子显微照片，图中显示了重叠纳米片形态，某些区域还出现了双层的$WS_2$纳米片。二硫化钨/还原态氧化石墨烯混合型纳米复合材料具有优良的催化性能。这种复合材料对可逆氢电极（RHE）展现出的电势窗口范围达到150~200mV。此外，还显示出了590mAh/g的高钠存储容量，以及相当优异的电化学性能与循环特性[55]。

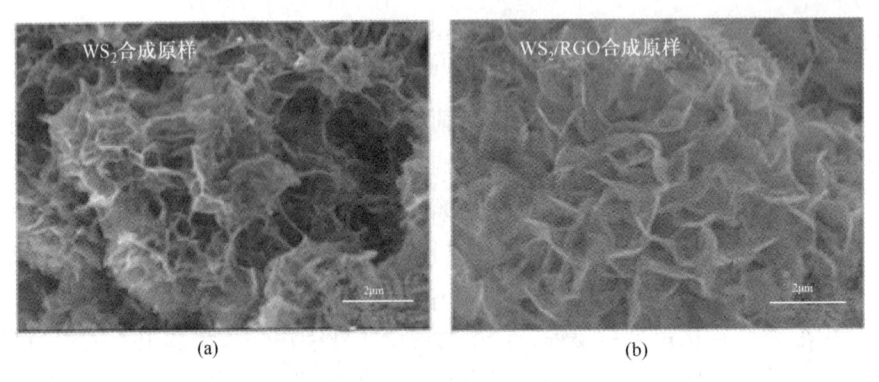


图 1.5 (a)$WS_2$的扫描电子显微镜(SEM)图像；(b)$WS_2$/RGO 混合型纳米片的 SEM 图像[Yang et al. Angew. Chem. Int. Ed. 2013(ref. 49)](合成原样：是指合成后未经任何处理的新鲜样品-译者注)

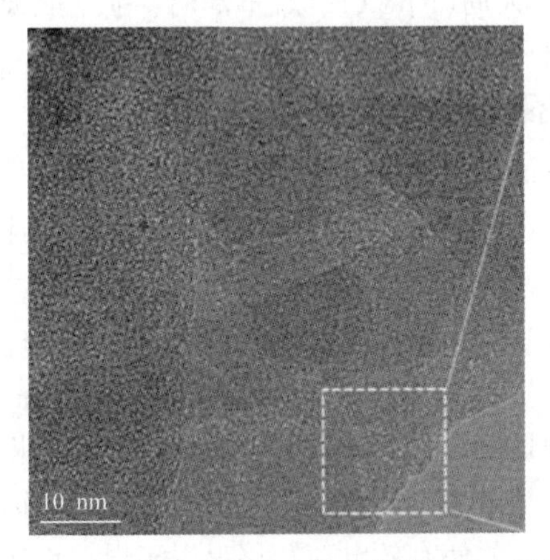


图 1.6 $WS_2$/RGO 混合型纳米片的高分辨透射电子显微照片(HRTEM)[Yang et al. Angew. Chem. Int. Ed. 2013(ref. 49)]

### 1.8.2 硫化钼

$MoS_2$是过渡金属二硫化物(TMDs)的成员之一，其结构与石墨烯相当类似，且又具有独特的化学与物理性质，故引起业内研究人员的格外关注。$MoS_2$是由三个原子层(S—Mo—S)组成的，层之间以弱范德华力缔合，其中六方密堆积的 Mo 原子层夹在两个同样六方密堆积的 S 原子层之间[43,58]。单层 $MoS_2$也具有非常高的压电性能，丝毫不逊于其他二维高性能压电材料。Wu 等人报道说，振荡压电电压与电流输出取决于 $MoS_2$薄片中的原子层数目与施加的形变[54,59]。由于这种层状结构，该材料已经用于诸多应用领域，如锂离子电池、电化学电容器、存储单元、催化剂与复合材料。

由于具有与石墨烯相似的层状结构，掺有石墨烯的 $MoS_2$ 复合材料已经用作锂离子电池中的超高性能阳极材料[60,61]。采用 $MoS_2$ 的第一块锂离子电池是在 1980 年的一份专利中发布的。$Li^+$ 的主要优点是容易插入片层和通过剥离片层。Du 等人报道了一种"剥离-再堆叠的"$MoS_2$ 电极材料，可用于获取极高的锂离子存储容量(~840mAh/g)[62]。不过，Wang 等人已经将单层 $MoS_2$-石墨烯纳米片复合材料付诸实用，旨在获取具有高电化学可逆性的 $Li^+$ 存储容量(~825mAh/g)，其中，石墨烯纳米片提高了电极的电导率以及电极内电化学反应期间的电子转移速率[61]。图 1.7 示出 $MoS_2$ 和 $MoS_2$/还原态氧化石墨烯纳米复合的场发射电子显微镜(FESEM)照片，图中显示了如花朵般的构造，这是由纳米花瓣形式的纳米片组成的。所获得的 $MoS_2$ 与还原态氧化石墨烯纳米片均呈现为插层状态[63]。

图 1.8 示出 $MoS_2$ 和 $MoS_2$-石墨烯纳米片复合材料的高分辨透射电子显微镜(HRTEM)照片，从中可以看出，(002)晶面的晶格间距分别为 0.62nm 和 1.15nm。

图 1.7 (a) $MoS_2$ 的场发射电子显微镜(FESEM)照片；(b) $MoS_2$/RGO 纳米复合材料的场发射电子显微镜(FESEM)照片[Mandal et al. IJLRST 2014 (ref. 63)]

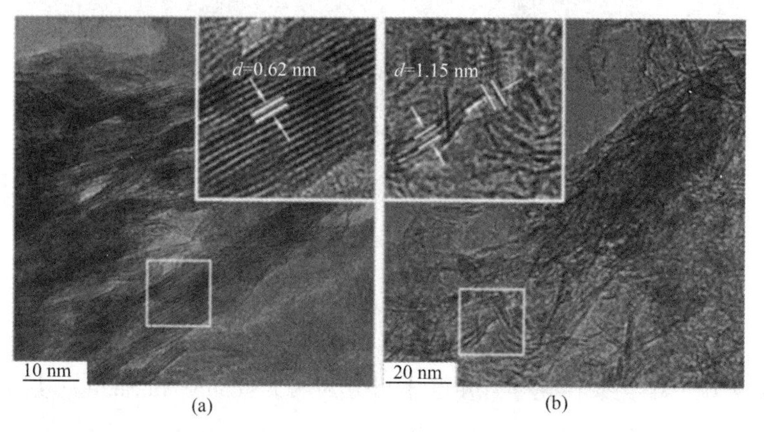


图 1.8 (a) $MoS_2$ 的高分辨透射电子显微镜照片；(b) $MoS_2$-石墨烯纳米片复合材料的高分辨透射电子显微镜照片[Wang et al. J. Mater. Chem. A 2013 (ref. 61)]

### 1.8.3 硫化锡

最近，层状硫化锡凭借其独特的结构特性而引起人们的浓厚兴趣。这种层状硫化锡属于一种 n-型半导体。$SnS_2$的结构与 $MoS_2$非常相似。$SnS_2$表现出层状的类 $CdI_2$结构。在每一层中，Sn 原子堆积于两层六方密堆积的 S 原子之间，最接近的硫层则是通过弱范德华相互作用连接的。由于这种 2D 层状结构，故可以插入碱金属并展现出导电性与光电传导性。

为了合成 2D$SnS_2$ 纳米片，人们已经开发出一系列制备方法。采用热分解法[64]或水热合成法[65]均可以制造这种材料。Seo 等在有机溶剂的存在下，于 180℃的温度下热分解前驱体，如 $Sn(S_2CNEt_2)_4$，由此合成出 2D 层状 $SnS_2$。这种材料用于锂离子电池时显示出特别高的不可逆放电容量(~1311mAh/g)，其原因就在于 $SnS_2$纳米片具有扩展的表面积，因而可更多地接触到锂离子。

图 1.9 是 $SnS_2$的透射电子显微镜(TEM)与场发射电子显微镜(FESEM)的照片，图中展示了其高结晶度的 2D 六方纳米片。$SnS_2$纳米片单晶的横向尺寸为 150nm，厚度大约为 15nm。Gao 等人采用一步水热合成法制备出了 $SnS_2$ 纳米片[65]。他们采用四氯化锡五水合物($SnCl_4 \cdot 5H_2O$)和硫代乙酰胺(TAA)作为前驱体。这些研究者已经指出，多孔性六方晶系二硫化物在室温下的铁磁行为是由于畸变的晶粒边界、缺陷或晶棱造成的结果。

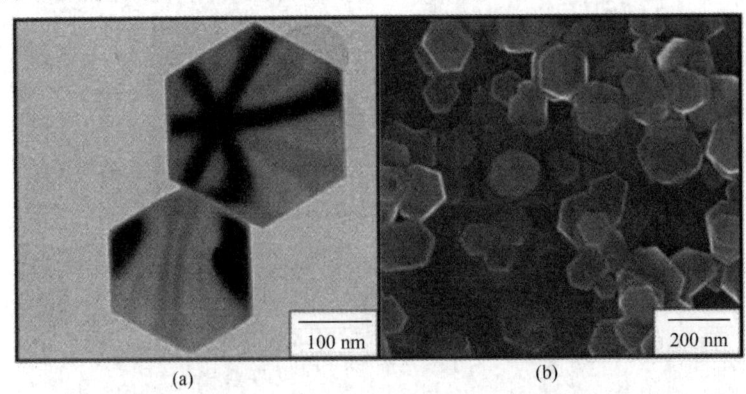


图 1.9 (a)$SnS_2$纳米片的高分辨透射电子显微镜照片；(b)$SnS_2$纳米片的场发射电子显微镜照片[Seo etal. Adv. Mater. 2008(ref. 64)]

### 1.8.4 硒化锡

一般来说，硒化锡在化学计量学上可分为两类：SnSe 和 $SnSe_2$。其中，$SnSe_2$具有六方密堆积层状结构。Liu 等人以 $SnCl_2 \cdot 2H_2O$ 和 $SeO_2$作为前驱体，采用水热合成法于 180℃温度下制备出了 $SnSe_2$六方纳米片[66]。图 1.10 示出 $SnSe_2$六方纳米片的场发射电子显微镜照片。每一块六方纳米片的边长为600~700nm，厚度为30~45nm。

二维层状半导体材料广泛用于锂离子电池，主要是作为电极材料，因为在电化学反应期间 $Li^+$ 离子可以轻易地插入并穿行出弱相互作用层。最近有报道说，纯 $SnSe_2$ 或 $SnSe_2$ 纳米片-石墨烯复合材料已经在锂-离子电池中发挥了非常重要的作用，这主要得益于该材料的二维层状形态[67]。

一些金属氧化物如 $MnO_2$ 和 NiO 等作为二维材料也在纳米技术中承担了重要角色。

图 1.10　六方形 $SnSe_2$ 纳米片的场发射电子显微镜(FESEM)照片：(a)俯视图；(b)侧视图[Liu et al. Mater. Lett. 2009(ref. 66)]

## 1.8.5　二氧化锰

$MnO_2$ 是另外一种重要的无机材料，主要用于制备超级电容器的电极材料。实际上，具有层状纳米片结构的水钠锰石型二氧化锰($MnO_2$)能够从电解液吸纳大量的金属阳离子，并促使其进出于层间区域。金属阳离子的运动并没有造成 $MnO_2$ 的结构发生改变[68]。

改变电极的设计以及 $MnO_2$ 纳米片的形态与晶体结构就可以获得大电容量值。$MnO_2$ 纳米片的形态取决于加工条件。图 1.11 是位于碳纤维上的 $MnO_2$ 纳米片的扫描电子显微镜(SEM)照片，样品是通过阳极电沉积合成的，其中使用了溶于 0.1 $MH_2SO_4$ 溶液中的 0.1 $MMnSO_4$ 前驱体[69]。

## 1.8.6　氧化镍

NiO 也是一种二维材料，在能量存储领域具有巨大潜力。NiO 的超薄纳米二维片在形态上相似于石墨烯，其厚度大约为 2nm[70]。图 1.12 示出在不同放大倍数下拍摄的 NiO 纳米片的场发射电子显微照片。Zhu 等人报道了一种成本-效益型的微波合成法，非常有助于大规模制备 2DNiO 纳米片。人们已经把这种电极

图 1.11　碳纤维上 $MnO_2$ 纳米片的扫描电子显微镜照片［插图为单独纳米片簇的高分辨扫描电子显微镜(HRSEM)照片，Hsu et al. Chem. Commun. 2011(ref. 69)］

材料掺入锂离子电池，并由此设计出一种新型阳极。所制电池展现出可逆性锂离子存储容量，在 200mA/g 的电流密度下其放电容量达到 1574.7mA・h/g，而且还具有出色的循环稳定性。Lee 等人制备出以无序方式相互连接的 NiO 纳米片，这些高度开衩的纳米片很薄，厚度约为 10～30nm，并且已经用于超级电容器。这种电容量源自赝电容(pseudocapacitive capacitance)性能，其基于快速氧化还原反应：$NiO+OH^- \longleftrightarrow NiOOH+e^-$[71]。(赝电容，也称法拉第准电容，是在电极表面或体相中的二维或准二维空间上，电活性物质进行欠电位沉积，发生高度可逆的化学吸附、脱附或氧化、还原反应，并产生和电极充电电位有关的电容。赝电容不仅在电极表面，而且可在整个电极内部产生，因而可获得比双电层电容更高的电容量和能量密度-译者注)。

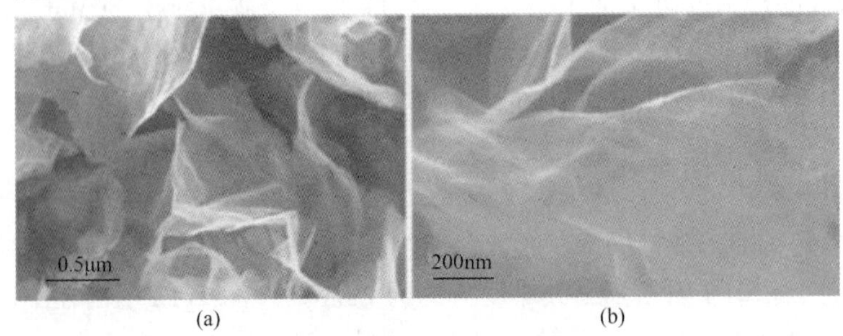


图 1.12　NiO 纳米片的场发射扫描电子显微镜(FESEM)照片：(a)低倍像；(b)高倍像［Zhu et al. J. Mater. Chem. A2014(ref. 70)］

### 1.8.7 氮化硼

一般情况下，人们通常可以看到以片状形式存在的六方形氮化硼(h-BN)，在材料研究领域，该化合物同样引起了人们的好奇心与探索兴趣，原因仍然还是其具有与石墨烯类似的结构。有时甚至将其称为“白色石墨烯”。如果以交替的 B 原子与 N 原子取代石墨烯中的 C 原子，就可以形成 BN 的蜂巢型晶格[72]。不过，由于 B—N 键的性质，h-BN 是一种宽带隙(6.00eV)的半导体。正是由于这一原因，h-BN 比石墨烯展现了更多的优势[73]。这种材料在高达 1000K 的温度下仍然是稳定的，而且具有更高的抗氧化能力。单层 h-BN 也是压电性的[54]。在高质量的 h-BN 纳米片上，Lee 等人实现了比石墨烯器件高出三倍的迁移率，所述 h-BN 纳米片是以化学气相沉积技术培育的[74]。六方氮化硼也可以用作介电材料，能够制造场效应晶体管(FETs)之类的电子器件。

Lee 等人采用机械堆叠法搭建了 $MoS_2$/h-BN/石墨烯的堆垛结构，在此基础上设计并制造出异质结构(heterostructure)器件[75]。(异质结构是一种半导体结构，由两层以上不同的半导体材料薄膜依次沉积在同一基底上形成，这些材料具有不同的能带隙-译者注)。

人们通过环硼氮烷的分解并借助于金属衬底第一次制备出二维 h-BN 纳米片。采用 h-BN 的化学剥离法可以较为容易地制备出少量的 h-BN 片。图 1.13 示出处于相分离状态的氮化硼-碳复合材料纳米片。

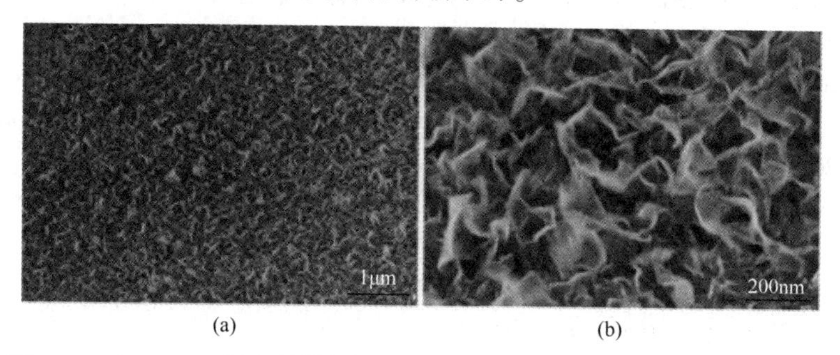


图 1.13 (a)BN-C 复合材料的扫描电子显微镜(SEM)照片；(b)在较高倍数下观察到的纳米片致密结构。[Pakdel et al. J. Mater. Chem. 2012(ref. 73)]

## 1.9 结论

总而言之，本章分类讨论了石墨烯与相关的 2D 材料，涉及过渡金属二硫化物($MoS_2$、$WS_2$、$SnS_2$ 和 $SnSe_2$)、过渡金属氧化物($MnO_2$、NiO)和六方氮化硼(h-BN)。在材料科学研究的相关领域中，上述二维晶体都有非常广泛而且日益增长的应用，例如能量存储、催化剂、压电器件与场效应晶体管等等。

## 参 考 文 献


1. M. J. Allen, V. C. Tung, R. B. Kaner, *Chem. Rev.* 2010, 110, 132-145.
2. M. Xu, T. Liang, M, Shi, H. Chen, *Chem. Rev.* 2013, 113, 3766-3798.
3. H. Kim, A. A. Abdala, C. W. Macosko, *Macromolecules* 2010, 43, 6515-6530.
4. D. Ghosh, S. Giri, M. Mandal, C. K. Das, *RSC Adv.* 2014, 4, 26094-26101.
5. E. Yoo, J. Kim, E. Hosono, H. Zhou, T. Kudo, I. Honma, *Nano Lett.* 2008, 8, 2277-2282.
6. N. G. Sahoo, Y. Pan, L. Li, S. H. Chan, *Adv. Mater.* 2012, 24, 4203-4210.
7. J. D. Fowler, M. J. Allen, V. C. Tung, Y. Yang, R. B. Kaner, B. H. Weiller, *ACS Nano* 2009, 3, 301-306.
8. M. Liu, X. Yin, E. Ulin - Avila, B. Geng, T. Zentgraf, L. Ju, F. Wang, X. Zhang, *Nature* 2011, 474, 64-67.
9. V. Singh, D. Joung, L. Zhai, S. Das, S. I. Khondaker, S. Seal, *Prog. Mater. Sci.* 2011, 56, 1178-1271.
10. K. S. Novoselov, A. K. Geim, S. V. Morozov, D. Jiang, Y. Zhang, S. V. Dubonos, I. V. Grigorieva, A. A. Firsov, *Science* 2004, 306, 666-669.
11. K. S. Novoselov, V. I. Falko, L. Colombo, P. R. Gellert, M. G. Schwab, K. Kim, Nature 2012, 490, 192-200.
12. O. C. Compton, S. T. Nguyen. *Small*, 2010, 6, 711-723.
13. B. C. Brodie, *Philos. Trans. R. Soc.* (*London*) 1859, 149, 249-259.
14. L. Staudenmaier, *Ber. Dtsch. Chem. Ges.* 1898, 31, 1481-1487.
15. W. S. Hummers, R. E. Off eman, *J. Am. Chem. Soc.* 1958, 80, 1339-1339.
16. T. Szabo, O. Berkesi, P. Forgo, K. Josepovits, Y. Sanakis, D. Petridis, I. Dekany, *Chem. Mater.* 2006, 18, 2740-2749.
17. D. R. Dreyer, S. Park, C. W. Bielawski, R. S. Ruoff , *Chem. Soc. Rev.* 2010, 39, 228-240.
18. C. Xu, X. Wu, J. Zhu, X. Wang, *Carbon* 2008, 46, 386-389.
19. G. Williams, B. Seger, P. V. Kamat, *ACS Nano* 2008, 2, 1487-1491.
20. D. Y. Cai, M. Song, *J. Mater. Chem.* 2007, 17, 3678-3680.
21. J. I. Paredes, S. Villar - Rodil, A. Martinez - Alonso, J. M. D. Tascon, *Langmuir* 2008, 24, 10560-10564.
22. D. C. Marcano, D. V. Kosynkin, J. M. Berlin, A. Sinitskii, Z. Sun, A. Slesarev, L. B. Alemany, W. Lu, J. M. Tour. *ACS Nano* 2010, 4, 4806-4814.
23. S. Stankovich, R. D. Piner, S. T. Nguyen, R. S. Ruoff , *Carbon* 2006, 44, 3342-3347.
24. G. Williams, B. Seger, P. V. Kamat, *ACS Nano* 2008, 2, 1487-1491.
25. S. Park, J. H. An, I. W. Jung, R. D. Piner, S. J. An, X. S. Li, A. Velamakanni, R. S. Ruoff , *Nano Lett.* 2009, 9, 1593-1597.
26. D. A. Dikin, S. Stankovich, E. J. Zimney, R. D. Piner, G. H. B. Dommett, G. Evmenenko, S. T. Nguyen, R. S. Ruoff , *Nature*, 2007, 448, 457-460.

27. M. Jin, H. K. Jeong, W. J. Yu, D. J. Bae, B. R. Kang, Y. H. Lee, *J. Phys. D: Appl. Phys.* 2009, 42, 135109.
28. N. A. Kotov, I. Dekany, J. H. Fendler, *Adv. Mater.* 1996, 8, 637-641.
29. N. I. Kovtyukhova, P. J. Ollivier, B. R. Martin, T. E. Mallouk, S. A. Chizhik, E. V. Buzaneva, A. D. Gorchinskiy, *Chem. Mater.* 1999, 11, 771-778.
30. D. Li, R. B. Kaner, *Science* 2008, 320, 1170-1171
31. C. Mattevi, G. Eda, S. Agnoli, S. Miller, K. A. Mkhoyan, O. Celik, D. Mastrogiovanni, G. Granozzi, E. Garfunkel, M. Chhowalla, *Adv. Funct. Mater.* 2009, 19, 2577-2583.
32. D. R. Paul, L. M. Robeson, *Polymer* 2008, 49, 3187-3204.
33. G. Choudalakis, A. D. Gotsis, *Eur. Polym. J.* 2009, 45, 967-984.
34. S. Watcharotone, D. A. Dikin, S. Stankovich, R. Piner, I. Jung, G. H. B. Dommett, G. Evmenenko, S. - E. Wu, S. - F. Chen, C. - P. Liu, S. T. Nguyen, R. S. Ruoff, *Nano Lett.* 2007, 7, 1888-1892.
35. S. Pei, H. -M. Cheng, Carbon 2012, 50, 3210-3228.
36. H. C. Schniepp, J. L. Li, M. J. McAllister, H. Sai, M. Herrera-Alonso, D. H. Adamson, R. K. Prud' homme, R. Car, D. A. Saville, I. A. Aksay, *Phys. Chem. B*, 2006, 110, 8535-8539.
37. O. C. Compton, D. A. Dikin, K. W. Putz, L. C. Brinson, S. T. Nguyen, *Adv. Mater.* 2010, 22, 892-896.
38. K. N. Kudin, B. Ozbas, H. C. Schniepp, R. K. Prud' homme, A. Aksay, R. Car, Nano Lett. 2007, 8, 36-41.
39. S. Stankovich, D. A. Dikin, G. H. B. Dommett, K. M. Kohlhaas, E. J. Zimney, E. A. Stach, R. D. Piner, S. T. Nguyen, R. S. Ruoff , *Nature*, 2006, 442, 282-286.
40. T. Ramanathan, A. A. Abdala, S. Stankovich, D. A. Dikin, M. Herrera - Alonso, R. D. Piner, D. H. Adamson, H. C. Schniepp, X. Chen, R. S. Ruoff, S. T. Nguyen, I. A. Aksay, R. K. Prud' homme, C. Brinson, *Nat. Nanotechnol.* 2008, 3, 327-331.
41. X. Y. Yuan, L. L. Zou, C. C. Liao, J. W. Dai, *Express Polym. Lett.* 2012, 6, 847-858.
42. M. Fang, K. G. Wang, H. B. Lu, Y. L. Yang, S. Nutt, *J. Mater. Chem.* 2009, 19, 7098-7105.
43. R. Tenne, L. Margulis, M. Genut, G. Hodes, *Nature* 1992, 360, 444-446.
44. M. Chhowalla, H. S. Shin, G. Eda, L. - J. Li, K. P. Loh, H. Zhang, *Nat. Chem.* 2013, 5, 263-275.
45. C. J. Carmalt, I. P. Parkin, E. S. Peters, *Polyhedron* 2003, 22, 1499-1505.
46. J. -W. Seo, Y. -W. Jun, S. -W. Park, H. Nah, T. Moon, B. Park, J. -G. Kim, Y. J. Kim, J. Cheon, *Angew. Chem.* 2007, 46, 8828-8831.
47. Z. Wu, B. Fang, A. Bonakdarpour, A. Sun, D. P. Wilkinson, D. Wang, *Appl. Catal. B* 2012, 125, 59-66.
48. K. Shiva, H. S. S. Ramakrishna Matte, H. B. Rajendra, A. J. Bhattacharyya, C. N. R. Rao, *Nano Energy* 2013, 2, 787-793.
49. J. Yang, D. Voiry, S. J. Ahn, D. Kang, A. Y. Kim, M. Chhowalla, H. S. Shin, *Angew. Chem. Int. Ed.* 2013, 52, 13751-13754.

50. S. Cao, T. Liu, S. Hussain, W. Zeng, X. Peng, F. Pan, *Mater. Lett.* 2014, 129, 205–208.
51. Y. Shang, J. Xia, Z. Zu, W. Chen, *J. Dispersion Sci. Technol.* 2005, 26, 635–639.
52. H. A. Th erese, J. Li, U. Kolb, W. Tremel, *Solid State Sci.* 2005, 7, 67–72.
53. http://en.wikipedia.org/wiki/Tungsten(IV)_ sulfi de
54. K. –A. N. Duerloo, M. T. Ong, E. J. Reed, *J. Phys. Chem. Lett.* 2012, 3, 2871–2876.
55. D. Su, S. Dou, G. Wang, *Chem. Comm.* 2014, 50, 4192–4195.
56. S. Ratha, C. S. Rout, *ACS Appl. Mater. Interfaces* 2013, 5, 11427–11433.
57. M. Shanmugam, R. Jacobs–Gedrim, E. S. Song, B. Yu, *Nanoscale* 2014, 6, 12682–12689.
58. H. S. S. Ramakrishna Matte, A. Gomathi, A. K. Manna, D. J. Late, R. Datta, S. K. Pati, and C. N. R. Rao, *Angew. Chem. Int. Ed.* 2010, 49, 4059–4062.
59. W. Wu, L. Wang, Y. Li, F. Zhang, L. Lin, S. Niu, D. Chenet, X. Zhang, Y. Hao, T. F. Heinz, J. Hone, Z. L. Wang, Nature 2014, 514, 470–474.
60. K. Chang, W. Chen, *Chem. Commun.*, 2011, 47, 4252–4254.
61. Z. Wang, T. Chen, W. Chen, K. Chang, L. Ma, G. Huang, D. Chen, J. Y. Lee, *J. Mater. Chem. A* 2013, 1, 2202–2210.
62. G. Du, Z. Guo, S. Wang, R. Zeng, Z. Chen and H. Liu, *Chem. Commun.* 2010, 46, 1106–1108.
63. M. Mandal, D. Ghosh, S. S. Kalra, C. K. Das, *IJLRST* 2014, 3, 65–69.
64. J. – W. Seo, J. – T. Jang, S. – W. Park, C. Kim, B. Park, J. Cheon, *Adv. Mater.* 2008, 20, 4269–4273.
65. D. Gao, Q. Xue, X. Mao, M. Xue, S. Shi, D. Xue*CrystEngComm* 2014, 16, 7876–7880.
66. K. Liu, H. Liu, J. Wang, L. Feng, *Mater. Lett.* 2009, 63, 512–514.
67. J. Choi, J. Jin, I. G. Jung, J. M. Kim, H. J. Kim, S. U. Son, *Chem. Commun.* 2011, 47, 5241–5243.
68. O. Ghodbane, J. L. Pascal, F. Favier, *ACS Appl. Mater. Interfaces* 2009, 1, 1130–1139.
69. Y. K. Hsu, Y. C. Chen, Y, G. Lin, L. C. Chen, K. H. Chen, *Chem. Commun.* 2011, 47, 1252–1254.
70. Y. Zhu, H. Guo, Y. Wu, C. Cao, S. Tao and Z. Wu, *J. Mater. Chem. A* 2014, 2, 7904–7911.
71. J. W. Lee, T. Ahn, J. H. Kim, J. M. Ko, J. –D. Kim, Electrochim. Acta 2011, 56, 4849–4857.
72. D. Golberg, Y. Bando, Y. Huang, T. Terao, M. Mitome, C. C. Tang and C. Y. Zhi, *ACS Nano* 2010, 4, 2979–2993.
73. A. Pakdel, X. Wang, C. Zhi, Y. Bando, K. Watanabe, T. Sekiguchi, T. Nakayama, D. Golberg, *J. Mater. Chem.* 2012, 22, 4818–4824.
74. K. H. Lee, H. – J. Shin, J. Lee, I. – y. Lee, G. – H. Kim, J. – Y. Choi, S. – W. Kim, *Nano Lett.* 2012, 12, 714–718.
75. G. – H. Lee, Y. – J. Yu, X. Cui, N. Petrone, C. – H. Lee, M. S. Choi, D. – Y. Lee, C. Lee, W. J. Yoo, K. Watanabe, T. Taniguchi, C. Nuckolls, P. Kim, J. Hone, *ACS Nano* 2013, 7, 7931–7936.

# 第 2 章　石墨烯表面功能化

*Mojtaba Bagherzadeh*, *Anahita Farahbakhsh*

**摘　要**：由于石墨烯纳米片(GNS)与氧化石墨烯(GO)具有非同一般的特殊性质，因而成为制造、集成与应用纳米器件、传感器与致动器的理想候选材料。此外，为了在不同科学与技术领域中不断开拓石墨烯纳米片与氧化石墨烯的新兴应用，也需要与其他纳米材料进行巧妙组合，如磁性纳米粒子、碳点、碳纳米管、纳米半导体、量子点等等。不过，石墨烯的这种组合与应用开发有一个绕不开的前提条件，那便是石墨烯纳米片与氧化石墨烯的表面功能化。一般而言，石墨烯纳米片与氧化石墨烯的功能化可以采纳两种方式进行：非共价功能化与共价功能化。在非共价功能化中，氧化石墨烯与目标材料之间经常产生诸如 π-π、范德华力或静电力类型的弱相互作用。在共价功能化中，石墨烯表面上的含氧官能团，包括在边缘的羧酸基团和在基面上的环氧基与羟基均可以用于共价成键。石墨烯的共价功能化可采用若干种技术路线，如亲核取代、亲电加成、缩聚与加成反应。本章主要介绍石墨烯表面功能化的方法，另外，还归纳与讨论了以某些纳米粒子修饰石墨烯表面的最新文献。
**关键词**：石墨烯；氧化石墨烯；表面功能化；非共价键合；共价键合

## 2.1　前言

在 1980 年以前，一说起碳族材料来，人们即刻联想到的多半是耳熟能详的石墨与金刚石。自从发现了分子碳同素异形体之后，已然时过境迁，现在谈及的碳族新材料则是指富勒烯、碳纳米管(CNT)，还有最近才进入人们视野的 2D 石墨烯[1]。要说这石墨烯确实与众不同，此乃一种单原子厚度的结构化晶片，呈现为蜂巢状的二维(2D)晶格，是由 $sp^2$ 杂化碳原子组成的，人们认为这是所有其他二维石墨烯材料的基本结构单元[2]。作为一种方兴未艾的新型材料，石墨烯在众多领域内都展现了巨大的应用潜力，如纳米电子学、纳米光子学、催化、传感器、超级电容器等，诸如此类，不一而足，促成如此良好前景的主要原因还是其独具特色的电学性能、力学性能与热性能[3,4]。最近，氧化石墨烯(GO)越来越引起了人们的浓厚兴趣，这是一种高度氧化、高度亲水的层状石墨烯；氧化石墨烯很容易在水中剥离，产生主要由单层片组成的稳定分散体[5]。氧化石墨烯一直广泛作为起始材料以合成可加工的石墨烯。从天然石墨生产氧化石墨烯的方法有许多种，改良版的 Hummers 法是一种卓有成效的氧化石墨烯制备方法[6,7]。氧化石墨烯片的表面是高度氧化的，载有羟基、环氧化物、二醇、酮类与羧基官能团，这些基团能够显著改变范德华相互作用，并且能够明显扩大在水中或有机溶剂中的溶解度范围[6,8,9,10-13]。位于片边缘处的其他羰基与羧基使氧化石墨烯片具有强烈的亲水性，从而允许氧化石墨烯片相当容易地在水中发生溶胀并得以分散[14,15]。基于这些氧官能团，文献中已经提出了不同的氧化石墨烯模型结构[12,13,16]。这些官能团可以成为化学反应与分子架构的理想位点。不过，为了制备石墨烯，通常采取化学、热学或光化学方法进行氧化石墨烯的还原。但是，如果对不含稳定剂的氧化石墨烯分散体进行还原，有可能引起石墨粒子的沉淀，原因是石墨烯片一般会发生迅速且不可逆的聚集。正是由于这个原因，石墨烯的表面功能化不仅在石墨烯剥落行为的控制中起到重要作用，而且还在进入新的科学与技术领域时发挥关键作用。此外，石墨烯的适宜功能化可以防止单层石墨烯在溶剂相中被还原之时发生团聚，这有助于维持石墨烯的本征性质。因此，在还原之前，通常需要对氧化石墨烯进行表面改性，然后才开始还原反应[17]。

石墨烯片功能化的方法有两大类：(i) 非共价法；(ii) 共价法。在非共价方案中，经常利用疏水性相互作用、范德华力和静电相互作用[18]。在共价功能化过程中，可以利用石墨烯表面上的氧官能团，包括边缘处的羧酸基团和基面上的环氧基/羟基，以期改变石墨烯的表面官能度[19]。一般来说，为了利用石墨烯上的羧酸基团来固定其他分子，需要事先对羧酸基团进行活化，可用于激活该基团的化合物有：氯化亚砜($SOCl_2$)[20-23]、1-乙基-3-(3 二甲基氨基丙基)-碳化二亚胺(EDC)[24]、N，N 二环已基碳二亚胺(DCC)[25]或者 2-(7-偶氮苯并三氮唑)-1,1,3,3-四甲基异脲六氟磷酸酯(HATU)[26]。随后加入亲核物种，如胺或醇类，通过形成酰胺或酯类便可产生共价氧化石墨烯。

利用这些方法，便可以将具有独特性质的石墨烯与其他纳米材料进行组合，如金属、金属氧化物、磁性纳米粒子和量子点等。

最近，有人在文献当中连续综述了石墨烯的性质[27]、应用与化学功能化实例[8,28,29]，有兴趣的读者不妨一阅。在本章中，首先以接枝分子和聚合物为重点，对石墨烯表面功能化方法进行分类，并且逐一加以介绍。然后，再介绍纳米粒子固定化的方法，此外，还将归纳并讨论在本领域内发表的最新文献。

## 2.2 石墨烯的非共价功能化

非共价相互作用主要涉及疏水性、π-π、范德华力与静电力等相互作用，此外，还需要有适当分子以物理方式吸附于石墨烯表面上。非共价功能化可以通过下述方法实现：复合材料的制备、聚合物的覆盖、表面活性剂或小芳烃分子的吸附以及与卟啉类化合物或生物分子（如脱氧核糖核酸和多肽类化合物）的相互作用。非共价功能化是业内尽人皆知的一门技术，用于碳系纳米材料的表面改性。以前，该技术曾广泛应用于碳纳米管（CNTs）的 $sp^2$ 网络表面改性[30,31]。目前正在进行之中的研究表明，只要引用不同种类的有机改性剂也可以将相同的技术应用于石墨烯[32-61]。根据石墨烯及其衍生物的结构可知，氧化石墨烯上的 $sp^2$ 网络能够与共轭聚合物和芳烃族化合物之间发生 π-π 相互作用，因此可以使源自化学还原反应的 RGO（还原态氧化石墨烯）得到稳定化，并由此产生功能性复合材料。在氧化石墨烯的化学还原过程中，还原态氧化石墨烯纳米片是通过其本身与芳烃分子之间的 π-π 相互作用实现稳定化的。芳烃分子具有很大芳环平面，可以固定在 RGO 表面，同时不会干扰其电子构型，最终为还原态石墨烯提供了稳定性。表 2.1 举例说明了氧化石墨烯非共价改性中使用的不同改性剂以及石墨烯与各改性剂之间的相互作用类型。

**表 2.1　石墨烯非共价改性中使用的不同改性剂及其与石墨烯的相互作用类型**

| 改性剂 | 相互作用类型 | 参考文献 |
| --- | --- | --- |
| 聚对苯乙烯磺酸钠（PSS） | 疏水性 | [32] |
| 胺封端的聚合物 | 静电性 | [35] |
| 磺化聚苯胺（SPANI） | π-π | [33] |
| 芘丁酸（亦称为 1-吡啶酸、吡啶酸） | | [34] |
| 聚（N-异丙基丙烯酰胺）（PNIPAAM） | | [36、37] |
| 聚乙二醇 | | [38] |
| 聚苯乙烯磺酸-G-吡咯 | | [39] |
| 聚（丙烯亚胺）树状大分子 | | [40] |
| 晕苯衍生物 | | [41] |
| 聚（2,5-二（3-磺酸丙氧基）-1,4-乙炔基亚苯基）-替-1,4-乙炔基亚苯基 | | [42] |
| 十二烷基苯磺酸钠 | | [43、44] |
| 肝磷脂 | | [45] |
| 硫堇（亚氨嗪） | | [46] |
| 亚甲基绿（MG） | | [47] |
| 芳基重氮盐 | | [48] |
| 含芘羟丙基纤维素（PYR-NHS） | | [49] |
| 卟啉化合物 | | [50、51] |
| 刚果红 | | [52] |
| 锌酞菁（Znpc） | | [53] |
| 磺化铜酞菁（Cupc） | | [54] |
| 聚-己基噻吩（P3HT） | | [55] |
| 共轭聚电解质 | | [56] |
| 7,7,8,8-四氰二甲基苯醌负离子 | | [57] |
| 芘和苝酰亚胺 | | [58] |
| 木质素和纤维素衍生物 | 疏水性 | [59] |
| 聚丙烯酰胺 | 亲水性 | [60] |
| 离子流体聚合物 | | [61] |

第一例石墨纳米片晶的非共价功能化是由 Stankovich 报道的，作者在功能化实验中采用了聚对苯乙烯磺酸钠(PSS)[32]。在 PSS 的存在下，氧化石墨烯(GO)的剥离与原位还原能够形成非共价功能化的石墨纳米片晶，所得产物亦可以在水中高度分散。Bai 等报道说，采用磺化聚苯胺(SPANI)作为表面改性剂能够将石墨烯功能化[33]。磺化聚苯胺展现了良好的导电性、电化学活性和水溶解性。Xu 等以氧化石墨烯和芘丁酸(PBA)为原料在水介质中制备出一种大表面的改性石墨烯柔性膜。由于 1-芘丁酸酯的存在，功能化的石墨烯在水中是高度可溶的[34]。

据文献报道，采用胺封端的聚合物进行非共价功能化，已经实现了还原态石墨烯在各种有机溶剂中的稳定分散[35]。这是人们第一次尝试在氧化石墨烯(GO)还原成石墨烯之后制备功能化石墨烯。根据这一方法，在采用氨-肼混合物的水介质中第一次完成了氧化石墨烯的还原，随后进行了水洗并移出聚集的石墨烯片。为了还原态氧化石墨烯(RGO)的非共价功能化，将胺封端的聚合物溶解于有机溶剂中，然后将 RGO 的水分散体加入到装有上述有机聚合物溶液的小玻璃瓶内，此时，小瓶内的有机相与水相仍处于相分离状态，故对其进行超声波处理，时间为 5h，以完成石墨烯的功能化与相转移。功能化的石墨烯可以相对容易地分散于多种溶剂，并且展现出令人满意的电导率。

Liu 等报道了一种石墨烯改性技术，其中考虑了石墨烯的 π 轨道与聚(N-异丙基丙烯酰胺)(PNIPAAM)之间的 π-π 相互作用[36]。图 2.1 示意性描绘了以这种技术制备功能化石墨烯的过程。在该方法中，芘-封端的 PNIPAAM 溶于水中，随后加入石墨烯的水悬浮液。在冰-水浴中对所得混合物进行超声波处理，生产出水可分散的石墨烯。最近，Pan 等通过点击化学接枝了结构明确的温敏型 PNIPAAM，在此基础上制备出了化学转化的石墨烯片(CCG)[37]。PNIPAAM 改性的石墨烯包括了大约 50%的聚合物，正是这种聚合物使石墨烯片在生理溶液中呈现出良好的可分散性和稳定性。

Qi 等已经报道了一种制备两亲还原态氧化石墨烯片的有效方法，其中采用了聚乙二醇的线团-刚棒-线团(coil-rod-coil)共轭三嵌段共聚物作为 π-π 键合稳定剂[38]。功能化的氧化石墨烯在一系列的有机溶剂和水中分散良好。功能化氧化石墨烯的聚乙二醇基团可以在不同的生理环境中发挥出良好的生物相容性与高稳定性，这或许可以引导人们去探索石墨烯在生物体系中的可能应用，并努力去发现这种材料将芳香类水不溶性药物附着于或输送进细胞的应用潜力。

Zhang 等通过非共价相互作用以导电性吡咯接枝共聚物[即聚苯乙烯磺酸-g-吡咯(PSSA-g-PPY)]为改性剂，对还原态氧化石墨烯(RGO)实施了功能化，并以此为基础设计了一种生物传感平台[39]。此外，该方法也包括以 PSSA-g-PPY 对氧化石墨烯(GO)的功能化以及随后在 100℃与肼存在下的还原。如此制得的功能化石墨烯展现了均匀的片形纳米结构，并可以良好地分散于水中，同时也具

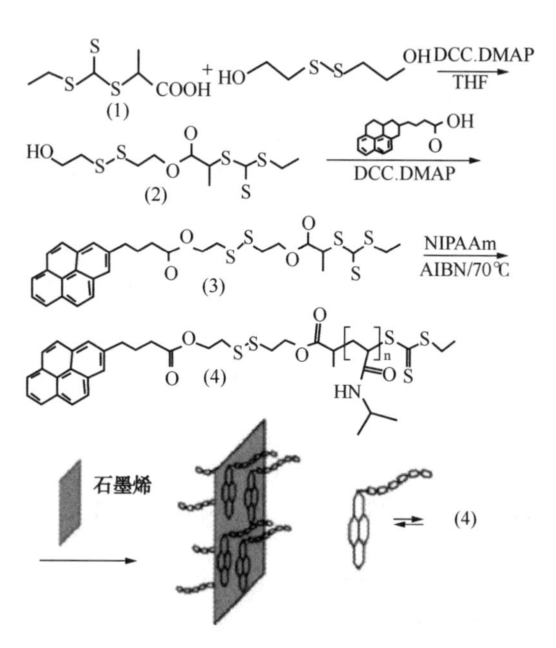


图 2.1　芘封端的 PNIPAAM 的合成过程示意图，其中使用了芘功能性 RAFT 试剂，随后将所得聚合物附着于石墨烯[36]。（RAFT 意为可逆加成断裂链转移聚合-译者注）。

有出色的电催化活性，可用于过氧化氢与脲酸的电化学检测。

在石墨烯的非共价表面改性中，也采用了带有端胺基的聚(丙烯亚胺)树状大分子[40]。剥离型氧化石墨烯(GO)的还原是在这种树状大分子的存在下完成的。Ghosh 等选择了负离子型晕苯衍生物(一种蓝色荧光材料)用于石墨烯的非共价功能化[41]。晕苯衍生物的负电荷防止了石墨烯的内-π-π 堆积与外-π-π 堆积，从而使功能化的石墨烯片实现了稳定化。

Yang 等已经成功地制备出超分子功能化的石墨烯基材料，其中采用的改性剂为共轭型聚(2,5-二(3-磺酸丙氧基)-1,4-乙炔基亚苯基)-替-1,4-乙炔基亚苯基)($PPESO_3^-$)[42]。图 2.2 示意性描绘了 $PPESO_3^-$改性石墨烯的制备过程。该法制得的石墨烯展现了高电导率与分散稳定性(时间长达 8 个月，且溶液中没有任何游离聚合物)。此外，石墨烯产物上的负电荷促进了石墨烯片的进一步功能化，而且所得产物可以应用于多种多样的光电器件。

十二烷基苯磺酸钠(SDBS)是非常著名的一种表面活性剂，已经广泛地用于碳纳米管(CNTs)与石墨烯的表面改性[62]。最近，Chang 等与 Zeng 等已经制备了 SDBS 改性的石墨烯[43,44]。SDBS 功能化的石墨烯经还原后，可制得表面活性剂覆盖的石墨烯片。SDBS 覆盖的石墨烯可以用作检测过氧化氢的生物传感材料。

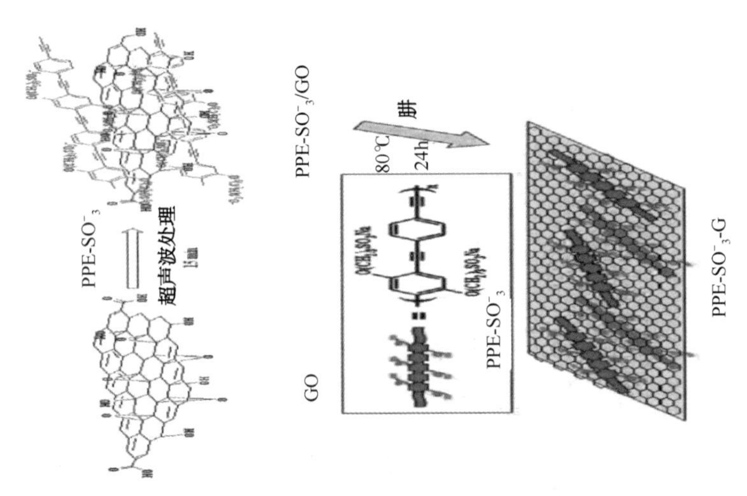


图 2.2 PPE SO$_3^-$的化学结构和制备 PPESO$_3^-$改性石墨烯片的示意图[42]

血液相容性在体内与体外应用中都是必须要加以重视的关键问题。最近，Lee 等通过化学还原的石墨烯与肝素之间的非共价相互作用制备了一种血液相溶性石墨烯/肝素轭合物[45]。有人曾提议说，可以通过非共价化学设计石墨烯/生物分子轭合物，这种方法非常简单，而且比共价化学更具通用性。此外，也有人提出了一种新颖的非共价功能化方法，可以使用硫堇来剥离并稳定化在水溶液中的石墨烯，包括化学转化的石墨烯和低温剥离的石墨烯[46]。

Liu 等报道了一种加工石墨烯片的灵巧方法，采用水溶性芳亚甲基绿(MG)对化学还原的石墨烯进行功能化处理[47]。研究发现，MG 改性的石墨烯可用于检测烟酰胺腺嘌呤二核苷酸(NADH)，其性能远优于化学还原的氧化石墨烯(GO)。Kamada 等已经将 π-共轭的盘状分子用于石墨烯片的功能化[48]。产生的功能化石墨烯易于分散于诸如 N，N-二甲基甲酰胺(DMF)与 N-甲基吡咯烷酮(NMP)之类的有机溶剂。

Kodali 等采用含有双功能分子芘的羟丙基纤维素(PYR-NHS)制备了化学改性的石墨烯，以用于蛋白质微图案化(micropatterning)[49]。(微/纳米图案在纳米科学和技术中具有特殊的意义。单个大分子本身就是纳米微粒，又有多层次的结构和构型、可调控的结构单元和链长、共聚和共混等，这些都可导致内容丰富的微/纳米图案；聚合物特有的物理性能不仅可使多种现成的微制造技术更易实现，也可用来开发新的图案化技术-译者注)。PYR-NHS 中的芳族芘基通过 π-π 堆积与石墨烯基面发生强烈相互作用，而没有扰动碳蜂巢状晶格的 $sp^2$键结构，也没有扰动赋予石墨烯特征性电子性能的 π 能带。Geng 等和 Wojcik 等开发了一种新方法，可以利用卟啉与石墨烯之间的 π-π 相互作用，对石墨烯进行非共价功能化[50,51]。使用刚果红(CR)也可以对石墨烯表面实施功能化[52]。刚果红的芳环

与石墨烯基面通过 π-π 堆积发生强烈相互作用。

最近，锌酞菁(ZnPc)与磺化铜酞菁(CuPc)配合物已经用于石墨烯的表面改性，也是通过 π-π 相互作用进行的[53,54]。瞬态吸收(Transient Absorption)测量表明，ZnPc 担当了电子给体，而石墨烯则作为电子受体[53]。(瞬态吸收既是一种时间分辨技术，同时也是吸收光谱；最早诞生于光化学领域，用于测量光化学反应的过渡态—译者注)。因此，这种功能化的石墨烯可以作为太阳能电池中的透明电极材料。CuPc 上面的磺酸盐基团在还原态氧化石墨烯片(RGO)上引入了负电荷，并稳定了 RGO 分散体，从而制备出 CuPc 功能化的 RGO 单片，以满足器件制造之需要[54]。最后，文献中也有报道说，采用共轭聚合物和芳族化合物也可以通过 π-π 相互作用对石墨烯实施功能化，如聚己基噻吩($P_3HT$)[55]、缀合的聚电解质[56]、7,7,8,8-四氰二甲基苯醌负离子[57]和苝酰亚胺[58]等。

石墨烯的非共价功能化也可利用木质素和纤维素衍生物生物分子来实现，如木质素磺酸钠(SLS)、羧甲基纤维素钠(SCMC)和含芘羟丙基纤维素(PYR-NHS)[59]。

Ren 等已经指出，通过亲水相互作用，石墨烯片可以稳定地分散于水中[60]。改性石墨烯的表面对于溶液 pH 值的变化是高度敏感的，这一事实表明，在传感器、生物学、医药学、纳米电子学与其他相关领域中，改性石墨烯具有潜在的应用价值。

对于石墨烯的非共价表面改性而言，高分子量离子液体聚合物(ILPs)是非常有效的[61]。图 2.3 示意性地描绘了 ILPs 功能化石墨烯的制备过程。人们已经发现，由 ILPs 修饰的石墨烯片对于化学还原是稳定的，而且能够很好地分散于水相之中且不会出现团聚现象。

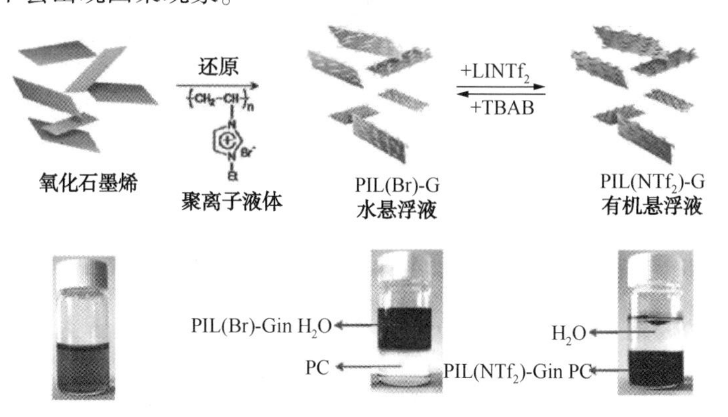


图 2.3 PIL-改性石墨烯片(PIL-G)的合成过程[61]示意图

## 2.3 石墨烯的共价功能化

本节专述石墨烯骨架结构的共价功能化。在石墨烯片的末端、边缘和/或表面可能会发生结构改变。表面功能化是与碳网络中一个或多个 $sp^2$碳原子再杂化成 $sp^3$构型相关的，同时还会发生电子共轭损失。石墨烯的共价改性可以采取四种不同方式：（i）亲核取代；（ii）亲电加成；（iii）缩聚反应；（iv）加成反应[9,20,23,63-110]。这些策略允许多种基团、纳米材料与聚合物在石墨烯上共价成键，产生功能化的石墨烯片。氧化石墨烯(GO)共价改性中采用的多种改性剂以及相关的反应类型列于表 2.2 中。

**表 2.2 石墨烯共价改性采用的不同改性剂与反应类型**

| 反应类型 | 改性剂 | 参考文献 |
|---|---|---|
| 亲核取代 | 十八烷基胺(见表后译者注) | [63] |
| | 十二烷基胺 | [64] |
| | 多聚-l-赖氨酸 | [65] |
| | 脂肪伯胺与氨基酸 | [66] |
| | 疏水蛋白 | [67] |
| | 聚去甲肾上腺素 | [68] |
| | 多肽类 | [69] |
| | 聚丙烯胺 | [70] |
| | 多巴胺 | [71] |
| | 离子液体 1-(3-氨丙基)-3-甲基咪唑溴化物 | [23] |
| | 3-氨丙基三乙氧基硅烷 | [73] |
| | 十八烷基胺(见表后译者注) | [72] |
| | 聚氧化烯胺类 | [74] |
| 亲核取代 | 4-对氨基苯磺酸和 4,40-二氨基二苯醚 | [75] |
| | 烯丙基胺 | [76] |
| | 丁基-、辛基-和十二烷基胺 | [77] |
| | 聚丙三醇 | [78] |
| | 6-氨基-4-羟基-2-萘磺酸 | [79] |
| | 异氰酸酯 | [80] |
| | 溴代异丁酰溴 | [81] |
| 亲电取代 | 对硝基苯胺 | [82] |
| | 芳基重氮盐 | [83, 84] |
| | 4-溴代-苯胺 | [85] |
| | 二茂铁 | [86] |
| | N-甲基-2-吡咯烷酮 | [87] |
| | 聚苯乙烯 | [88] |

续表

| 反应类型 | 改性剂 | 参考文献 |
|---|---|---|
| 缩聚反应 | 异氰酸酯 | [9、80] |
| | 十八烷基胺 | [89] |
| | 四甲基乙二胺 | [90] |
| | 胺封端的聚乙二醇 | [24] |
| | 壳聚糖 | [91-93] |
| | 基于三苯胺的聚甲亚胺 | [94] |
| | 环糊精 | [95，96] |
| | 聚乙烯醇 | [97] |
| | 胺功能化的卟啉 | [20] |
| | 烷基氯硅烷 | [98] |
| | 3-氨丙基三乙氧基硅烷 | [98] |
| | 腺嘌呤、胱氨酸、尼克酰胺、卵清蛋白、丙胺 | [98] |
| | 富勒烯 | [101] |
| | 磺胺酸/巯基乙胺 | [102] |
| 加成反应 | 甲亚胺叶立德 | [103，104] |
| | 叠氮基三甲基硅烷 | [105] |
| | 马来酸酐 | [74] |
| | 烷基叠氮化物 | [106] |
| | 聚乙炔 | [107] |
| | 2-(三甲基硅基)-苯三酯 | [108] |
| | 丙二酸盐 | [109] |
| | 含有叠氮化合物基的化合物系列 | [110] |

译者注：表中第一行原文为 Octadecyal Amine，应为 Octadecyl Amine 之误，但又与第十二行重复。

## 2.3.1 亲核取代反应

亲核取代反应中的主要活性位点是氧化石墨烯(GO)的环氧基团。有机改性剂的胺($ANH_2$)官能团带有孤电子对，有利于进攻氧化石墨烯基面上的环氧基团。与其他方法相比，亲核取代反应非常易于发生，在室温下和水介质中也是如此。正是基于这一理由，人们一直认为该方法是大规模生产功能化石墨烯的最具前景的技术。在功能化石墨烯的制备中，成功地采用了多种脂肪胺与芳香胺、氨基酸、胺封端的生物分子、离子液体、小分子量聚合物和硅烷化合物等[23,63-81]。

Wang 等和 Kuila 等也分别采用了十八烷基胺和十二烷基胺以合成亲有机石墨烯[63,64]。在碱性溶液中已经合成出了多聚-L-赖氨酸(PLL)功能化的生物相容性石墨烯片[65]。X 射线光电子能谱(XPS)的分析结果清晰地表明石墨烯的功能化是相当成功的。测定出石墨烯-聚-L-赖氨酸的厚度大约为 3.6nm，这是由石墨烯两面上的多聚-L-赖氨酸覆盖范围决定的。多聚-L-赖氨酸的生物相容性与相对友好的性质有助于将生物分子进一步固定在石墨烯-聚-L-赖氨酸表面上。为了支持这一见解，有人成功地将辣根过氧化物酶(HRP)固定在石墨烯-多聚-L-赖氨酸纳米复合材料上。基于石墨烯-PLL/HRP 复合材料制备出的生物传感器在检测 $H_2O_2$的能力上得到了提高，优于其他的生物传感器。

Bourlinos 等在氧化石墨的表面处理中采用了不同的伯胺 $C_nH_{2n+1}NH_2$($n=2$、4、8、12、18)与氨基酸[66]。在采用短链伯胺 $C_nH_{2n+1}NH_2$($n=2$、4、8、12)的实例中，接枝反应是在室温下完成的。反之，如果采用了长链($n=18$)脂肪胺，则需要将反应混合物在回流条件下加热 24h。X 射线衍射(XRD)分析表明，在胺插层的氧化石墨衍生物中，层间距取决于胺链的长度以及链相对于片层的取向[66]。根据 Bourlinos 等的研究，倾斜的取向很有可能是由于氧化石墨的亲水性质造成的结果[66]。氨基酸与氧化石墨之间的反应是在氨基酸的碱性溶液中发生的。在这种情况下，$ANH_2$端基的亲核进攻是在氧化石墨的环氧基团上发生的。XRD 分析认为，氨基酸分子在氧化石墨的层间区域内采取了平面取向。图 2.4 示出了烷基胺改性石墨烯的制备过程。

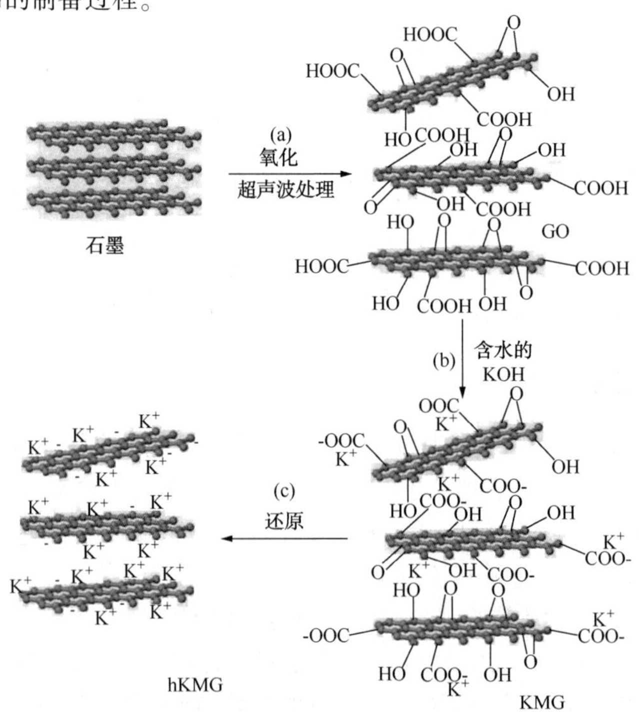


图 2.4　由石墨制备功能化石墨烯片的简单路线：(a)天然片状石墨氧化成氧化石墨，随后用超声波处理；(b)用烷基胺处理氧化石墨烯(GO)水分散体以获取胺改性的 GO (RNH-GO)；(c)用肼还原 RNH-GO 以制取胺改性的石墨烯(RNH-G)

聚去甲肾上腺素是一种儿茶酚胺聚合物，有人已经将其用于氧化石墨烯(GO)的化学功能化[68]。生成的石墨烯可以高度分散在水中，并适合作为纳米填料，用于制备石墨烯基纳米复合材料，见图2.5。

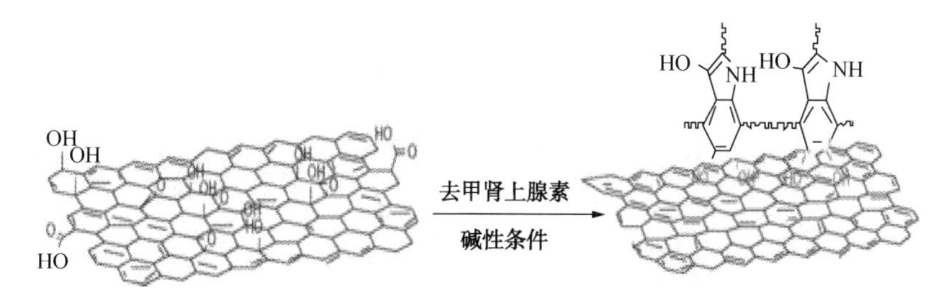


图2.5　在石墨烯表面上合成聚去甲肾上腺素示意图

Cui等已经评价了在石墨烯的化学与生物功能化中采用的一般方法，因为所得产物要用作某些电子器件或传感器的平台，故这类功能化方法必须是非破坏性的[69]。通常情况下，肽的水溶液首先与石墨烯发生反应，然后在一个封闭容器内(相对湿度为100%)培育20min，随后用去离子水多次洗涤并干燥所得产物。

Park等制备了氧化石墨烯(GO)片的均匀胶状悬浮体，其中氧化石墨烯片是由聚丙烯胺在水介质中化学交联的[70]。X射线光电子能谱(XPS)与傅里叶变换红外光谱(FT-IR)的化学分析证明，氧化石墨烯是通过位于其基面上的环氧基实现交联的。样品薄膜是采用交联氧化石墨烯片的简单过滤方法制成的。

Xu等以多巴胺作为还原剂还原了氧化石墨烯，同时又将其作为封端剂修饰了生成的还原态氧化石墨烯，以期做进一步的功能化[71]。在弱碱性(pH值为8.5)下生成的聚多巴胺在石墨烯表面上形成均匀涂层，且生成的这种材料可以高度溶于水中。

Yang及其同事将胺封端的离子液体，即1-(3-氨丙基)-3-甲基咪唑溴化物($IL-NH_2$)，用于石墨烯的功能化[23]。氧化石墨烯(GO)的环氧基与$IL-NH_2$的氨基之间发生亲核开环反应，从而促成了功能化的实现，如图2.6所示。生成的CCG(化学转化的石墨烯)有可能作为制备复合材料的重要起始原料，或金属纳米粒子的前驱体，这些材料可以应用于多种领域。此外，Wang等报道说，可以利用十八烷基胺与石墨烯上的环氧基进行反应，以制备出功能化石墨烯[72]。

采用3-氨丙基三乙氧基硅烷(APTS)可以实现简单易行的共价功能化，以此方式制备化学转化的石墨烯片[73]。图2.7是形成APTS功能化石墨烯的示意图。产生的功能化CCG片性能良好，已经用作硅胶整体材料中的补强组分。

Hsiao等利用聚氧化烯胺类(POA)与氧化石墨烯(GO)的残留环氧官能团发生反应，制备出功能化的石墨烯[74]。Shen等通过二酰亚胺-活化的酰胺化二步反应制备出了亲水与亲有机的氧化石墨烯[75]。氧化石墨烯的酯化是按照标准方法完

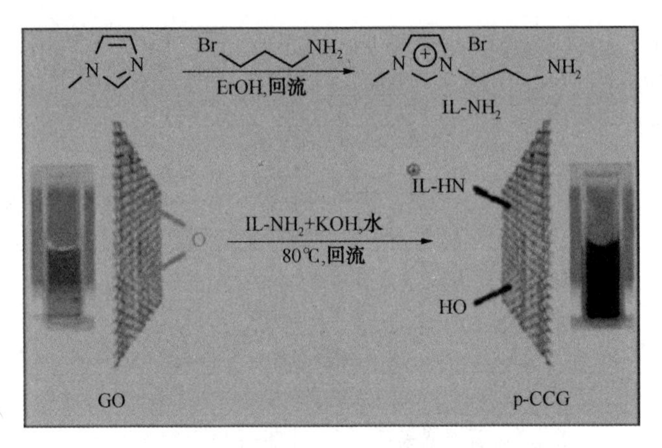


图 2.6　p-CCG(化学转化的石墨烯)制备过程的图解说明[23]

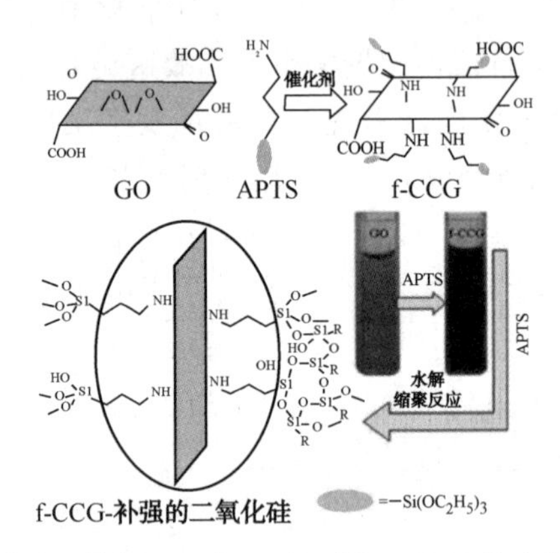


图 2.7　氧化石墨烯(GO)与 3-氨丙基三乙氧基硅烷(APTS)之间的反应以及 f-CCG(化学转化的石墨烯)片引入二氧化硅基体的过程示意图。R=AOH 或 $ACH_2(CH_2)_2NH_2$[73]

成的，该法与碳纳米管(CNT)的酯化相似[111]。利用 4-对氨基苯磺酸和 4,40-二氨基二苯醚对上述经过酯化的氧化石墨烯做进一步的改性。原子力显微镜(AFM)分析清晰地揭示，4-对氨基苯磺酸改性的石墨烯在厚度上高于氧化石墨烯，这主要归因于 4-对氨基苯磺酸在氧化石墨烯表面上的吸附。

Wang 等采用溶剂热法(solvothermal method)制备了亲水性氧化石墨烯(GO)片[76]。(溶剂热法是在水热法的基础上发展起来的，指密闭体系如高压釜内，以有机物或非水溶媒为溶剂，在一定的温度和溶液的自生压力下，原始混合物进行反应的一种合成方法-译者注)。在内衬聚四氟乙烯的高压釜内，氧化石墨烯水分散体与烯丙基胺在 90℃下反应 0.5~2h。通过与烯丙基胺的反应，可以有效地提高氧化石墨烯片的亲水性亲和力。

最近，Pham 等开发了一种新的改性技术，其中，在一种碱(如甲醇钾)的存在下，可以将氧化石墨烯(GO)用作亲核试剂[78]。如此合成的新型混合材料在水中形成稳定的分散体，时间可长达 3 个月，而且这种大有前景的新兴材料能够满足多种潜在应用的各种要求。Kuila 等通过氧化石墨与 6-氨基-4-羟基-2-萘磺酸(ANS)的反应，制备出水分散性石墨烯。分析发现，大约 13%(质量分数)ANS 分子已经掺杂在石墨烯的表面[79]。

异氰酸酯也可用于氧化石墨烯的共价功能化，方法是与氧化石墨片上的羧基与羟基分别形成酰胺与氨基甲酸酯类化合物。因此，异氰酸酯改性的石墨烯容易在极性非质子溶剂中形成稳定分散体，产生出完全剥离的单层石墨烯片，其厚度约为 1nm(图 2.8)。这种分散体也促进了氧化石墨烯片与基体聚合物的密切混合，这相当于提供了一种新型合成路线来制造石墨烯-聚合物纳米复合材料。此外，悬浮液中的改性石墨烯也可以在主体聚合物基体的存在下实现还原，从而赋予纳米复合材料导电性[80]。随后加成的亲核物种(如胺或醇)通过形成酰胺或酯类的方式在氧化石墨烯上生成了以共价键结合的官能团。

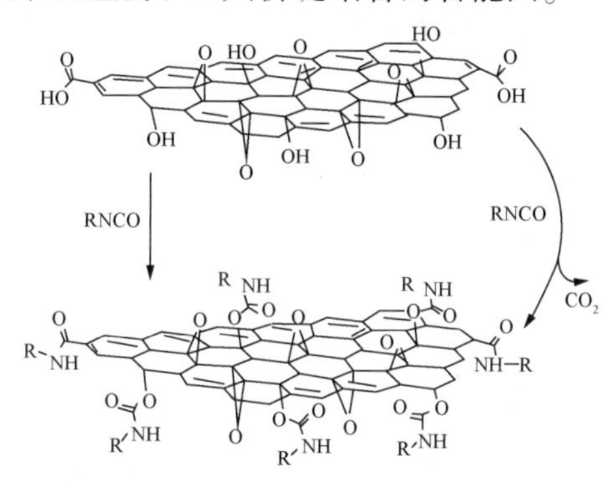


图 2.8　氧化石墨烯(GO)的异氰酸酯处理(其中有机异氰酸酯与氧化石墨烯片上的羟基和羧基发生反应)

最后，氧化石墨烯基面上的胺基与羟基也可以使聚合物接枝到石墨烯片上或自石墨烯片上接枝。为了聚合物在氧化石墨烯面上得以生长，还特意将一种原子转移自由基聚合(ATRP)引发剂(即α-溴代异丁酰溴)附着于石墨烯表面[81]。随后的活性聚合产生了附在氧化石墨烯基面上的聚合物，从而提高了溶剂与其他聚合物基体的相容性。

### 2.3.2　亲电取代反应

与石墨烯发生的亲电取代反应涉及到以亲电子试剂(亲电体)取代氢原子，这一反应已用于石墨烯的功能化[82-88]。芳基重氮盐自发地接枝于石墨烯表面便是亲电取代反应的一个典型例子。对硝基苯胺的重氮盐可以接枝在石墨烯表面上[82]。在表面活性剂覆盖的石墨烯表面上，芳基重氮盐能够发生亲电取代反应，

Lomeda 等和 Zhu 等正是通过这一反应制备出有机可溶性石墨烯[83,84]。图 2.9 是以重氮盐对石墨烯进行功能化的示意性图解。Sun 等采用了 4-溴代-苯胺的重氮盐，以进行石墨烯的边缘-选择性功能化[85]。这些化学功能化的石墨烯片比原始石墨烯更易于分散。显微分析数据表明，在化学法剥离的石墨烯薄片堆垛中，大约有 70%以上只有 5 层以下的厚度。

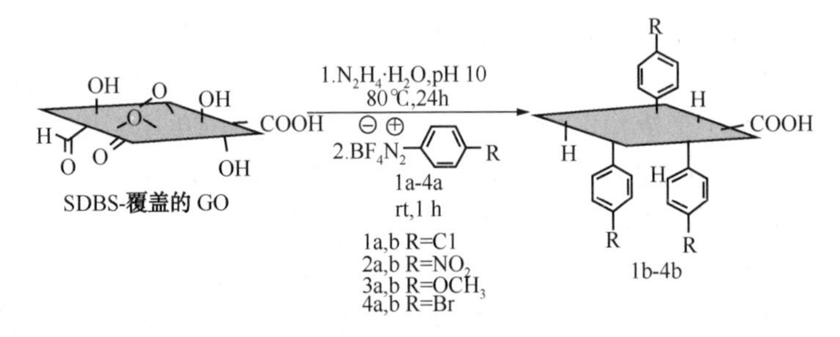


图 2.9　以重氮盐还原并功能化 SDBS-覆盖的 CCG(化学转化的石墨烯)中间体(起始材料为 SDBS-覆盖的氧化石墨烯[83])

最近，Avinash 等展示了二茂铁与氧化石墨烯(GO)的弗里德尔-克拉夫茨(Friedel-Crafts)酰化反应[86]。图 2.10 是氧化石墨烯与二茂铁的共价改性示意图。反应是在室温下的固相氧化铝与三氟乙酸酐中发生的，目的是制备共价连接的二茂铁-氧化石墨烯混合型材料。

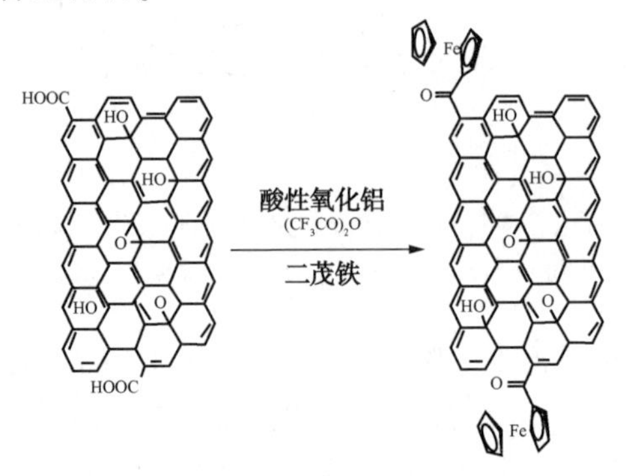


图 2.10　通过酸性氧化铝表面上的弗里德尔-克拉夫茨(Friedel-Crafts)单酰化反应，以二茂铁共价改性氧化石墨烯[86]

Pham 等为溶剂热法功能化石墨烯引入了一个新的概念，即采用 N-甲基-2-吡咯烷酮(NMP)作为超始材料[87]。自由基是在溶剂热还原期间由 NMP 产生的，而功能化发生的方式与采用芳基重氮盐功能化石墨烯的情况相似[83]。人们发现，石墨烯中 C@ C 电子共轭的恢复程度随着反应时间而提高。Fang 等利用聚苯乙烯制备了共价功能化的石墨烯[88]。引发剂分子通过重氮盐加成反应共价键合于石墨烯表面，随后的原子转移自由基聚合[以 82%(质量分数)的接枝效率]将聚苯乙烯链连接于石墨烯片。

### 2.3.3 缩聚反应

缩聚反应是一种化学反应，其中两个分子(官能团)结合并形成一个单一分子，同时伴有熵损失。在石墨烯的实例中，异氰酸酯、二异氰酸酯与胺化合物通过形成酰胺和氨基甲酸酯键的方式发生缩合反应[9,20,24,80,89-102]。

Stankovich 等在氧化石墨烯(GO)的表面改性中采用了一系列的异氰酸酯[9,80]。反应是在氮气氛下的 N，N-二甲基甲酰胺(DMF)中发生的。当使用固体异氰酸酯时，需要在加入 DMF 之前将异氰酸酯与氧化石墨烯装入烧瓶中。生成的功能化氧化石墨烯很容易分散于 DMF，因此在聚合物纳米复合材料的制备中是非常有用的[9]。

与有机异氰酸酯相似，有机二异氰酸酯在氧化石墨烯(GO)的功能化与交联中也非常有用[89]。利用亚硫酰氯($SOCl_2$)活化 GO 的羧基官能团就可以使胺官能团接枝于 GO 表面。活化态氧化石墨烯的 COCl 官能团与卟啉功能化的伯胺(图 2.11[20])或富勒烯功能化的仲胺(图 2.12[22])之间形成了共价(酰胺键)，通过这一反应便可实现氧化石墨烯的功能化。

Worsley 等提出，通过四甲基乙二胺(TMEDA)与氟化石墨在 0℃下的己烷溶剂中发生反应，也可以制备功能化石墨烯[90]。在搅拌 3 天之后，利用异丙醇和乙醇结束反应。生成的烷基化石墨烯在卤化溶剂中分散良好。

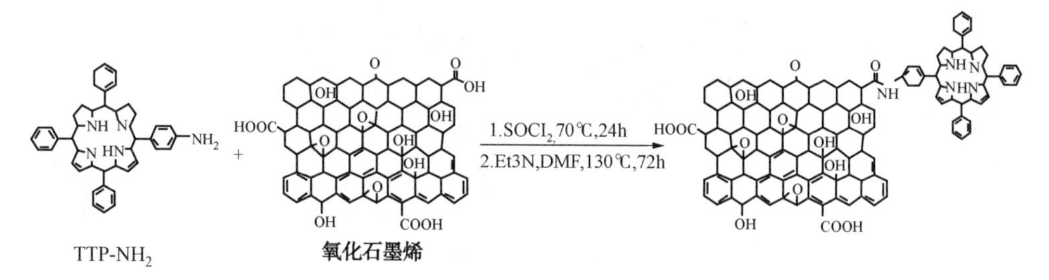


图 2.11 卟啉功能化的伯胺与氧化石墨烯通过 $SOCl_2$ 活化发生反应示意图[20]

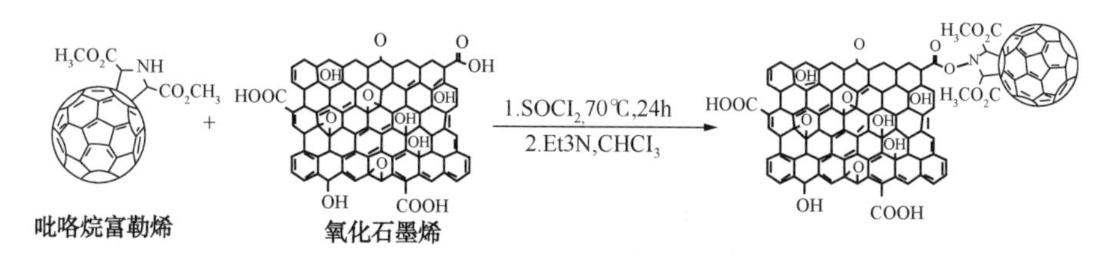


图 2.12 富勒烯功能化的仲胺与氧化石墨烯通过 $SOCl_2$ 活化发生反应示意图[22]

Liu 等首次报道了采用胺封端的聚乙二醇($PEG-NH_2$)功能化氧化石墨烯

(GO)[24]。通过碳二亚胺-催化的酰胺形成过程，GO 实现了功能化，如图 2.13 所示。生成的产物高度溶于水，通过非共价范德华力相互作用，可以很容易地与水不溶性芳族分子形成配合物，如喜树碱(CPT)。

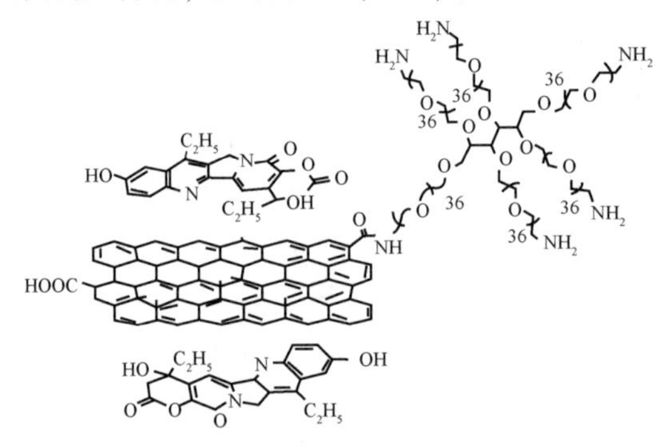


图 2.13　负载有 SN38 的 NGO-PEG 示意图[24]

最近，有文献采用微波辐射法在 N，N-二甲基甲酰胺(DMF)介质中成功地制备出了壳聚糖(CS)改性的石墨烯[91]。氧化石墨烯(GO)的羧基与壳聚糖的胺基发生反应，随后再用水合肼还原，以这种方式完成了功能化。图 2.14 描绘了壳聚糖改性石墨烯的过程示意图。此外，用壳聚糖对氧化石墨烯进行酰胺化可以改善后者在酸性水介质中的分散性[92,93]。通过 π-π 堆积与疏水相互作用，GO-CS 可以作为一种新型纳米载体，用于负载水不溶性抗癌药物喜树碱(CPT)。

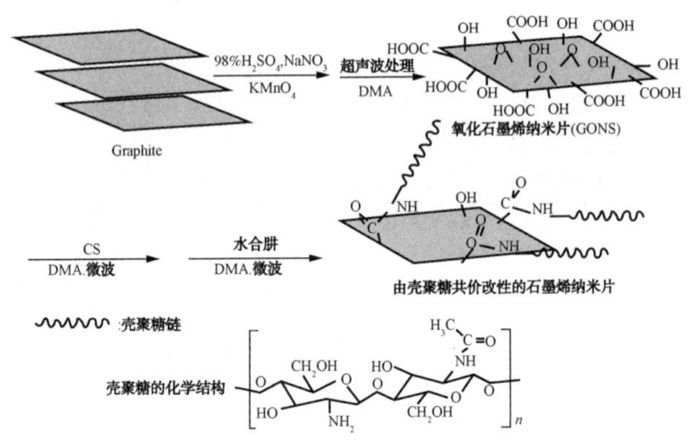


图 2.14　壳聚糖链接枝于石墨烯片的形成步骤示意图[91]

Zhuang 等已经合成出了共轭聚合物功能化的氧化石墨烯(GO)，可以用于制造可重新擦写的记忆器件[94]。在这一过程中，三苯胺-基聚甲亚胺(TPAPAM)的胺基与氧化石墨烯的羧基官能团反应，并形成酰胺键。

Xu 等利用氧化石墨烯(GO)的羧基官能团与 β-环糊精(β-CD)的羟基在氯化亚砜($SOCl_2$)存在下发生酯化反应，合成出了功能化石墨烯[95]。图 2.15 是以 β-

CD 功能化氧化石墨烯的示意图。功能化的氧化石墨烯在血红蛋白的还原与氧化反应中表现出卓越的电催化活性，这有助于提高其实用性，比如作为一种新型生物传感材料，用于检测血红蛋白等[96]。由于不同种类的环糊精存在着可以调谐的空腔尺寸，这种功能化的石墨烯展现了出色的电化学性能，可以检测生物药分子。

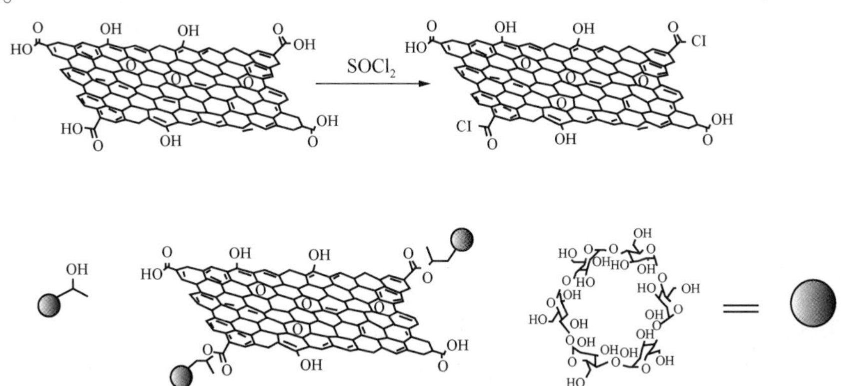


图 2.15　合成 HPCD-氧化石墨烯复合材料的示意图[95]
(HPCD 应为 hydroxypropyl-β-cyclodextrin(HP-β-CD)，羟丙基-β-环糊精-译者注)

与 β-CD 相似，聚乙烯醇(PVA)也可以通过酯键生成反应对石墨烯进行表面改性(见图 2.16)[97]。通过酰胺键生成反应，胺功能化的卟啉(TPP-$NH_2$)环也可以用于氧化石墨烯(GO)的表面改性[20]。TPP-$NH_2$的结合显著地改善了石墨烯-基材料在有机溶剂中的溶解度与分散稳定性。

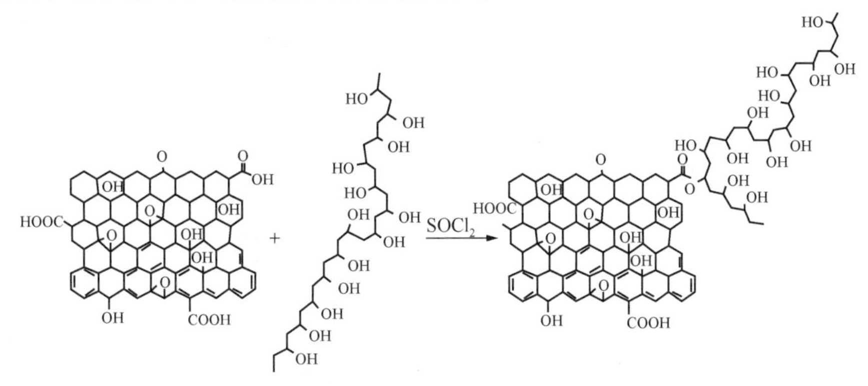


图 2.16　以氧化石墨烯为起始材料制备聚乙烯醇(PVA-)改性的石墨烯示意图[97]

有人提出，适合有机溶液加工的功能化石墨烯材料可以用作光电器件中的太阳能转换材料。Matsuo 等在丁胺与甲苯的存在下，采用多种烷基氯硅烷制备出了甲硅烷基化氧化石墨烯。随着甲硅烷基化试剂中的氯原子数目增加，层间距离显著提高[98]。有人提出，对硅烷功能化的氧化石墨烯进行热裂解能够制备柱状炭，在所述方法中，可以利用3-氨丙基三乙氧基硅烷(APTS)改性的氧化石墨烯作为前驱体材料[99]。Shen等使用腺嘌呤、胱氨酸、卵清蛋白(OVA)和丙胺制备了氧化石墨烯生物复合材料[100]。

两步法是在室温下的缓冲溶液中实施的，并且是在短时间内完成的。采用富勒烯也可以进行石墨烯的功能化[101]。富勒烯基乙酸的羧基与氧化石墨的羟基之间可以发生费舍尔(Fisher)酯化反应。Chen等制备了可以用作离子交换材料的磺胺酸功能化的氧化石墨烯(GO)，并且研究了这种材料在检测过氧化氢过程中的电化学行为[102]。氧化石墨烯的羧基与磺胺酸/半胱胺的胺官能团之间形成了酰胺键，功能化正是通过这一反应得以实现的。

### 2.3.4 加成反应

在有机加成反应中，两个或更多分子结合形成一个较大的分子[103-110]。图2.17为甲亚胺叶立德在石墨烯表面上的1，3-偶极环加成反应示意图[103]。对于外延生长石墨烯还引用了一个相似的概念，即叠氮基三甲基硅烷的环加成反应[105]。在去除$N_2$以后，氮烯与石墨烯通过亲电[2+1]环加成或者是双自由基路径发生反应，最终形成功能化石墨烯。

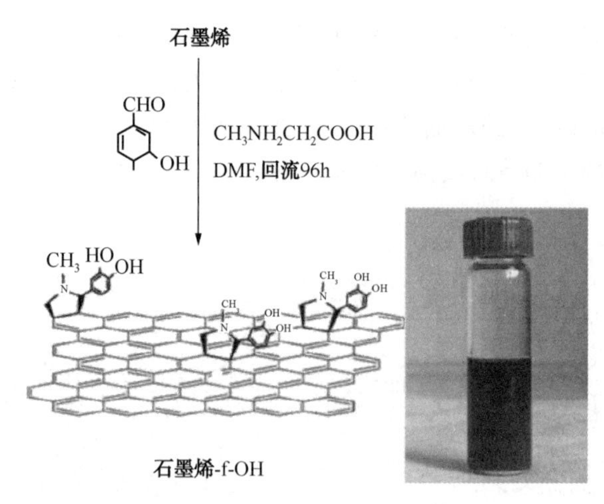


图2.17 甲亚胺叶立德在石墨烯表面上的1,3-偶极环加成反应示意图[103]

Hsiao等利用还原态氧化石墨(RGO)的残留含氧官能团制备了功能化石墨烯[74]。带有一个马来酸酐的聚氧化烯胺已经用作石墨烯的表面改性剂。在自由基的存在下，马来酸酐可以直接接枝在氧化石墨表面上。

Vadukumpully等采用多种烷基叠氮化合物对表面活性剂覆盖的石墨烯实施了功能化[106]。根据氮烯的化学原理，也可以采用聚乙炔作为石墨烯的有机改性剂[107]。Zhong 等在温合条件下通过芳炔环加成以固定化 2-(三甲基硅基)-苯三酯，在此基础上开发了一种简单而有效的 CCG(化学转化的石墨烯)片合成方法[108]。

Economopoulos 等采用微波辐射法制备了化学改性的石墨烯片[109]。生成的混合型材料具有以共价形式接枝于石墨烯骨架上的环丙烷二酸酯单元，并且形成了稳定的悬浮液，在多种溶剂中可保持数天之久。也有人基于氮烯化学提出了一种可用于石墨烯功能化的独特方法，有兴趣的读者可自行查阅此处引用的相关文献[110]。

## 2.4 石墨烯-纳米粒子

石墨烯兼具令人惊异的二维类片状结构与非常高的比表面积，故成为无机纳米粒子(NPs)修饰的理想衬底，由于这些纳米粒子的新颖性质或强化性能，生成的材料可用于多种领域[112,113]。最近，各种金属、金属氧化物和半导体性的纳米粒子已经掺入到石墨烯 2D 结构，以期赋予复合材料以超常性能。

为了制备石墨烯-纳米粒子复合材料，人们已经开发了不同类型的合成方法，包括三种主要的策略：(a)前石墨烯化；(b)后石墨烯化；(c)一锅法策略。

(a) 前石墨烯化策略(Pre-graphenization strategy)：在该方法中，石墨烯是预先合成的，然后才与纳米粒子进行混合以制造复合材料。在目标复合材料的设计中，需要考虑两个重要因素：一是掺入的第二相纳米粒子要适当；二是石墨烯在各种溶剂中的溶解度。

(b) 后石墨烯化策略(Post-graphenization strategy)：在该方法中，将单独制备的纳米粒子和/或盐前驱体与氧化石墨烯(GO)悬浮液彻底混合之后，随即实施还原步骤。复合材料的初步制备研究表明，氧化石墨烯水悬浮液与水溶性金属前驱体的混合以及随后的还原处理可以形成还原态氧化石墨烯/纳米粒子(RGO/NPs)复合材料。纳米粒子的附着可以防止还原态氧化石墨烯在还原过程中出现团聚与再堆积。

(c) 一锅法策略：复合材料的第二组分起到了稳定剂的作用，可提高复合材料性能。

通常可以采取多种方法掺入纳米粒子(NPs)，如物理吸附、静电相互作用(非共价方式)或与还原态氧化石墨烯共价键合。鉴于非共价结合方式掺入的纳米粒子存在分离的可能性，人们更愿意采用功能化的纳米粒子，因为其可形成共价键合。值得提及的是，纳米粒子是直接修饰在石墨烯片上的，纳米粒子与石墨烯之间完全没有分子连接，这样可以防止沿石墨烯片表面出现另外的俘获状态。因此，许多种类的第二相能够以纳米粒子的形式沉积在石墨烯片上，这样便可以给石墨烯带来新的功能度，以期在催化、能量存储、光催化、传感器与光电子等领域得到应用。这种方式是非共价功能化。

以纳米粒子对石墨烯实施非共价功能化可以形成石墨烯-纳米粒子复合材料。关于本体石墨烯-纳米粒子复合材料的合成，需要强调几个重要的议题：(i)单独纯石墨烯片的分离；(ii)纳米粒子在石墨烯片上的非均匀分散；(iii)纳米粒子附着于二维结构的机理；(iv)在混合结构的形成过程中，在氧化石墨烯/还原态氧化石墨烯(GO/RGO)上有意引入和无意引入的官能团发挥的作用；(v)纳米粒子与石墨烯之间的相互作用及其对预期性能的影响；(vi)石墨烯尺寸的影响以及缺陷的存在。

然而，在纳米粒子/石墨烯复合材料的制造中，特别是在纳米粒子附着于石墨烯的过程中，仍然存在若干挑战与问题：①制备程序相对复杂；②纳米粒子在石墨烯片上的分散性不佳；③金纳米粒子(AuNPs)的表面覆盖密度甚低。在这些方面，人们已经付出了巨大的努力以使纳米粒子共价键合于石墨烯表面，并且实现良好的分散性与高密度。

根据上述策略开发的众多复合材料证明，纳米粒子在石墨烯表面上的集成可以使复合材料获得各个单组分及其组合所赋予的优异性能。基于以金属、半导体和金属氧化物功能化的石墨烯，人们已经开发出各种各样的复合材料，见表2.3。

**表2.3　以不同纳米粒子(NPs)改性的石墨烯及两者之间的不同结合类型**

| 纳米粒子类型 | 结合类型 | 参考文献 |
|---|---|---|
| Pt | 非共价 | [114-116] |
| Pt/Au | 非共价 | [117] |
| Au | 非共价 | [116-119，121] |
| | 共价 | [120，122-124] |
| Pd | 非共价 | [116，125] |
| Ag | 共价 | [126] |
| ZnO 纳米线 | 非共价 | [130] |
| ZnO | 非共价 | [131] |
| TSCuPc | 非共价 | [132] |
| 二氧化硅 | 非共价 | [133] |
| $RuO_2$ | 非共价 | [134] |
| $Ni(OH)_2$ | 非共价 | [150] |
| $SnO_2$ | 非共价 | [135-137] |
| Si | 非共价 | [137] |

续表

| 纳米粒子类型 | 结合类型 | 参考文献 |
|---|---|---|
| $TiO_2$ | 非共价 | [137-142，150] |
| | 共价 | [143] |
| $TiO_2$/Ag | 共价 | [144] |
| $Mn_3O_4$ | 非共价 | [145] |
| $Co_3O_4$ | 非共价 | [137，146] |
| $Fe_3O_4$ | 非共价 | [154，147，148] |
| | 共价 | [78，149] |
| CdS | 非共价 | [157-159] |
| ZnS | 非共价 | [159] |
| CdSe | 非共价 | [160，161] |
| CdTe | 非共价 | [162] |
| 石墨烯 QDs | 非共价 | [163] |

### 2.4.1 金属纳米粒子：Au、Pd、Pt、Ag

复合材料的相关制备步骤包括将各金属盐($HAuCl_4$、$K_2PtCl_4$、$K_2PdCl_4$和$AgNO_3$)混入氧化石墨烯(GO)悬浮液，随后再以水合肼或硼氢化钠进行还原[114,26]。

在可以掺入石墨烯的所有无机纳米粒子(NPs)中，金纳米粒子(AuNPs)在催化、光学、电子学和量化充电/放电等方面展现的性质使之成为人们关注的焦点[127-129]。例如，Liu 等采用带有负电荷的金纳米粒子和带有正电荷的石墨烯制备出一种改性聚合物，金纳米粒子修饰的石墨烯复合材料是通过两种组分之间的静电相互作用而构成的[121]。Pham 等报道了第一例氨基改性的合成金纳米粒子，并随后通过酰胺化反应将金纳米粒子共价结合于氧化石墨烯(GO)片的表面[122]。Wang 及其同事将 EDC/NHS 活化剂(作为一种连接剂)用于固定 2-邻氨基苯硫酚(ATP)，随后以可控方式将金纳米粒子共价键合于石墨烯表面上[123,124]。(EDC/NHS 为 1-乙基-3-(3 二甲基氨基丙基)-碳化二亚胺/N-羟基琥珀酰亚胺—译者注)。

### 2.4.2 金属氧化物纳米粒子：ZnO、$SnO_2$、$TiO_2$、$SiO_2$、$RuO_2$、$Mn_3O_4$、$Co_3O_4$和 $Fe_3O_4$

为了制造金属氧化物/石墨烯复合材料，人们已经提出了各种各样的合成策略[130-149]。借鉴生产碳纳米管(CNT)复合材料的众多方法，特意采纳了原位培育石墨烯/纳米粒子的制备方式。该技术的主要优点是石墨烯片与纳米粒子之间是直接接触的。由于纳米粒子的原位成核作用，纳米粒子在 2D 片上实现了均匀分布。氧化石墨烯(GO)表面上的官能团与(由于合成造成的)缺陷可以协助成核作用与纳米粒子的粒度控制。氧化石墨烯表面的官能团，如羧基、羟基和环氧基，可以作为氧化石墨烯表面上的成核位点，以控制生长纳米粒子的尺寸、形态与结晶度[150]。此外，2D 晶体中的晶格缺陷(如丢失的原子)是热力学上不稳定的高能位点，对于成核作用与俘获纳米粒子是非常有利的。

虽然氧化石墨烯(GO)与还原态氧化石墨烯(RGO)上面的官能团可以提供优选的成核反应位点和生长纳米粒子的固定位点，但是氧化石墨烯与还原态氧化石墨烯具有不同的成核作用，因此生成的纳米粒子形态也各不相同。Wang 等证明，氧化石墨烯与还原态氧化石墨烯片上的 $Ni(OH)_2$纳米晶体展现了不同的生长机理[150]。氧化石墨烯上面的官能团与沉积物种存在强相互作用，提供了限制小粒子扩散生长的钉扎力(pinning forces)。与之相反，还原态氧化石墨烯上的官能团在数量上少于氧化石墨烯，因此易于扩散与重结晶，这样就可以形成大单晶。

由于磁性纳米粒子具有吸引力和在各种技术中的潜在应用，因此成为最有意义而且最为实用的纳米材料之一[152]。最近，在生物医药与生物技术应用方面，铁磁材料得到相当密集的探索研究。超顺磁铁氧体($Fe_3O_4$)纳米粒子是非常著名的常用磁性材料。由于其生物相容性、催化活性和低毒性，$Fe_3O_4$纳米粒子在生物技术与医药方面的应用已经受到明显关注，将 $Fe_3O_4$纳米粒子的特征性质与石墨烯结合起来一定是非常有发展前景的[153]。有人已经提出，采用合理而简化的一锅法共沉淀路线，不仅可以避免使用惰性气体，也不需要任何辅助化学试剂(如表面活性剂与稳定剂)，仍然能够成功制造出微波吸收性能大幅提高的石墨烯/$Fe_3O_4$ 复合材料[154]。最近，Zhan 等报道了以酞菁化合物(原文为 phtalocianate，应为 phthalocyanate 之误-译者注：)对 $Fe_3O_4$表面进行改性并将其附着于石墨烯的尝试，见图 2.18[155]。他们指出，$Fe_3O_4$的尺寸以及 $Fe_3O_4$在石墨烯上的表面覆盖率取决于石墨烯纳米片(GNS)与功能化 $Fe_3O_4$的质量比。制备出的复合产品可用于生物材料与废水处理领域。

人们已经将相似的合成策略扩展到 $Co_3O_4$/石墨烯和 $Mn_3O_4$/石墨烯混合体系，目的是制造锂电池的阳极材料，因为石墨烯可以用作高导电性载体，其化学稳定性能够提高电极的电化学性能[156]。

### 2.4.3 半导体纳米粒子：CdSe、CdS、ZnS、CdTe 和石墨烯量子点(QD)

为了合成半导体纳米粒子/石墨烯复合材料，人们已经提出了多种合成方法[157-163]。图 2.19 是以溶剂热法在二甲亚砜(DMSO)中生产还原态氧化石墨烯/硫化镉(RGO/CdS)的过程示意图[158]。由于采用了溶剂热法合成，进一步改善了

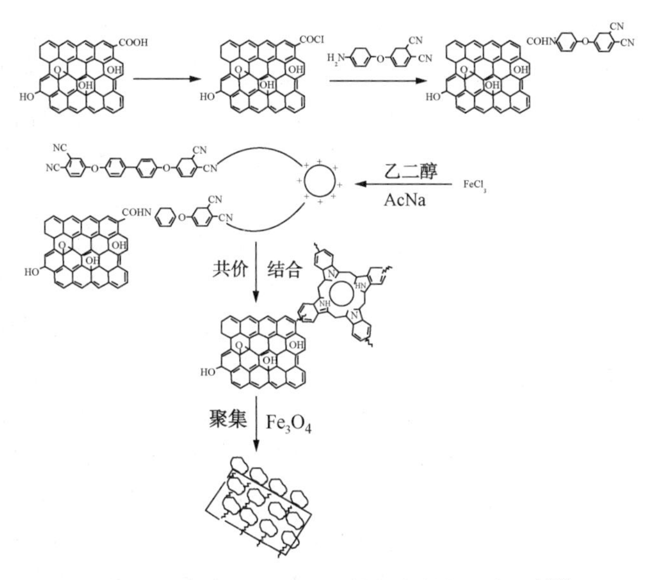


图 2.18　合成 $Fe_3O_4$/石墨烯复合材料示意图[155]

氧化石墨烯/还原态氧化石墨烯(GO/RGO)的稳定悬浮液，并减少了在复合材料形成期间出现的聚集现象。这一方法还克服了单层石墨烯产率过低的弊端，并且可以防止石墨烯片层发生堆叠。以该法制备出的复合材料在导电性上不逊于甚至稍稍优于由肼还原法制备的相应材料。与通过分子附着在还原态氧化石墨烯上的纳米粒子(NPs)相比，原位长成的器件显示出更快和急剧增强的光响应，因为纳米粒子(例如 CdS)利用其非极性晶面主要驻留在还原态氧化石墨烯上[161]。

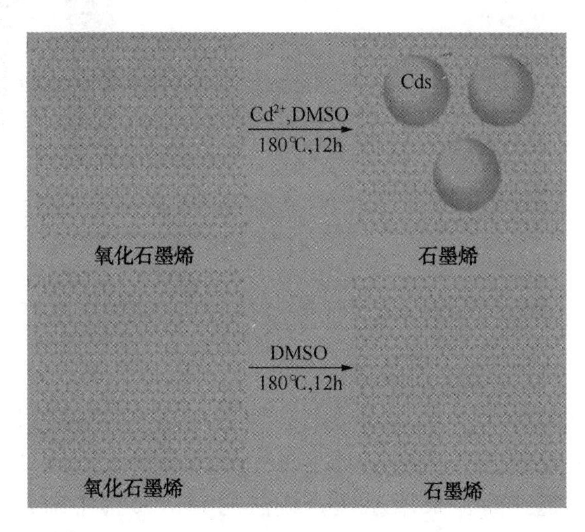


图 2.19　在二甲亚砜(DMSO)中以溶剂热法一步合成石墨烯/CdS 示意图[158]

在氧化石墨烯(GO)和还原态氧化石墨烯(RGO)上的官能团可以为纳米粒子(NPs)提供固定位点，这样就可以使产物获得多种应用性能。但该法受制于若干因素，如：GO与RGO表面上的官能团缺少控制，GO在有机溶剂中和RGO在水中的分散性均表现不佳。如何控制GO和RGO的功能化以实现纳米粒子的可控分散需要在将来深入探索研究。其他方法，如溶胶-凝胶法、紫外辅助还原法和溶液混合法等也已经用于石墨烯-纳米粒子复合材料的合成领域。

溶胶-凝胶法起初用于制造石墨烯/二氧化硅复合薄膜，以期在透明导体领域获得应用[133]，该方法是在氧化石墨烯水悬浮液的存在下，硅酸甲酯发生水解反应，生成的薄膜在肼蒸气存在下进行还原，旨在制造还原态氧化石墨烯/二氧化硅($RGO/SiO_2$)导电复合膜。最近，一种改良版溶胶-凝胶方法已经用于制造二氧化钛/氧化石墨烯($TiO_2/GO$)复合材料，其中，第一步将氧化石墨烯片与氢氧化钛-基离子盐进行共混，第二步则采用光催化法对混合物进行还原[164]。

也有人采用了紫外(UV)光辅助的光催化还原法，而且已经实际用于制造复合材料。Kamat及其同事指出，在$TiO_2$纳米粒子的存在下，氧化石墨烯可以在UV光下发生光催化还原[142,165]。这一策略避免了化学还原反应，并且保持了$TiO_2$-RGO在悬浮液中的良好分散。在UV光的辐照下，$TiO_2$纳米粒子产生长寿命的电子-空穴对。产生的这些空穴在经历了捕获过程之后，把电子留在$TiO_2$[166]表面并还原了在氧化石墨烯表面上的氧化态基团，见图2.20。UV辅助的还原反应速度很快而且过程简单易行，不足之处是只适用于对外部光辐射敏感的纳米粒子体系，如$TiO_2$与ZnO。

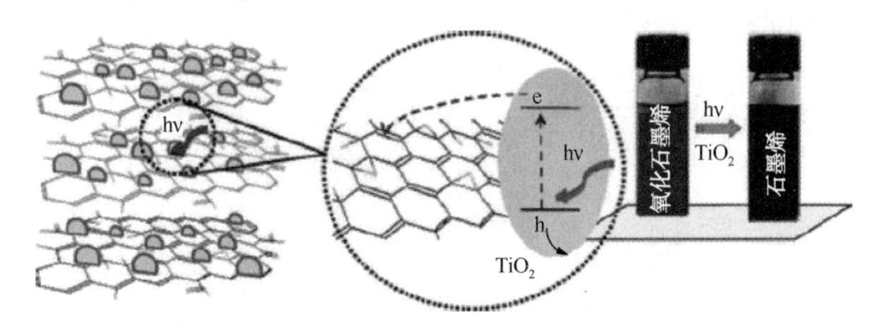


图2.20　$TiO_2$-石墨烯复合材料及其在UV-激子下的响应示意图[142]

另一种方法：将预合成的纳米粒子添加至氧化石墨烯(GO)悬浮液中，随后进行化学和/或热还原，以此方式合成混合型复合材料。移位(即非原位)合成可以精准地控制纳米粒子的尺寸与表面性质，因为不存在来自GO/RGO及其还原化学产物造成的干扰，而在采用原位合成法的制造过程中却常发生这类干扰现象。需要指出的是，上述方法中的合成过程涉及到以化学/热还原方式来制取纳米粒子/氧化石墨烯(NPs/GO)复合材料的途径，而这就有可能改变纳米粒子的表面性质并损害石墨烯晶格，因此，还需要进一步的详细研究以揭示还原过程对于复合材料性质的影响。

## 2.5 结论

采用非共价和共价方法可以将具有上述独特性质的石墨烯与其他纳米材料进行组合，如金属、金属氧化物和磁性纳米粒子以及量子点等。虽然石墨烯的非共价功能化是一种简单易行的快速方法，但在非共价功能化中涉及到的疏水性、范德华力与静电相互作用容易使石墨烯片在应用期间失去其官能团[18]。此外，精确控制石墨烯片的尺寸以及官能团在石墨烯片上的位置也是一项严峻的挑战。另一方面，在共价功能化中，石墨烯表面上的氧官能团，包括在片边缘上的羧酸基和基面上的环氧基和/或羟基，可以用来改变石墨烯的表面官能度。采用共价功能化方法可以克服非共价功能化中存在的上述弊端，并且能够将预期的或理想的官能团修饰在由石墨烯构建的适宜平台上。

功能化的氧化石墨烯产品已经成功地应用于光电子学、药物输送材料、生物器件与聚合物复合材料等领域。这些实践使石墨烯有可能成为固定众多物质的起始材料，包括范围广泛的金属、生物分子、荧光分子、药物与无机纳米粒子。

### 参 考 文 献


1. M. J. Park, J. K. Lee, B. S. Lee, Y. W. Lee, I. S. Choi, S. Lee, *Chem. Mater.* Vol. 18, p. 1546, 2006.
2. C. N. R. Rao, A. K. Sood, K. S. Subrahmanyam, A. Govindaraj, *Angew. Chem.*, *Int. Ed.* Vol. 48, p. 7752, 2009.
3. M. Bagherzadeh, M. Heydari, *Analyst*, Vol. 138, p. 6044, 2013.
4. D. Li, M. B. Muller, S. Gilje, R. B. Kaner, G. G. Wallace, *Nat. Nanotechnol.* Vol. 3, p. 101, 2008.
5. J. I. Paredes, S. Villar - Rodil, A. Martınez - Alonso, J. M. D. Tascon, *Langmuir*, Vol. 24, p. 10560, 2008.
6. S. Park, R. S. Ruoff, *Nat. Nanotechnol.* Vol. 4, p. 217, 2009.
7. W. S. Hummers, R. E. Off eman, *J. Am. Chem. Soc.* Vol. 80, p. 1339, 1958.
8. R. D. Dreyer, S. Park, C. W. Bielawski, R. S. Ruoff, *Chem. Rev. Soc.* Vol. 39, p. 228, 2010.
9. S. Stankovich, D. A. Dikin, G. H. B. Dommett, K. M. Kohlhaas, E. J. Zimney, E. A. Stach, R. D. Piner, S. T. Nguyen, R. S. Ruoff, *Nature*, Vol. 442, p. 282, 2006.
10. A. K. Dikin, S. Stankovich, E. J. Zimney, R. D. Piner, G. H. B Dommett, G. Evmenenko, S. T. Nguyen, R. S. Ruoff, *Nature*, Vol. 448, p. 457, 2007.
11. J. I. Paredes, S. Villar - Rodil, A. Martnez - Alonso, J. M. D. Tasc ` n, *Langmuir*, Vol. 24, p. 10560, 2008.

12. A. Lerf, H. He, M. Forster, J. Klinowski, *J. Phys. Chem. B*, Vol. 102, p. 4477, 1998.
13. W. Gao, L. B. Alemany, L. Ci, P. M. Ajayan, *Nat. Chem.* Vol. 1, p. 403, 2009.
14. C. Nethravathi, J. T. Rajamathi, N. Ravishankar, C. Shivakumara, M. Rajamathi, *Langmuir*, Vol. 24, p. 8240, 2008.
15. T. Szabo, A. Szeri, I. Dekany, Carbon, Vol. 43, p. 87, 2005.
16. T. Szabo, O. Berkesi, P. Forgo, K. Josepovits, Y. Sanakis, D. Petridis, *et al. Chem. Mater.* Vol. 18, p. 2740, 2006.
17. M. Fang, K. Wang, H. Lu, Y. Yang, S. Nutt, *J. Mater. Chem.* Vol. 20, p. 1982, 2010.
18. F. He, J. Fan, D. Ma, L. Zhang, C. Leung, H. L. Chan, *Carbon*, Vol. 48, p. 3139, 2010.
19. V. Singh, D. Joung, L. Zhai, S. Das, S. I. Khondaker, S. Seal, *Prog. Mater. Sci.* Vol. 56, p. 1271, 2011.
20. Y. Xu, Z. Liu, X. Zhang, Y. Wang, J. Tian, Y. Huang, Y. Ma, X. Y. Zhang and Y. Chen, *Adv. Mater.* Vol. 21, p. 1275, 2009.
21. S. Giyogi, E. Bekyarova, M. E. Itkis, J. L. McWilliams, M. A. Hamon, R. C. Haddon, *J. Am. Chem. Soc.* Vol. 128, p. 7720, 2006.
22. Z. B. Liu, Y. F. Xu, X. Y. Zhang, X. L. Zhang, Y. S. Chen, J. G. Tian, *J. Phys. Chem. B*, Vol. 113, p. 9681, 2009.
23. H. Yang, C. Shan, F. Li, D. Han, Q. Zhang, L. Niu, *Chem. Commun.* p. 3880, 2009.
24. Z. Liu, J. T. Robinson, X. Sun, H. Dai, *J. Am. Chem. Soc.* Vol. 130, p. 10876, 2008.
25. L. M. Veca, F. Lu, M. J. Meziani, L. Cao, P. Zhang, G. Qi, L. Qu, M. Shrestha, Y. P. Sun, *Chem. Commun.* p. 2565, 2009.
26. N. Mohanty, V. Berry, *Nano Lett.* Vol. 8, p. 4469, 2008.
27. V. Singh, D. Joung, L. Zhai, S. Das, S. I. Khondaker, S. Seal, *Prog. Mater. Sci.* Vol. 56, p. 1178, 2011.
28. K. P. Loh, Q. Bao, P. K. Ang, J. Yang, *J. Mater. Chem.* Vol. 20, p. 2277, 2010.
29. T. Kuila, S. Bose, A. K. Mishra, P. Khanra, N. H. Kim, J. H. Lee, *Prog. Mater. Sci.* Vol. 57, p. 1061, 2012.
30. N. Nakayama – Ratchford, S. Bangsaruntip, X. Sun, K. Welsher, H. Dai, *J. Am. Chem. Soc.* Vol. 129, p. 2448, 2007.
31. Y. L. Zhao, J. F. Stoddart, *Acc. Chem. Res.* Vol. 42, p. 1161, 2009.
32. S. Stankovich, R. D. Piner, X. Chen, N. Wu, S. T. Nguyen, R. S. Ruoff, *J. Mater. Chem.* Vol. 16, p. 155, 2006.
33. H. Bai, Y. Xu, L. Zhao, C. Li, G. Shi, *Chem. Commun.* p. 1667, 2009.
34. Y. Xu, H. Bai, G. Lu, C. Li, G. Shi, *J. Am. Chem. Soc.* Vol. 130, p. 5856, 2008.
35. E. Y. Choi, T. H. Han, J. Hong, J. E. Kim, S. H. Lee, H. W. Kim, S. O. Kim, *J. Mater. Chem.* Vol. 20, p. 1907, 2010.
36. J. Liu, W. Yang, L. Tao, D. Li, C. Boyer, T. P. Davis, *J. Polym. Sci. Part A Polym. Chem.* Vol. 48, p. 425, 2010.
37. Y. Pan, H. Bao, N. G. Sahoo, T. Wu, L. Li, *Adv. Funct. Mater.* Vol. 21, p. 2754, 2011.

38. X. Qi, K. Y. Pu, H. Li, X. Zhou, S. Wu, Q. L. Fan, B. Liu, F. Boey, W. Huang, H. Zhang, *Angew. Chem. Int. Ed.* Vol. 49, p. 9426, 2010.
39. J. Zhang, J. Lei, R. Pan, Y. Xue, H. Ju, *Biosens. Bioelectron.* Vol. 26, p. 371, 2010.
40. S. Yoon, I. In, *Chem. Lett.* Vol. 39, p. 1160, 2010.
41. A. Ghosh, K. V. Rao, S. J. George, C. N. R. Rao, *Chem. Eur. J.* Vol. 16, p. 2700, 2010.
42. H. Yang, Q. Zhang, C. Shan, F. Li, D. Han, L. Niu, *Langmuir*, Vol. 26, p. 6708, 2010.
43. H. Chang, G. Wang, A. Yang, X. Tao, X. Liu, Y. Shen, Z. Zheng, *Adv. Funct. Mater.* Vol. 20, p. 2893, 2010.
44. Q. Zeng, J. Cheng, L. Tang, X. Liu, Y. Liu, J. Li, J. Jiang, *Adv. Funct. Mater.* Vol. 20, p. 3366, 2010.
45. D. Y. Lee, Z. Khatun, J. H. Lee, Y. K. Lee, I. In, *Biomacromolecules*, Vol. 12, p. 336, 2011.
46. C. Chen, W. Zhai, D. Lu, H. Zhang, W. Zheng, *Mater. Res. Bull.* Vol. 46, p. 583, 2011.
47. H. Liu, J. Gao, M. Xue, N. Zhu, M. Zhang, T. Cao, *Langmuir*, Vol. 25, p. 12006, 2009.
48. S. Kamada, H. Nomoto, K. Fukuda, T. Fukawa, H. Shirai, M. Kimura, *Colloid Polym. Sci.* Vol. 289, p. 925, 2011.
49. V. K. Kodali, J. Scrimgeour, S. Kim, J. H. Hankinson, K. M. Carroll, W. A. de Heer, C. Berger, J. E. Curtis, *Langmuir*, Vol. 27, p. 863, 2011.
50. J. Geng, H. T. Jung, *J. Phys. Chem. C*, Vol. 114, p. 8227, 2010.
51. A. Wojcik, P. V. Kamat, *ACS Nano*, Vol. 4, p. 6697, 2010.
52. F. Li, Y. Bao, J. Chai, Q. Zhang, D. Han, L. Niu, *Langmuir*, Vol. 26, p. 12314, 2010.
53. J. Malig, N. Jux, D. Kiessling, J. J. Cid, P. Vazquez, T. Torres, D. M. Guldi, *Angew. Chem. Int. Ed.* Vol. 50, p. 3561, 2011.
54. A. Chunder, T. Pal, S. I. Khondaker, L. Zhai, *J. Phys. Chem. C*, Vol. 114, p. 15129, 2010.
55. A. Chunder, J. Liu, L. Zhai, *Macromol. Rapid Commun.* Vol. 31, p. 380, 2010.
56. X. Qi, K. Y. Pu, X. Zhou, H. Li, B. Liu, F. Boey, W. Huang, H. Zhang, *Small*, Vol. 6, p. 663, 2010.
57. R. Hao, W. Qian, L. Zhang, Y. Hou, *Chem. Commun.* p. 6576, 2008.
58. Q. Su, S. Pang, V. Alijani, C. Li, X. Feng, K. Mullen, *Adv. Mater.* Vol. 21, p. 3191, 2009.
59. Q. Yang, X. Pan, F. Huang, K. Li, *J. Phys. Chem. C*, Vol. 114, p. 3811, 2010.
60. L. Ren, T. Liu, J. Guo, S. Guo, X. Wang, W. Wang, *Nanotechnology*, Vol. 21, p. 335701, 2010.
61. T. Y. Kim, H. Lee, J. E. Kim, K. S. Suh, *ACS Nano*, Vol. 4, p. 1612, 2010.
62. Z. Markovic, S. Jovanovic, D. Kleut, N. Romcevic, V. Jokanovic, V. Trajkovic, B. Todorovic – Markovic, *Appl. Surf. Sci.* Vol. 255, p. 6359, 2009.
63. G. Wang, X. Shen, B. Wang, J. Yao, J. Park, *Carbon*, Vol. 47, p. 1359, 2009.
64. T. Kuila, S. Bose, C. E. Hong, M. E. Uddin, P. Khanra, N. H. Kim, J. H. Lee, *Carbon*, Vol. 49, p. 1033, 2011.
65. C. Shan, H. Yang, D. Han, Q. Zhang, A. Ivaska, L. Niu, *Langmuir*, Vol. 25, p. 12030, 2009.
66. A. B. Bourlinos, D. Gournis, D. Petridis, T. Szabo, A. Szeri, I. Dekany, *Langmuir*, Vol. 19,

p. 6050, 2003.
67. P. Laaksonen, M. Kainlauri, T. Laaksonen, A. Shchepetov, H. Jiang, J. Ahopelto, M. B. Linder, *Angew. Chem. Int. Ed.* Vol. 49, p. 4946, 2010.
68. S. M. Kang, S. Park, D. Kim, S. Y. Park, R. S. Ruoff, H. Lee, *Adv. Funct. Mater.* Vol. 21, p. 108, 2011.
69. Y. Cui, S. N. Kim, S. E. Jones, L. L. Wissler, R. R. Naik, M. C. McAlpine, *Nano Lett.* Vol. 10, p. 4559, 2010.
70. S. Park, D. A. Dikin, S. T. Nguyen, R. S. Ruoff, *J. Phys. Chem. C*, Vol. 113, p. 15801, 2009.
71. L. Q. Xu, W. J. Yang, K. G. Neoh, E. T. Kang, G. D. Fu, *Macromolecules*, Vol. 43, p. 8336, 2010.
72. S. Wang, P. J. Chia, L. L. Chua, L. H. Zhao, R. Q. Png, S. Sivaramakrishnan, M. Zhou, R. G. S. Goh, R. H. Friend, A. T. S. Wee, P. K. H. Ho, *Adv. Mater.* Vol. 20, p. 3440, 2008.
73. H. Yang, F. Li, C. Shan, D. Han, Q. Zhang, L. Niu, A. Ivaska, *J. Mater. Chem.* Vol. 19, p. 4632, 2009.
74. M. C. Hsiao, S. H. Liao, M. Y. Yen, P. Liu, N. W. Pu, C. A. Wang, C. C. Ma, *ACS Appl. Mater. Interfaces*, Vol. 2, p. 3092, 2010.
75. J. Shen, M. Shi, H. Ma, B. Yan, N. Li, Y. Hu, M. X. Ye, *J. Colloid. Interf. Sci.* Vol. 351, p. 366, 2010.
76. G. Wang, B. Wang, J. Park, J. Yang, X. Shen, J. Yao, *Carbon*, Vol. 47, p. 68, 2009.
77. S. Stankovich, D. A. Dikin, O. C. Compton, G. H. B. Dommett, R. S. Ruoff, S. T. Nguyen, *Chem. Mater.* Vol. 22, p. 4153, 2010.
78. T. A. Pham, N. A. Kumar, Y. T. Jeong, Syn. Met. Vol. 160, p. 2028, 2010.
79. T. Kuila, P. Khanra, S. Bose, N. H. Kim, B. C. Ku, B. Moon, J. H. Lee, *Nanotechnology*, Vol. 22, p. 305710, 2011.
80. S. Stankovich, R. D. Piner, S. T. Nguyen, R. S. Ruoff, *Carbon*, Vol. 44, p. 3342, 2006.
81. S. H. Lee, D. R. Dreyer, J. An, A. Velamakanni, R. D. Piner, S. Park, Y. Zhu, S. O. Kim, C. W. Bielawski, R. S. Ruoff, *Macromol. Rapid. Commun.* Vol. 31, p. 281, 2009.
82. E. Bekyarova, M. E. Itkis, P. Ramesh, R. C. Haddon, C. Berger, M. Sprinkle, W. A. de Herr, *J. Am. Chem. Soc.* Vol. 131, p. 1336, 2009.
83. J. R. Lomeda, C. D. Doyle, D. V. Kosynkin, W. F. Hwang, J. M. Tour, *J. Am. Chem. Soc.* Vol. 130, p. 16201, 2008.
84. Y. Zhu, A. L. Higginbotham, J. M. Tour, *Chem. Mater.* Vol. 21, p. 5284, 2009.
85. Z, Sun, S. I. Kohama, Z. Zhang, J. R. Lomeda, J. M. Tour, *Nano Res.* Vol. 3, p. 117, 2010.
86. M. B. Avinash, K. S. Subrahmanyam, Y. Sundarayya, T. Govindaraju, *Nanoscale*, Vol. 2, p. 1762, 2010.
87. V. H. Pham, T. V. Cuong, S. H. Hur, E. Oh, E. J. Kim, E. W. Shin, J. S. Chung, *J. Mater. Chem.* Vol. 21, p. 3371, 2011.
88. M. Fang, K. Wang, H. Lu, Y. Yang, S. Nutt, *J. Mater. Chem.* Vol. 19, p. 7098, 2009.
89. D. D. Zhang, S. Z. Zua, B. H. Hana, *Carbon*, Vol. 47, p. 2993, 2009.
90. K. A. Worsley, P. Ramesh, S. K. Mandal, S. Niyogi, M. E. Itkis, R. C. Haddon,

*Chem. Phys. Lett.* Vol. 445, p. 51, 2007.

91. H. Hu, X. Wang, J. Wang, F. Liu, M. Zhang, C. Xu, *Appl. Surf. Sci.* Vol. 257, p. 2637, 2011.
92. V. K. Rana, M. C. Choi, J. Y. Kong, G. Y. Kim, M. J. Kim, S. H. Kim, S. Mishra, R. P. Singh, C. S. Ha, *Macromol. Mater. Eng.* Vol. 296, p. 131, 2011.
93. H. Bao, Y. Pan, Y. Ping, N. G. Sahoo, T. Wu, L. Li, L. H. Gan, *Small*, Vol. 7, p. 1569, 2011.
94. X. D. Zhuang, Y. Chen, G. Liu, P. P. Li, C. X. Zhu, E. T. Kang, K. G. Noeh, B. Zhang, J. H. Zhu, Y. X. Li, *Adv. Mater.* Vol. 22, p. 1731, 2010.
95. C. Xu, X. Wang, J. Wang, H. Hu, L. Wan, *Chem. Phys. Lett.* Vol. 498, p. 162, 2010.
96. Y. Guo, S. Guo, J. Ren, Y. Zhai, S. Dong, E. Wang, *ACS Nano*, Vol. 4, p. 4001, 2010.
97. H. J. Salavagione, M. A. Gomez, G. Martinez, *Macromolecules*, Vol. 42, p. 6331, 2009.
98. Y. Matsuo, T. Tabata, T. Fukunaga, T. Fukutsuka, Y. Sugie, *Carbon*, Vol. 43, p. 2875, 2005.
99. Y. Matsuo, Y. Sakai, T. Fukutsuka, Y. Sugie, *Carbon*, Vol. 47, p. 804, 2009.
100. J. Shen, B. Yan, M. Shi, H. Ma, N. Li, M. Ye, *J. Colloid. Interf. Sci.* Vol. 356, p. 543, 2011.
101. Y. Zhang, L. Ren, S. Wang, A. Marathe, J. Chaudhuri, G. Li, *J. Mater. Chem.* Vol. 21, p. 5386, 2011.
102. G. Chen, S. Zhai, Y. Zhai, K. Zhang, Q. Yue, L. Wang, J. S. Zhao, H. S. Wang, J. F. Liu, J. B. Jia, *Biosens. Bioelectron.* Vol. 26, p. 3136, 2011.
103. V. Georgakilas, A. B. Bourlinos, R. Zboril, T. A. Steriotis, P. Dallas, A. K. Stubos, C. Trapalis, *Chem. Commun.* Vol. 46, p. 1766, 2010.
104. M. Quintana, K. Spyrou, M. Grzelczak, W. R. Browne, P. Rudolf, M. Prato, *ACS Nano* Vol. 4, p. 3527, 2010.
105. J. Choi, K. J. Kim, B. Kim, H. Lee, S. Kim, *J. Phys. Chem. C*, Vol. 113, p. 9433, 2009.
106. S. Vadukumpully, J. Gupta, Y. Zhang, G. Q. Xu, S. Valiyaveettil, *Nanoscale*, Vol. 3, p. 303, 2011.
107. X. Xu, Q. Luo, W. Lv, Y. Dong, Y. Lin, Q. Yang, A. Shen, D. Pang, J. Hu, J. Qin, Z. Li, *Macromol. Chem. Phys.* Vol. 212, p. 768, 2011.
108. X. Zhong, J. Jin, S. Li, Z. Niu, W. Hu, R. Li, *Chem. Commun.* Vol. 46, p. 7340, 2010.
109. S. P. Economopoulos, G. Rotas, Y. Miyata, H. Shinohara, N. Tagmatarchis, *ACS Nano*, Vol. 4, p. 7499, 2010.
110. H. He, C. Gao, *Chem. Mater.* Vol. 22, p. 5054, 2010.
111. W. Huang, S. Taylor, K. Fu, Y. Lin, D. Zhangm, T. W. Hanks, A. M. Rao, Y. P. Sun, *Nano Lett.* Vol. 2, p. 311, 2002.
112. C. L. Tan, X. Huang and H. Zhang, *Mater. Today*, Vol. 16, p. 29, 2013.
113. X. M. Chen, G. H. Wu, Y. Q. Jiang, Y. R. Wang, X. Chen, *Analyst*, Vol. 136, p. 4631, 2011.
114. R. S. Dey, C. R. Raj, *J. Phys. Chem. C*, Vol. 114, p. 21427, 2010.

115. L. S. Zhang, X. Q. Liang, W. G. Song, Z. Y. Wu, *Phys. Chem. Chem. Phys.* Vol. 12, p. 12055, 2010.
116. C. Xu, X. Wang, J. Zhu, *J Phys Chem C*, Vol. 112, p. 19841, 2008.
117. T. T. Baby, S. S. J. Aravind, T. Arockiadoss, R. B. Rakhi, S. Ramaprabhu, *Sensor. Actuat. B Chem.* Vol. 145, p. 71, 2010.
118. B. S. Kong, J. Geng, H. T. Jung, *Chem. Commun.* p. 2174, 2009.
119. S. Myung, J. Park, H. Lee, K. S. Kim, S. Hong, *Adv. Mater.* Vol. 22, p. 2045, 2010.
120. R. Muszynski, B. Seger, P. V. Kamat, *J. Phys. Chem. C*, Vol. 112, p. 5263, 2008.
121. K. P. Liu, J. J. Zhang, C. M. Wang and J. J. Zhu, *Biosens. Bioelectron.*, Vol. 26, p. 3627, 2011.
122. T. A. Pham, B. C. Choi, K. T. Lim and Y. T. Jeong, *Appl. Surf. Sci.*, Vol. 257, p. 3350, 2011.
123. L. Jiang, J. Qian, X. W. Yang, Y. T. Yan, Q. Liu, K. Wang, K. Wang, *Anal. Chim. Acta*, Vol. 806, p. 128, 2014.
124. J. Qian, L. Jiang, X. W. Yang, Y. T. Yan, H. Mao, K. Wang, *Analyst*, Accepted, 2014.
125. R. S. Sundaram, C. Gomez - Navarro, K. Balasubramanian, M. Burghard, K. Kern, *Adv. Mater.* Vol. 20, p. 3050, 2008.
126. X. Zhou, X. Huang, X. Qi, S. Wu, C. Xue, F. Y. C. Boey, Q. Yan, P. Chen, H. Zhang, *J. Phys. Chem. C*, Vol. 113, p. 10842, 2009.
127. V. Subramanian, E. E. Wolf and P. V. Kamat, *J. Phys. Chem. B*, Vol. 107, p. 7479, 2003.
128. R. Liu, R. Liew, J. Zhou and B. G. Xing, *Angew. Chem. Int. Ed.*, Vol. 46, p. 8799, 2007.
129. C. Basavaraja, W. J. Kim, P. X. Th inh and D. S. Huh, *Mater. Lett.*, Vol. 77, p. 41, 2012.
130. J. O. Hwang, D. H. Lee, J. Y. Kim, T. H. Han, B. H. Kim, M. Park, K. No, S. O. Kim, *J. Mater. Chem.* Vol. 21, p. 3432, 2011.
131. Y. Zhang, H. Li, L. Pan, T. Lu, Z. Sun, *J. Electroanal. Chem.* Vol. 634, p. 68, 2009.
132. A. Chunder, T. Pal, S. I. Khondaker, L. Zhai, *J. Phys. Chem. C*, Vol. 114, p. 15129, 2010.
133. S. Watcharotone, D. A. Dikin, S. Stankovich, R. Piner, I. Jung, G. H. B. Dommett, G. Evmenenko, S. E. Wu, S. F. Chen, C. P. Liu, *Nano Lett.* Vol. 7, p. 1888, 2007.
134. Z. S. Wu, D. W. Wang, W. Ren, J. Zhao, G. Zhou, F. Li, H. M. Cheng, *Adv. Funct. Mater.* Vol. 20, p. 3595, 2010.
135. F. Li, J. Song, H. Yang, S. Gan, Q. Zhang, D. Han, A. Ivaska, L. Niu *Nanotechnology*, Vol. 20, p. 455602, 2009.
136. S. M. Paek, E. Yoo, I. Honma, *Nano Lett.* Vol. 9, p. 72, 2008.
137. S. Yang, X. Feng, S. Ivanovici, K. Mullen, *Angew. Chem. Int. Ed.* Vol. 49, p. 8408, 2010.
138. Y. Liang, H. Wang, H. Sanchez Casalongue, Z. Chen, H. Dai, *Nano Res.* Vol. 3, p. 701, 2010.
139. C. Chen, W. Cai, M. Long, B. Zhou, Y. Wu, D. Wu, Y. Feng, *ACS Nano*, Vol. 4, p. 6425, 2010.
140. K. K. Manga, S. Wang, M. Jaiswal, Q. Bao, K. P. Loh, *Adv. Mater.* Vol. 22, p. 5265, 2010.
141. O. Akhavan, E. Ghaderi, *J. Phys. Chem. C*, Vol. 113, p. 20214, 2009.

142. G. Williams, B. Seger, P. V. Kamat, *ACS Nano*, Vol. 2, p. 1487, 2008.
143. D. Wang, D. Choi, J. Li, Z. Yang, Z. Nie, R. Kou, D. Hu, C. Wang, L. V. Saraf, J. Zhang, I. A. Aksay, J. Liu, *ACS Nano*, Vol. 3, p. 907, 2009.
144. I. V. Lightcap, T. H. Kosel, PV. Kamat, *Nano Lett.* Vol. 10, p. 577, 2010.
145. H. Wang, L. F. Cui, Y. Yang, H. Sanchez Casalongue, J. T. Robinson, Y. Liang, Y. Cui, H. Dai, *J. Am. Chem. Soc.* Vol. 132, p. 13978, 2010.
146. C. Xu, X. Wang, J. Zhu, X. Yang, L. Lu, *J. Mater. Chem.* Vol. 18, p. 5625, 2008.
147. X. Yang, X. Zhang, Y. Ma, Y. Huang, Y. Wang, Y. Chen, *J. Mater. Chem.* Vol. 19, p. 2710, 2009.
148. M. A. Rafi ee, J. Rafi ee, I. Srivastava, Z. Wang, H. Song, Z. Z. Yu, N. Koratkar, *Small*, Vol. 6, p. 179, 2010.
149. J. Shen, Y. Hu, M. Shi, N. Li, H. Ma, M. Ye, *J. Phys. Chem. C*, Vol. 114, p. 1498, 2010.
150. H. Wang, J. T. Robinson, G. Diankov, H. Dai, *J. Am. Chem. Soc.* Vol. 132, p. 3270, 2010.
151. Y. Liang, H. Wang, H. Sanchez Casalongue, Chen Z, H. Dai, *Nano Res.* Vol. 3, p. 701, 2010.
152. A. H. Lu, E. L. Salabas, F. Schuth, *Ang. Chem. Int. Ed.* Vol. 46, p. 1222, 2007.
153. Y. Zhang, B. Chen, L. Zhang, J. Huang, F. Chen, Z. Yang, J. Yaoc, Z. Zhang, *Nanoscale*, Vol. 3, p. 1446, 2011.
154. M. Zong, Y. Huang, Y. Zhao, X. Sun, C. Qu, D. Luo, J. Zheng, *RSC Adv.* Vol. 3, p. 23638, 2013.
155. Y. Zhan, X. Yang, F. Meng, J. Wei, R. Zhao, X. Liu, *J. Colloid. Interface Sci.* Vol. 363, p. 98, 2011.
156. H. Wang, L. F. Cui, Y. Yang, H. Sanchez Casalongue, J. T. Robinson, Y. Liang, Y. Cui, H. Dai, *J. Am. Chem. Soc.* Vol. 132, p. 13978, 2010.
157. H. Chang, X. Lv, H. Zhang, J. Li, *Electrochem. Commun.* Vol. 12, p. 483, 2010.
158. A. Cao, Z. Liu, S. Chu, M. Wu, Z. Ye, Z. Cai, Y. Chang, S. Wang, Q. Gong, Y. Liu, *Adv. Mater.* Vol. 22, p. 103, 2010.
159. P. Wang, T. Jiang, C. Zhu, Y. Zhai, D. Wang, S. Dong, *Nano Res.* Vol. 3, p. 794, 2010.
160. X. Geng, L. Niu, Z. Xing, R. Song, G. Liu, M. Sun, G. Cheng, H. Zhong, Z. Liu, Z. Zhang, L. Sun, H. Xu, L. Lu, L. Liu, *Adv. Mater.* Vol. 22, p. 638, 2010.
161. Y. Lin, K. Zhang, W. Chen, Y. Liu, Z. Geng, J. Zeng, N. Pan, L. Yan, X. Wang, J. G. Hou, *ACS Nano*, Vol. 4, p. 3033, 2010.
162. H. Dong, W. Gao, F. Yan, H. Ji, H. Ju, *Anal. Chem.* Vol. 82, p. 5511, 2010.
163. D. Pan, J. Zhang, Z. Li, M. Wu, *Adv. Mater.* Vol. 22, p. 734, 2010.
164. K. K. Manga, S. Wang, M. Jaiswal, Q. Bao, K. P. Loh, *Adv. Mater.* Vol. 22, p. 5265, 2010.
165. B. Li, X. Zhang, X. Li, L. Wang, R. Han, B. Liu, W. Zheng, X. Li, Y. Liu, *Chem. Commun.* Vol. 46, p. 3499, 2010.
166. G. Williams, P. V. Kamat, *Langmuir*, Vol. 25, p. 13869, 2009.

# 第 3 章　功能性三维石墨烯网络的架构与应用

*Ramendra Sundar Dey*，*Qijin Chi*

**摘　要**：作为第一种单原子厚度的二维晶体材料，石墨烯在过去的十年里一直在材料科学领域为自己的奇妙王国开疆拓土。现在，许多新方法也在这一背景下相继得到开发，旨在制备并功能化单层石墨烯纳米片(GNS)，众所周知，在石墨烯纳米材料自下而上搭建的各种架构中，石墨烯片是主要的基本结构单元。以功能化的石墨烯纳米片组装成三维(3D)多孔石墨烯网络代表着一种崭新理念。生成的 3D 多孔石墨烯材料具有独一无二的物理化学性质，比如大表面积、良好的电导率与机械强度、高热稳定性与优异的柔韧性，将这些卓越性能集于一身的新型多孔材料在诸多应用领域中自然成为众人瞩目的焦点。在本章中，我们将根据最新发表的科技论文，对多孔石墨烯网络化材料进行综述，重点讨论有关 3D 石墨烯技术的最新进展。本章主要内容将涉及：①石墨烯及其纳米复合材料简介；②组装 3D 多孔石墨烯网络的主要方法；③3D 多孔石墨烯的结构特点；④3D 石墨烯在传感器与能量器件中的某些应用实例；⑤结论、挑战与展望。

**关键词**：石墨烯；3D 多孔石墨烯；能量器件；超级电容器；电化学

## 3.1　前言

自从 2004 年首次发现石墨烯以来，这种材料以其异乎寻常的物理与化学性质在全世界范围内点燃了人们的研究热情[1]。若以精练语言描述其结构特征，可简单归纳为三个要素，即单原子层厚度、二维(2D)平面结构以及稳定的本征特性[1,2]。正如人们所知，石墨烯具有大表面积(理论上为~$2630m^2/g$)[3]、出色的载流子迁移率($10000cm^2/V \cdot s$)[1]、高热导率(在室温下 3000~5000W/m·K)[4]、良好的光学透明性(~97.3%)[5]和卓越的机械强度以及高达 1.0TPa 的杨氏模量[6]。在过去的十年里，研究人员已经开发出各种各样的合成方法用以生产单层石墨烯材料，包括：机械剥离法[1]、外延生长法[7]、石墨化法[8]、化学剥离法[9,10]和化学气相沉积法(CVD)[11,12]。独特的结构与杰出的性质已经使石墨烯-基材料在诸多研究与应用领域中占据了举足轻重的地位，特别是在电子学、传感器和能量存储/转换领域[13]。

但2D原始石墨烯片在其直接应用中也暴露出若干局限性，主要缘于其零带隙、聚集倾向和在普通溶剂中的不良分散性[14]。许多实例均已证明，由于干燥过程中的范德华作用力，2D石墨烯(2DG)片经常发生聚集或再堆叠成类石墨的形式，这种现象带来的不良后果是显著减少了其在后续应用中的可及面积并限制了在电化学应用中的电子与离子传输效率。因为这一背景，将2D石墨烯片转换成不同维数的功能化石墨烯结构自然成为当前最为活跃的研究主题之一[15]。不同维数的石墨烯材料种类繁多，举例来说，零维(0D)石墨烯量子点、一维(1D)石墨烯纳米带或石墨烯纤维、二维(2D)石墨烯膜、三维(3D)石墨烯网络，当然还包括其他类型的石墨烯纳米结构，如石墨烯洋葱圈等等。在这些琳琅满目的新材料当中，3D石墨烯(3DG)材料于最近受到了人们的格外关注，因为这些材料不仅具有2D石墨烯纳米片的本征性质，还可以通过改性或修饰提供多种先进功能，在众多应用领域中均表现出业已改进的性能。2D石墨烯或者氧化石墨烯(GO)组装成3D架构可以有效地防止石墨烯纳米片再堆叠，能够使如此生成的石墨烯基复合材料获得大比表面积、多孔结构以及缘于连续石墨烯骨架的快速电子传输动力学。三维形态赋予石墨烯基材料以独特的物理化学性质，如大比表面积、高的机械性能、高电导率、高热稳定性和快速的质量与电子传输性能，这些优点都源于3D多孔结构与石墨烯的出色本征性质以及二者相结合产生的效应[13]。因此，至关重要的是，在构建3D石墨烯多孔结构的同时，还要保持石墨烯的本体性质，以确保石墨烯材料及其衍生物可实用于生物医药[17]、能量转换与存储[18,19]、催化剂[20]、成像[21]、光子学[22]、量子计算学[23]、各种传感器与生物传感器[24-26]以及更多学科领域[27,28]。

当前，在3D多孔石墨烯材料的开发中仍然存在不少挑战。主要包括：①精确控制孔径与官能度以满足在不同领域内应用的要求；②改善骨架结构的柔韧性以制备机械性能强韧的材料；③保持结构整体性、稳定性和电导率；④能够以大规模和低成本生产的适宜方法。近年来，人们根据自组装、模板-辅助合成或直接沉积等方法，开发出了合成3D还原态氧化石墨烯(3DRGO)的一些方法[29,30]。在上述两种方法中，主要采用两步法，包括自组装氧化石墨烯(GO)片以及随后将GO还原成RGO的步骤[31-33]。最近，人们已经成功地制备出了3DRGO材料及其衍生物，包括泡沫、气凝胶、花瓣状材料、海绵状物与球状材料[29-43]。在本章中，我们将重点讨论合成3DRGO-基材料的不同方法，综述这些材料的结构并归纳出在不同领域内的各种应用(见图3.1)。

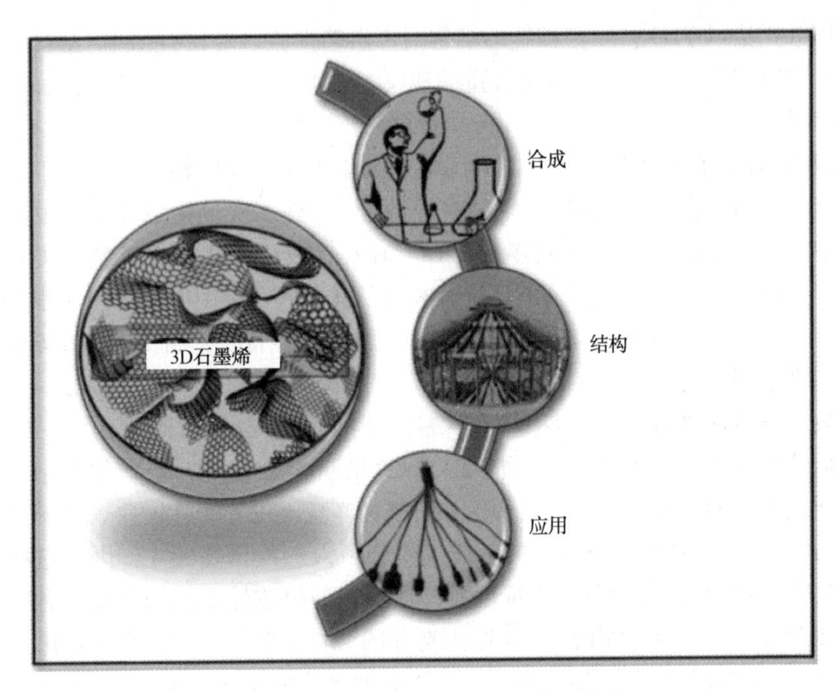


图 3.1　3D 石墨烯及其结构与应用的示意说明

### 3.1.1　3D 多孔石墨烯基材料的合成

最近，有人开发了几种新方法，可用于合成具有不同结构的 3D 还原态氧化石墨烯(3DRGO)和 3DRGO 基材料。特别设计的方法能够使 3DRGO 材料具有不同的形态、结构与性质，以满足在不同领域应用的要求。在本节中，我们将概述制备 3DRGO 材料的不同合成方法。

#### 3.1.1.1　自组装法

制备 3D 还原态氧化石墨烯(3D RGO)材料的一种常用方法是自组装技术。在该方法中，首先是将氧化石墨烯(GO)纳米片进行自组装以形成一种 3D 骨架结构，然后以普通的还原方法将 3D GO 转换成 3D RGO[44]。由 GO 片自组装成 3D 架构的驱动力是源自 GO 片基面的范德华相互作用和源自 GO 片的官能团静电排斥作用[45]。在凝胶化的过程中，GO 片部分地相互重叠，骨架结构被还原并形成 3D 多孔还原态氧化石墨烯结构。文献中报道了以该方法生成 3D RGO 的许多种方式，比如添加交联剂[46]、改变 GO 分散体的 pH 值[44](图 3.1)或对 GO 分散体实施超声波处理等[47]。除了基于 GO 分散体凝胶化过程的这些方法外，采用其他方法也可以实现 GO 片自组装成 3D 架构。所述方法的类型包括：直接冷冻干燥[48]、流延成型[49]、GO 分散体的可控过滤[50]与离心[51]、电化学沉积[52]、溶胶-凝胶反应[53,54]等等。也可选择其他方法直接实现 3D RGO 架构，如通过溶剂热法/水热合成法[19,31,37,55-62]或 GO 片的化学还原法[63]。在所有这些实例中，GO 片自组装成 3D 网络，与此同时，GO 也转换成还原态氧化石墨烯(RGO)。

#### 3.1.1.2 模板辅助合成法

某些方法制备的集成石墨烯材料及其结构表现出不良导电性，这主要是由于在剥离和还原过程中引入了严重的结构缺陷和/或片内的高接触电阻造成的。如果采用预设计的 3D 模板则情况会大为改观，以此法合成出的 3D 石墨烯(3DG)材料可以形成大面积、高质量的石墨烯膜，而且具有改善良多的可控形态与性质[64](图 3.2)。采用 CVD 法可以促使石墨烯在 3D 模板上直接生长，这就足以展示这一策略的优势[30,64,65]。例如，有人利用市售的 Ni 泡沫兼作模板与催化剂，已经成功地合成出 3D 石墨烯网络[30,64]。此外，阳极氧化铝[66]、MgO[67]、镍涂覆的热解光阻膜[68,69]、金属纳米结构[65,70,71]甚至金属盐[72]都可以作为生产 3D

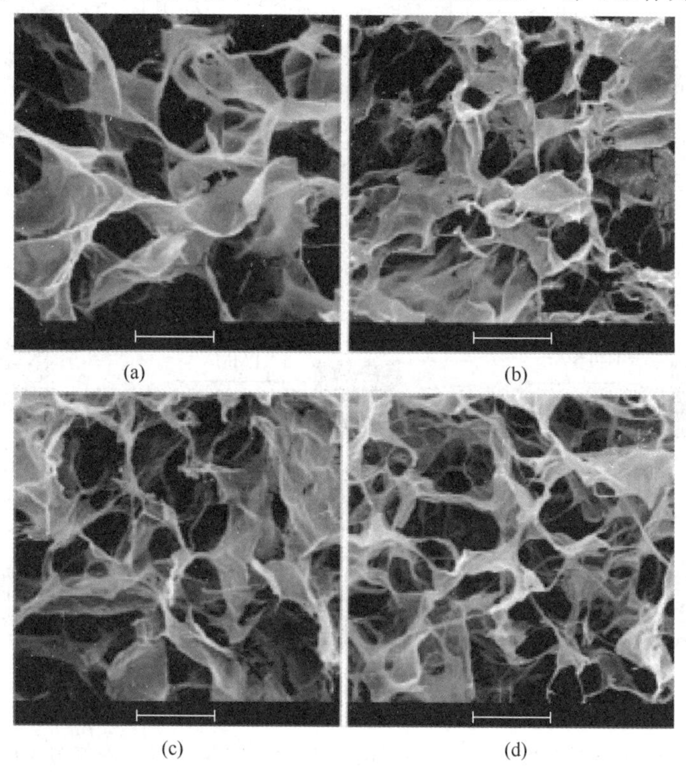


图 3.2 冷冻干燥的氧化石墨烯(GO)溶液与三种自组装 GO 水凝胶的扫描电子显微镜(SEM)图像：(a)GO 溶液；(b)具有 1mg/mL PVP 的 GO/PVP 水凝胶；(c)具有 0.1mg/mL PDDA 的 GO/PDDA 水凝胶；(d)具有 9mM$Ca^{2+}$的 GO/$Ca^{2+}$水凝胶，$C_{GO}$=5mg/mL，标度尺=10μm(经允许转载自文献[44])。(PVP：polyvinyl pyrrolidone，聚乙烯吡咯烷酮；PDDA：poly(diallyldimethylammonium chloride)，聚二烯丙基二甲基氯化铵- 译者注)。

石墨烯材料的有效模板。使用3D模板可以实现大面积、高质量与规模化的3D石墨烯材料生产。这种工艺给需要高质量石墨烯的行业带来了难得的利好消息。以另外一种更为便捷的方式也可以制备3D石墨烯架构，这就是将氧化石墨烯片自组装至3D模板上，随后再将氧化石墨烯还原成RGO(还原态氧化石墨烯)。在最近几年里，人们已经开发出由氧化石墨烯自组装成3D架构的多种技术，比如电泳沉积法[73]、浸涂法[74]、高压釜回流法[75,76]和模板辅助的冷冻干燥法[32]。这些方法中所用的模板包括二氧化硅纳米粒子[77-79]、聚苯乙烯球[43,80-82]，全氟磺酸支架[83]、市售的海绵[41,84]、纤维素[85]和纺织纤维等[86]。

#### 3.1.1.3 直接沉积

与上述其他方法相比，3D石墨烯(3DG)架构的直接沉积可谓是一种最直接简明的方式。通过一种等离子体增强的CVD方法，可以将3D石墨烯架构直接沉积在连续衬底上，例如金(Au)和不锈钢等[87,88-90]。石墨烯片在金属衬底上垂直生长并相互连接，形成3D多孔石墨烯架构，然后稳固地粘附于衬底之上。该法衍生的显著优点之一是，在垂直石墨烯片的边缘处存在众多活性位点，有益于材料在传感领域中的应用。以事先设计确定的结构特点将金属衬底图案化，可以很容易地控制3D石墨烯材料的组织，这样就能够直接构建用途不同的多种传感器结构[89]。

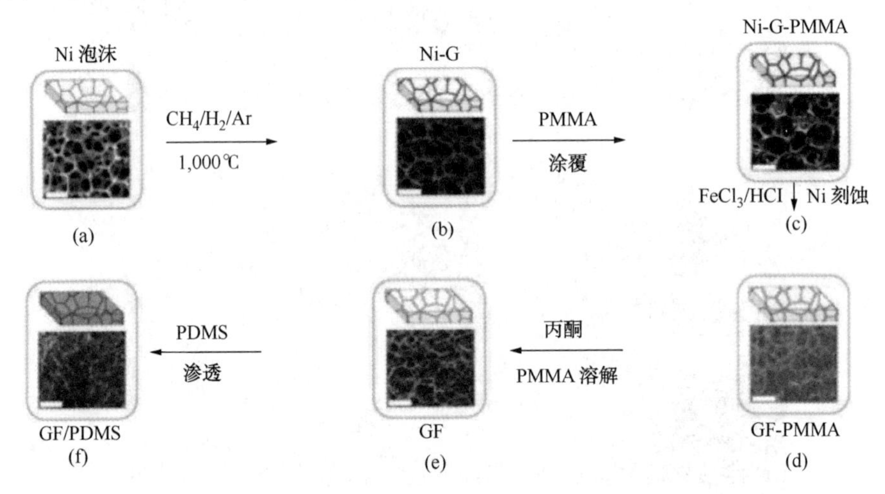


图3.3 (a、b)石墨烯膜的CVD生长；(b)采用镍泡沫(Ni泡沫，a)作为3D支架模板；(c)在涂覆一薄层聚甲基丙烯酸甲酯(PMMA)承托层之后的原生态石墨烯膜(Ni-G-PMMA)；(d)用热HCl(或$FeCl_3/HCl$)溶液刻蚀掉镍泡沫之后留存的PMMA涂覆的石墨烯泡沫(GF)(GF-PMMA)；(e)用丙酮溶解PMMA层之后存留的无支撑GF；(f)在PDMS渗透GF之后形成的GF/PDMS复合材料。图中的所有标尺均为500μm。(经允许转载自文献[64])。(PDMS：Poly(dimethylsiloxane)，聚二甲基硅氧烷-译者注)。

#### 3.1.1.4 共价键结合

3D 石墨烯(3DG)材料是通过单独结构单元之间的共价键连接而形成的，这在制造工艺上是一项重要的挑战。共价键可以带给 3D 石墨烯材料优异的性能，并且也允许将多孔结构精心打造成功能性固体[91]。以大规模方式生产这种共价键连接的 3D 石墨烯材料是相当困难的，不过，Sudeep 等建立了一个相当成功的操作程序，主要利用氧化石墨烯(GO)中的羟基与戊二醛(GAD)的相互作用以及戊二醛的缩聚反应。另外，在制备这种气溶胶型的稳定结构时还引入了间苯二酚，见图 3.4。

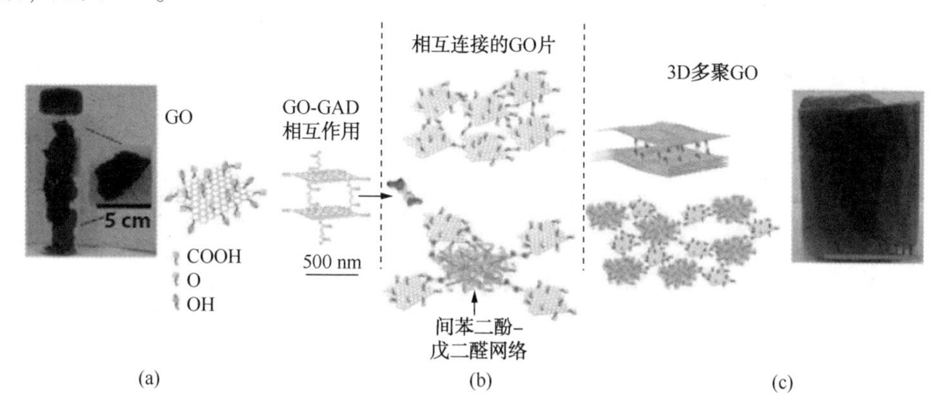


图 3.4 以初始氧化石墨烯(GO)粉开始的多聚-GO 合成过程的示意图

(a)照片显示了合成的 GO 粉；(b)带有主要官能团的 GO 结构示意图，并显示出可能的相互作用；(c)示意说明以两种不同机理形成的多聚-GO 的 3D 网络结构。交联溶液的冻干法(即冷冻-干燥法)产生了大尺度的固体结构，其形状与尺寸是可控的。(经允许转载自文献[91])。

### 3.1.2 3DG 结构的概述

对作为结构单元的 2D 石墨烯进行集成，可产生 3D 石墨烯(3DG)结构，然后再用之构建宏观结构，如多孔薄膜、支架、网络等等。根据其不同结构特点，3DGs 可细分成不同的类别，如 3DG 骨架结构(3DGF)、3DG 球体(3DGS)或圆球(3DGB)、3DG 膜、3DG 纤维等，见表 3.1。

表 3.1 3D 石墨烯-基电极及其应用汇总表

| 材料 | 制备方法 | 电导率/(S/m) | 表面积/($m^2/g$) | 应用 | 参考文献 |
|---|---|---|---|---|---|
| 3D 大孔化学改性的石墨烯骨架结构 | 利用聚苯乙烯胶体粒子作为牺牲模板的复制与模压技术 | 1204 | 194.2 | 超级电容器 | [82] |

续表

| 材料 | 制备方法 | 电导率/(S/m) | 表面积/($m^2/g$) | 应用 | 参考文献 |
| --- | --- | --- | --- | --- | --- |
| N-掺杂的大孔还原态氧化石墨烯(RGO) | 在湿空气流下聚苯乙烯接枝的氧化石墨烯的自组装 | 649S/cm | | 超级电容器 | [112] |
| 3D 石墨烯/聚吡咯气凝胶 | 氧化石墨烯片与事先合成的一维空心聚吡咯纳米管作为原料 | | 55 | 超级电容器 | [109] |
| 类纳米蜂巢状的 $CoMoO_4$-3D 石墨烯 | 3D 石墨烯在 Ni 泡沫上的化学气相沉积，随后以水热反应生成 $CoMoO_4$纳米片 | | | 超级电容器 | [110] |
| 石墨烯水凝胶 | 氧化石墨烯的水热法还原 | 2.7 | 951 | 超级电容器 | [42] |
| 3D 石墨烯气凝胶-镍泡沫混合材料 | 用液氮骤冷以氧化石墨烯填充的 NiF 片，在真空下冷冻干燥 3 天 | 71.4 | 463 | 超级电容器 | [32] |
| 超轻氮掺杂的 3D 石墨烯骨架结构 | 氧化石墨烯和吡咯的水热反应，随后冷冻干燥 | $(1.2\pm0.2)\times10^3$ | 280 | 超级电容器和氧化还原反应 | [38] |
| 多孔石墨烯骨架结构 | 在借助硝酸的条件下对氧化石墨烯进行热处理 | | 463 | 超级电容器 | [113] |
| 3D 石墨烯网络 | 一步水热合成法 | | | 超级电容器 | [19] |
| 多孔 B-掺杂的石墨烯 | 采用干冰与丙酮的冷冻-氧化石墨烯沉降法 | | 622 | 超级电容器 | [114] |
| 沉积在 Ni 泡沫上的石墨烯水凝胶 | 将 Ni 泡沫浸入氧化石墨烯悬浮液，随后再浸入维生素 C，放置一夜 | | 1260±48 | 超级电容器 | [74] |
| 在多孔石墨烯凝胶/Ni 泡沫上的 $MnO_2$ | 在 Ni 泡沫上的石墨烯凝胶，采用高压釜法、$MnO_2$改性和电沉积法 | | | 超级电容器 | [76] |
| 3D-石墨烯泡沫上的 α-$MnO_2$纳米纤维 | 使用 Ni 泡沫作为模板的化学法 | | | 超级电容器 | [115] |
| 3D 石墨烯/聚苯胺纳米复合材料 | 在真空条件下将氧化石墨置于玻璃瓶中，然后加热 | | 487 | 超级电容器 | [116] |

续表

| 材料 | 制备方法 | 电导率/(S/m) | 表面积/($m^2/g$) | 应用 | 参考文献 |
|---|---|---|---|---|---|
| 修饰在多孔石墨烯上的类花瓣状氢氧化镍 | 微波加热 | | | 超级电容器 | [117] |
| 在 Ni 泡沫-3D 石墨烯上的 $MnO_2$ | 使用 Ni 泡沫作为模板的 CVD 法 | | | 电化学电容器 | [118] |
| 自组装的石墨烯气凝胶 | 水热合成法及随后的冷冻干燥法 | 3.75 | 308.8 | 超级电容器 | [119] |
| 褶皱石墨烯球修饰的多孔碳纳米管-网络 | 基于超声雾化器喷雾法的一锅法 | | 587 | 超级电容器 | [97] |
| 3D 介孔混合 $NiCo_2O_4$@石墨烯 | 以聚氨酯海绵作为模板，采用微波辐射与随后的冷冻干燥 | | 195.4 | 超级电容器 | [120] |
| 3D 石墨烯网络 | 采用乙醇的 CVD 工艺，使用 Ni 泡沫作为模板 | | | 超级电容器 | [30] |
| 功能性纳米孔石墨烯泡沫 | 使用二氧化硅球作为模板 | | 851 | 电池 | [78] |
| 3D$SnO_2$/石墨烯纳米片 | 化学合成 | | | 锂电池存储容量 | [125] |
| 掺有超细 CoO 纳米粒子的 3D 还原态氧化石墨烯水凝胶 | 水热法处理以及随后的炉内冷却与焙烧 | | 130.5 | 锂离子电池 | [123] |
| N-掺杂的石墨烯-$VO_2$(B)纳米片构成的 3D 花瓣状混合物 | 水热反应 | | 71.59 | 锂离子电池 | [124] |
| 3D 大孔 $SnO_2$/氮-掺杂的石墨烯架构 | 溶剂热法 | 97 | 336 | 锂电池存储容量 | [62] |
| 3D 大孔石墨烯-基 $Li_2FeSiO_4$复合材料 | 模板辅助合成，APTES 改性的二氧化硅纳米球 | $3.24\times10^3$ | 883 | 锂离子电池 | [122] |
| 3D 石墨烯网络 | 衬底辅助的还原与自组装 | | | 锂离子电池 | [92] |
| 3DN-掺杂石墨烯气凝胶负载的-$Fe_3O_4$纳米粒子 | 水热法以及随后的冷冻干燥法 | | 110 | 氧还原反应 | [127] |

续表

| 材料 | 制备方法 | 电导率/(S/m) | 表面积/($m^2/g$) | 应用 | 参考文献 |
|---|---|---|---|---|---|
| 3D 纳米孔 N-掺杂的石墨烯 | CVD 法以及随后的 Ni 刻蚀法 | | | 氧还原反应 | [128] |
| N-掺杂的纳米孔少层石墨烯-聚苯胺 | 化学合成以及随后的热解 | | 377 | 氧还原和析氧反应 | [126] |
| Pt 纳米粒子/3D 石墨烯复合材料 | 使用 Ni 泡沫作为模板和乙醇作为碳源的 CVD 法 | | 670 | 甲醇氧化 | [18] |
| 银纳米粒子修饰的 3D 石墨烯 | 水热合成法 | | | $H_2O_2$传感 | [131] |
| 3D 石墨烯泡沫负载的 PtRu 双金属纳米晶体 | 在管炉内生长，以 Ni 泡沫作为模板，随后用 3MHCl 刻蚀 | | | $H_2O_2$传感 | [129] |
| 双金属 PdCu 纳米粒子修饰的 3D 石墨烯水凝胶 | 水热合成法 | | | 葡萄糖 | [132] |
| 三维(3D)石墨烯泡沫上的氧化锌(ZnO) | 水热合成法 | | 214.5 | 多巴胺传感器和超级电容器 | [130] |
| 3D 石墨烯泡沫上的 $Mn_3O_4$ | 乙醇-CVD 法，以镍泡沫作为牺牲模板 | | 1157.9 | 葡萄糖和 $H_2O_2$ | [133] |
| 共价相互连接的三维氧化石墨烯 | 化学相互连接 | 3.4 | 470 | $CO_2$气体吸附 | [91] |
| 3D 还原态氧化石墨烯-镍泡沫 | 水热法 | | | 微生物燃料电池 | [75] |
| 类软木塞石墨烯 | 冷冻浇铸法 | 0.12S/cm | | 能量吸收容量 | [28] |

#### 3.1.2.1 3DG 骨架结构

在所有的 3D 石墨烯(3DGs)类型中，研究最为透彻的当属 3DG 骨架结构(3DGFs)，这其中包括：泡沫[40,78,83,92]、海绵状物[41,93]、水凝胶[42,94,95]和气凝胶[32,48,59]。镍泡沫广泛用作模板以合成形态可控的石墨烯泡沫。Chen 等采用了模板引导的 CVD 方法，开发了一种合成 3D 石墨烯宏观结构的策略，这是一种在结构上类似泡沫的 3DG 骨架结构[64]。生成的 3DGF 复制并继承了镍泡沫模板中相互连接的 3D 支架结构；3D 石墨烯骨架结构中的所有石墨烯片直接相互接触而无破裂，同时还保持了各片的单独状态，见图 3.2。Huang 等报道了另一个颇有意思的实例，采用疏水相互作用驱动的硬模板法合成了孔径(30~120nm)可控且孔体积(~4.3$cm^3/g$)超大的纳米孔 3D 石墨烯[78]。甲基接枝的二氧化硅具有疏水表面与均匀的孔径，故被选用为制造石墨烯泡沫的硬模板，见图 3.5。Yu 等利用市售的聚氨酯(PU)海绵作为模板，根据简单的浸涂法以及随后进行的热碘化氢溶液还原法制造了一种大面积、柔韧性的 3D 还原态氧化石墨烯－聚氨酯(3DRGO-PU)海绵状物[41]。Zhang 等制备了高导电性的 3D 石墨烯水凝胶，其采用水热法还原氧化石墨烯分散体，随后用肼或氢碘酸做进一步的还原[37]。这种材料提供了结构非常明确的 3DGFs，而且也为(电池应用中的)电解液提供了宽敞的开放通道。就在最近，Ye 等提议了一种灵巧且具扩展性的方法来制备 3D 石墨烯气凝胶-镍泡沫(NiF)混合材料[32]。氧化石墨烯水凝胶-NiF 混合材料经过简单的冷冻-干燥与随后的热处理之后，便形成了高质量的 3D 石墨烯气凝胶，所得产物具有分层次的孔隙度以及在 NiF 架构上的高电导率。Hu 等以化学转换方法合成了具有高压缩性的超轻石墨烯气凝胶[96]。在该方法中，首先对氧化石墨烯(GO)进行可控功能化，并且在乙二胺水溶液中组装成一体性的功能化石墨烯水凝胶，随后再通过微波辐照方式消除官能团以制造具有良好弹性的超轻石墨烯气凝胶。

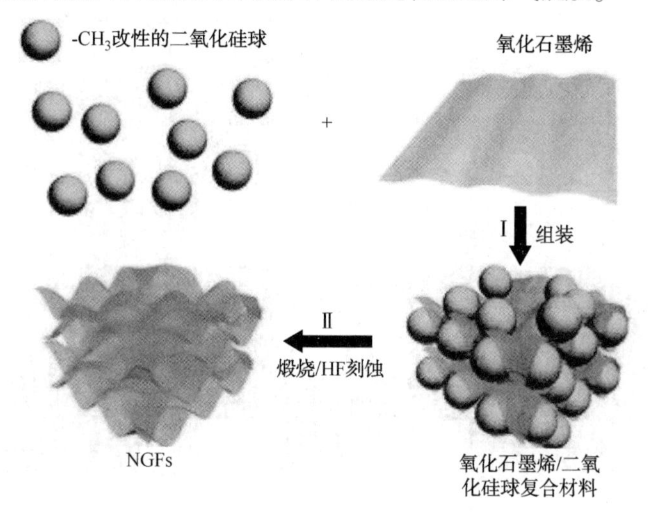


图 3.5　纳米孔石墨烯泡沫(NGFs)的合成步骤示意图：Ⅰ)在氧化石墨烯(GO)与疏水二氧化硅模板之间发生的自组装；Ⅱ)经煅烧与二氧化硅刻蚀后生成 NGFs。(经允许转载自文献[78])。

#### 3.1.2.2　3DG 球体或圆球

3DG 球体(3DGSs)和 3DG 圆球(3DGBs)一般具有空心球或褶皱球的结构，其球面是由石墨烯片层堆积的壳，人们已经发现这种材料在许多领域内均有应用前景。这类石墨烯材料相当坚硬，在浸入电解质溶液后仍可轻易地保持其结构，另外还展现出明显的抗聚集能力[97]。3DG 球体(3DGSs)主要是采用球形模板制备的，比如金属纳米粒子(NPs)、聚合物球、二氧化硅球等。

Choi 等对三乙二醇(TEG)-涂覆的 Ni 金属纳米粒子(NiNPs)实施热处理，合成了空心 3DG 球体[71]。该方法的主要步骤包括：首先，在 250℃下对 TEG 涂覆的 NiNPs 实施热处理，将 TEG 分子分解成碳原子。然后，在 500℃下的氩气氛中对 NiNPs 再一次进行热处理，以使这些吸附的碳原子转换成石墨烯层。该方法涉及到相对低温(例如 500℃)的热处理过程，这样就使整个合成过程变得简单而具有扩展性。在另一篇文献报道中，有人以前驱体-辅助的 CVD 法合成了介孔石墨烯纳米球，其中分别采用 $FeCl_3$和聚苯乙烯(PS)球作为催化剂前驱体和碳源，见图 3.6[43]。以羧酸和磺酸功能化的聚苯乙烯球显著促进了聚合物模板在金属前驱体溶液中的均匀分散，实现了石墨烯片层的均匀分布。该项技术不仅提供了前驱体/聚苯乙烯溶液的滴落涂布法，而且也考虑了多层 3DG 圆球(3DGBs)的大批量生产，见图 3.6c。Mao 等开发了生产 3D 褶皱石墨烯(3DCG)的一步法工艺，所得 3D 褶皱石墨烯产物具有敞形结构或开放结构，在水溶液中极其稳定[98]。3D 褶皱石墨烯纳米晶体混合物是通过氧化石墨烯(GO)分散体与前驱体混合物的气溶胶化(aerosolization)合成的。在该方法中，采用了包括 $Mn_3O_4$、$SnO_2$、Ag 和 Pt 在内的各种纳米晶体，并在蒸发和起皱过程中将这些纳米晶体修饰在 3DCG 球的表面上。在另一篇文献报道中，研究人员引入了分层次的纳米混合物，其中的多孔碳纳米管(CNT)-网络是由褶皱的石墨烯球(CGBs)修饰的[97]。CGB 结构的微球形态得益于其硬度与抗聚集本质，因而改善了 3D 分层结构的稳定性。

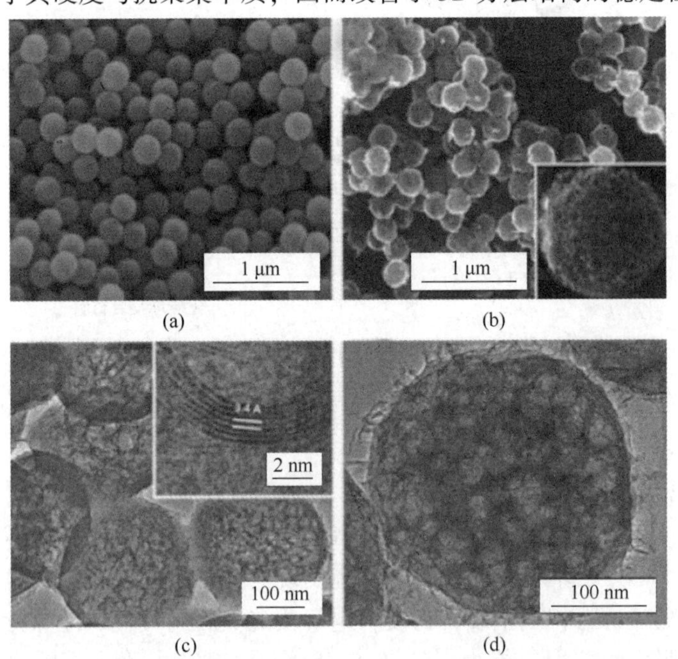


图 3.6　不同样品的扫描电子显微镜(SEM)图像：(a)样品为 SPS-COOH；(b)样品(a)经 CVD 处理后获得的 MGB，图像(b)中的插图示出单个介孔石墨烯球的 SEM 特写图像；(c)在样品边缘附近拍摄的透射电子显微镜(TEM)图像，证明 MGB 有~7 层，层间距为 0.34nm；(d)单个介孔石墨烯球的高倍像。(经允许转载自文献[43])。

#### 3.1.2.3 3DG膜

大孔3D石墨烯(3DG)膜具有大表面积和与化学改性石墨烯片(CMG)相互连接构成的3D多孔网络以及出色的机械完整性。在石墨烯片之间掺入间隔材料以制造3D多孔石墨烯膜是一种保持石墨烯表面积的有效方式。这种间隔材料可能是碳纳米材料、聚苯乙烯球、聚合物、贵金属纳米晶体、金属氧化物、介孔二氧化硅片、金属有机骨架结构等等[45]。

Choi等报道说，其研究团队制备了均匀孔径为2μm的多孔3D石墨烯(3DG)膜，方法中包括过滤聚苯乙烯纳米球与3D石墨烯片的水混合物以及随后去除聚苯乙烯等步骤(见图3.6)[82]。该方法证明，以聚苯乙烯胶体粒子作为牺牲模板并且在3D石墨烯膜上另外再沉积一薄层$MnO_2$可以改善材料的性能。也有人报道了没有使用间隔材料处理氧化石墨烯/还原态氧化石墨烯(GO/RGO)膜的其他方法，如流延成型、光刻、膨松和化学活化等，均可用于制造3D多孔石墨烯膜。例如，Chen等以一种有效方式将致密性石墨烯结构转换成多孔性结构，其中采用了所谓的“膨松化”步骤。

#### 3.1.2.4 3DG纤维

3D石墨烯纤维(3DGFs)不仅展现了碳纤维的特点如高柔韧性和导电性，而且也保留了独特的性质如轻质，易于功能化且成本低廉。在所有这些性质之中，最为突出的特点是其相当低的密度，只有~0.23g/cm$^3$，相比之下，传统的碳纤维为>1.7g/cm$^3$，金属线为~20g/cm$^3$，见图3.7[99]。3D石墨烯纤维的制备方法一般均基于氧化石墨烯(GO)片的可控自组装，如在一个限定容器内以水热法处理氧化石墨烯分散体，或者以浓缩的氧化石墨烯液晶进行湿纺。Cong等展示了一种灵巧的流体自组装方法，可以生产大孔、纯净且大规模的石墨纤维，其中包括以简单而有效的湿纺技术加工氧化石墨烯溶液，随后再进行化学还原等步骤[100]。作者还研究了将氧化石墨烯片自组装成大孔3D石墨烯纤维的机理，其中采用的方法是在低浓度十六烷基三甲基溴化铵的凝结浴中纺织氧化石墨烯分散体。

除了上面提及的主要3D结构类型，文献中也报道了其他类型的石墨烯结构，如石墨烯洋葱圈[101]、软木塞[28]、卷轴[102,103]、纳米袋[104]和红细胞状微米球[105]等。这些结构均显示了其特殊性质与潜在应用。

## 3.2 应用

当前，与二维(2D)和三维(3D)石墨烯材料相关的科学研究是一个令人兴奋的领域，其中涉及到界面化学、物理学、材料科学与工程学。3D石墨烯(3DG)

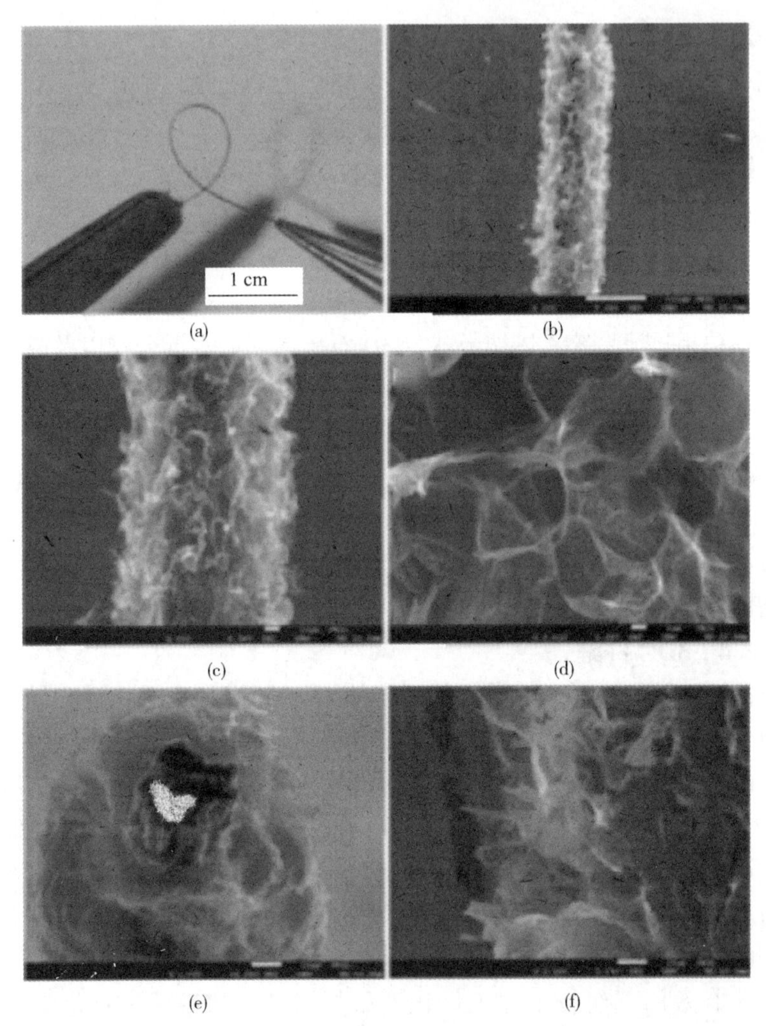


图 3.7 (a)扭曲状 3D 石墨烯骨架结构(3DGF)的数字图像。观察到沿交叉纤维出现的类颗粒状褶皱(凸起)，这是在手动扭曲时纤维-纤维摩擦接触产生的现象；(b)、(c)3DGF 的扫描电子显微图像；(d)是(c)的放大图像；(e)3DGF 的横截面图，显示出围绕石墨烯泡沫(GF)核心周边的直立状石墨烯片；(f)3DGF 的边视图。(经允许转载自文献[99])。

材料及其衍生物，由于保持了本体石墨烯的性质，故在多种领域内均彰显出范围广泛的实际应用，比如超级电容器、电池、燃料电池、催化剂、电化学传感器、气体吸附与其他行业等，见表 3.1。

### 3.2.1 超级电容器

近年来，超级电容器已经成为最具前景的电化学能量存储设备，这主要得益于其大功率密度与长生命周期，特别是超级电容器填补了传统介电电容器(其有大功率输出）和电池/燃料电池（其具有高能量密度）之间的功率/能量空档[106,107]。人们正在广泛地探索与研究碳系材料，如活化碳、碳纳米管和石墨烯等，以期用其构建超级电容器电极，因为这类材料具有高表面积、低成本与高电导率[108]。最近，3D 石墨烯（3DG）材料及其衍生物已经被确认为最具前景的超级电容器候选材料[13,45]。3D 石墨烯基材料的独特孔结构与出色性质提高了电极的可及面积，相当于为电解液提供了抵达电极表面的可接近性。3D 石墨烯基材料也为修饰在自身之上的活性材料开辟了导电通道，这一特性加强了双电层电容器（EDLCs）与赝电容器的性能。

如欲制造理想的超级电容器，就需要高电导率的电极，这种电极应当具有质量较好的微米/纳米架构以便于电子/离子的流畅传输。例如，Chen 等开发了一种置于微孔镍泡沫（NiF）上的还原态氧化石墨烯（RGO）水凝胶，以形成水凝胶/NiF 复合电极，见图 3.8[74]。其中，石墨烯水凝胶覆盖在整个 NiF 上，使得穿过电极的离子/电子传输距离大为缩短，因此，快速电荷转移产生了高比电容（以面积计）、长耐久性和高倍率特性。该方法还有另外一个优点，即石墨烯材料和集电极可以制成一个部件而无需占据额外的空间体积。Ye 等展示了一种无黏合剂的 3D 石墨烯气凝胶-镍泡沫（3DGGA@ NiF）混合材料，可以用作超级电容器的电

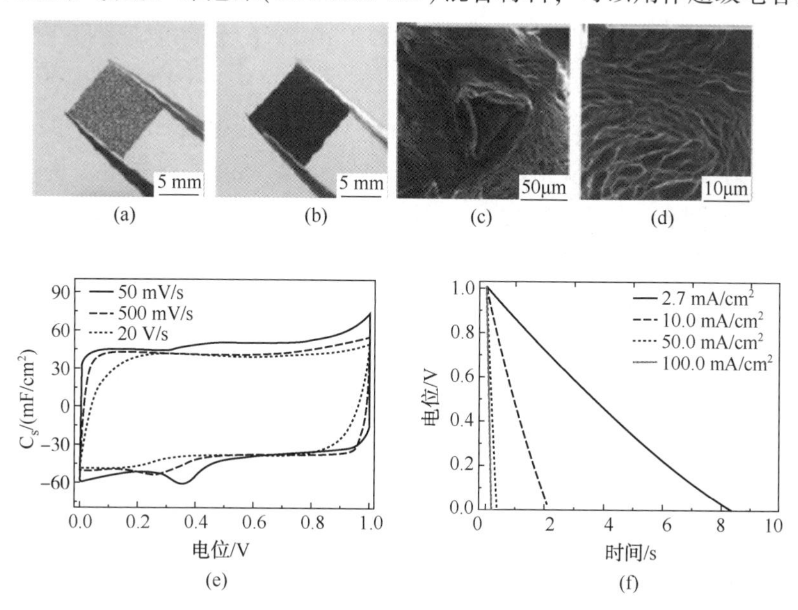


图 3.8 （a）镍泡沫（NiF）的照片；（b）原样 3DG/NiF 电极；（c）冷冻干燥后 3DG/NiF 电极的横截面扫描电子显微镜（SEM）图像；（d）3DG/NiF 中三维石墨烯的 SEM 放大图像；（e）在 5MKOH 中的 3DG/NiF 电极在不同扫描速率下的 CV 曲线；（f）3DG/NiF 电极在不同电流密度下的放电曲线。（经允许转载自文献[74]）

极[32]。3DGGA@ NiF 电极展现了令人满意的电容行为，如高倍率特性、良好的循环稳定性和高比电容(在 2A/g 电流密度下为 366F/g)。石墨烯水凝胶是以完整的 3D 多孔网络为特征的，故可以在双电层电容器(EDLCs)的石墨烯基电极中为实现离子扩散最佳化提供一个机会，正如 Zhang 等所言[111]，这相当于为电解液的快速传输提供了开放式的通道，并由此产生高比电容(在 1A/g 下达到 220F/g)。Yu 等描述了类纳米蜂巢状的强耦合 $CoMoO_4$-3DG 混合物(NSCGH)，并将其作为超级电容器的电极材料[110]。NSCGH 电极在电流密度为 1.43A/g 的条件下产生了极高的比电容值，达到大约 2741F/g 的水平。他们也指出，NSCGH 展现的电化学性能优于 $CoMoO_4$纳米片 3D 石墨烯和 $CoMoO_4$纳米线 3D 石墨烯，这就表明，位于 3D 石墨烯上的金属氧化物纳米片的结构在循环性能中发挥了重要作用。Zhou 等报道了复合材料和纳米结构化的材料 $Ni_3S_2$@ $Ni(OH)_2$在 3DG-NiF 上的生长情况，其中 3DG-NiF 是采用一步水热合成法制备的[19]。图 3.9 示出了 $Ni_3S_2$@ $Ni(OH)_2$/3DG-NiF 的电化学性能。图 3.9(b)示出 $Ni_3S_2$@ $Ni(OH)_2$/3DG-NiF 在不同扫描速率下的循环伏安(CV)曲线。随着扫描速率的提高，电流响应亦相应提高，但循环伏安曲线的形状保持不变，这表明了良好的高倍率特性。根据循环伏安曲线计算出，$Ni_3S_2$@ $Ni(OH)_2$/3DG-NiF 在 2mV/s 扫描速率下的比电容是 1277F/g。图 3.9(d)显示出 $Ni_3S_2$@ $Ni(OH)_2$/3DGN 在不同电流密度下的恒电流放电曲线。Choi 等基于 $MnO_2$改性的大孔石墨烯($MnO_2$/e-CMG)架构开发了一种高性能的超级电容器电极[82]。这种 $MnO_2$/e-CMG 复合电极具有出色的电导率与大表面积，在 1A/g 的电流密度下呈现了高比电容 389F/g，在电流密度增加到 35A/g 时电容保持率高达 97.7%。此外，当 $MnO_2$/e-CMG 复合电极与一个 e-CMG 电极以非对称性方式组装在一起时[图 3.10(a)]，构成的完整电池显示出非凡的电池性能(图 3.10)，其能量密度达到 44Wh/kg，功率密度达到 25kW/kg，而且还有良好的循环寿命。Zhai 在另一项工作中报道了一种策略，可以在 3D 多孔石墨烯凝胶/Ni 泡沫($MnO_2$/3DG/NiF)上加入高负载量的 $MnO_2$(以单位面积或质量计)，所得产物可以用于超级电容[76]。$MnO_2$/3DG/NiF 电极显示出数值达 3.18F/$cm^2$(234.2F/g)的大电容和良好的倍率特性。此外，他们还以 $MnO_2$/3DG/NiF 作为正极，以 3DG/NiF 作为负极，制作了一种全固态超级电容器，实现了颇具指标意义的能量密度：0.72mWh/$cm^3$。最近，Ye 等开发了一种分层次的三维石墨烯/聚吡咯气凝胶复合材料，所得产物显示出卓越的电化学性能，高比电容(253F/g)、良好的倍率特性和杰出的循环稳定性[109]。另外，其他几篇文献也描述了由 3D 石墨烯(3DG)和 3DG-基材料组成的超级电容器电极[30,38,97,112-120]，不过，由于篇幅限制，本节没有引述这些文献中披露的相关细节。

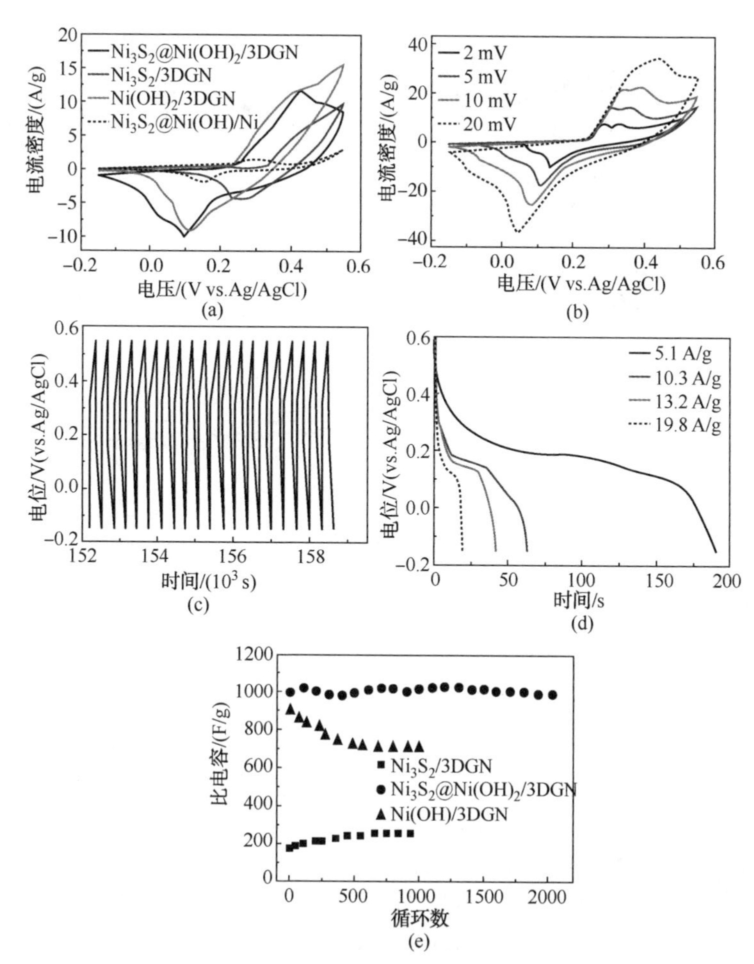


图 3.9 (a) $Ni_3S_2$@$Ni(OH)_2$/3DG-NiF、$Ni_3S_2$/3DGN、$Ni(OH)_2$/3DG-NiF 和 $Ni_3S_2$@$Ni(OH)_2$/NiF 电极的循环伏安曲线，恒定扫描速率为 5mV/s，电位范围为-0.15～0.55V；(b) $Ni_3S_2$@$Ni(OH)_2$/3DG-NiF 在不同扫描速率(2、5、0 和 20mV/s)下的循环伏安曲线；(c) $Ni_3S_2$@$Ni(OH)_2$/3DGNiF 的最后 20 次放电曲线；(d) $Ni_3S_2$@$Ni(OH)_2$/3DG-NiF 在不同电流密度下的放电曲线；(e) $Ni_3S_2$/3DG-NiF、$Ni_3S_2$@$Ni(OH)_2$/3DGN 和 $Ni(OH)_2$/3DG-NiF 在电流密度为 5.9A/g 时的循环稳定性。(经允许转载自文献[19])

#### 3.2.1.1 电池

电池的关键参数包括能量密度与功率密度、循环特性、倍率特性、安全性、温度相关性与生产成本。Sony 公司于 1991 年首先引入了锂离子电池，这也成为当今世界上最为流行的电池[121]。由于具有大表面积、机械灵活性、优异的电导率、高化学稳定性与高热稳定性，在过去数年间石墨烯一直广泛用做锂电池中的各种混合电极材料。最近，基于 3D 石墨烯架构的电极展现出了大为改善的性能，

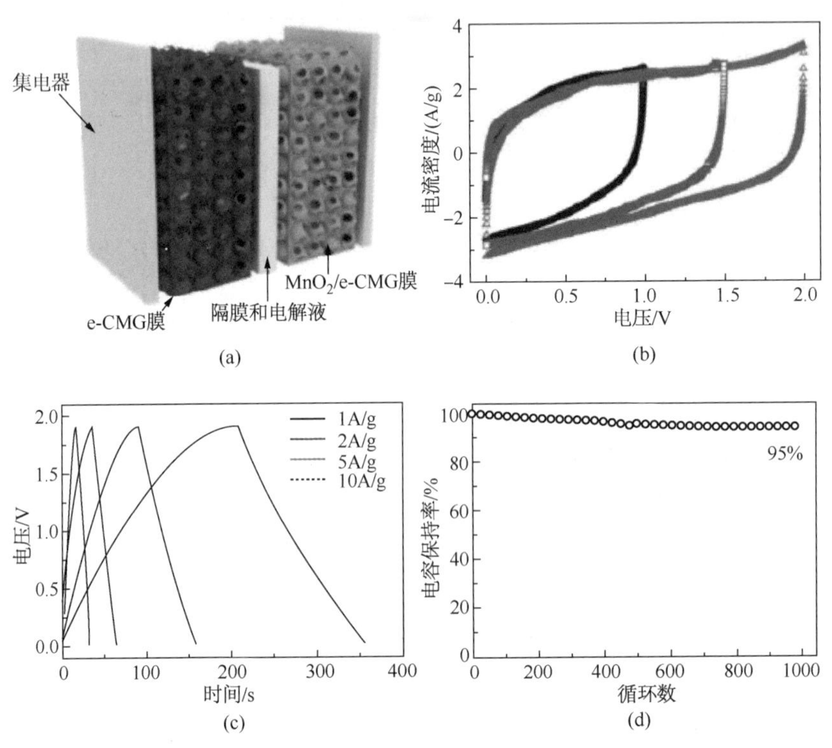


图 3.10 (a)基于 e-CMG//$MnO_2$/e-CMG 的非对称超级电容器件的示意图；(b)获自非对称超级电容器的 CV 曲线，采用了不同的槽电压 1V、1.5V 和 2.0V，扫描速率为 50mV/s；(c)非对称超级电容器的恒电流充电/放电，是在不同电流密度(1、2、5 和 10A/g)下测量的；(d)在恒定电流密度(1A/g)下，非对称超级电容器在 1000 次循环之内的长周期循环稳定性(经允许转载自文献[82])

这是由于其独特的 3D 架构不仅可以防止石墨烯片发生严重的再堆叠，而且也允许电解液以扩散方式自由地进入和通过 3D 石墨烯网络[122]。

Zhu 等展示了作为锂离子电池正极材料的 3D 大孔石墨烯基 $Li_2FeSiO_4$复合材料(图 3.11[122])。该材料呈现出几大优点，比如，(i)$Li_2FeSiO_4$粒子的纳米级尺寸可以确保相当短的锂离子扩散距离，这对于 $Li^+$的脱嵌是必要的；(ii)石墨烯纳米片与 $Li_2FeSiO_4$/C 纳米粒子之间的良好接触能够确保低接触电阻，这对于循环特性是非常有益的；(iii)网络的高电导率有利于充电-放电过程中的快电子迁移。3DG/$Li_2FeSiO_4$复合材料表现出良好的电化学性能，可作为锂离子电池的正极材料，其比放电容量在 0.1~20C(1C=166mA/g)的倍率下可分别达到 315mA·h/g 和 120mA·h/g。Zhang 等采用水热合成法制备出由超细 $CoO_x$ 纳米粒子固定的 3D 还原态氧化石墨烯(3DRGO)水凝胶，并对所得材料做出了详细描述[123]。在 100~2400mA/g 之间的不同电流密度下循环 82 次之后，上述纳米复合材料在

100mA/g 的电流密度下仍可提供高达 1025.8mA · h/g 的比电容量，表明这种材料具有良好的循环性能。Nethravathi 报道了 N-掺杂的石墨烯-$VO_2$(B)纳米片构成的 3D 花瓣状混合物，这是一种颇具前景的锂离子电池正极材料[124]。由于其独一无二的特性，这种材料展现了大电容量、高倍率特性和出色的循环稳定性。Huang 等制备了一种纳米孔 3D 石墨烯(3DG)泡沫，该材料具有可控孔径、高表面积和超大孔体积[78]，这些特点促进了电解液的进入和 $Li^+$离子与电子的快速扩散，提供了高达 750mA · h/g 的可逆电容量。文献中还有其他几项研究报道[62,92,125]也采用了 3D 石墨烯纳米混合复合材料作为锂离子电池材料。

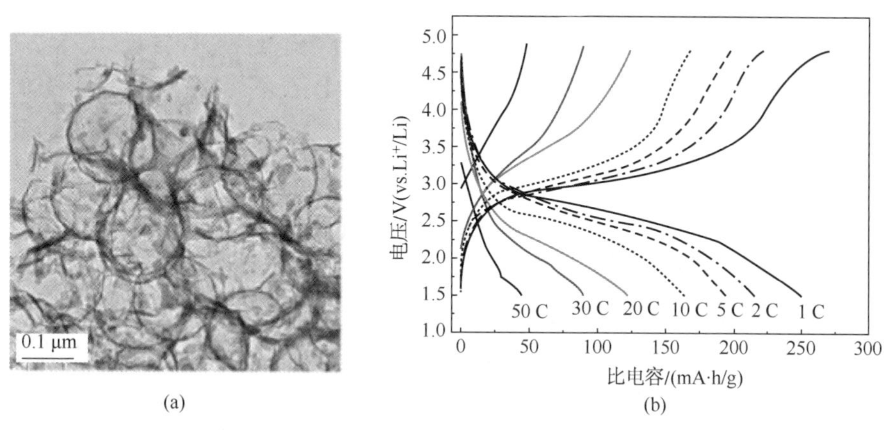


图 3.11 (a)3DG/$Li_2FeSiO_4$/C 材料的透射电子显微镜(TEM)图像；(b)3DG/$Li_2FeSiO_4$/C 的电化学性质说明了在各种高倍率下的典型充电-放电曲线。(经允许转载自文献[122])。

### 3.2.2 燃料电池

由于石墨烯与石墨烯基材料具有如上所述的独特性质，人们在近年来制订了庞大的研究计划来开发石墨烯-基燃料电池催化剂。不过，在该领域中只有为数不多的研究报道采用了 3D 石墨烯材料作为催化剂。例如，Qiu 等制备了一体性 3D 石墨烯(3DG)网络并用作 Pt 纳米粒子的载体，以制造一种先进的 3D 石墨烯基电化学催化剂[18,126]。与 Pt 纳米粒子/化学制备的还原态氧化石墨烯(RGO)和 Pt/C 催化剂相比，上述复合材料对甲醇氧化展现了出色的电化学活性。Wu 等报道说，氮掺杂的 3D 石墨烯气凝胶负载的 $Fe_3O_4$纳米粒子(3DNG-$Fe_3O_4$)可以作为氧还原反应(ORR)的有效正极催化剂[127]。3DNG-$Fe_3O_4$催化剂实现了较高的电流密度、较低的环电流、较低的 $H_2O_2$产率、较高的电子转移数(~4)和较好的耐久性。最近，Eto 报道了一种氮掺杂的纳米孔石墨烯，该材料对氧化还原反应有很高的催化活性[128]。人们饶有兴趣地注意到，含有较高氮浓度与较小孔体积的

这种纳米孔石墨烯显示出对氧还原反应的较高活性。对于氮掺杂的纳米孔石墨烯而言，氧还原反应超电势(overpotential)的起始值低至0.08V，在-0.40V下的动力学电流密度为8.2mA/cm$^2$。(在许多电化学反应中，电极上有电流通过时所表现的电极电势($I$)跟可逆电极电势($r$)之间偏差的大小(绝对值)，称为超电势，记作$\eta$，即$\eta = |r-I|$ -译者注)。

### 3.2.3 传感器

由于其独特的性质，刺激响应型多孔材料可以作为各种电化学传感/生物传感用途的理想组分。以金属和金属氧化物纳米结构修饰的3D石墨烯材料具有高电导率与大表面积，可以对许多生物学上的重要分子提供高催化活性。

Kung等研究了铂-钌双金属纳米粒子掺混的3D石墨烯泡沫(Pt-Ru/3DG)，并将其作为电化学纳米催化剂来检测过氧化氢($H_2O_2$)[129]。在没有添加任何其他促进剂的条件下，Pt-Ru/3DG显示了对$H_2O_2$的高灵敏度(1023.1mAmM$^{-1}$cm$^{-2}$)和低检测限(0.04mM)。Dong等报道说，将氧化锌(ZnO)混合型纳米结构材料负载于CVD法制备的3D石墨烯泡沫上，便可以用于检测$[Fe(CN)_6]^{3+}$和多巴胺[130]。石墨烯/ZnO混合物展现了高灵敏度，对$[Fe(CN)_6]^{3+}$和多巴胺检测的外推检测限较低，分别达到了1.0mM和10.0nM。Zhan等通过水热合成法开发了一种巧妙的策略，可用来制造银纳米粒子(AgNPs)修饰的3D石墨烯材料(AgNPs-3DG)[131]。作者采用如此制备的复合材料对磷酸盐缓冲溶液(PBS)中的$H_2O_2$进行了电化学检测。Yuan等展示了一种双金属PdCu纳米粒子修饰的3D石墨烯水凝胶(PdCu/3DG)，这种材料可用作葡萄糖的电催化传感器[132]。在-0.4V的外加电位下，PdCu/3DG改性的电极对葡萄糖展现了高灵敏度，而且没有受到来自相关物种如多巴胺、抗坏血酸、脲酸等的干扰。最近，Si等开发了一种分层次结构化的$Mn_3O_4$复合材料($Mn_3O_4$-3DG)，所述材料是在3D石墨烯泡沫上生长的[133]。作者将这种$Mn_3O_4$-3DG复合材料制作成柔韧的无支撑生物传感器，用于葡萄糖与$H_2O_2$的非酶测定。据称，由于两种组分的协同效应，基于$Mn_3O_4$-3DG的生物传感器对于葡萄糖与$H_2O_2$的检测达到了很高的灵敏度、相当宽的线性范围和低检测限。在血清和食品中的葡萄糖与$H_2O_2$的检测中，这种生物传感器均表现出了相当优异的性能。

### 3.2.4 其他应用

3D石墨烯及其衍生物在其他许多领域皆显示出了卓越的活性。例如，共价连接的特制3D石墨烯已经用作$CO_2$气体吸附的潜在候选材料[91]。超轻石墨烯基纤维素整体性材料具有超低密度、恢复率极高的优异弹性与良好导电性，因而展现了出色的能量吸收容量[28]。在另一篇文献报道中，3D 还原态氧化石墨烯(3DRGO)也已用作生物燃料电池的阳极材料[75]。近年来，还有不少类型相似的文献报道，不过，由于本章的篇幅限制而未能悉数收录。

## 3.3 总结、结论与展望

近年来，人们已经证明三维石墨烯是一种颇具前景、方兴未艾的新型材料。3D 石墨烯及其衍生物在化学、物理学、材料科学与工程领域已经引起研究人员的巨大兴趣。具有可控孔径、形状与形态的多孔石墨烯材料在合成工艺方面已经获得了显著的进展。在本章中，我们简要地介绍了这些材料的制备方法(即由 2D 石墨烯纳米片到 3D 材料的自组装)、不同的结构与形态以及在不同领域中的应用。很显然，迄今为止，3D 石墨烯及其衍生物主要是用作超级电容与电池材料。在某些情况下，这些材料也可以用于电化学传感、气体吸附与催化等领域。尽管人们已经付出了不懈的努力来制造石墨烯泡沫与相似的 3D 石墨烯材料，但仍然不可避免地还要面对本章前言部分提及的诸多挑战。此外，这些材料的内在性质也需要进一步的深入探索。而未来的研究也需要继续改进人们所期望的相关性质并简化三维石墨烯材料的制备程序。例如，如何提高 3D 石墨烯及其衍生物的比表面，如何控制孔径与孔体积，如何控制分布、密度与化学键的类型以及如何提高其机械性能等。

### 缩　写

| | |
|---|---|
| 3DRGO | 3D(三维)还原态氧化石墨烯 |
| 3DG | 3D(三维)石墨烯 |
| APTES | 3-氨丙基-三乙氧基硅烷 |
| CNT | 碳纳米管 |
| CVD | 化学气相沉积法 |
| DMSO | 二甲亚砜 |
| EDLC | 双电层电容器 |
| GCE | 玻璃碳电极 |
| GO | 氧化石墨烯 |
| h | 小时 |
| L | 升 |
| LbL | 一层一层地 |
| min | 分钟 |
| mol | 摩尔 |

| | |
|---|---|
| Nf | 全氟磺酸 |
| NiF | 镍泡沫 |
| nM | 毫微摩尔级的 |
| NP | 纳米粒子 |
| PANi | 聚苯胺 |
| RGO | 还原态氧化石墨烯 |
| rt | 室温 |
| s | 秒(钟) |
| SCE | 饱和甘汞电极 |

## 参 考 文 献


1. K. S. Novoselov, A. K. Geim, S. V. Morozov, D. Jiang, Y. Zhang, S. V. Dubonos, I. V. Grigorieva, A. A. Firsov, *Science*, 2004, 306, 666.
2. A. K. Geim, K. S. Novoselov, *Nat. Mater.*, 2007, 6, 183.
3. S. Stankovich, D. A. Dikin, G. H. B. Dommett, K. M. Kohlhaas, E. J. Zimney, E. A. Stach, R. D. Piner, S. T. Nguyen, R. S. Ruoff, *Nature*, 2006, 442, 282.
4. A. A. Balandin, S. Ghosh, W. Bao, I. Calizo, D. Teweldebrhan, F. Miao, C. N. Lau, *Nano Lett.*, 2008, 8, 902.
5. R. R. Nair, P. Blake, A. N. Grigorenko, K. S. Novoselov, T. J. Booth, T. Stauber, N. M. R. Peres, A. K. Geim, *Science*, 2008, 320, 1308.
6. C. Lee, X. Wei, J. W. Kysar, J. Hone, *Science*, 2008, 321, 385.
7. P. W. Sutter, J. -I. Flege, E. A. Sutter, *Nat. Mater.*, 2008, 7, 406.
8. K. V. Emtsev, A. Bostwick, K. Horn, J. Jobst, G. L. Kellogg, L. Ley, J. L. McChesney, T. Ohta, S. A. Reshanov, J. Rohrl, E. Rotenberg, A. K. Schmid, D. Waldmann, H. B. Weber, T. Seyller, *Nat. Mater.*, 2009, 8, 203.
9. D. Li, M. B. Muller, S. Gilje, R. B. Kaner, G. G. Wallace, *Nat. Nanotechnol.*, 2008, 3, 101.
10. S. Park, R. S. Ruoff, *Nat. Nanotechnol.* 2009, 4, 217.
11. K. S. Kim, Y. Zhao, H. Jang, S. Y. Lee, J. M. Kim, K. S. Kim, J. - H. Ahn, P. Kim, J. - Y. Choi, B. H. Hong, *Nature*, 2009, 457, 706.
12. X. Li, W. Cai, J. An, S. Kim, J. Nah, D. Yang, R. Piner, A. Velamakanni, I. Jung, E. Tutuc, S. K. Banerjee, L. Colombo, R. S. Ruoff, *Science*, 2009, 324, 1312.
13. C. Li, G. Shi, *Nanoscale*, 2012, 4, 5549.
14. J. Zhang, F. Zhao, Z. Zhang, N. Chen, L. Qu, *Nanoscale*, 2013, 5, 3112.
15. J. Guo, S. J. Dong, *Chem. Soc. Rev.*, 2011, 40, 2644.
16. L. Jiang, Z. Fan, *Nanoscale*, 2014, 6, 1922.
17. H. Shen, L. M. Zhang, M. Liu, Z. J. Zhang, *Th eranostics*, 2012, 2, 283.
18. H. Qiu, X. Dong, B. Sana, T. Peng, D. Paramelle, P. Chen, S. Lim, *ACS Appl. Mater. Interfaces* 2013, 5, 782.

19. W. Zhou, X. Cao, Z. Zeng, W. Shi, Y. Zhu, Q. Yan, H. Liu, J. Wang, H. Zhang, *Energy Environ. Sci.*, 2013, 6, 2216.
20. C. C. Huang, C. Li, G. Q. Shi, *Energy Environ. Sci.*, 2012, 5, 8848.
21. J. Shen, Y. Zhu, X. Yang, C. Li, *Chem. Commun.*, 2012, 48, 3686.
22. Q. L. Bao, K. P. Loh, *ACS Nano*, 2012, 6, 3677.
23. P. Recher, B. Trauzettel, *Nanotechnology*, 2010, 21, 302001.
24. T. Kuila, S. Bose, P. Khanra, A. K. Mishra, N. H. Kim, J. H. Lee, *Biosens. Bioelectron.*, 2011, 26, 4637.
25. X. Huang, Z. Y. Yin, S. X. Wu, X. Y. Qi, Q. Y. He, Q. C. Zhang, Q. Y. Yan, F. Boey, H. Zhang, *Small*, 2011, 7, 1876.
26. Y. X. Liu, X. C. Dong, P. Chen, *Chem. Soc. Rev.*, 2012, 41, 2283.
27. K. S. Novoselov, V. I. Fal ' ko, L. Colombo, P. R. Gellert, M. G. Schwab, K. Kim, *Nature*, 2012, 490, 192.
28. K. Ohashi, S. Kawai, K. Murata, *Nat Commun.* 2012, 3, 1241.
29. Z. Chen, W. Ren, L. Gao, B. Liu, S. Pei, H. -M. Cheng, *Nat. Mater.* 2011, 10, 424.
30. X. Cao, Y. Shi, W. Shi, G. Lu, X. Huang, Q. Yan, Q. Zhang, H. Zhang, *Small*, 2011, 7, 3163.
31. Y. Xu, K. Sheng, C. Li, G. Shi, *ACS Nano* 2010, 4, 4324.
32. S. Ye, J. Feng, P. Wu, *ACS Appl. Mater. Interfaces* 2013, 5, 7122.
33. L. Zhang, F. Zhang, X. Yang, G. Long, Y. Wu, T. Zhang, K. Leng, Y. Huang, Y. Ma, A. Yu, Y. Chen, *Sci. Rep.*, 2013, 3, 1408.
34. X. Wu, J. Zhou, W. Zing, G. Wang, H. Cui, S. Zhuo, Q. Xue, Z. Yan, S. Z. Qiao, *J. Mater. Chem.*, 2012, 22, 23186.
35. Y. Liu, C. Guo, D. Zhang, Y. Shang, *Mat. Lett.*, 2014, 115, 25.
36. M. Sabbaghan, B. M. Behbahani, *Adv. Mater.* 2012, 24, 4144.
37. L. Zhang, G. Shi, *J. Phys. Chem.* C 2011, 115, 17206.
38. Y. Zhao, C. G. Hu, Y. Hu, H. H. Cheng, G. Q. Shi, L. T. Qu, *Angew. Chem.*, *Int. Ed.* 2012, 51, 11371.
39. W. F. Chen, L. F. Yan, *Nanoscale* 2011, 3, 3132.
40. H. S. Ahn, J. M. Kim, C. Park, J. - W. Jang, J. S. Lee, H. Kim, M. Kaviany, M. H. Kim, *Sci. Rep.*, 2013, 3, 1960
41. H. - B. Yao, J. Ge, C. - F. Wang, X. Wang, W. Hu, Z. - J. Zheng, Y. Ni, S. - H. Yu, *Adv. Mater.*, 2013, 25, 6692.
42. L. Zhang, Gaoquan Shi, *J. Phys. Chem. C* 2011, 115, 17206-17212.
43. J. -S. Lee, S. -I. Kim, J. -C. Yoon, J. -H. Jang, *ACS Nano*, 2013, 7, 6047.
44. H. Bai, C. Li, X. Wang, G. Shi, *J. Phys. Chem. C*, 2011, 115, 5545.
45. X. Cao, Z. Yin, H. Zhang, *Energy Environ. Sci.*, 2014, 7, 1850.
46. H. Bai, C. Li, X. Wang. G. Shi, *Chem. Commun.*, 2010, 46, 2376.
47. O. C. Compton, Z. An, K. W. Putz, B. J. Hong, B. G. Hauser, L. Catherine Brinson,

S. T. Nguyen, *Carbon*, 2012, 50, 3399.
48. H. Sun, Z. Xu, C. Gao, *Adv. Mater.*, 2013, 25, 2554.
49. S. Korkut, J. D. Roy - Mayhew, D. M. Dabbs, D. L. Milius, I. A. Aksay, *ACS Nano*, 2011, 5, 5214.
50. X. Yang, J. Zhu, L. Qiu, D. Li, *Adv. Mater.*, 2011, 23, 2833.
51. F. Liu, T. S. Seo, *Adv. Funct. Mater.*, 2010, 20, 1930.
52. K. Sheng, Y. Sun, C. Li, W. Yuan, G. Shi, *Sci. Rep.*, 2012, 2, 247.
53. M. A. Worsley, T. Y. Olson, J. R. I. Lee, T. M. Willey, M. H. Nielsen, S. K. Roberts, P. J. Pauzauskie, J. Biener, J. H. Satcher, T. F. Baumann, *J. Phys. Chem. Lett.*, 2011, 2, 921.
54. M. A. Worsley, P. J. Pauzauskie, T. Y. Olson, J. Biener, J. H. Satcher and T. F. Baumann, *J. Am. Chem. Soc.*, 2010, 132, 14067.
55. Z. Tang, S. Shen, J. Zhuang, X. Wang, *Angew. Chem.*, *Int. Ed.*, 2010, 49, 4603.
56. W. Wei, S. Yang, H. Zhou, I. Lieberwirth, X. Feng, K. M ¨ ullen, *Adv. Mater.*, 2013, 25, 2909.
57. X. Xie, Y. Zhou, H. Bi, K. Yin, S. Wan, L. Sun, *Sci. Rep.*, 2013, 3, 2117.
58. Y. Su, Y. Zhang, X. Zhuang, S. Li, D. Wu, F. Zhang, X. Feng, *Carbon*, 2013, 62, 296.
59. Z. Han, Z. Tang, P. Li, G. Yang, Q. Zheng, J. Yang, *Nanoscale*, 2013, 5, 5462.
60. H. Bi, X. Xie, K. Yin, Y. Zhou, S. Wan, L. He, F. Xu, F. Banhart, L. Sun, R. S. Ruoff, *Adv. Funct. Mater.*, 2012, 22, 4421.
61. Y. Tao, X. Xie, W. Lv, D. - M. Tang, D. Kong, Z. Huang, H. Nishihara, T. Ishii, B. Li, D. Golberg, F. Kang, T. Kyotani, Q. -H. Yang, *Sci. Rep.*, 2013, 3, 2975.
62. R. Wang, C. Xu, J. Sun, L. Gao, H. Yao, *ACS Appl. Mater. Interfaces* 2014, 6, 3427.
63. W. Chen, S. Li, C. Chen and L. Yan, *Adv. Mater.*, 2011, 23, 5679.
64. Z. Chen, W. Ren, L. Gao, B. Liu, S. Pei, H. M. Cheng, *Nat. Mat.* 2011, 10, 424.
65. Z. Chen, W. Ren, B. Liu, L. Gao, S. Pei, Z. - S. Wu, J. Zhao, H. - M. Cheng, *Carbon*, 2010, 48, 3543.
66. M. Zhou, T. Lin, F. Huang, Y. Zhong, Z. Wang, Y. Tang, H. Bi, D. Wan, J. Lin, *Adv. Funct. Mater.*, 2013, 23, 2263.
67. G. Ning, Z. Fan, G. Wang, J. Gao, W. Qian, F. Wei, *Chem. Commun.*, 2011, 47, 5976.
68. X. Xiao, T. E. Beechem, M. T. Brumbach, T. N. Lambert, D. J. Davis, J. R. Michael, C. M. Washburn, J. Wang, S. M. Brozik, D. R. Wheeler, D. B. Burckel, R. Polsky, *ACS Nano*, 2012, 6, 3573.
69. X. Xiao, *et al.* R. Polsky, *J. Mater. Chem.*, 2012, 22, 23749.
70. R. Wang, Y. Hao, Z. Wang, H. Gong, J. T. L. Th ong, *Nano Lett.*, 2010, 10, 4844.
71. S. -M. Yoon, W. M. Choi, H. Baik, H. -J. Shin, I. Song, M. -S. Kwon, J. J. Bae, H. Kim, Y. H. Lee, J. -Y. Choi, *ACS Nano*, 2012, 6, 6803.
72. W. Li, S. Gao, L. Wu, S. Qiu, Y. Guo, X. Geng, M. Chen, S. Liao, C. Zhu, Y. Gong, M. Long, J. Xu, X. Wei, M. Sun, L. Liu, *Sci. Rep.*, 2013, 3, 2125.

73. X. H. Xia, J. P. Tu, Y. J. Mai, R. Chen, X. L. Wang, C. D. Gu, X. B. Zhao, *Chem. -Eur. J.*, 2011, 17, 10898.

74. J. Chen, K. Sheng, P. Luo, C. Li, G. Shi, *Adv. Mater.*, 2012, 24, 4569.

75. H. Wang, G. Wang, Y. Ling, F. Qian, Y. Song, X. Lu, S. Chen, Y. Tong, Y. Li, *Nanoscale*, 2013, 5, 10283.

76. T. Zhai, F. Wang, M. Yu, S. Xie, C. Liang, C. Li, F. Xiao, R. Tang, Q. Wu, X. Lu, Y. Tong, *Nanoscale*, 2013, 5, 6790.

77. J. -C. Yoon, J. -S. Lee, S. -I. Kim, K. -H. Kim, J. -H. Jang, *Sci. Rep.*, 2013, 3, 1788.

78. X. Huang, K. Qian, J. Yang, J. Zhang, L. Li, C. Yu, D. Zhao, *Adv. Mater.*, 2012, 24, 4419.

79. G. - h. Moon, Y. Shin, D. Choi, B. W. Arey, G. J. Exarhos, C. Wang, W. Choi, J. Liu, *Nanoscale*, 2013, 5, 6291.

80. K. Sohn, Y. Joo Na, H. Chang, K. - M. Roh, H. Dong Jang, J. Huang, *Chem. Commun.*, 2012, 48, 5968.

81. H. Wang, D. Zhang, T. Yan, X. Wen, J. Zhang, L. Shi, Q. Zhong, *J. Mater. Chem. A*, 2013, 1, 11778.

82. B. G. Choi, M. Yang, W. H. Hong, J. W. Choi, Y. S. Huh, *ACS Nano*, 2012, 6, 4020.

83. L. Estevez, A. Kelarakis, Q. Gong, E. H. Da ' as, E. P. Giannelis, *J. Am. Chem. Soc.*, 2011, 133, 6122.

84. D. D. Nguyen, N. -H. Tai, S. -B. Lee, W. -S. Kuo, *Energy Environ. Sci.*, 2012, 5, 7908.

85. W. Ouyang, J. Sun, J. Memon, C. Wang, J. Geng, Y. Huang, *Carbon*, 2013, 62, 501.

86. G. Yu, L. Hu, M. Vosgueritchian, H. Wang, X. Xie, J. R. McDonough, X. Cui, Y. Cui, Z. Bao, *Nano Lett.*, 2011, 11, 2905.

87. S. Mao, K. Yu, J. Chang, D. A. Steeber, L. E. Ocola, J. Chen, *Sci. Rep.*, 2013, 3, 1696.

88. Z. Bo, K. Yu, G. Lu, P. Wang, S. Mao, J. Chen, *Carbon*, 2011, 49, 1849.

89. K. Yu, P. Wang, G. Lu, K. -H. Chen, Z. Bo, J. Chen, *J. Phys. Chem. Lett.*, 2011, 2, 537.

90. C. S. Rout, A. Kumar, T. S. Fisher, U. K. Gautam, Y. Bando, D. Golberg, *RSC Adv.*, 2012, 2, 8250.

91. P. M. Sudeep, *et al.* P. M. Ajayan, *ACS Nano*, 2013, 7, 7034.

92. C. Hu, X. Zhai, L. Liu, Y. Zhao, L. Jiang, L. Qu, *Sci. Rep.*, 2013, 3, 2065.

93. Z. Xu, Z. Li, C. M. B. Holt, X. Tan, H. Wang, B. S. Amirkhiz, T. Stephenson, D. Mitlin, *J. Phys. Chem. Lett.*, 2012, 3, 2928.

94. H. Gao, F. Xiao, C. B. Ching. H. Duan, *ACS Appl. Mater. Interfaces*, 2012, 4, 2801.

95. Y. Xu, K. Sheng, C. Li, G. Shi, *ACS Nano*, 2010, 4, 4324.

96. H. Hu , Z. Zhao, W. Wan, Y. Gogotsi, J. Qiu, *Adv. Mater.* 2013, 25, 2219.

97. S. Mao, Z. Wen, Z. Bo, J. Chang, . Huang, J. Chen, *ACS Appl. Mater. Interfaces* 2014, 6, 9881.

98. S. Mao, Z. Wen, H. Kim, G. Lu, P. Hurley, J. Chen, *ACS Nano*, 2012, 6, 7505.

99. Y. N. Meng, Y. Zhao, C. G. Hu, H. H. Cheng, Y. Hu, Z. P. Zhang, G. Q. Shi, L. T. Qu,

*Adv. Mater.*, 2013, 25, 2326.

100. H. P. Cong, X. C. Ren, P. Wang, S. H. Yu, *Sci. Rep.*, 2012, 2, 613.

101. Z. Yan, Y. Liu, J. Lin, Z. Peng, G. Wang, E. Pembroke, H. Zhou, C. Xiang, A. - R. O. Raji, E. L. G. Samuel, T. Yu, B. I. Yakobson, J. M. Tour, *J. Am. Chem. Soc.*, 2013, 135, 10755.

102. L. M. Viculis, J. J. Mack, R. B. Kaner, *Science*, 2003, 299, 1361.

103. X. Xie, L. Ju, X. Feng, Y. Sun, R. Zhou, K. Liu, S. Fan, Q. Li, K. Jiang, *Nano Lett.*, 2009, 9, 2565.

104. Y. Chen, F. Guo, Y. Qiu, H. Hu, I. Kulaots, E. Walsh, R. H. Hurt, *ACS Nano*, 2013, 7, 3744.

105. Y. Tian, G. Wu, X. Tian, X. Tao, W. Chen, *Sci. Rep.*, 2013, 3, 3327.

106. C. Largeot, C. Portet, J. Chmiola, P. Taberna, Y. Gogotsi, P. Simon, *J. Am. Chem. Soc.*, 2008, 130, 2730.

107. P. Simon and Y. Gogotsi, *Nat. Mater.*, 2008, 7, 845.

108. G. Wang, L. Zhang, J. Zhang, *Chem. Soc. Rev.*, 2012, 41, 797.

109. S. Ye, J. Feng, *ACS Appl. Mater. Interfaces* 2014, 6, 9671.

110. X. Yu, B. Lu, Z. Xu, *Adv. Mater.* 2014, 26, 1044.

111. L. Zhang, G. Shi, *J. Phys. Chem. C* 2011, 115, 17206.

112. S. H. Lee, H. W. Kim, J. O. Hwang, W. J. Lee, J. Kwon, C. r W. Bielawski, R. S. Ruoff , S. O. Kim, *Angew. Chem. Int. Ed.* 2010, 49, 10084.

113. N. Xiao, H. Tan, J, Zhu, L Tan, X. Rui, X. Dong, Q. Yan, *ACS Appl. Mater. Interfaces* 2013, 5, 9656.

114. Z. Zuo, Z. Jiang, A. Manthiram, *J. Mater. Chem. A*, 2013, 1, 13476.

115. U. M. Patil, J. S. Sohn, S. B. Kulkarni, H. G. Park, Y. Jung, K. V. Gurav, J. H. Kim, S. C. Jun, *Materials Letters* 2014, 119, 135.

116. H. Liu, Y. Wang, X. Gou, T. Qi, J. Yang, Y. Ding, *Mater. Sci. Engineer. B* 2013, 178, 293.

117. J. Yan, Z. Fan, W. Sun, G. Ning, T. Wei, Q. Zhang, R. Zhang, L. Zhi, F. Wei, *Adv. Funct. Mater.* 2012, 22, 2632.

118. A. Bello, O. O. Fashedemi, M. Fabiane, J. N. Lekitima, K. I. Ozoemena, N. Manyala, *Electrochim. Acta* 2013, 114, 48.

119. C. - C. Ji, M. - W. Xu, S. - J. Bao, C. - J. Cai, Z. - J. Lu, H. Chai, F. Yang, H. Wei, *J. Colloid Interface Sci.*, 2013, 407, 416.

120. Y. Wei, S. Chen, D. Su, B. Sun, J. Zhu, G. Wang, *J. Mater. Chem.* A, 2014, 2, 8103

121. Y. Nishi, *J. Power Sources* 2001, 100, 101.

122. H. Zhu, X. Wu, L. Zan, Y. Zhang, *ACS Appl. Mater. Interfaces* 2014, 6, 11724.

123. M. Zhang, Y. Wang, M. Jia, *Electrochim. Acta* 2014, 129, 425.

124. C. Nethravathi, C. R. Rajamathi, M. Rajamathi, U. K. Gautam, X. Wang, D. Golberg, Y. Bando, *ACS Appl. Mater. Interfaces* 2013, 5, 2708.

125. S. -M. Paek, E. Yoo, I. Honma, *Nano Lett.*, 2009, 9, 72.

126. Z. Lin, G. H. Waller, Y. Liu, M. Liu, C. -p. Wong, *Carbon* 2013, 53, 130.
127. Z. - S. Wu, S. Yang, Y. Sun, K. Parvez, X. Feng, K. Mu llen, *J. Am. Chem. Soc.* 2012, 134, 9082
128. Y. Ito, H. -J. Qiu, T. Fujita, Y. Tanabe, K. Tanigaki, M. Chen, *Adv. Mater.* 2014, 26, 4145.
129. C. -C. Kung, P. -Y. Lin, F. J. Buse, Y. Xue, X. Yu, L. Dai, C. -C. Liu, *Biosens. Bioelectron* 2014, 52, 1.
130. X. Dong, Y. Cao, J. Wang, M. B. Chan - Park, L. Wang, W. Huanga, P. Chen, *RSC Advances*, 2012, 2, 4364.
131. B. Zhan, C. Liu, H. Shi, C. Li, L. Wang, W. Huang, X. Dong, *Appl. Phy. Lett.* 2014, 104, 243704.
132. M. Yuan, A. Liua, M. Zhao, W. Dong, T. Zhao, J. Wang, W. Tang, *Sens. Actuators B* 2014, 190, 707.
133. P. Si, X. -C. Dong, P. Chen, D. -H. Kim, *J. Mater. Chem. B*, 2013, 1, 110.

# 第4章　共价石墨烯-聚合物纳米复合材料

*Horacio J. Salavagione*

**摘　要：** 本章介绍共价石墨烯基聚合物纳米复合材料领域的当代最新技术，内容涉及以石墨烯共价补强最常用的聚合物、改性后的材料性能以及相关的制备方法。量身定制的石墨烯基纳米复合材料充分集成了石墨烯填料与聚合物主体的各自最佳性质，其明显增强的物化性能在诸多应用领域中均有出色表现，如柔性包装、运输或能量存储的结构部件、存储器件、储氢、可印刷电子学等。倘若石墨烯能够均匀地分散于基体，外部载荷通过牢固的填料/聚合物中间相实现有效转移而且没有发生相分离，这就标志着材料的最终性质达到了最大程度的改善。通过石墨烯与聚合物之间的共价连接，可以同时获取前述优异特性，并由此形成独特而均匀的纳米复合材料。本章意在向科学家与技术专家们提供一些参考选项，以便能够采用恰当的方法将石墨烯掺入聚合物并制造出性能显著改善的复合材料。

**关键词：** 石墨烯；聚合物；纳米复合材料；共价功能化

## 4.1　前言

在材料科学的前沿技术中，以最大的性能效率与成本效益实现既定目标是最为成功的方法之一，这充分体现了追求协同效应的理念，也就是通过不同材料的恰当组合来实现预期的技术与效益指标。

聚合物纳米复合材料结合了两个非常重要的材料设计概念，其一是纳米材料，其二是复合材料。量身定制的石墨烯基纳米复合材料合理利用了石墨烯填料与聚合物主体的各自最佳性质，其明显增强的性能在范围广泛的应用领域中均有卓越表现，如柔性包装、运输或能量存储的结构部件、晶体管中的半导体片、存储器件、储氢、可印刷电子学等。人们普遍接受的观点认为，聚合物是应用最为广泛的材料种类之一，这主要得益于聚合物化学基团的惊人多样性以及随后即将概述的多种性能，其他的优势还包括相对低廉的成本、易于加工以及作为可持续性材料的循环特性与应用潜力。另一方面，在谈到石墨烯时，切不可将其简单地认定为一种单一材料，而应看作是范围极为广阔的一大类材料，因为其独特而令人惊奇的性质表现出多样化的适用范围。

本章致力于介绍生产石墨烯基聚合物纳米复合材料的方法，重点则放在以聚合物和石墨烯之间直接共价键合为基础的相关方法。共价路线代表了一种颇具实际意义的方案，可以用来开发聚合物/填料界面相互作用较强的新型复合材料，为此目的，专门综述了当今以聚合物功能化石墨烯的各种策略。本章的内容重点是将聚合物结合于石墨烯时需要采用的一般方法，也就是文献中经常提及的“接枝-从”(grafting-from)和“接枝-到”(grafting to)石墨烯的方法。同时也会强调每一种方法的优缺点以及对复合材料最终性能的影响。

## 4.2 石墨烯在聚合物补强中的性能

石墨烯是单原子厚度的单层 $sp^2$ 碳原子，以类蜂巢状结构排列，其横向尺寸可达数微米数量级。这种 2D 碳单层展现出了卓越的性质，例如，由于高本征电子迁移率带来的非凡电导率(约 $2.5\times10^5 cm^2/V\cdot s$[1])、优异的热导率(高达 $3000W/m\cdot K$[2])、出色的机械性能(模量大约为 1100GPa、断裂强度约为 130GPa[3])和低的白光吸收率(2.3%)[4]。从聚合物纳米复合材料的观点看，除了前面提及的机械、电学、热学与光学性质外，石墨烯的关键特性与其不同寻常的几何学相关，比如其展示的宽厚比非常之高，比表面积也颇为巨大(高达 $2630m^2/g$)。为了获取性能优异的轻质材料，这些因素都是不可或缺的。

此外，在谈及以合理成本大规模生产纳米复合材料时，应当想到石墨烯还有一项超越其他碳纳米结构材料的优势，那就是有可能从天然生成的碳同素异形体(即石墨)直接获取石墨烯。

不过，石墨烯在当前还只是作为一种候选材料，在众多应用领域中真正得到有效使用之前还有一些重要技术问题亟待解决。当下，将石墨烯用于聚合物纳米复合材料时首先遇到的重要问题包括：缺乏可靠且可控的方法来大规模生产原始石墨烯；由于不混容性与不相容性的原因，石墨烯与聚合物体系的整合(或集成)程度相当有限，这与石墨烯缺少除碳之外的其他原子以及石墨烯的低本征反应性有关。

## 4.3 石墨烯与类石墨烯材料

本节的主要目的在于澄清石墨烯的概念，也就是要在石墨烯与类石墨烯材料之间做出明确区分[5]。从文献中可知，经常有一种倾向将确实不属于石墨烯且呈现的性质也并不相同的材料称为“石墨烯”。举例来说，最为流行的石墨烯“衍生物”如氧化石墨/氧化石墨烯(GO)，实际上受到了仅次于石墨烯本身的最多关注。这些“衍生物”源于石墨的强氧化反应(其产生氧化石墨和氧化石墨烯)，并随后经历液体剥离(通常是在水中进行)以制备氧化石墨烯[6-10]。氧化石墨烯主要包括以羟基、环氧化物、羰基和羧基形式存在的碳原子、氧原子与氢原子，正是这些官能团使其更具化学活性并可以进一步功能化，同时也更容易与其他材料实现共混[6,11]。人们认为，氧化石墨烯的基面主要包括羟基与环氧化物，而棱面(edge-plane)则主要承载羧基与羰基。氧化的程度(或换言之，即碳/氧比)以及各种官能团的浓度依石墨源与氧化方法的不同而有所差异[6,12]，即使采用了相同的石墨源与相同的氧化方法，样品与样品之间的差异性也是明显存在的。甚至可以说，有多少间实验室制备氧化石墨烯，就存在多少种氧化石墨烯变体，也就是说，氧化石墨烯的可重复性或再现性是相当差的。尽管如此，在做进一步化学功能化之前，了解氧化石墨的结构仍然是一项基本要求。不过，氧化石墨烯的无定形特性、非化学计量的原子组成以及适用分析方法的匮乏均使得氧化石墨烯结构的准确测定变得格外困难。尽管与氧化石墨烯中官能团的真实分布以及浓度并无关系，但十分清晰的是，氧杂原子的存在恰好说明正是结构缺陷使氧化石墨显示的性质远远偏离了原始石墨烯。

不过，在氧化石墨还原之后，石墨烯的性质可以得到部分恢复[6-14]，这样便产生了一种其性质介乎于氧化石墨烯与原始石墨烯之间的材料。为了制备这类材料，热还原法[6,15-17]与化学还原法[12,18-23]陆续得到开发并且很快获得了广泛应用，尽管也有人提及了电化学还原法，但其应用范围仍不及前两种方法[24]。还原路径的出现使氧化石墨烯上的氧官能团消除反应更易于进行，不过，在某些情况下，特别是在热还原氧化石墨时，消除反应会在碳网络中产生空穴或小孔。上述所有还原方法皆可产生在电子、结构、物理和表面形态等特点各不相同的类石墨烯材料，甚至每一种方法的具体条件(如热还原法中的温度、坡道、时间、气氛等；化学还原法中的还原剂、温度与其他反应参数；电化学还原法中的电位、电化学程序、电解液等)不同都可能导致性质完全不同的材料。

溶液中的化学还原产生了一种称之为还原态氧化石墨烯(RGO)的材料，这种材料是在还原介质中剥离的。另一方面，利用热还原法可以制备一种层间距远高于起始石墨的固体石墨材料，具有非常类似于蠕虫状的结构，故通常将其称为膨胀石墨(EG)。总体而言，虽然还原石墨烯片含有 $sp^3$ 缺陷和空穴，但部分恢复的 $sp^2$ 碳网络还是使还原态氧化石墨烯性质更接近于石墨烯，因此，也更适合于需要大量石墨烯但质量要求不高的应用场合(见下一节)。

## 4.4 生产方法

虽然说石墨烯是一种性能卓越的材料，但这些性能大都是在无支撑或悬浮石墨烯单层上测量的，更重要的是，测试样品基本上源于实验室合成。对于大多数真正应用或实际应用而言，无一不需要品质相对稳定、产量达到规模的石墨烯，令人遗憾的是，几乎所有的石墨烯生产方法都会导致所得产物的性质明显有别于原始石墨烯。

如何实现石墨烯的推广应用是与这种材料的质量、缺陷与适用衬底的类型高度相关的，而这些参数却又受制于具体采用的生产方法，见表 4.1[25]。就目前现状而言，尚没有什么方法可以大规模生产高质量的石墨烯，而在现有的石墨烯生产方法当中，还存在着让人深感纠结的难题，即数量和质量之间的权衡取舍。

**表 4.1　石墨烯主要生产方法的基本特点汇总**

| 方法 | 优点 | 缺点 | 质量 | 可扩展性 | 应用领域 |
| --- | --- | --- | --- | --- | --- |
| 微机械剥离 | 复杂性低且无缺陷 | 高成本 | 高 | 无 | 学术目的：基础研究与原型制作 |
| 化学气相沉积法 | 覆盖面积大，潜在的成本效益型，有前景的是等离子耦合 CVD 技术 | 需要转移步骤，高能耗，会产生有毒化学品 | 非常好 | 是 | 透明导电涂层，可用于电子学、光子学、太阳能光伏产品、晶体管 |
| 外延生长 | 在隔离衬底上直接生长，可得单层或少层产物，再现性好，规整、清洁 | SiC 晶片的成本高，温度高 | 好 | 相对的 | 电子学、RF 晶体管 |
| 石墨液体剥离法 | 可加工性、数量高 | 非常小的晶片，边缘缺陷数量高 | 不好 | 是 | 涂层、复合材料、墨水、能量存储、生物应用等 |
| 通过氧化石墨烯剥离 | 可大量生产 | 质量非常低 | 非常低 | 是 | 涂层、复合材料、墨水、能量存储、生物应用等 |
| 电化学插层法 | 简单、低成本、数量与质量均较高，氧化反应可控 | 需要膨胀/剥离步骤与特殊设备 | 高 | 是 | 涂层、复合材料、墨水、能量存储、生物应用等 |

制备石墨烯的方法可以分成“自下而上”和“自上而下”两种类型，前提条件是在所述方法中的任一步骤中均未使用氧化石墨。前一种方法包括化学气相沉积法(CVD)、碳化硅的外延生长或平面分子的热组装，而石墨的机械剥离与液相剥

离则归入后一种方法。所有这些方法皆采用了迥然不同的条件，最终石墨烯的等级以及可以生产的数量也各不相同，见表4.1。

“自下而上”法可生产出质量相对较好的材料，虽然各方法之间存在差异，但生产规模的按比例放大都是相当昂贵的，除非是采用化学气相沉积法(CVD)[26-30]。在化学气相沉积法中，某些气体在特定的温度与压力条件下可以回流，这就允许石墨烯沉积在金属衬底的大表面上。不过，需要做出努力来控制厚度(通常得到是多层产物)，而且还要避免在碳原子的 $sp^2$ 网络上形成缺陷。

此外，有些情况下还需另外增设一个步骤，也就是将石墨烯由金属表面转移至感兴趣的衬底上[31]。且暂不说这些问题，化学气相沉积法大概是过去5年里得到实质性进步的唯一技术。等离子-增强的化学气相沉积法代表了一种非常有前景的替代技术，可以在低温下的任何衬底上制备石墨烯，而且只产生低水平的缺陷[32,33]。

与此同时，在超高真空条件下，将碳化硅表面加热至1000~1500℃之间的高温以实现石墨烯外延生长的方法[34-36]，也能够获得大面积覆盖率，但该方法需要专业化的设备，而且实验数据证明所得产物主要是多层石墨烯。可以对类似分子苯的单体进行表面-辅助的热组装，以生产多环芳烃，在此基础上可以制造高质量的石墨烯纳米带[37-39]。从商业角度看，这种技术在当前尚不具备独立生存与发展的基础。

在使用“自上而下”法时，质量与规模放大的可能性是完全相悖而行的。文献报道的最早方法是微机械剥离法，也称为“透明胶带法”，是由石墨烯的发现者于2004年报道的[40]。这种方法特别适合于直接获取原始石墨烯，可在实验室规模上满足以研究为目的的需求，但对于工业生产而言，这种方法是完全不能立足的。同时，石墨在一些有机溶剂中可以实现液体剥离，这种方法的基础是溶剂表面能必须与石墨烯表面能相匹配，其中，石墨烯剥离所需的能量可以由溶剂/石墨烯之间的化合得到补偿[41-45]。与其他方法比较，溶液法是更为通用的工艺，耗时少，而且易于规模放大。不过，分散态石墨烯的浓度仍然是相当低的，此外，无论是从实用角度还是从环保观点看，溶剂的选择不可避免地成为一项主要的考量。

其他方法，如化学法[46]、等离子体法[47]或电化学法[48]、碳纳米管(CNTs)的氧化拉开法、聚甲基丙烯酸甲酯(PMMA)纳米纤维的电子束辐射法[49]和激光烧蚀法等均已经用于合成石墨烯，不过，从成本、时间以及设备要求等因素来衡量，这些方法尚没有能力独立生存与发展。

最近，文献报道了一种颇有前景的可选技术方案，其基于石墨烯的阴极电化学插层[50-55]。这种方法之所以受到推崇有几个原因：i)阴极预处理避免了含氧表面基团的形成，这些基团对于 $sp^2$ 晶格是有害的；ii)不需要复杂的设备或实验条件；iii)电化学的电位是可控的，故有望获得氧化水平不同的石墨烯；iv)允许制备石墨烯分散体，其中，高质量石墨烯的浓度比石墨液相剥离法高出至少两个数量级。电化学插层与随后的热膨胀处理可以产生高质量石墨烯，其产量则介乎于石墨剥离法与氧化石墨法之间的中等水平。

当人们将注意力聚焦于聚合物纳米复合材料时，相关的制造方法必须具备能够大量生产石墨烯的能力，甚至不惜以牺牲质量为代价。因此，适用大规模生产的现有方法无一例外地采纳了石墨的氧化与热还原方式，事实上，大多数石墨烯供应商都在实施这种方法学策略，尽管最终产品(如膨胀石墨)的性质早已大幅偏离了石墨烯。

能够评价石墨烯质量的最有力工具非拉曼光谱莫属，因为这种仪器对于石墨烯 $sp^2$ 网络的变化相当敏感。图 4.1 中的拉曼光谱表明，原始石墨烯与获自两家不同供应商的膨胀石墨之间存在差异。如同在其他的 $sp^2$ 碳体系内一样，石墨烯显示了与 C-C 键伸缩相关的特征性 G 带[56]以及源自二级双声子过程的 G′带(也称为 2D)，二级双声子过程与石墨烯中 K 点附近的声子相关，是由双共振过程激活的[57,58]。此外，$sp^2$ 体系中存在缺陷，这就造成了由缺陷-诱导而出现的特性，可称之为 D 带。在市售样品中，这个 D 带明显地更强、更宽。一般来说，D 带与 G 带强度之间的比值是与石墨烯的质量相关的。因此，可以清晰地看到，市售样品的质量是相当差的。事实上，在实验室内完成的测量已经证明，市售样品的电导率甚至不足原始石墨烯报道值的 1%。

总而言之，石墨的氧化与热还原是当前可在克级水平上生产石墨烯衍生物的唯一方法，其产品可用在石墨烯基纳米复合材料的大批量生产中。

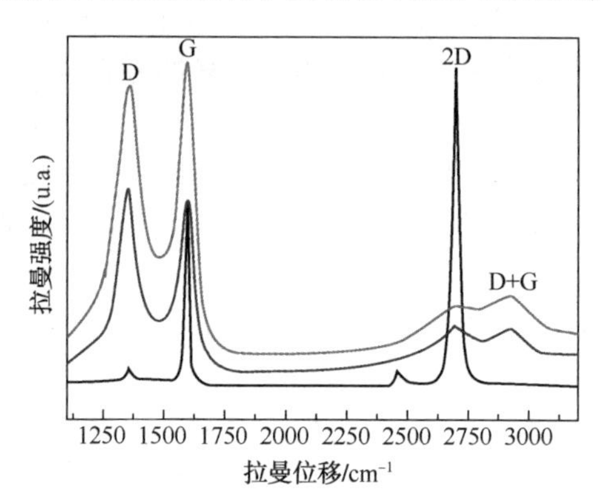


图 4.1　化学气相沉积法(CVD)培育的石墨烯(黑线)与两种市售石墨烯样品的拉曼光谱比较(后者来自不同供应商)

## 4.5 石墨烯化学

根据其尺寸、形状和化学计量控制的可能性等因素，人们正在对石墨烯的反应性等方面展开研究，其中，共价石墨烯化学已经率先取得了显著的进展[59-62]。

与其他碳纳米材料(如富勒烯和碳纳米管)的结构-反应性关系进行比较看来是不可避免的，也是相当必要的，否则就无法恰当定位原始石墨烯的反应性，在这个碳族中，石墨烯是最不具反应性的成员。为了理解石墨烯的低反应性，有几个变量必须要加以考虑，即，反应可用的局部位点(边缘或基面)、碳纳米结构的几何学引起的应变和碳原子的π-轨道规则排列[64]。对于共价化学，石墨烯具有不同的位点，即π-表面(基面)和边缘，后者被认为是更具活性的位点[63,65-67]。边缘碳原子可以四面体几何结构存在，比基面中的碳原子更为灵活，而且也不会造成另外的应变。因此，在共价加成反应中边缘碳原子是更为优先的。当特别关注边缘的时候，应当注意石墨烯可以采纳两种不同的边缘形状，即锯齿形或扶手椅形。前者显示出更高的反应性，因为其在热力学上和结构上是不太稳定的[65,68]。尽管如此，石墨烯基面还是显示出一定的反应性，事实上，还要高于石墨，这是由于某些自发的褶皱行为(大约有 1nm)造成了局部应变[70]。

氧化石墨化学以及重氮盐在石墨烯表面的耦合构成了石墨烯共价化学的主要内容，尽管也有人报道过其他更为复杂的反应[62]。氧化石墨烯化学比原始石墨烯要宽泛得多，氧化石墨烯是制造功能化石墨烯的有用平台，甚至可以做到“照单点菜”的程度，其原因就在于氧化石墨烯上存在不同的含氧基团[6]。不过，如前所述，氧化石墨烯缺陷不少，故不太适合于电子传输与声子传输之类的应用。与此同时，采用重氮盐的化学还只限于为数不多的芳香胺类，尽管对相关化学的研究布局早已经广泛铺开。

就在最近一段时间，有人利用石墨烯开辟了一种基于点击反应的普通化学路线[71]。点击反应集可靠性与实验简单性于一身，以此作为基础的这一类方法都可以用来开发性能大为改善的石墨烯基新材料。不过，严格来讲，将点击概念直接扩展到像石墨烯这样的纳米粒子化学并非十分妥当，因为在点击反应提出的要求中，仍然有一项或多项条件目前还不能完全满足。换一个角度讲，将这类方法扩展到石墨烯化学是势在必行的，只有如此，方可使当前能够制造的石墨烯基材料在数量上得到极大地增加，倘若不采用点击反应方式的话，有些材料是不太可能制备出来的。

## 4.6 传统石墨烯-基聚合物纳米复合材料

聚合物纳米复合材料(PNCs)，特别是基于石墨烯的复合材料，会继续受到人们的青睐，理由很简单，只要将少量纳米填料掺入聚合物基体，便可以使所得复合材料具备卓越的机械、光学、电学与热性能[72-74]。与微观或宏观尺度的添加剂相比，纳米填料具有很高的表面积/体积比，正是这类填料的纳米水平分散促成了上述复合材料在性能上的大幅改善；因此，加入少量纳米填料就可获得卓越的性能，生产出低密度的轻质材料。现在，这一方面的研究已经获得长足发展，不仅成长为材料科学范围内颇具代表性的最大分支之一，而且也迅速成为纳米科学与纳米技术的重要前沿，在各应用领域的先进材料开发中占有举足轻重的地位。

因此，聚合物纳米复合材料可以定义为：聚合物基体与至少一维尺度为纳米级的填料相组合的体系。添加剂可以是一维的，比如纳米管[75,76]和纳米纤维[77]；可以是二维的，包括剥离型黏土材料[78,79]或石墨烯片[80-82]；也可以是三维的，包括石墨或者球形粒子，比如富勒烯(有时定义为0D材料)。从填料角度来看，关于聚合物纳米复合材料的大部分研究一直指向由碳同素异形体填充的纳米复合材料，其范围从石墨[83]和碳纳米纤维[77]，至碳纳米管[75,76]，还有最近刚刚崭露头角的石墨烯[80,82]。基于传统聚合物和导电性富碳材料而专门开发的聚合物复合材料已经受到人们的巨大关注，并将此作为制备新材料的一条技术路线，以期获取结构新颖且功能性优异的新材料，在综合性能上至少要优于纯聚合物和含其他填料的已有纳米复合体系。本节总结了在制备石墨烯-基纳米复合材料时需要考虑的若干要点，并为下一节的讨论提供基础。如果读者对经典石墨烯基纳米复合材料的深度信息有兴趣，可以在其他资源寻求自己需要的资讯[77,80-82,84]。

暂且不说其优异的本征性质，石墨烯可能是制造轻质聚合物纳米复合材料的最佳填料，因为在2D片中，石墨烯的宽厚比是最高的，仅有一个原子厚度而横向尺寸可达微米数量级。与碳纳米管相比，石墨烯片具有较高的表面/体积比，因为聚合物分子不能接近或抵达至纳米管的内表面。更进一步说，石墨烯可以获自天然生成的石墨，这意味着能够以较低的成本生产质量较轻的纳米复合材料。

为了将石墨烯的性质有效地转移至聚合物纳米复合材料(PNCs)中的聚合物基体，成败的关键因素取决于石墨烯的分子水平分散以及石墨烯/聚合物界面的强度。石墨烯的固有性质是惰性的，为了增加石墨烯与聚合物的亲和性，必须要在掺入基体之前以适当的官能团对其实施改性，所述官能团应当能够与主体聚合物中的特定化学基团相互作用。在复合材料开发中，控制石墨烯补强剂的尺寸、形状与表面化学是非常关键的，只有在满足上述条件下制备的材料方可用于生产器件、传感器和基于功能特性调制的各类致动器。

目前，就制备石墨烯基聚合物纳米复合材料的方法而言，人们谈论最多的是溶液混合、熔融共混与原位聚合工艺。最后一种方法涉及在分散态石墨烯或其衍生物的存在下实施单体聚合(或预聚物的硫化)。首先，将石墨烯(或改性石墨烯)分散于液态单体(或预聚物)中，或者分散在以适当溶剂制成的某些单体/预聚物的溶液中。然后，加入适合的引发剂(或硫化剂)，通过加热引发聚合反应(或硫化)。在聚合反应之前的预处理期间，利用石墨烯衍生物(氧化石墨烯或者还原态氧化石墨烯)在纳米填料与单体(或预聚物)之间发生相互作用，以改善石墨烯在工艺过程结束时的分散度。虽然该方法能够在填料与聚合物基体之间产生良好的相互作用，但也存在一定的局限性，比如，石墨烯衍生物必须能够分散在液态单体(或预聚物)中，或者分散在两者均可以溶解的相同溶剂中，而现实中存在的问题是，适合于聚合反应(硫化)的介质并不是每次都与最适合纳米填料分散的溶剂相匹配。复合制备工艺中，原位聚合法只占据了最低份额，但许多聚合物还是可以在石墨烯的存在下实现原位生长的，包括聚苯乙烯(PS)[85-88]、聚甲基丙烯酸甲酯(PMMA)[88,89]、聚氨酯(PU)[90]、环氧树脂[91]、聚(丙烯酸-co-丙烯酰胺)[92]、聚(二甲基硅氧烷)(PDMS)[81,82]和聚甲基丙烯酸钠)(PMANa)[93]。

在聚合物纳米复合材料的大规模生产中，熔融共混法是最重要且应用最为广泛的加工技术，此外，由于成本相对较低，也倍受加工工业的垂青。这种方法包括石墨烯与聚合物在熔融状态下直接混合，随后再进行挤出成型或注射成型。与原位聚合法和溶液混合法截然不同，在这个工艺过程当中并不使用溶剂。因此，通过这种技术能够在很短的时间内大量生产形状不同的样品。不过，填料在聚合物基体中的分散度明显劣于溶液法生产的复合材料，与其他方法相比，直接混合技术对机械与传输性能的改善也相形见绌。此外，高温机械驱动的加工步骤可能会对石墨烯片与聚合物造成伤害，从而降低石墨烯片的宽厚比和聚合物的分子量。事实上，人们认为，倘若采用了机械性能劣于石墨烯的石墨烯衍生物(诸如氧化石墨烯或还原态氧化石墨烯)，则对 2D 片的损害是相当严重的。

为确保填料在聚合物基体实现良好分散，溶液共混法最为有效。而且，由于各组分之间的密切接触，能够产生牢固的聚合物/填料界面，有益于机械性能与传导性能的提高。一般来说，在使用石墨烯的情况下，优选的工序只包括三步，在使用氧化石墨烯(GO)或者进一步功能化的氧化石墨烯时，相应工序则包括四步。第一步是石墨烯/氧化石墨烯在有机溶剂或水中的分散/溶解，一般需要超声波处理作为辅助手段。第二阶段包括：将生成的溶液/分散体与含有聚合物的溶液在相同(或易混溶)的溶剂中进行混合。聚合物/石墨烯在溶液中混合的驱动力是溶剂分子从 2D 片解吸附产生的熵，同时也弥补了吸附在片层上的聚合物链构象熵的降低。下一步，只适用于以氧化石墨烯或改性-氧化石墨烯作为填料的情况，包括：在聚合物的存在下对氧化石墨烯实施化学还原，将其转换成还原态氧化石墨烯(RGO)[72,94]。聚合物稳定了还原态石墨片，避免了可能发生的再聚集。

最终，也就是最后一步，是加入一种非溶剂(non-solvent)使纳米复合材料发生沉淀，此外，还有一种替代方案是以蒸发或蒸馏的方式去除溶剂。这里应当指出的是，有些时候即使采用了可能会带来某种损害的高温手段，溶剂的完全脱除也并不是总能够实现的[95]。一般来说，这三个或四个步骤是最常使用的，除此以外，对于某些步骤的可能改善或变化也尽可能地做出了补充描述。例如，在第二步产生的纳米复合材料膜是通过铸造法制备的，并随后在高温下以热压方式完成还原过程[96]。

溶液法的应用范围相当宽泛，因为石墨烯与氧化石墨烯(GO)的溶解度是互补性的，而且氧化石墨烯的功能化亦可"照单点菜"，这一优势足以使其扩展到其他溶剂。确实，对于几乎所有的聚合物而言，只要采用石墨烯、氧化石墨烯和功能化的氧化石墨烯作为填料，一般都可以制备出石墨烯-聚合物纳米复合材料(PNCs)。换言之，这种方法允许以高极性、低极性或者甚至非极性聚合物制备石墨烯-聚合物纳米复合材料。此外，该方法与聚合物结构无关，对于半结晶的以及无定形的聚合物都十分适用。但该方法也有两项重要短板：其一，某些商品聚合物(例如聚烯烃、聚酰胺等)不溶于普通溶剂，而且只能在高温下溶于环境不友好的溶剂中，比如邻二氯苯或间甲酚以及其他溶剂；其二，与熔融混合法相比，有关技术要求/限制与高昂成本也使这种方法难以扩大生产规模。

## 4.7 共价石墨烯-聚合物纳米复合材料

如前所述，将石墨烯的性质有效转移至基体的关键因素是由聚合物/石墨烯界面的强度决定的。大体上来说，石墨烯/聚合物相互作用越强，则对基体性能的影响越大，当然，实现既定改善目标所需的石墨烯数量相应就越少。共价键，无论其存在于哪一种体系中，都属于最强的相互作用；因此，在石墨烯与聚合物基体共价连接的材料中，两组分之间的相互作用可能就是最高的。如果石墨烯以共价键连接于聚合物，则聚合物-填料界面的概念会发生实质性的变化。传统观点认为，在常规的纳米复合材料中，位于聚合物-填料界面处的两组分之间存在分子相互作用(例如范德华力、氢键、卤键等)，而这种观点已经被单一化合物概念(single compound concept)所取代，其中，石墨烯形成了聚合物链上不可分割的一个部分[85]。图 4.2 对这一效应做了可视化描述。在典型的纳米复合材料中[图 4.2(a)]，存在于石墨烯片层上的官能团可以理解为碳纳米结构与聚合物之间的相容层，这也正是石墨烯与基体相互作用得以改善的原因所在。不过，组分之间毕竟存在着有限距离，故界面相互作用并不能实现最大化，尽管在某些情况下也还算是足够大的。无论有或没有这种"另外"的相容层，石墨烯与基体之间的共价连接对界面产生了一种"模糊化"效应，只要两种材料不再继续共混步骤，界面处就只呈现为单一相，但如此产生的是一种独特的梯度材料，见图 4.2(b)。

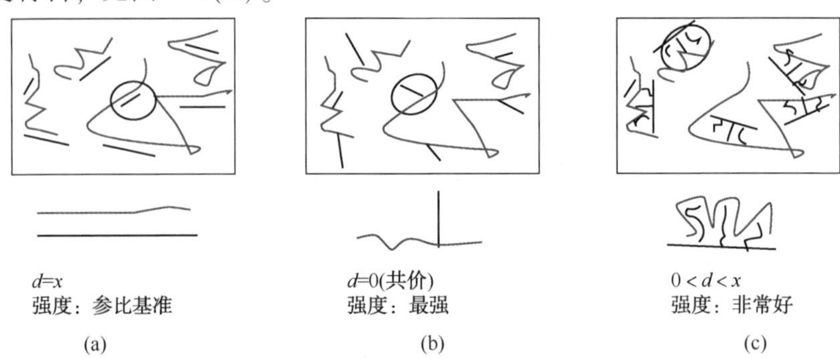


图 4.2　图形示出三种界面在性质与强度上的差异：(a)经典复合材料的界面；(b)共价连接的复合材料的界面；(c)石墨烯填充的纳米复合材料的界面，其中石墨烯是由聚合物改性的。

人们期望完全消除这种“界面势垒”以实现石墨烯性质完全转移至基体上的目标，因此，最终性能的最大改善应当完美地符合混合律。换句话说，以聚合物对石墨烯进行功能化的策略不仅能够使石墨烯得到均匀分散，而且还可以适当控制预期实现的纳米复合材料中的微观结构。此外，这一方法还带来另外一个益处，即在需要继续加工时可防止石墨片发生再堆积。

此外，在常规石墨烯-聚合物纳米复合材料(PNCs)与共价石墨烯-聚合物纳米复合材料之间还存在第三种路线，该方法基于石墨烯的表面改性，不过采用的是短链聚合物刷，改性后这种石墨烯可用于制造母料，后者可作为本体聚合物的填料，见图 4.2(c)。

当然，石墨烯(或者功能化的石墨烯衍生物)与聚合物的经典纳米复合材料涵盖了大多数业已发表的研究工作，以聚合物直接改性石墨烯还属于探索不多的一种方法。虽然共价方法学与聚合物刷正处于发展的早期阶段，相信在不久的将来，这种方法可以在更为广泛的范围内得到应用。

迄今为止，有两种主要的方法均提到了以聚合物改性石墨烯的相关技术。第一种方法是：将石墨烯用作大分子引发剂，以期在其表面上直接生长聚合物刷，可称之为“接枝-于”(“grafting-from”)法，而第二种方法则是：通过一种简单的化学反应，使石墨烯与聚合物两者相结合，可称之为“接枝-到”(“grafting-to”)法。

由于每一种方法各有自己的不同特点，故在随后的讨论中，对“接枝-于”方法进行了再分类，是根据在石墨烯表面生长聚合物所用的方法划分的；而“接枝-到”方法是根据连接两种组分所用的化学反应划分成不同类别的。

## 4.8 “接枝-于”方法

“接枝-于”法所依赖的基础是从石墨烯表面生长的聚合物链，因此可以将其视为一种大分子引发剂。在这种策略中，引发剂改性的石墨烯是一个 2D 平台，聚合物链可以自该平台生长，原则上，该方法与石墨烯化学相关，因为石墨烯带有独立的有机分子，而与石墨烯和聚合物基体之间的化学反应并无关系。因此，石墨烯化学的背景很宽，可以采用氧化石墨烯(GO)和还原态氧化石墨烯(RGO)[6,59,81]来设计合成方案，以期将适当的引发剂固定在石墨烯 2D 片上，换言之，就是通过简单化学反应将引发剂分子固定于石墨烯的基面或边缘。

这些实验设计具有一个后发优势，即可以借鉴先前研究工作中曾经采用过的许多策略，尽管这些工作是以碳纳米管等原有碳材料作为研究对象的，但是从中累积的经验方法却为石墨烯-大分子引发剂的合成设计铺平了道路。利用结构缺陷或者酸性基团化学和碳纳米管(CNTs)的侧壁改性方法[96,97]，就可通过表面引发的聚合反应，开发出聚合物改性的碳纳米管，现在可以将这些策略作为一种方法指南，用于有关石墨烯的相似实验。此外，氧化石墨烯明显地比石墨烯与碳纳米管更具多样性，由于可以利用的氧化物种非常丰富，而且每一氧化物种还有其特定化学，故在氧化石墨烯表面上可以实施范围更为广泛的化学反应[6]。对于正在为引发剂分子的固定化探寻新路线的化学家们来说，这无疑是一份意外的收获，同时也可以将其视为一件重要的潜在工具，当然，引发剂分子的固定化还是一个有待详细研究的领域。

从化学的观点看，这是一种可以广泛采用的方法，因为石墨烯层片与简单分子的反应毕竟要比用聚合物大分子改性来得容易。此外，单纯从聚合反应类型的特性来看，尽管石墨烯层片的尺寸巨大，“接枝-于”方法原则上不会受碍于空间位阻，因为石墨烯是一个 2D 平台，聚合物链生长于该平台并在开始生长后逐渐离开其表面。这与石墨烯成为主链一部分的情景是截然不同的。因此，能否成功地将石墨烯作为 2D 平台并在上面生长聚合物刷只取决于聚合工艺本身的适用性，要根据单体、引发剂、溶剂、添加剂(如果用的话)的类型和实验条件(如压力与温度)等因素来设计方案。

在“接枝-于”聚合反应的类型中，可控/活性自由基聚合(CLRP)显然是研究人员在设计与合成新型材料时谈论最多的一种方式，人们看重的是这种方式的简单反应条件，能够聚合的可用单体数目以及通过活性自由基工艺获取链长可控的聚合物和嵌段共聚物的可能性。可与类石墨烯材料一起使用的 CLRP 包括：原子转移自由基聚合(ATRP)、可逆加成断裂链转移聚合(RAFT)和单电子转移活性自由基聚合(SETLRP)。不过，就在最近一段时间，人们也在谈论有别于 CLRP

的自由基聚合与游离基聚合(free-radical polymerization)，这些工艺方法将在随后章节中逐一加以说明。

### 4.8.1 活性自由基聚合

在可控/活性自由基聚合(CLRP)反应中，大多数属于原子转移自由基聚合(ATRP)类型，该工艺具有自由基聚合的优点，即快速引发过程以及休眠自由基与生长自由基之间的动态平衡发展。进一步说，原子转移自由基聚合是制备功能性聚合物的最实用技术，因为只需利用常规的有机合成步骤便可以将末端卤代烷烃转换成种类繁多的官能团。若想获得有关原子转移自由基聚合的更详细信息，读者可以直接阅读此处引用的文献[98]。需要提及的是，该工艺中的引发剂数量决定了单体完全转化后聚合物的最终分子量。因此，最基本的考虑因素是石墨烯表面有多少可以固定引发剂分子的位点数目，更重要的是，这些位点中能够与引发剂进行有效反应的比例如何，这些都是需要测定的参数。现在，人们已经开发出可在2D片上固定引发剂的多种合成方法，为通过化学方式控制引发剂数量与质量提供了通用且重要的工具。如上文所言，在石墨烯上固定的引发剂数量是与聚合物的分子量，因而也就是与聚合物最终性能相关的。显而易见，倘若固定化采用的化学反应不同，则结合引发剂分子的数目则不同，即可以引发聚合反应的活性位点密度及其在石墨烯上的分布也相应会发生变化。在此后的章节里，我们将对每一种方法分别加以研究和论述，并着眼于最终聚合材料的各项性能。

以原子转移自由基聚合(ATRP)方式接枝于石墨烯的聚合物，聚苯乙烯(PS)是第一种，也是使用最多的一种。在见诸报道的首例研究中，作者提出了一种固定2-溴-2-甲基丙酰溴(BMPB)这类引发剂的组合策略，其主要步骤是：将4-氨基苯乙醇重氮盐上的反应性芳基偶联至还原态氧化石墨烯(RGO)，随后完成羟基与2-溴丙酰溴的酰化反应，然后，在CuBr和N，N，N′，N′，N″-五甲基二亚乙基三胺(PMDETA)的存在下，苯乙烯单体实现聚合[87]。不过，采用原位生成的RGO(由氧化石墨烯还原获得)却带来了另外的棘手问题，因为消除石墨烯片上的氧化基团经常会导致层片出现聚集。考虑到发生团聚的驱动力取决于石墨烯层片的尺寸[99,100]，这项研究工作的作者采用了横向尺寸很小的石墨烯片。

倘若在石墨烯的改性中采用了原子转移自由基聚合(ATRP)与重氮盐偶联的组合法，就可以控制链长(即ATRP的特点)和接枝密度(即重氮盐偶联至碳纳米结构的特性)[101]。控制聚合物在石墨烯表面上的接枝密度是与石墨烯片的引发剂功能化程度有关的，通过改变重氮盐的浓度可以控制功能化程度[86]。有人已经指出，在高接枝密度的样品中，接枝聚合物链在还原态氧化石墨烯(RGO)上的分布比低接枝密度的样品更为均匀。也有数据证明，聚合物链以共价方式键合于还原态氧化石墨烯表面之后，其弛豫过程受到强烈限制，特别是接近石墨烯层片表面的链段[86,87]。此外，作者也报道了杨氏模量、拉伸强度与热导率等性质的改善[87]。

Lee 等[88]报道了以 2-溴-2-甲基丙酰溴(BMPB)引发的苯乙烯聚合反应，所述引发剂是通过酰基溴与氧化石墨烯(GO)中的羟基反应而连接至氧化石墨烯基面上的。这项工作也包括了甲基丙烯酸甲酯与丙烯酸丁酯在石墨烯表面的聚合反应，作者详细地研究了聚苯乙烯的案例后得出两点结论：首先，数据表明，改变单体与引发剂改性的 GO 的比率，聚合物展现出可以调节的链长。其次，作者也报道说，聚合物的分子量随着单体的加入量而得到提高，而且产物的低多分散性表明，聚合反应是以一种可控方式进行的。

在之后发表的一文献中，有人利用聚苯乙烯(PS)改性的氧化石墨烯(GO)并通过所谓的“呼吸图法”制备出在力学上相当柔韧的大孔碳膜，见图 4.3[102]。其中，将聚苯乙烯接枝的氧化石墨烯的苯溶液浇铸在 $SiO_2$衬底上，并暴露于湿氮气之下。挥发性有机溶剂的吸热蒸发产生了自发性冷凝以及水滴在有机溶液表面上的密堆积，从而形成了大孔 PS-GO 膜。随后对该膜进行高温裂解，制成力学上柔韧[图 4.3(b)]而且相当牢固的还原态氧化石墨烯(RGO)大孔膜，根据接触角分析数据，证明这种膜是超疏水性的[图 4.3(c)]。这种还原态氧化石墨烯膜显示出一些密堆积的开孔(或连通孔隙)，其边缘厚度为纳米级[图 4.3(d)和 4.3(e)]，更重要的是，该膜在力学上颇为柔韧，特别符合于柔性衬底的性质，即使在形变的情况下也是如此[图 4.3(f)和图 4.3(g)]。作者也表明，前驱体溶液浓度的控制与氧化石墨烯片晶表面上的接枝聚合物链长决定了孔径与孔层的数目。

聚苯乙烯(PS)同样可以接枝于 2-溴-2-甲基丙酰溴(BMPB)-改性的还原态氧化石墨烯(RGO)表面，不过采用了更为复杂一些的合成程序，其中包括了若干道工序，欲了解详情的读者可直接参阅此处引用的文献[103]。

在以原子自由基聚合法(ATRP)合成聚苯乙烯(PS)的最后一个实例中，引发剂 3-(三甲氧基甲硅烷基)丙烯酸丙酯(MPS)是通过氧化石墨烯中的羟基并利用硅烷偶联反应实现接枝的，而原子自由基聚合反应则是在不同数量的 MPS-改性石墨烯的存在下实施的[104]。

聚甲基丙烯酸甲酯(PMMA)也是从氧化石墨烯(GO)接枝的，生成的 GO-共价-PMMA 则被用作净聚甲基丙烯酸甲酯的填料[105]。其中的合成方法包括两个步骤，与前面的例子相似，即氧化石墨烯中的羧基与乙二醇发生酯化反应，随后再以氧化石墨烯中的侧羟基取代 2-溴-2-甲基丙酰溴(BMPB)中的溴。与众不同的是，在这篇文章作者提出的机理中，认为羧基是位于基面上的，而普遍的共识则认为这些基团主要是位于石墨片的棱面[45]。在这一实例中，人们发现，聚甲基丙烯酸甲酯的多分散性非常接近于 1，再次表明这是一个控制良好的过程，尽管分子量实际上是低估了。作者认为，以聚甲基丙烯酸甲酯改性氧化石墨烯是非

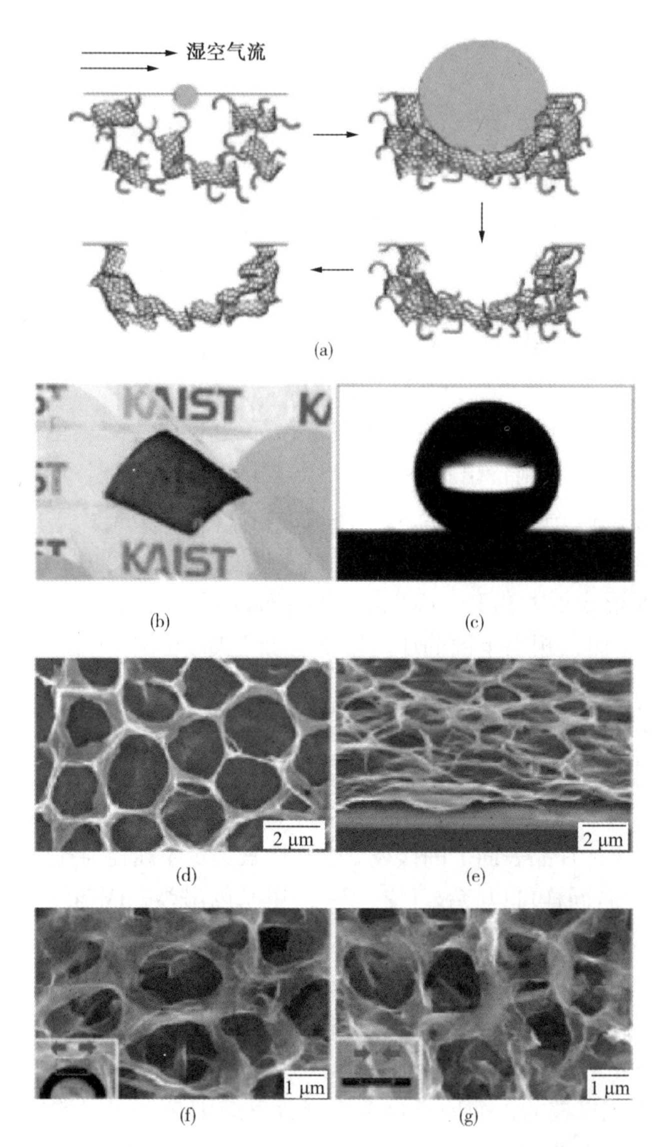

(a)
(b) (c)
(d) (e)
(f) (g)

图 4.3 (a)由聚苯乙烯(PS)-改性的氧化石墨烯(GO)制备大孔碳膜的程序；(b)在聚对苯二甲酸乙二醇酯(PET)上的大孔还原态氧化石墨烯(RGO)膜的照片；(c)照片表明大孔 RGO 膜的接触角；(d)俯视图；(e)在 60°倾角下拍摄的 RGO 膜的扫描电子显微镜(SEM)图像；(f)多孔 RGO 膜的俯视 SEM 图像；(g)形变之后的图像。(经允许转载自文献[102]，版权 2010，Wiley-Interscience。)

常有效的，而且提供了可与单体竞争的高密度活性位点。以聚甲基丙烯酸甲酯功能化氧化石墨烯不仅提高了在有机溶剂如氯仿中的溶解度，而且也显著改善了氧化石墨烯在聚甲基丙烯酸甲酯中的分散度，对于制备这类纳米复合材料而言是非常关键的。接枝在氧化石墨烯上面的聚甲基丙烯酸甲酯短链使得氧化石墨烯相容于纯聚甲基丙烯酸甲酯(如图4.2所示)，由此产生了强烈的界面相互作用，而这种相互作用可以将载荷有效地从氧化石墨烯转移至基体，并因此改善了基体的性质。上述这些特点大幅提高了所得复合材料的多种最终性能。例如，GO-PMMA的存在提高了纳米抵抗压痕(Nanoindentation)的能力，将穿透深度从760nm降低到290nm，在GO-PMMA加入量为1%(质量分数)时，拉伸强度、杨氏模量与断裂伸长率均得到了显著提高。

其他的丙烯酸类聚合物也可以接枝于石墨烯衍生物，包括聚丙烯酸叔丁酯(PtBA)[88,106]、聚[2-(二乙氨基)甲基丙烯酸乙酯](PDEA)[107]、聚[2-(乙基苯基氨基)甲基丙烯酸乙酯](PEMA)[108]和聚[2-(二甲氨基乙基丙烯酸酯](PDMAEMA)[109]。

利用苄基氯引发剂已经从氧化石墨烯(GO)表面生长出聚丙烯酸叔丁酯(PtBA)刷，该引发剂是通过与4-氯甲基苯基三氯硅烷的反应连接到氧化石墨烯上的，所述反应是在三乙基胺的存在下于THF(四氢呋喃)介质中完成的[106]。所得产物可溶于甲苯，而且与共轭聚合物聚(3-己基噻吩)(P3HT)是相容的。因此，作者将GO-PtBA(原文为GO-PtMA，根据上下文看应为笔误-译者注)集成于电活性层聚(3-己基噻吩)(P3HT)之中，并以此构建了夹层式器件，其中活性层为混合物GO-PtBA/P3HT，阳极与阴极分别是铟锡氧化物(ITO)和铝。在纳米复合材料薄膜中含有5%(质量分数)GO-PtBA的条件下，这个器件表现出了双稳态电开关行为以及可重写非易失性记忆效果。即使在不同的条件下，该器件也展现出了非常稳定的性质。

pH-敏感型聚[2-(二乙氨基)甲基丙烯酸乙酯](PDEA)也已经接枝于氧化石墨烯(GO)[107]。其中，氧化石墨烯是采用两步法以原子转移自由基聚合(ATRP)引发剂改性的：i)氧化石墨烯与二胺的酰胺化反应；ii)侧胺基与2-溴-2-甲基丙酰溴(BMPB)的原有羟基反应。接枝的PDEA使氧化石墨烯片获得了在生理溶液中的良好溶解度与稳定性，而且对于环境的pH变化表现出了高灵敏度。由于聚合物链的质子化/去质子化，GO-PDEA溶液的粒子尺寸与zeta电位是随pH值变化的，见图4.4。图4.4(b)和图4.4(c)分别以实例说明了构象与粒度变化。在聚合物p*K*a之下，聚合物刷从氧化石墨烯表面显露出来，产生了膨胀的PDEA链。由于p*K*a之上的去质子化，该图变化成倒塌的PDEA链而且与GO-PDEA相关。作者巧妙地利用了这种pH-灵敏度，(在中性pH时)加入并在较低酸性pH时释放一种名为喜树碱(CPT)的抗癌药物，该实例说明了这种聚合物纳米复合材料(PNCs)对定点输送与可控释放抗癌药物的潜力。

有人制备出接枝于还原态氧化石墨烯(RGO)的一种新型聚合物刷，即聚(2-(乙基(苯基)氨基)甲基丙烯酸乙酯)(PEMA)刷，并随后以偶氮-化合物进行了

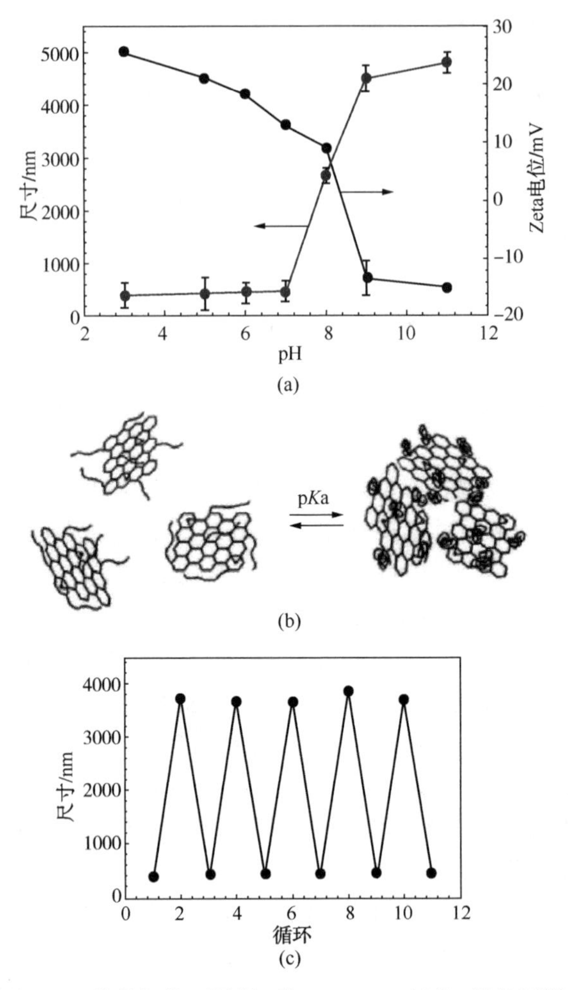


图 4.4 (a)作为 pH 函数的氧化石墨烯-聚(2-(二乙氨基)甲基丙烯酸乙酯)(GO-PDEA)溶液的粒度与 Zeta 电位；(b)GO-PDEA 在 25℃下的 pH-响应行为示意图；(c)在 pH 值从 3~9 可逆变化的条件下，GO-PDEA 粒度的可逆性。(经允许转载自文献[107]，版权 2013，英国皇家化学协会)

改性，旨在生产一种光响应材料[108]。其中，还原态氧化石墨烯以重氮盐加成的方式与 4-氨基苯乙醇的重氮盐反应，改性材料的侧羟基则经历了与 2-溴异丁酰溴的朔滕-鲍曼反应(Schotten-Baumann reaction)。随后用引发剂的混合物实施聚合反应，由引发剂改性的还原态氧化石墨烯和溴代异丁酸甲酯构成的引发剂混合物能够较好地控制聚合反应。最后，利用重氮盐 4-氨基苄腈的偶联反应固定光敏基团。利用石墨烯片在有机溶剂中业已改善的溶解度以及在聚合物中的较好分散性，作者研究了星形偶氮化合物 Tr-Az-CN 上的光诱导表面起伏光栅(SRGs)对衍射效率(DE)的影响，其中 Tr-Az-CN 掺杂了偶氮基改性的 PEMA/RGO。

在上述最后一个实例中，仍然采用了以原子转移自由基聚合(ATRP)法从石墨烯衍生物生长聚合物的策略，并获得了一种聚(2-二甲基氨乙基丙烯酸酯)(PDMAEMA)-改性的氧化石墨烯(GO)[109]。其中，氧化石墨烯是以两步法改性的：氧化石墨烯与丙二胺的酰胺化和随后与引发剂2-溴-2-甲基丙酰溴的反应。在聚合反应之后，聚(2-二甲基氨乙基丙烯酸酯)改性的氧化石墨烯在酸性水溶液(pH=1)以及在短链醇中均展现了良好的溶解度。正是由于业已改善的溶解度使这一产物能够与聚(二甲基丙烯酸乙二醇酯-co-甲基丙烯酸)的球形粒子相混合，并通过聚合物粒子上的甲基丙烯酸单元和聚(2-二甲基氨乙基丙烯酸酯)的胺基形成氢键，最终产生了得到修饰的氧化石墨烯片。

另一种可控自由基聚合涉及到可逆加成断裂链转移聚合(RAFT)反应。在RAFT中，控制剂(control agent)连接到聚合物链上成为端基(在使用低分子量ATRP试剂且处于聚合反应初期阶段时则除外)，因此不能够在水相与有机相之间做出区分(有别于原子转移自由基聚合)。在水分散的体系中，可逆加成断裂链转移聚合法优于其他的可控/活性自由基聚合法(CLRP)[110]。

迄今为止，利用可逆加成断裂链转移聚合(RAFT)反应接枝于石墨烯的实例并不多见。从文献报导的实例可知，氧化石墨烯(GO)是以一种RAFT试剂，即十二烷基异丁酸三硫代碳酸酯(DIBTC)，通过酯化反应改性的，在十二烷基苯磺酸钠(表面活性剂)与十六烷组成的溶液中，聚苯乙烯(PS)是以细乳液聚合(miniemulsion polymerization)方式生长的[111]。PS-GO的热稳定性与机械性能皆得到改善并超过了相应的纯PS聚合物。(细乳液聚合与普通乳液聚合的区别就在于体系中引进了助乳化剂，并采用了微乳化工艺，这样使原来较大的单体液滴被分散成更小的单体亚微液滴-译者注)。

聚苯乙烯(PS)也可以接枝于硫功能化的石墨烯大分子链转移剂[112]。这种聚合物是由氧化石墨烯(GO)、热还原法RGO(还原态氧化石墨烯)和硬脂胺改性的GO(硬脂酰-GO)合成的，其中采用了两种方法：(i)以新型硫醇功能化的石墨烯进行链转移；(ii)可逆加成断裂链转移聚合(RAFT)-促进的聚合反应，其中采用了二硫代氨基甲酸乙酯-、双硫酯-和二硫代碳酸酯-功能化的石墨烯。作者得出结论，只有在改性石墨烯与聚苯乙烯之间实现共价键合的条件下，碳质材料才能够在聚苯乙烯熔体中得到稳定分散。

通过可逆加成断裂链转移(RAFT)聚合反应，聚(N-乙烯咔唑)(PVK)也可以接枝于氧化石墨烯(GO)表面[113]。在这项研究中，RAFT试剂S-1-十二烷基-S′-($\alpha$，$\alpha'$-二甲基-$\alpha''$-乙酸)三硫代碳酸酯(DDAT)通过酯化反应以共价方式键合于氧化石墨烯(GO)，其中采用了典型的催化剂体系N，N-二甲氨基吡啶(DMAP)/1，3-二环己基碳二亚胺(DCC)。聚(N-乙烯咔唑)是一种业内尽人皆知且性能良好的空穴-传输与电子-供体材料，常用于某些光电器件中，而氧化石墨烯则是一种优异的电子受体。作者在理论上计算出并同时利用循环伏安法实际测量了 PVK-GO 在电荷转移过程中的能带隙，分别得出了两个结果，即 2.15eV 和 2.49eV。作者也认为，基于 PVK-GO 的存储器件展现了典型的双稳态电开关和可重写非易失性记忆效应[106]。

最后，聚(N-异丙基丙烯酰胺)(PNIPAM)聚合物刷也以 RAFT 聚合方式接枝于还原态氧化石墨烯(RGO)片的表面[114]。RAFT 引发剂通过“点击化学”键合于还原态氧化石墨烯的表面，在 4.6.2 节中将专门讨论点击化学方法。

就在最近一段时间，有些研究人员已经在谈论采用单电子转移活性自由基聚合(SET-LRP)方式从石墨烯衍生物上生长聚合物[115-117]。与其他的可控/活性自由基聚合法(CLRP)相比，SET-LRP 的优点包括温度低、所需催化剂数量少、聚合反应超快和聚合物分子量高且多分散性低等。从最近发表的文献可以得知，也有人对该方法做出了卓有成效的修订[118]。这种“温和”的方法已经用于在剥离型氧化石墨烯(GO)的表面上直接生长热敏型聚合物，如聚[聚(乙二醇)乙基醚甲基丙烯酸酯](PPEGEEMA)[115,116]和聚异丙基丙烯酰胺(PNIPAM)。该方法包括两步共价连接，即 SET-LRP 的含溴引发基团首先接至氧化石墨烯片的表面，随后再进行原位聚合。通过与三(羟甲基)氨基甲烷(TRIS)的反应，环氧化物在氧化石墨烯的基面上发生开环反应，而侧羟基是与 2-溴-2-甲基丙酰溴进行反应的。在这两项研究当中，纳米复合材料对于温度是敏感的，在室温下的水中形成了稳定的悬浮液，但当温度降至最低临界溶解温度(LCST)时很容易发生沉淀。这种智能型石墨烯-基材料可以用在温敏型的纳米器件与微流体开关等领域。

在另一篇论文中，作者介绍了接枝于还原态氧化石墨烯(RGO)表面的聚(甲基丙烯酸叔丁酯)(PtBMA)[117]。通过羟基改性的还原态氧化石墨烯与 2-溴丙酰溴之间的反应，含溴引发剂固定于还原态氧化石墨烯片上，这一方式相同于前一例中的报道。在以前的工作中，加入羟基的方法是采用 4-氨基苯乙醇的重氮化合物与亚硝酸异戊酯在 80℃下与还原态氧化石墨烯进行反应。在 SET-LRP 的方式下，PtBMA-改性的还原态氧化石墨烯(接枝效率达 71.7%，质量分数))呈现了明显提高的分散性。

### 4.8.2 其他方法

其他类型的聚合反应也已用于从石墨烯表面接枝聚合物。例如，有人采用偶氮二异丁腈(AIBN)从适当改性的氧化石墨烯(GO)表面上聚合苯乙烯以及苯乙烯与甲基丙烯酸甲酯(MMA)[120]和 1-乙烯基咪唑[121]的共聚物。虽然在前一种情况下，乙烯基苯基团是附着于氧化石墨烯的，但在其他情况下，氧化石墨烯是由含有端乙烯基的硅烷实现功能化的。在一项关于苯乙烯/MMA 共聚合的研究中[120]，共聚物是通过细乳液聚合反应得到的。然后，承载有共聚物刷的氧化石墨烯被还原，以期恢复电导率(如达到还原态氧化石墨烯的水平)，该体系作为导电填料可用于不可混合的 PS/PMMA 共混复合材料(CPCs)。这项开拓性研究的主要目的是将载有共聚物刷的还原态氧化石墨烯(RGO)引导至聚苯乙烯(PS)与聚甲基丙烯酸甲酯(PMMA)相之间的界面上，共聚物刷正是完成这一引导过程的驱动力，因为人们知道该共聚物与界面分隔开的两相均存在强烈的相互作用[122-124]。这一策略使作者获得非常低(0.02%体积分数)的逾渗阈值(percolation threshold)，因为改性的还原态氧化石墨烯优先定位于聚苯乙烯与聚甲基丙烯酸甲酯相之间的界面区，见图 4.5。(导电高分子复合材料的一个最重要的特征就是其电阻率随导电填料粒子体积分数的增加呈非线性的递增，当导电粒子的体积分数增大到某一临界值时，其电阻率突然减小，变化幅度可达 10 个数量级以上；然后，随导电粒子体积分数的增加电阻率缓慢减小，这种现象被称为导电逾渗现象，相应的导电粒子体积分数的临界值称为逾渗阈值-译者注)。

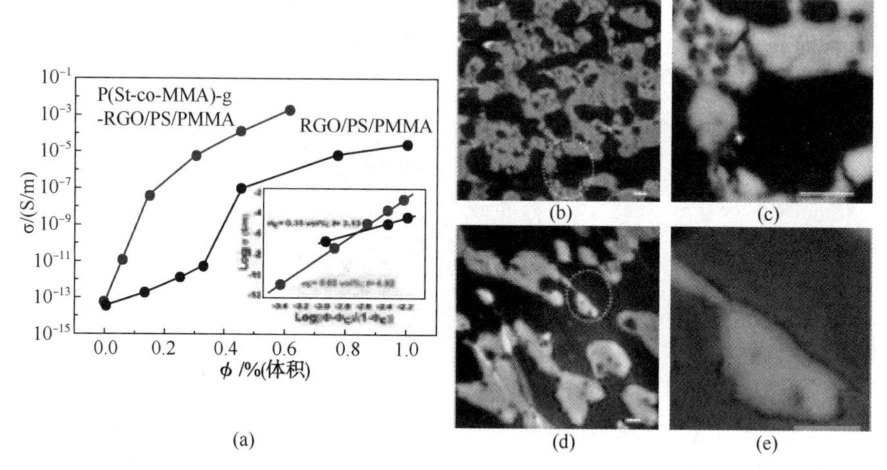


图 4.5 (a)作为填料含量($\Phi$)函数的电导率($\sigma$)，两个测试样品分别为还原态氧化石墨烯(RGO)和 P(St-co-MMA)-g-RGO 填充的 PS/PMMA 共混物(体积比 1/1)。图示出 $\log\sigma$ 对 $\log[(\Phi-\Phi_c)/(1-\Phi_c)]$ 的曲线，图中的直线是根据经典逾渗模型与测量数据的最小平方拟合绘出的。上述两个测试样品的透射电子显微镜(TEM)图像：(b)RGO 和(d)以 P(St-co-MMA)-g-RGO 填充的 PS/PMMA 共混物(体积比 1/1)，RGO 的加入量为 0.46%(体积分数)；(c)和(e)分别示出图(b)与图(d)中选区的 5 倍放大图像。图中的标尺表示 1μm。(经允许转载自文献[120]，版权 2013，英国皇家化学协会)

有人还探索了一类包含不同自由基的聚合反应，这有别于以往描述的实例。根据文献介绍，通过原子转移氮氧自由基偶合(ATNRP)，已经制备出接枝于氧化石墨烯(GO)的聚苯乙烯和聚异戊二烯[125]；利用氧化聚合反应从胺改性的石墨烯上生长出聚吡咯(PPy)[126]和聚噻吩[127]的衍生物；此外，通过氧化还原引发的聚合反应，合成出聚甲基丙烯酸甲酯(PMMA)、聚苯乙烯和聚丙烯腈(PACN)[128]。

其他作者报道了苯乙烯的聚合反应与共聚物，其中自由基并非来自普通的引发剂，实际上，这些自由基是利用紫外(UV)光辐照产生的，或者是石墨烯衍生物本身就具有的[130]。在前一实例中，通过光接枝与光聚合反应的方式可以创建在石墨烯表面生长聚苯乙烯(PS)刷的模式。该方法已经成功地应用于来源不同的石墨烯，如CVD法石墨烯、在SiC上外延生长的单晶与少层石墨烯和还原态氧化石墨烯等。

有作者证明，光聚合反应并没有在石墨烯的基面上产生可检测出的缺陷，这就表明聚合反应的引发过程起源于既有的缺陷位点上，见图4.6。图4.6(a)显示聚苯乙烯(PS)散射光的积分信号(位于3000~3100cm$^{-1}$)只出现在UV照射区。在与聚合物结合有关的扫描区域内，相同区域的D/G积分强度比并没有显示出实质性变化，见图4.6(b)。从图中能够略微观察到的结构可归属于晶粒边缘，而这一部位常常是以大缺陷密度为特征的。图4.6(c)中的结果支持这一观点，其中，在聚合区与非聚合区的D/G强度比频率分布图中并没有观察到有何变化。

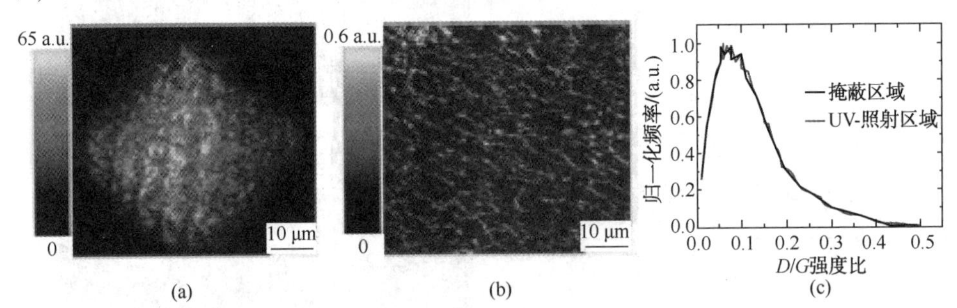


图4.6 (a)完成图案化光聚合反应之后，聚苯乙烯(PS)在3000~3100cm$^{-1}$范围内的积分强度拉曼图；(b)在相同区域内的D/G强度比；(c)在(UV照射的)PS区内和(掩蔽的)无PS区内，D/G模式强度比的归一化频率分布图。)经允许转载自文献[129]，版权2011，美国化学学会)

在后面的实例中，氧化石墨烯(GO)与硬脂胺之间的酰化反应产生了一种硬脂酰-氧化石墨烯衍生物，其含有以C-为中心的稳定石墨烯自由基，这是制备聚苯乙烯(PS)以及苯乙烯与丙烯酸酯和丙烯腈共聚物的关键。

有人也采用了不涉及自由基的其他方法，以期从石墨烯衍生物接枝聚合物。这些方法包括缩聚反应[131-133]、开环聚合反应(ROP)[134]、直接亲电取代反应[135]，此外，还有人研究了齐格勒-纳塔聚合反应[136]。

在上述例举的第一种缩聚法中，聚氨酯(PU)是通过原位聚合方式从还原态氧化石墨烯(RGO)上制备的[131]。在这项研究中，还原态氧化石墨烯以酰胺化方式和4,4′-二苯甲烷二异氰酸酯(MDI)发生反应。然后，在已经固定于2D片上的

MDI 的存在下，聚四氢呋喃二醇(PTMG)与乙二醇进行缩聚反应，产生聚氨酯(PU)接枝的还原态氧化石墨烯。RGO 在聚氨酯中分散良好，在掺入 2.0%(质量分数)的碳纳米片之后显著改善了聚氨酯的拉伸强度与储能模量，分别提高了 239%和 202%，产生的纳米复合材料展现了良好的电导率与热稳定性。在另一个实例中，同样通过原位聚合方式制备了以氧化石墨烯(GO)补强的超支化聚氨酯(HPU)[132]。在该反应中，首先由亚硫酰氯对氧化石墨烯中的羧基进行活化，随后再实施与三羟乙基胺的酰化反应。这种超羟基化的氧化石墨烯可以用于接枝源自预聚物的超支化聚氨酯(NHPU)。高度柔韧性的石墨烯-基形状记忆型聚氨酯复合材料在某些性能上已经胜过纯超支化的聚氨酯，如较高的模量与断裂应力以及出众的断裂伸长率等。

此外，通过开环聚合反应(ROP)方式，制备出了接枝于适当改性的氧化石墨烯(GO)表面的聚($\varepsilon$-己内酯)(PCL)[134]。

原始石墨也已用于接枝聚醚酮(PEK)，接枝点位于其晶界处，目的是制备边缘-功能化的石墨烯基聚合物复合材料[135]。事实上，以前已经有人采用过这种方法从多壁碳纳米管(MWCNT)上接枝聚醚酮[137]，其中反应介质是由黏性的多聚磷酸(PPA)与五氧化二磷($P_2O_5$)组成的，这种介质有利于分离多壁碳纳米管束以改善其分散性。在这一实例中，正是多聚磷酸在机械搅拌期间提供了实施于石墨表面的强剪切[138]，这样便打开了石墨的边缘以允许黏性介质渗入，因此阻止了石墨烯片的再堆积。然后，原位产生的 4-苯氧基苯甲酸的碳正离子进攻石墨边缘并且按照傅里德-克拉夫茨(Friedel-Crafts)酰化的类似机理发生聚合，所得产物被人们描述为接枝的“楔形”多聚磷酸大分子[135,138]。

在上述例举的最后一种方法中，有人已经成功地从齐格勒-纳塔催化剂改性的氧化石墨烯表面上接枝出聚丙烯(PP)[136]。

## 4.9 “接枝-到”方法

从本质上讲，“接枝-于”方法取决于将特定引发剂固定在石墨片上的可行性，而在某些情况下这是不可能实现的，如此看来，聚合物与石墨烯之间的共价键合便成为唯一的替代方案，因此必需寻觅可以结合于石墨烯的聚合物类型。“接枝-到”方法允许将石墨烯并入到聚合物链尾(末端)，也可以加入到链中间。在后一种情况下，石墨烯形成主链的一部分，可以认为这种方式对于材料最终性能的影响要超过“接枝-于”方法，因为在“接枝-于”方法中石墨烯只能作为链的末端。不仅如此，在“接枝-于”方法中，最终产品中的石墨烯数量通常要低一些，而且还要取决于聚合物的分子量以及多分散性。相比之下，在“接枝-到”方法中，改性的程度并非强烈地取决于上述这些因素，因为键合位点是沿着聚合物链分布的。不过，由于石墨烯片的巨大尺寸，空间因素可能决定了改性的程度。同时，在“接枝-于”方法中，石墨烯被看作是聚合物生长的一个平台，而在“接枝-到”方法中，它只是聚合物链的一个微粒子侧基。

虽然说，在“接枝-于”方法中，能够连接到石墨表面的引发剂数目并不算多，但可用的聚合物却种类繁多，且其覆盖的化学范围亦相当宽泛，这非常有利于研究人员开发出一系列的合成策略，以巧妙地利用“接枝-到”方法将适用聚合物连接至石墨烯或其衍生物。当然，若想将聚合物接枝到石墨烯上，石墨烯就应该载有可与特定聚合物发生反应的官能团，或者是赋予聚合物以适当官能团，使之能够与石墨烯衍生物发生反应。本节将考虑聚合物与石墨烯连接的特定化学并相应做出类型划分。

### 4.9.1 氧化石墨烯-基化学

正如前所述，氧化石墨烯(GO)含有相当多的官能团，每一种皆有其特定化学，因此也拓宽了可与之连接的聚合物的选用范围。

在“接枝-到”方法中，人们探索最多的反应是氧化石墨烯(GO)上羧基的酯化/酰胺化反应，不仅是因为这两种反应相对简单，也在于这些反应的催化剂体系与合成方案早已广泛确立，而且也曾在碳纳米管(CNTs)的研发中得到过验证[75,139,140]。

在以共价键和碳纳米结构相连接的聚合物当中，聚乙烯醇(PVA)是探索最多的对象之一。聚乙烯醇的结构以及半结晶特性使其成为一种模型聚合物，特别适合于研究经典纳米复合材料中聚合物/氧化石墨烯相互作用的基本性质，当然也包括共价的GO-PVA材料。说到其共价化学，有人已经将PVA链接到氧化石墨烯[141-143]或者还原态氧化石墨烯(RGO)[141]，其中采用了由1,3-二环已基碳二亚胺(DCC)与N，N-二甲氨基吡啶(DMAP)组成的典型酯化催化剂体系。以聚乙烯醇进行改性可以使石墨烯变成水溶性的，尽管只获得了程度不高的功能化[141]。因为石墨烯通过共价化学达到的分散性要远优于其他方法可以实现的水平，已经观察到材料的最终性能因此发生了很大改变。例如，原来属于半结晶性的聚乙烯醇变成了完全无定形的材料，在键合至氧化石墨烯之后，玻璃化转变温度($T_g$)经历了35℃的增量。虽然某些变化是可以预测的，但是观察到的变化程度却超出了预期。

结晶度的缺失缘于聚乙烯醇(PVA)链插入了石墨烯层片之间以及“次级”键的形成，例如氢键，另外，氢键还打破了链内与链间的键合。至于分子动力学，复合材料的刚性一直归因于氧化石墨烯/聚合物之间的牢固连接，这种连接阻止了聚合物链的链段运动，显而易见，聚合物链中存在着数量众多的刚性石墨烯，必然会对链段移动性造成限制。上述这些特性以某种方式转变成了不同的机械性能，其中杨氏模量提高了60%，拉伸强度提高了400%，这完全不同于氧化石墨烯与聚乙烯醇的简单混合物[143]。不过，值得提及的是，在这类亲水性聚合物中，机械性能的变化不应当只归结于有效载荷从力学牢固的石墨烯转移至柔软的基体上，也要考虑到石墨烯还具有可使聚合物膜免于吸水的作用[144,145]。

相似的策略已经扩展到聚氯乙烯(PVC)[146]。在该实例中，以4-羟基苯硫酚盐亲电取代不稳定的氯原子，通过这一反应对聚合物施以改性，为其提供了易于酯化的基团。在该项研究中，比较了两种不同方法制备的材料在机械与热性能上的差异，一种方法是以还原态氧化石墨烯(RGO)共价改性聚氯乙烯，另一种方法是直接混合氧化石墨、异氰酸酯改性的氧化石墨烯(GO)与聚氯乙烯，结果表明只有共价方法得到的纳米复合材料具有较好的性能，见图4.7。此外，数据也显示，PVC-RGO的储能模量高于以相同程序获得的聚氯乙烯-碳纳米管(PVC-CNT)，这是由于较大的长径比产生了较强的界面相互作用。研究人员也观察到，还原态材料(PVC-RGO)表现出的性能劣于未还原的PVC-GO(储能模量低20%~25%)，大概是因为后者具有更为紧密的界面接触，这缘自材料中存在的某些链内或链外的次级键合，而并非共价键的作用。

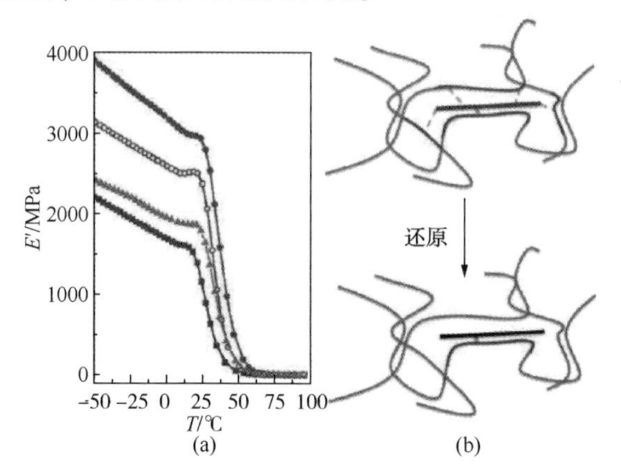


图4.7 (a)各样品储能模量的比较：mPVC(方形)、CNTs-e-PVC(三角形)、GO-e-PVC(实心圆)和RGO-e-PVC(开口圆)；(b)在GO和RGO中的氧化基团与改性PVC上的基团之间生成次级键的基础上，样品体积随流动性降低的变化。(经允许转载自文献[146]，版权2011，美国化学学会。)

酯化反应已经成功地应用于共轭聚合物[147-149]。由电子给体聚合物与良好电子受体(即石墨烯或其衍生物)组成的材料在光伏器件中具有潜在应用价值。一种新型聚芴衍生的共轭聚合物与表面键合了酰氯基团的氧化石墨烯(GO)反应，生成了一种可溶液加工的氧化石墨烯-聚四氢呋喃(GO-PTHF)，这种复合材料展现了PTHF激发单重态和氧化石墨烯之间的能量和/或电子转移能力[149]。作者指出，GO-PTHF薄膜是夹于铟-氧化锡与Al(铝)电极之间的，基于GO-PTHF的存储器件可以在负电扫描下切换到导通状态，而且通过逆(正)电扫描，还可以重置为起始的关闭状态。

此外，酯化反应也同样应用于制备氧化石墨烯(GO)与聚(N-异丙基丙烯酰胺-co-丙烯酸)(PNIPAM-co-AA)的互穿聚合物水凝胶网络[150]。制备步骤主要在于氧化石墨烯以及聚合物中的羧酸与表氯醇(ECH)之间的类酯化反应，两个组分也因此实现交联。这一反应是在高温下的密封瓶内进行的，这样可使水溶性的表氯醇渗入水相，重要的是，在高温下形成的表氯醇/水恒沸物可以诱导交联反应。

从文献可知，也有人采用酰胺化反应将水溶性聚合物接枝到石墨烯衍生物[151-154]。第一个实例涉及到氧化石墨烯(GO)与支化聚乙二醇(PEG)的酰胺化，该反应产生了一种以疏水性石墨烯为核、以亲水性 PEG 为支臂的两亲大分子[151]。利用这一反应途径，疏水性的芳香分子，包括常用的杀癌细胞药物，就可以通过 π-π 堆积而吸附在石墨烯表面上，并利用 PEG 链输送至生物组织中。研究结果证明，GO-PEG/抗癌复合物展现了出色的水溶性，同时也保持了其杀死癌细胞的高功效。

有文献报道说，以属于三苯基胺类的聚甲亚胺(TPAPAM)改性氧化石墨烯(GO)时也会用到酰胺化反应[152]。含有芳基胺的共轭聚合物已经被选作空穴输送剂(hole-transport agent)，因为这种聚合物具有卓越的空穴注射效率、高迁移率和低电离势。因此，基于 TPAPAM-GO 制作的夹层结构器件(ITO 作为阳极，Al 作为阴极)展现了双稳态电开关和可重写非易失性存储效应。

在另一项研究中，石墨烯是由聚磷酰胺实现酰胺化的，所得产品用于硫化双酚 A 类型的环氧树脂[153]。这种纳米复合材料展现了增强的阻燃性，作者假定，热分解产物被石墨烯层片所吸收并且实现了增长，这相当于起到了微炭模板作用，因此形成了连续且致密的炭层，正是这种炭层提供了有效的屏蔽并且保护下面的聚合物免于燃烧。

在最后一个实例中，聚丙烯(PP)是连接在还原态氧化石墨烯(RGO 上)的。在这一反应过程中，首先以乙二胺对氧化石墨烯(GO)酰胺化，而且这个侧基是通过酰胺化与聚丙烯接枝马来酸酐中的羧基进行反应的。令人非常感兴趣的是，聚丙烯与聚苯乙烯(PS)原本是不可混合的体系，而还原态氧化石墨烯接枝的聚丙烯却成为 PP/PS 共混物的良好相容剂，这大概是因为氧化石墨烯通过堆积不仅在其基面上吸附了聚苯乙烯链，而且也通过接枝聚丙烯链产生了与聚丙烯的分子间相互作用。虽然在这项工作中并没有对所得产物进行检测分析，但仍然可认为，填料在聚合物畴之间的界面上选择性定位应当有益于改进该共混物的导电性与机械性能。

### 4.9.2 交联反应

另一方法涉及到将石墨烯用作环氧树脂硫化反应中的交联剂[153,155,156]。交联反应导致纳米复合材料的密度发生变化，在制备环氧树脂纳米复合材料时，这一特点必须要加以考虑。除此之外，当然还要研究典型的填料/聚合物相互作用。2010 年的文献中报道了一篇非常杰出的论文，介绍了环氧树脂纳米复合材料的中间相架构与性质，所述材料中包含了适当改性的石墨烯[155]。该论文中的方法利用了简单化学反应，并以局部富胺型石墨烯衍生物在环氧树脂纳米复合材料中构建了分层的、柔韧性的中间相结构。作者通过重氮盐偶联方式，以长烷基链改性的苯胺修饰了石墨烯。苯胺衍生物在化学上与硫化剂非常相似，在整个合成过程中都起到非常重要的作用，因为苯胺衍生物确保了石墨烯在聚合物中呈现分子水平的分散度，并在填料与聚合物之间起到了连接剂的作用，并最终控制了构建分层结构所要求的化学计量比率，从而能够在断裂期间消散更多的应变能量。

就在同一项研究中，作者提出，上述分层结构可以再划分成具有不相同移动性与结构的三种区域，这取决于与石墨烯的接近度。直接接枝在石墨烯层的具有线性或支化结构以及受限的移动性，由此促成了在界面上的载荷转移，而位于接枝层与高交联体相之间的链段受到较少约束，允许纳米填料的移动性。在室温下对样品断裂面进行了扫描电子显微术(SEM)观察，证实了以上机理，表明裂纹扩展是通过接枝层与体相之间的柔性界面发生的。

### 4.9.3 点击化学

点击化学的特点确实别具一格，反应中的新化合物是以快速而可靠的方式通过偶联含有特定基团的分子而产生的。这一概念是由 Sharples 及其同事首先提出来的，并且已经被定义为相关工艺必须要满足的一套严格标准，就此而论，点击化学显然是大有用场的[157]。

点击化学的发现对于聚合物科学产生的影响是巨大而深远的，因为在聚合物制备与改性中，主要的限制常常是与实验因素相关的，特别是在有机化学中一直奉为标准的设计方案与程序通常不再适用。换句话说，点击化学颠覆了原有的一些规则，而其自身的显著特征则表现在效率、无副产品与易于纯化，这就为制备新型功能化聚合物开辟了崭新的可能途径，更重要的是，这类产品只有通过点击化学法才能制取[158]。

对于非专家型的技术人员而言，点击化学具有工艺可靠性与实验简单性，可使聚合物获得多种多样的结构与下述章节即将概述的性能，正是由于这些特点，石墨烯的点击化学与聚合物相结合便能够控制石墨烯-聚合物轭合物(有时亦称缀合物)的最终性能，也就是由接枝聚合物的化学与物理性能所决定的性能[85]。

在当今推荐的所有点击化学中，胡伊斯根(Huisgen)1,3-偶极叠氮化合物-炔烃环加成反应(CuAAC)大概是最为重要的典型范例(见图 4.8)[159]。在采用石墨烯与聚合物的情况下，相应的制备程序只要求赋予石墨烯以炔烃或叠氮化物基团，同时赋予聚合物以可点击的相应基团。一般来说，目标聚合物是带有叠氮化物基团的，而石墨烯则是由在某一基面内的炔烃基团改性的。

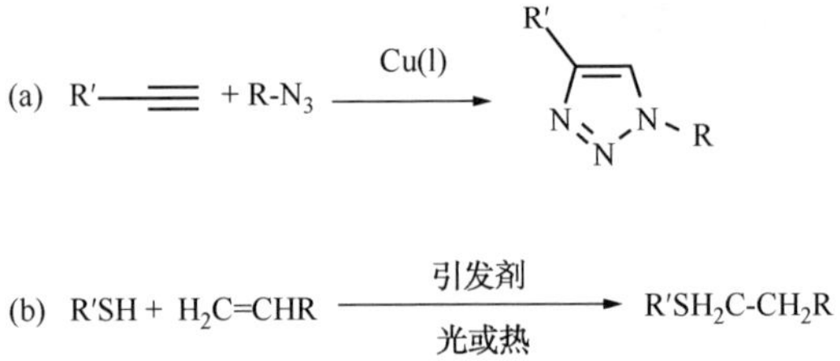

$$\text{(a)}\quad R'-C\equiv CH + R\text{-}N_3 \xrightarrow{Cu(I)} \text{1-R-4-R}'\text{-1,2,3-triazole}$$

$$\text{(b)}\quad R'SH + H_2C{=}CHR \xrightarrow[\text{光或热}]{\text{引发剂}} R'SH_2C\text{-}CH_2R$$

图 4.8　用于连接石墨烯与聚合物的点击化学之原理：(a)铜(I)-催化的叠氮化物-炔烃环加成(CuAAC)反应；(b)硫醇-自由基反应

在第一项研究工作中，带有炔烃基的石墨烯被点击到叠氮基改性的聚苯乙烯(PS)上，点击产物可分散于纯聚苯乙烯亦能分散的相同溶剂中[160]。在另一实例中，角色发生了对换，载有炔烃官能团的聚苯乙烯衍生物被点击到叠氮化物改性的氧化石墨烯(GO)上[161]。

聚苯乙烯与许多聚合物都是通过可逆加成断裂链转移聚合反应(RAFT)和点击化学从石墨烯生长或附着于石墨烯的，这包括聚甲基丙烯酸甲酯(PMMA)、聚丙烯酸(PMAA)、聚(4-乙烯基吡啶)(P4VP)和聚((二甲氨基)甲基丙烯酸乙酯)(PDMA)等[162]。在这项出色的研究当中，作者对各种接枝方法(见图 4.9)进行了比较，而且也确立了这些方法对各项参数的影响，如接枝密度、聚合物分子量或聚合物改性的石墨烯的溶解度等。其中，还专门研究了“接枝-于”和“接枝-到”两种方法。在前一种方法中，聚甲基丙烯酸甲酯是用作模型研究的，旨在确定最佳合成条件(时间、催化剂体系、试剂比率等)。就这两种方法而言，优选的点击条件使用了 Cu(I)和 1,8-二氮杂双环[5.4.0]十一碳-7-烯(DBU)。作者也研究了链长的影响，并得出结论：分子量越高，则接枝密度越低，见图 4.9(b)。对这一结果做出的解释是：由于聚合物采用了更为无规的线团结构并导致位阻增加，聚合物对于末端叠氮化物的反应性出现降低。此外，接枝密度的降低导致溶解度下降。换言之，尽管由石墨烯伸展出的长链聚合物臂有利于改善溶解度，但实现的功能化程度却很低(低接枝密度)，而后一种情况对于溶解度参数的影响最大。采用“接枝-于”技术方案应当可以解决这一问题，其中，控制连接至石墨烯表面的引发剂浓度便可以按需调整接枝密度。一旦实现了预期的接枝密度，就可以通过较长的聚合时间和/或改变单体/引发剂比率来提高聚合物分子量，产生显著改进的溶解度。该方法中的唯一问题是多分散性指数(PDI)的宽化。

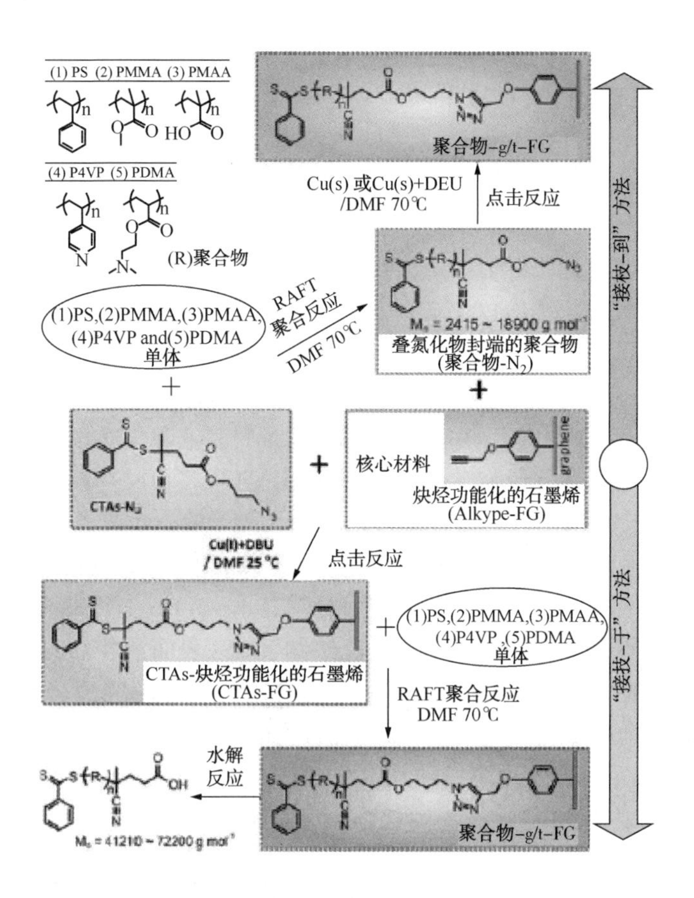


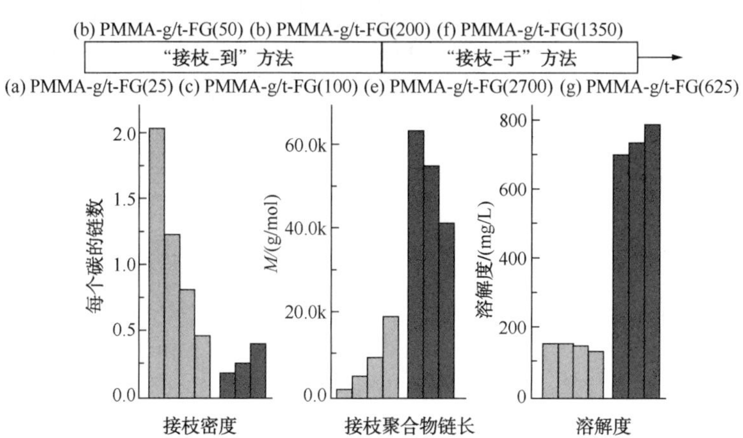


图 4.9 (a)在两类接枝反应中采用的合成步骤，可用于点击聚合物与石墨烯；(b)以“接枝-到”方法和“接枝-于”方法制备的聚甲基丙烯酸甲酯/石墨烯材料的主要特性。(经允许转载自文献[162]，版权 2012，美国化学学会)

从文献可知，有人已经完成了弹性体聚合物与石墨烯的点击反应。事实上，氧化石墨烯(GO)也已用作接枝聚(苯乙烯-b-乙烯-co-丁烯-b-苯乙烯)(SEBS)三嵌段共聚物的平台[163]。点击产物在多种有机介质中分散成单独片层的能力使之能够均匀地掺入聚合物基体。因此，作者研究了所得点击材料在(以聚苯乙烯为主的)聚合物复合材料中的相容性与补强效果，观察到生成的复合材料膜在机械性能与热稳定性上都获得了显著提高。

在 Pan 等发表的一篇出色论文中，作者也已经将热-响应型的聚(N-异丙基丙烯酰胺)(PNIPAM)点击到改性的氧化石墨烯(GO)上[164]。这项工作中最杰出的发现是石墨烯-聚合物轭合物的潜在生物医学应用，这种产物可以看作是由疏水性石墨烯核与亲水性 PNIPAM 支臂组成的双亲材料。也说是说，疏水性的石墨烯吸收了芳香族水不溶性药物，而水溶性 PNIPAM 则将该药物输送入细胞内。

在生物医学中还有另一种应用最多的水溶性聚合物，即聚乙二醇(PEG)，其主要用于细胞内在化(cell internalization)，现在，这种聚乙二醇也实现了在石墨烯上的点击反应[165]。有人以本体石墨烯分散体和 CVD-生长的石墨烯为对象，研究了聚乙二醇点击反应。在十二烷基硫酸钠(SDS)表面活性剂的存在下，石墨烯通过重氮化反应承载了炔烃基团，随后与叠氮化物封端的短链聚乙二醇进行 CuAAC 反应(即金属 Cu 催化叠氮和炔基化合物的环加成反应)，该反应是在碳酸氢钠、$CuSO_4$、三(3-羟基丙基三唑基甲基)胺(THPTA)和抗坏血酸钠的存在下实施的。分析数据表明，CVD-石墨烯比溶液分散的石墨烯更具活性，边缘与缺陷优先参与了反应。

根据文献报道，已经有人将另一种聚合物 PCL(聚己内酯)成功地点击在石墨烯上[166]。首先，通过氧化石墨烯(GO)与炔丙胺之间的酯化反应获取炔基改性的氧化石墨烯，然后，在典型的合成条件下进行点击反应，将承载有叠氮化物侧基的聚己内酯点击在改性的氧化石墨烯上。所得点击产物显示了与聚氨酯基体的良好相互作用，生成的纳米复合材料在机械性能、热稳定性、热导率与温敏性形状记忆性能上均得到了显著提高。

CuAAC 方案也已经用于制备石墨烯与共轭聚合物的混合物[167-170]。在这类反应的第一个例子中，叠氮化物-聚芴衍生物在典型的催化条件下被点击到炔基改性的还原态氧化石墨烯(RGO)上[167]。实际上，有两个方案可以用来实施还原态氧化石墨烯的功能化，其一是酰胺化反应；其二是重氮化反应，数据表明，后一种方案是最为有效的。如此制成的点击产物可溶于有机溶剂如 N，N-二甲基甲酰胺(DMF)、N-甲基吡咯烷酮(NMP)和邻二氯苯(o-DCB)。不过，在石墨烯-聚芴轭合物的吸收与发射光谱中观察到了由溶剂产生的明显差异，因为在电子受体石墨烯的存下，溶剂对聚芴的电子行为产生了不同影响。聚芴的光致发光在 N-甲基吡咯烷酮与邻二氯苯中略微受些影响，而在 N，N-二甲基甲酰胺中则受到完全抑制。这些变化与溶剂的极性并无关联(例如，N，N-二甲基甲酰胺与N-甲基吡咯烷酮具有相似的极性)，但从表面能量来说，却与溶剂对石墨烯的亲和力有关[41]。

聚(3-己基噻吩)刷早已成功地附着于氧化石墨烯(GO)表面[168]。通过与3-叠氮丙基三甲氧基甲硅烷(APTMS)的甲硅烷基化反应，氧化石墨烯首先获得了叠氮化物基团，然后在Cu(I)与N，N-二异丙基乙基胺(DIPEA)的存在下，在N，N-二甲基甲酰胺(DMF)中完成与乙炔基封端的聚(3-己基噻吩)的点击反应。然后，将氧化石墨烯与聚(3-己基噻吩)通过酰胺化反应制备的相似材料与如此制成的点击产物进行了对比。结果发现，点击法的接枝效率明显地要高出许多，因为羟基与环氧基在数量上要大于氧化石墨烯片上的羧酸基。此外，相对于聚(3-己基噻吩)来说，电子性能也发生了一些变化，这是由于接枝在氧化石墨烯上的聚(3-己基噻吩)呈现一定程度的有序化和/或拥挤造成的结果。最为著名的聚噻吩也已经点击到还原态氧化石墨烯(RGO)上，实际采用了聚(3,4-乙撑二氧噻吩)：聚苯乙烯磺酸盐(PEDOT：PSS)作为反应物[170]。反应分为两步，首先，氧化石墨烯与4-乙炔基苯胺进行酰胺化；随后再实施化学还原反应，如此制备出末端炔烃改性的还原态氧化石墨烯片；再下一步，以PEDOT-$N_3$：PSS的水分散液作为溶剂制成$CuSO_4$与抗坏血酸钠的水溶液；最后，在所得溶液中对叠氮化物功能化的PEDOT：PSS（PEDOT-$N_3$：PSS)实施点击反应。实验中观察到，点击生成的复合材料在表观上要比非点击复合材料更为光滑，这说明，由于界面相互作用增强而促进了石墨烯的良好分散，且使导电性也得到提高。

在这类点击反应的最后一例中，有人已经将热致液晶聚合物连接至石墨烯[171]。以原子转移自由基聚合(ATRP)方式制备的叠氮基改性的液晶聚合物，即聚(2，5-双[(4-甲氧苯基)氧羰基]苯乙烯)(PMPCS)，在高于常用的90℃温度下偶联至炔烃改性的氧化石墨烯(GO)，其中采用了普通的催化剂(CuBr/PMEDTA)和分子量不同的PMPCS。借助于流变学测试，作者观察到当点击产物作为净PMPCS的填料时，较高的接枝密度改善了填料的补强效果，这得益于填料与PMPCS基体的较好相容性。

不过，CuAAC点击反应也显现出一项相对严重的不足，即铜催化剂是有毒性的。为了避免使用任何毒性金属催化剂，人们已经成功开发出了无金属催化的点击反应[172]。例如，活性非常高的硫醇自由基可以加成不饱和的碳-碳键，这一反应可以作为无金属催化点击反应的典型代表[见图4.8(b)]。自由基-硫醇的点击反应只能在生成硫醇自由基的前提下方能实施，该自由基经过一个典型的链反应进攻双键(硫醇-烯)或者三键(硫醇-炔)，其中包括了引发、链增长与终止步骤[173-175]。这些反应具有点击反应的所有优异特性，如简单性、高效率、无副产物和高产率，此外，还表现出另外一个优点，即这些反应可以由热或光刺激等外部触发，见图 4.8[173]。

尽管硫醇-自由基点击反应具有诸多优点并且在聚合物化学中展现出实用性[174]，但将其用于碳纳米管与石墨烯的想法只是近期才有人提及的议题。有关这一主题的第一项研究涉及以聚乙烯(PE)共价改性石墨烯[176]，但当实际制备石墨烯/聚乙烯纳米复合材料时，人们发现聚乙烯或许是最难以采用的聚合物之一。该项研究采用两种方法制备了短链聚乙烯，一种是通过硫醇-烯反应连接至原始石墨烯的短链聚乙烯，另一种是以硫醇-炔和 CuAAC 点击反应连接至炔烃改性石墨烯的短链聚乙烯。研究人员开发了一项基于点击产物的策略，具体讲就是通过制成母粒的形式，将点击产物作为填料用于分子量较高的聚合物。在硫醇-烯改性石墨烯的实例中，人们已经观察到，采用纳米复合材料两步合成法改善了高密度聚乙烯(HDPE)的性能。第一步是将短链聚乙烯改性的石墨烯与短链聚乙烯混合，而第二步则是利用该混合物作为填料改善高密度聚乙烯。在上述这些条件下创建了一个梯度界面体系，并观察到了高密度聚乙烯在机械与热性能，特别是电性能上出现了相应变化。例如，电导率显示出了典型的逾渗行为，且逾渗值位于 0.5%~0.8%(质量分数)石墨烯之间，当石墨烯少于 5%(质量分数)时，电导率值位于 1S/cm 数量级，比采用各种共混方法制成的石墨烯-聚乙烯纳米材料的报道值几乎高出 3 个数量级[177,178]。不过，当采用其他两种点击方法(硫醇-烯和 CuACC)以聚乙烯刷改性石墨烯时，并没有实现上述实验结果，看起来这似乎也是合理的，因为石墨烯源就是石墨烯本身，而且不存在由预改性步骤产生的新缺陷。

点击硫醇-烯反应已经扩展到了丙烯酸类聚合物与共聚物[179]。与带有硫醇端基的聚甲基丙烯酸甲酯(PMMA)均聚物的情况相反，在共聚物中，硫醇基团是沿着聚合物链定位的，因此可与石墨烯表面形成多重键位点。该项比较研究表明，共聚物在石墨烯表面形成了一个薄层，与此情况截然不同的是，以硫醇封端的聚甲基丙烯酸甲酯则形成了典型的聚合物刷。与共聚物实例中薄层改性的石墨烯相比，以聚合物刷改性的石墨烯更容易分散。不过，当薄层改性的石墨烯用作纯 PMMA 的填料时，PMMA/石墨烯的界面要牢固得多，因此会赋予纳米复合材料较高的电导率，一般高于以(聚合物)刷改性的石墨烯。

### 4.9.4 其他的“接枝-到”方法

将聚合物接枝到石墨烯表面的其他方法是以引入高分子自由基(或大自由基)为基础的。其中一种方法通过叠氮化物的热解或辐照，生成高活性的氮烯自由基，这种基团可使诸如石墨烯的 π-电子体系发生[2+1]环加成反应。He 与 Gao 已经证明，可以利用氮烯化学将聚合物接枝到石墨烯表面，也可以通过氮烯化学采用多种官能团改性石墨烯，以期在 2D 表面接枝特定聚合物[180]。有人认为，氮烯的[2+1]环加成反应与氧化石墨烯(GO)的热还原是同时发生的，这就意味着同时改善了两项性能指标：加工性与电导率。事实上，尽管石墨烯的电导率在加工过程中是递减的，以聚苯乙烯(PS)和聚乙二醇(PEG)改性的石墨烯还是获得了大约为300~700S/m的电导率，这主要是由于最终产物含有数量很高的石墨烯。这一观点是合理的，虽然说，聚合物是通过末端与石墨烯连接在一起的，但聚合物的分子量是低的，这就使得石墨烯的质量分数获得了相对提高。

为了将CVD法生长的石墨烯从金属表面转移至聚苯乙烯，有人也探索了氮烯化学的可用优势[181]。图4.10中描述了相关的制备程序，首先是以下述方式对聚苯乙烯进行两步改性：i)二氧化碳等离子体处理，以引入含氧基团；ii)与N-乙氨基-4-叠氮基四氟苯甲酸盐(TFPA)混合。TFPA是通过共价化学或者超分子相互作用与聚苯乙烯连接的。虽然共价反应是在EDC/NHS催化体系的存在下通过酰胺化完成的，TFPA中胺基之间的氢键和聚苯乙烯中羟基与羧基之间的氢键却是在简单混合过程中同时形成的。在后一步中，叠氮化物改性的聚苯乙烯是与铜上的石墨烯层混合的，然后将所得混合物加热以诱导叠氮化物的热分解，见图4.10。该方法的重要性就在于全部过程是以固态形式进行的；铜衬底并没有因刻蚀而被消除，而是可以再重复利用的。此外，这一实例也证明，在与石墨烯的固态反应中氮烯化学是有效率的。[EDC/NHS：1-乙基-3-(3二甲基氨基丙基)-碳化二亚胺/N-羟基琥珀酰亚胺-译者注]。

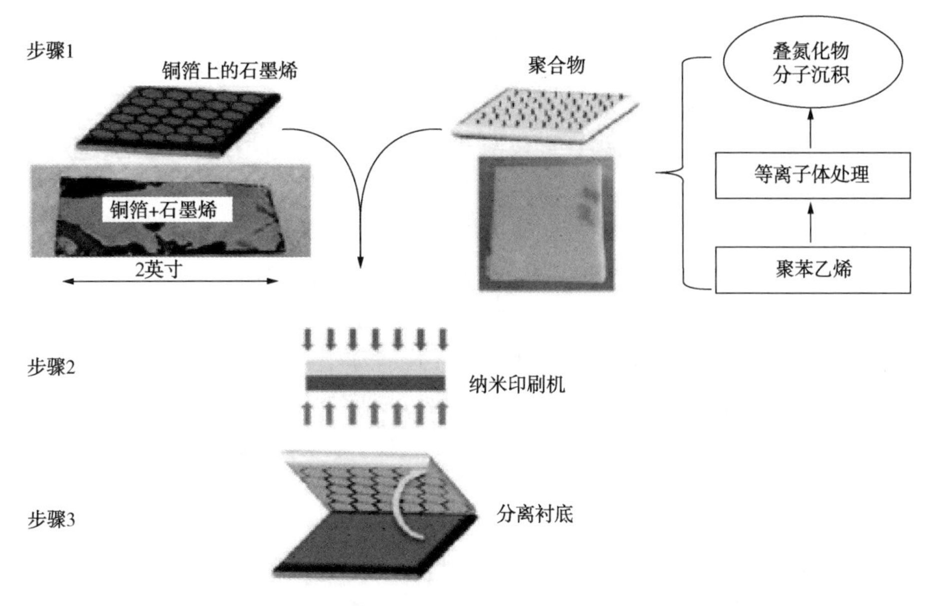


图4.10　文献[181]中的转移过程流程图。在步骤1中，石墨烯膜是在铜箔上生长的，对聚合物表面另外做了单独处理以提高其反应性。在步骤2中，将两种衬底置于NX2000纳米印刷机上。在步骤3中，分离衬底并将石墨烯转移到聚合物之上(经允许转载自文献[181]，版权2012，美国化学学会)

最近，有人利用氮烯化学已经将聚乙烯接枝在氧化石墨烯(GO)上[182]。在该项研究当中，聚乙烯高分子自由基也是由过氧化苯甲酰自由基源产生的。两种不同技术路线的比较表明，在过氧化苯甲酰存在下，采用自由基接枝反应达到了较高的接枝水平，这并非是氮烯化学带来的效果。

该方法也已经用于将聚乙炔衍生物连接至石墨烯[183]。

根据文献报道可知，现在涌现出来一类新颖方法，可在某一聚合阶段之后将正在生长的自由基聚合物接枝于石墨烯表面，其中，也可以将聚合物链与石墨烯的偶联想像为某一种类型的终止步骤[184-186]。虽然这一方法并不包含石墨烯与预合成聚合物之间的一种特定化学反应，但可以将其归类为“接枝-到”方法适用的反应，因为聚合物并没有从石墨烯表面生长，只是在达到一定分子质量后附着于石墨烯的。不过，该方法也具有某些“接枝-于”方法的特点，因为石墨烯是定位于聚合物链末端的。

采用这一策略，可将聚合物刷附着于平坦的二维石墨烯表面，这有点类似于针对碳纳米管(CNTs)所做的研究工作[187,188]。重要的是，石墨烯或聚合物都不需要预先进行改性。利用这一方法，已经将若干族聚合物附着于石墨烯[184-186]。但与聚合机理有关的某些方面仍然不甚明了，还需要继续深入研究以完全理解这一过程。作者陈述说，高分子自由基是在链增长期间形成的，其中一些添加到了氧化石墨烯(GO)的 $sp^2$结构上，生成了(聚合物)刷并产生了能够延续反应的新自由基。因此，2D 片上具有许多反应位点，可供(聚合物)刷结合其上。不过，这些高分子自由基结合至氧化石墨烯片上的机理仍然不清楚，到现在为止也只是一些统计学上的描述。也有人认为，接枝密度以及链长可以通过控制反应时间与转化率加以调整。

最近，在一项令人非常惊奇的研究中，有人已经将这一方法用于丙烯酸类聚合物，如聚(甲基丙烯酸缩水甘油酯)(PGMA)[189]。正如前述章节所提及的，聚合物链以共价方式均匀地固定在单独的石墨烯片上可以同时确保强界面相互作用且不出现局部相分离。但在该项工作当中，作者却不同往常地强调了另一项重要议题，即纳米填料在纳米复合材料中的随机取向。PGMA-接枝的氧化石墨烯(GO)可以高度分散于有机溶剂中，并在临界浓度之上形成液晶，因此能够以湿纺方式大规模生产高度有序的纤维复合材料，见图 4.11。图中示出了这种纤维的形成过程与相关结构细节。从这些图像可以看到偏光显微镜(POM)下的清晰双折射[图 4.11(a)]，显示了 PGMA-GO 结构单元的规则排列。图 4.11(b)中的偏光显微镜图像表明凝胶纤维已收缩成固体纤维。甚至可以在米级尺度上获得这种纤维[图 4.11(c)]，亦可用其制成纺织品，而且还可以打成结扣，表明了制品的良好柔韧性[图 4.11(d)]。关于微观结构，断裂横截面表明直径为 15μm 的这种纤维具有圆形形态[图 4.11(e)]，显示出了高度均匀的层状结构，如图 4.11(f)

和(g)所示。最后，沿纤维轴的长程脊线表明 PgG(应为 PGMA-GO 的缩写-译者注)片在干燥过程中保持了连贯的屈曲性能[图 4.11(h)]。这些纤维展现了杰出的机械性能，如超高强度(500MPa)、良好的韧性($7.8MJm^{-3}$)和令人印象深刻的杨氏模量(18.8GPa)以及非常卓越的耐化学性。

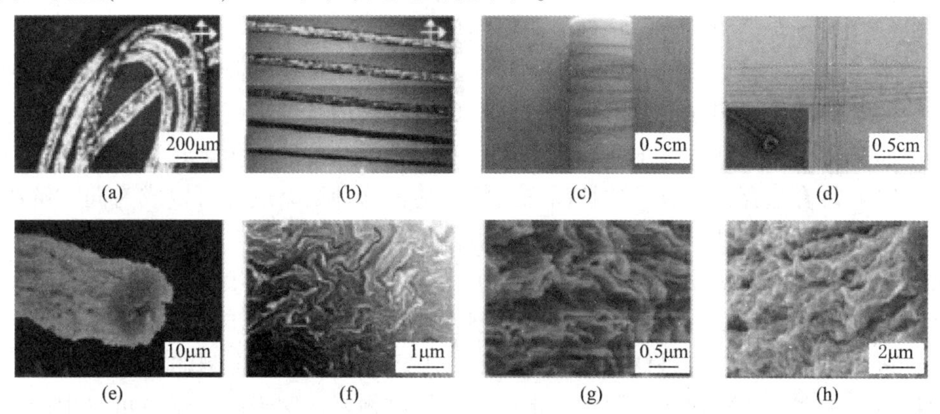


图 4.11 PgG 纤维的形成与结构。(a)、(b)新近湿纺的凝胶 PgG 纤维 POM 图像与固体纤维的演变；(c)收集于卷轴上的一根 5m 长 PgG 纤维；(d)手纺织品的照片与 PgG 纤维结扣的扫描电子显微镜(SEM)照片(插图)；(e~h)圆形形态的 SEM 图像：(e)断裂面的俯视图；(f)以倾斜方向拍摄的照片；(g)起皱的表面；(h)PgG 纤维。[经允许转载自文献[189]，版权 2013，自然出版集团(Nature Publishing Group)]

就聚合物改性石墨烯这一主题而言，“原位”聚合方法是一种通用的、全能型的方法，也是最具前景的方法，尽管还需要付出更多的努力方能澄清其机理。

现在，有别于上述描述的一些新方法已经问世，这些方法能够以不同的方式将聚合物接枝到石墨烯表面。这些方法包括：利用胺功能化的石墨烯打开马来酸(MA)接枝聚乙烯中的马来环[190]；以生物相容的聚(L-赖氨酸)中的胺基打开氧化石墨烯(GO)中的亲核环氧环[191]；聚(N-异丙基丙烯酰胺)(PNIPAM)和 2,2,6,6-四甲基吡啶-1-烃氧基-改性的石墨烯之间的原子转移氮氧自由基偶合(ATNRP)[192]；以相转移方式同时完成氧化石墨烯的还原和聚甲基丙烯酸甲酯(PMMA)的自由基接枝[193]；聚(二甲基硅氧烷)的氢化硅烷化和溶胶-凝胶反应[194]；氧化石墨烯与聚酰胺-6 的缩聚反应[195]等。

## 4.10 结论

为了将石墨烯掺入聚合物基体，人们根据石墨烯及其衍生物能否实现功能化的可行性开发了多种有效策略，本章的目的则在于向读者提供这些策略的概貌。对石墨烯反应性的真实认知已经在本文中得到了充分描述；迄今为止，对 2D 碳纳米片报道的基本原理与化学方法已经形成一定的文献基础，这有助于解释石墨烯基聚合物纳米复合材料在制备工艺方面的进展。人们对共价策略做出了广泛而不失深度的描述，数据表明，这是一种非常理想的策略，可使石墨烯在原本不相容的基体中实现良好分散状态。此外，“接枝-于”与“接枝-到”方法的巧妙结合可以使几乎所有类型的聚合物都能与石墨烯相结合。

本文详细比较了共价方法学与石墨烯/聚合物的经典混合方法，讨论了两种方法的各自特点。实际上，人们早已深谙典型石墨烯基纳米复合材料的结构与性能，而与其相关的基本概念原则上也适用于聚合物改性的石墨烯。通过石墨烯与聚合物的共价结合，生成了独特而均匀的材料，这种策略或许可以成为同时解决相分离与低界面强度这两大关键问题的最佳手段，在经典纳米复合材料的制备中常常会遇到这两个棘手问题。不过，为了完全理解载荷自石墨烯片转移至聚合物基体的机理，并且实现对结构的精准控制，仍需要开展进一步的深入研究。

进入21世纪以来，材料科学的前景取决于如何以量身定制的方式来开发新型材料，并有的放矢地将其用于特定的高附加值领域。鉴于高效反应可以生产高纯度且不难制取的产品，故刺激了相关产业对这类反应的巨大需求，在未来的发展中，这类反应的重要性很可能还会进一步走高。为了以特定的化学官能团修饰石墨烯片或聚合物链，需要科学家们以充分的想像力来设计理想的合成策略，从这个意义上来说，只有科学家们的想像力才是这类新型材料发展的唯一制约因素。

## 致　谢

作者感谢 MINECO(西班牙)，项目 MAT2013-47898-C2-2-R。

## 参 考 文 献

1. A. S. Mayorov, R. V. Gorbachev, S. V. Morozov, L. Britnell, R. Jalil, L. A. Ponomarenko, P. Blake, K. S. Novoselov, K. Watanabe, T. Taniguchi, and A. K. Geim, *Nano Lett*. Vol. 11, p. 2396, 2011.
2. A. A. Balandin, *Nature Mater*. Vol. 10, p. 569, 2011.
3. C. Lee, X. D. Wei, J. W. Kysar, and J. Hone, *Science* Vol. 321, p. 385, 2008.
4. R. R. Nair, P. Blake1, A. N. Grigorenko, K. S. Novoselov, T. J. Booth, T. Stauber, N. M. R. Peres and A. K. Geim, *Science* Vol. 320, p. 1308, 2008.
5. S. Navalon, A. Dhakshinamoorthy, M. Alvaro and H. Garcia, *Chem. Rev*. Vol. 114, p. 6179, 2014.
6. D. R. Dreyer, S. Park, C. W. Bielawski and R. S. Ruoff . *Chem. Soc. Rev*. Vol. 39, p. 228, 2010.
7. Y. Zhu , S. Murali, W. Cai, X. Li, J. W. Suk, J. R. Potts and R. S. Ruoff , *Adv. Mater*. Vol. 22, p. 3906, 2010.

8. O. C. Compton and S. T. Nguyen, *Small*, Vol. 6, p. 711, 2010.
9. D. Chen, H. Feng and J. Li, *Chem. Rev.* Vol. 112, p. 6027, 2012.
10. Y. Zhu, D. K. James and James M. Tour, *Adv. Mater.* Vol. 24, p. 4924, 2012.
11. W. Cai, R. D. Piner, F. J. Stadermann, S. Park, Me. A. Shaibat, Y. Ishii, D. Yang, A. Velamakanni, S. J. An, M. Stoller, J. An, D. Chen, R. S. Ruoff , *Science* Vol. 321, p. 5897, 2008.
12. C. K. Chua and M. Pumera, *Chem. Soc. Rev.* Vol. 43, p. 291, 2014.
13. X. Gao, J. Jang and S. Nagase, *J. Phys. Chem. C* Vol. 114, p. 832, 2010.
14. S. Mao, H. Pu and Junhong Chen, *RSC Advances*, Vol. 2. P. 2643, 2012.
15. H. K. Jeong, Y. P. Lee, M. H. Jin, E. S. Kim, J. J. Bae and Y. H. Lee, *Chem. Phys. Lett.* Vol. 470, p. 255, 2009.
16. M. J. McAllister, J. L. Li, D. H. Adamson, H. C. Schniepp, A. A. Abdala, J. Liu, M. Herrera-Alonso, D. L. Milius, R. Car, R. K. Prud'homme and I. A. Aksay, *Chem. Mater.* Vol. 19, p. 4396, 2007.
17. H. C. Schniepp, J. L. Li, M. J. McAllister, H. Sai, M. Herrera - Alonso, D. H. Adamson, R. K. Prud'homme, R. Car, D. A. Saville and I. A. Aksay, *J. Phys. Chem. B*, Vol. 110, p. 8535, 2006.
18. S. Stankovich, D. A. Dikin, R. D. Piner, K. A. Kohlhaas, A. Kleinhammes, Y. Jia, Y. Wu, S. T. Nguyen and R. S . Ruoff , *Carbon*, Vol. 45, p. 1558, 2007.
19. H. J. Shin, K. K. Sim, A. Benayad, S. M. Yoon, H. K. Park, I. S. Jung, M. H. Jin, H. K. Jeong, J. M. Kim, J. Y. Choi and Y. H. Lee, *Adv. Funct. Mater.* Vol. 19, p. 1987, 2009.
20. W. Gao, L. B. Alemany, L. J. Ci and P. M. Ajayan, *Nat. Chem.* Vol. 1, p. 403, 2009.
21. Y. Si and E. T. Samulski, *Nano Lett.* Vol. 8, p. 1679, 2008.
22. S. Park, J. An, I. Jung, R. D. Piner, S. J. An, X. Li, A. Velamakanni and R. S. Ruoff , *Nano Lett.* Vol. 9, p. 1593, 2009.
23. V. H. Pham, T. V. Cuong, T. D. Nguyen-Phan, H. D. Pham, E. J. Kim, S. H. Hur, E-. W. Shin, S. Kim and J. S. Chung, *Chem. Commun.* Vol. 46, p. 4375, 2010.
24. M. Zhou, Y. Wang, Y. Zhai, J. Zhai, W. Ren, F. Wang and S. Dong, *Chem. Eur. J.* Vol. 15, p. 6116, 2009.
25. K. S. Novoselov, V. I. Falko, L. Colombo, P. R. Gellert, M. G. Schwab and K. Kim, *Nature*, Vol. 490, p. 192, 2012.
26. R. Munoz and C. Gomez-Aleixandre, *Chem. Vap. Deposition* Vol. 19, p. 297, 2013.
27. K. Yan, L. Fu, H. Peng and Z. Liu, *Acc. Chem. Res.* Vol. 46, p. 2263, 2013.
28. D. W. Tsen, L. Brown, R. W. Havener and J. Park, *Acc. Chem. Res.* Vol. 46, p. 2286, 2013.
29. R. Hawaldar, P. Merino, M. R. Corria, I. Bdikin, J. Gracio, J. Mendez, J. A. Martin-Gago and M. K. Singh. *Sci. Rep.* Vol. 2, p. 00682, 2012.
30. K. S. Kim, H. J. Lee, C. Lee, S. K. Lee, H. Jang, J. H. Ahn, J. H. Him and H. J. Lee, *ACS Nano*, Vol. 5, p. 5107, 2011.
31. J. W. Suk, A. Kitt, C. W. Magnuson, Y. Hao, S. Ahmed, J. An, A. K. Swan, B. B. Goldberg

and R. S. Ruoff, *ACS Nano*, Vol. 5, p. 6916, 2011.

32 E. Tatarova, J. Henriques, C. C. Luhrs, A. Dias, J. Phillips, M. V. Abrashev and C. M. Ferreira, *Appl. Phys. Lett.*, Vol. 103, p. 134101, 2013.

33 L. Jiang, T. Yang, F. Liu, J. Dong, Z. Yao, C. Shen, S. Deng, N. Xu, Y. Liu and H. J. Gao, *Adv. Mater.* Vol. 25, p. 250, 2013.

34. S. Oida, J. B. Hannon and R. M. Tromp, *Appl. Phys. Lett.* Vol. 104, p. 161605, 2014.

35. R. Yakimova, T. Iakimov, G. R. Yazdi, C. Bouhafs, J. Eriksson, A. Zakharov, A. Boosalis, M. Schubert and V. Darakchieva, *Physica B: Cond. Matter*, Vol. 439, p. 54, 2014.

36. P. Merino, M. Švec, J. I. Martinez, P. Jelinek, P. Lacovig, M. Dalmiglio, S. Lizzit, P. Soukiassian, J. Cernicharo and J. A. Martin-Gago; *Nat. Commun* Vol. 5, p. 3054, 2014.

37. X. Wang, N. L. Zhi, N. Tsao, Z. Tomovic, J. Li, and K. Muellen, Angew. Chem. Int. Ed. Vol. 47, p. 2990, 2008.

38. L. Chen, Y. Hernandez, X. Feng and Klaus Mllen*Angew. Chem. Int. Ed.* Vol. 51, p. 7640, 2012.

39. J. Cai, P. Reffi eux, R. Jaafar, M. Bieri, T. Braun, S. Blackenburg, M. Muoth, A. P. Seitsonen, M. Saleh, X. Feng, K. Mullen and R. Fasel. *Nature*, Vol. 466, p. 470, 2010.

40. K. S Novoselov, A. K. Geim, S. V. Morozov, D. Jiang, Y. Zhang, S. V. Dubonos, I. V. Grigorieva and A. A: Firsov, *Science* Vol. 306, p. 666,, 2004.

41. Y. Hernandez, V. Nicolosi, M. Lotya, F. M. Blighe, Z. Sun, S. De, I. T. Mcgovern, B. Holland, M. Byrne, Y. K. Gun' ko, J. J. Boland, P. Niraj, G. Duesberg, S. Krishnamurthy, R. Goodhue, J. Hutchison, V. Scardaci, A. C. Ferrari amd J. N. Coleman, *Nat. Nanotech.* Vol. 3, p. 536, 2008.

42. W. Du, X. Jiang and L. Zhu, *J. Mater. Chem. A* Vol. 1, p. 10592, 2013.

43. M. Lotya, Y. Hernandez, P. J. King, R. J. Smith, V. Nicolosi, L. S. Karlsson, F. M. Blighe, S. De, Z. Wang, I. T. McGovern, G. S. Duesberg and J. N. Coleman, *J. Am. Chem. Soc.* Vol. 131, p. 3611, 2009.

44. A. B. Bourlinos, V. Georgakilas, R. Zboril, T. A. Steriotis and Athanasios K. Stubos, *Small*, vol. 5, p. 1841, 2009.

45. D. Li., M. B. Muller., S. Gilje, R. B. Kaner and G. G. Wallace, *Nat. Nanotech.* Vol. 3, p. 101, 2008.

46. D. V. Kosynkin, A. L. Higginbotham, A. Sinitskii, J. R. Lomeda, A. Dimiev, B. K. Price, and J. M. Tour, *Nature* Vol. 458, p. 7240, 2009.

47. L. Jiao, L. Zhang, X. Wang, G. Diankov and H. Dai, *Nature* vol. 458, P. 877, 2009.

48. D. B. Shinde, J. Debgupta, A. Kushwaha, M. Aslam andV. K. Pillai, *J. Am. Chem. Soc.* Vol. 133, p. 4168, 2011.

49. H. Duan, E. Xie, L. Han, and Z. Xu, *Adv. Mater.* Vol. 20, p. 3284, 2008.

50. J. Wang, K. K. Manga, Q. Bao and K. P. Loh, *J. Am. Chem. Soc.* Vol. 133, p. 8888, 2011.

51. G. M. Morales, P. Schifani, G. Ellis, C. Ballesteros, G. Martinez, C. Barbero and H. J. Salavagione, *Carbon*, Vol. 49, p. 1809, 2011.

52. C. T. J. Low, F. C. Walsh, M. H. Chakrabarti, M. A. Hashim and M. A. Hussain, *Carbon*,

Vol. 54, p. 1, 2013.
53. A. J. Cooper, N. R. Wilson, I. A. Kinloch and R. A. W. Dryfe, *Carbon*, Vol. 66, p. 340, 2014.
54. H. J. Salavagione, *J. Mater. Chem. A* Vol. 2, p. 7138, 2014.
55. A. T. Najafabadi and E. Gyeng, *Carbon*, Vol. 71, p. 58, 2014.
56. M. S. Dresselhaus, A. Jorio, M. Hofmann, G. Dresselhaus and R. Saito, *Nano Lett.* Vol. 10, p. 751, 2010.
57. R. Saito, A. Jorio, A. G. Souza – Filho, G. Dresselhaus, M. S. Dresselhaus and M. A. Pimenta, *Phys*, *Rev*, *Lett.* Vol. 88, p. 02740, 2002.
58. J. Jiang, R. Saito, G. G. Samsonidze, A. Jorio, S. G. Chou, G. Dresselhaus and M. S. Dresselhaus, *Phys. Rev. B* Vol. 75, p. 035407, 2007.
59. K. P. Loh, Q. Bao, P. K. Ang and J. Yang, *J. Mater. Chem.* Vol. 20, p. 2277, 2010.
60. L. Rodriguez–Perez, M. Herranz and N. Martin*Chem. Commun.* Vol. 49, p. 3721, 2013.
61. Z. Sun, D. K. James and James M. Tour*J. Phys. Chem. Lett.* Vol. 2, p. 2425, 2011.
62. C. K. Chua and M. Pumera, *Chem. Soc. Rev.* Vol. 42, p. 3222, 2013.
63. L. Yan, Y. B. Zheng, F. Zhao, S. Li, X. Gao, B. Xu, P. S. Weiss and Y. Zhao, *Chem. Soc. Rev.* Vol. 41, p. 97, 2012.
64. S. Niyogi, M. A. Hamon, H. Hu, B. Zhao, P. Bhowmik, R. Sen, M. E. Itkis and R. C. Haddon, *Acc. Chem. Res.* Vol. 35, p. 1105, 2002.
65. D. Jiang, B. G. Sumpter and S. Dai, *J. Chem. Phys.* Vol. 126, p. 134701, 2007.
66. F. M. Koehler, A. Jacobsen, K. Ensslin, C. Stampfer and W. J. Stark, *Small*, Vol. 6, p. 1125, 2010.
67. H. Lim, J. S. Lee, H. J. Shin, H. S. Shin and H. C. Choi, *Langmuir* Vol. 26, p. 12278, 2010.
68. R. Sharma, N. Nair and M. S. Strano, *J. Phys. Chem. C* Vol. 113, p. 14771, 2009.
69. J. C. Meyer, A. K. Geim, M. I. Katsnelson, K. S. Novoselov, T. J. Booth and S. Roth, *Nature*, Vol. 446, p. 60, 2007.
70. S. Ryu, M. Y. Han, J. Maultzsch, T. F. Heinz, P. Kim, M. L. Steigerwald and L. E. Brus, *Nano Lett.* Vol. 8, p. 4597, 2008.
71. J. L. Segura and H. J. Salavagione*Curr. Org. Chem*, Vol. 17, p. 1680, 2013.
72. S. Stankovich, D. A. Dikin, G. H. B. Dommett, K. M. Kohlhaas, E. J. Zimney, E. A. Stach, R. D. Piner, S. T. Nguyen and R. S. Ruoff, *Nature* Vol. 442, p. 282, 2006.
73. T. Ramanathan, A. A. Abdala, S. Stankovich, D. A. Dikin, M. Herrera – Alonso, R. D. Piner, D. H. Adamson, H. C. Schniepp, X. Chen, R. S. Ruoff, S. T. Nguyen, I. A. Aksay, R. K. Prud' Homme and L. C. Brinson, *Nat. Nanotech.* Vol. 3, p. 327, 2008.
74. G. Eda and M. Chhowalla, *Nano Lett.* Vol. 9, p. 814, 2009.
75. N. G. Sahoo, S. Rana, J. W. Cho, L. Li and S. H. Chan, *Prog. Polym. Sci.* Vol. 35, p. 837, 2010.
76. Z. Spitalsky, D. Tasis, K. Papagelis, C. Galiotis, *Prog. Polym. Sci.* Vol. 35, p. 357, 2010.
77. N, Roy, R, Sengupta, A, K. Bhowmick, *Prog. Polym. Sci.* Vol. 37, p. 781, 2012.
78. S. Pavlidou, C. D. Papaspyrides, *Prog. Polym. Sci.* Vol. 33, p. 1119, 2008.

79. S. S. Ray, M. Okamoto, *Prog. Polym. Sci.* Vol. 28, p. 1539, 2003.

80. H. J. Salavagione, G. Martinez and G. Ellis, *Graphene - Based Polymer Nanocomposites* in S. Mikhailov, Ed., *Physics and Applications of Graphene - Experiments.* Intech, pp. 169 - 192, 2011.

81. T. Kuilla, S. Bhadra, D. Yao, N. H. Kim, S. Bosed and J. H. Lee, *Prog. Polym. Sci. Vol.* 35, *p.* 1350, 2010.

82. R. Verdejo, M. M. Bernal, L. J. Romasanta, M. A. Lopez - Manchado, *J. Mater. Chem. Vol.* 21, *p.* 3301, 2011.

83. R. Sengupta, M. Bhattacharya, S. Bandyopadhyay and A. K. Bhowmick, *Prog. Polym. Sci. Vol.* 36, *p.* 638, 2011.

84. J. R. Potts, D. R. Dreyer, C. W. Bielawski and R. S. Ruoff, *Polymer* Vol. 52, p. 5, 2011.

85. H. J. Salavagione, G. Martinez and G. Ellis, *Macromol. Rapid Commun. Vol.* 32, *p.* 1771, 2011.

86. M. Fang, K. G. Wang, H. B. Lu, Y. L. Yang and S. Nutt, *J. Mater. Chem. Vol.* 20, *p.* 1982, 2010.

87. M. Fang, K. G. Wang, H. B. Lu, Y. L. Yang and S. Nutt, *J. Mater. Chem. Vol.* 19, *p.* 7098, 2009.

88. S. H. Lee, D. R. Dreyer, J. H. An, A. Velamakanni, R. D. Piner, S. Park, Y. W. Zhu, S. O. Kim, C. W. Bielawski and R. S. Ruoff, *Macromol. Rapid Commun. Vol.* 31, *p.* 281, 2010.

89. J. R. Potts, S. H. Lee, T. M. Alam, J. An, M. D. Stoller, R. D. Piner and R. S. Ruoff, *Carbon* Vol. 49, p. 2615, 2011.

90. H. Kim, Y. Miura and C. W. Macosko, *Chem. Mater. Vol.* 22, *p.* 3441, 2010.

91. S. R. Wang, M. Tambraparni, J. J. Qiu, J. Tipton and D. Dean, *Macromolecules* Vol. 42, p. 5251, 2009.

92. Y. Huang, M. Zeng, J. Ren, J. Wang, L. Fan and Q. Xu*Colloids Surf.*, *A* Vol. 401, p. 97, 2012.

93. B. Zhang, B. Yu, F. Zhou and W. Liu, *J. Mater. Chem.* A, Vol. 1, p. 8587, 2013.

94. H. J. Salavagione, G. Martinez and M. A. Gomez, *J. Mater. Chem.* Vol. 19, p. 5027, 2009.

95. F. Barroso - Bujans, S. Cerveny, R. Verdejo, J. J. del Val, J. M. Alberdi, A. Alegria and J. Colmenero, *Carbon* Vol. 48, p. 1079, 2010.

96. H. Tang, G. J. Ehlert, Y. Lin and H. A. Sodano, *Nano Lett.* Vol. 12, p. 84, 2012.

97. D. Baskaran, J. W. Mays and M. S. Bratcher, *Angew. Chem. Int. Ed. V*ol. 43, p. 2138, 2004.

98. K. Matyjaszewski and J. Xia, *Chem. Rev.* Vol. 101, p. 2921, 2001.

99. H. Oh and P. F. Green, *Nat. Mat.* Vol. 8, p. 139, 2009.

100. Y. Min, M. Akbulut, K. Kristiansen, Y. Golan and J. Israelachvili, *Nat. Mat.* Vol. 7, p. 527, 2008.

101. N. Nair, W. J. Kim, M. L. Usrey and M. S. Strano, *J. Am. Chem. Soc.* Vol. 129, p. 3946, 2007.

102. S. H. Lee, H. W. Kim, J. O. Hwang, W. J. Lee, J. Kwon, C. W. Bielawski, R. S. Ruoff and S. O. Kim, *Angew. Chem. Int. Ed.* Vol. 49, p. 10084, 2010.

103. L. Ren, X. Wang, S. Guo and T. Liu, *J. Nanopar. Res.* Vol. 13, p. 6389, 2011.

104. H. Roghani- Mamaqani, V. Haddadi - Asl, K. Khezri, E. Zeinali and M. Salami - Kalajahi, *J. Polym. Res.* Vol. 21, p. 333, 2014.
105. G. Goncalves, P. A. A. P. Marques, A. Barros - Timmons, I. Bdkin, M. K. Singh, N. Emamic and J. Gracio, *J. Mater. Chem.* Vol. 20, p. 9927, 2010.
106. G. L. Li, G. Liu, M. Li, D. Wan, K. G. Neoh and E. T. Kang, *J. Phys. Chem. C* Vol. 114, p. 12742, 2010.
107. T. Kavitha, S. I. H. Abdi and S. Y. Park, *Phys. Chem. Chem. Phys.* Vol. 15, p. 5176, 2013.
108. D. Wang, G. Ye, X. Wang and X. Wang, *Adv. Mater.* Vol. 23, p. 1122, 2011.
109. Y. Yang, J. Wang, J. Zhang, J. Liu, X. Yang and H. Zhao, *Langmuir* Vol. 25, p. 11808, 2009.
110. P. B. Zetterlund, Y. Kagawa and M. Okubo, *Chem. Rev.* Vol. 108, p. 3747, 2008.
111. U. M. Etmimi, M. P. Tonge and R. D. Sanderson, *J. Polym. Sci. Part A: Polym. Chem.* Vol. 49, p. 1621, 2011.
112. F. Beckert, C. Friedrich, R. Th omann and R. Mulhaupt, *Macromolecules*, Vol. 45, p. 7083, 2012.
113. B. Zhang, Y. Chen, L. Xu, L. Zeng, Y. He, E. T. Kang and J. Zhang, *J. Polym. Sci. Part A: Polym. Chem.* Vol. 49, p. 2043, 2011.
114. Y. Yang, X. Song, L. Yuan, M. Li, J. Liu, R. Ji and H. Zhao, *J. Polym. Sci. Part A: Polym. Chem.* Vol. 50, p. 329, 2012.
115. X. Chen, L. Yuan, P. Yang, J. Hu and D. Yang, *J. Polym. Sci. Part A: Polym. Chem.* Vol. 49, p. 4977, 2011.
116. Y. Deng, J. Z. Zhang, Y. Li, J. Hu, D. Yang and X. Huang, *J. Polym. Sci. Part A: Polym. Chem.* Vol. 50, p. 4451, 2012.
117. Y. Deng, Y. Li, J. Dai, M. Lang and X. Huang, *J. Polym. Sci. Part A: Polym. Chem.* Vol. 49, p. 4747, 2011.
118. B, M. Rosen and V. Percec, *Chem. Rev.* Vol. 109, p. 5069, 2009.
119. J. Lee, Y. Soo Yun, D. H. Kim, H. H. Park and H. J. Jin, *J. Nanosci. Nanotechnol.* Vol. 13, p. 1769, 2013.
120. Y. Tan, L. Fang, J. Xiao, Y. Song and Qi. Zheng, *Polym. Chem.* Vol. 4, p. 2939, 2013.
121. N. Lingappan, D. H. Kim, J. M. Park and K. T. Lim, *J. Nanosci. Nanotechnol.* Vol. 14, p. 5713, 2014.
122. D. R. Paul and C. B. Bucknall, *Polymer Blends: Formulation and Performance*, John Wiley & Sons, 2000.
123. C. R. Chiang and F. C. Chang, *Polymer*, Vol. 38, p. 4807, 1997.
124. Z. Y. Xiong, L. Wang, Y. Sun, Z. X. Guo and, J. Yu, *Polymer* Vol. 54, p. 447, 2013.
125. O. Garcia - Valdez, R. Ledezma - Rodriguez, E. Saldivar - Guerra, L. Yate, S. Moya, R. F. Ziolo, *Polymer*, Vol. 55, p. 2347, 2014.
126. X. Wang, T. Wang, C. Yang, H. Li and Peng Liu, *Appl. Surf. Sci.* Vol. 287, p. 242, 2013.
127. S. Chatterjee, A. K. Patra, A. Bhaumik and A. K. Nandi, *Chem. Commun.* Vol. 49,

p. 4646, 2013.
128. L. Ma, X. Yang, L. Gao, M. Lu, C. Guo, Y. Li, Y. Tu and X. Zhu, *Carbon*, Vol. 53, p. 269, 2013.
129. M. Steenackers, A. M. Gigler, N. Zhang, F. Deubel, M. Seifert, L. H. Hess, C. Haley, Y, X, Lim, K, P, Loh, J, A. Garrido, R, Jordan, M, Stutzmann and I, D. Sharp, *J. Am. Chem. Soc.* Vol. 133, p. 10490, 2011.
130. F. Beckert, A. M. Rostas, R. Th omann, S. Weber, E. Schleicher, C. Friedrich and R. Mulhaupt, *Macromolecules* Vol. 46, p. 5488, 2013.
131. X. Wang, Y. Hu, L. Song, H. Yang, W. Xing and H. Lu, *J. Mater. Chem.* Vol. 21, p. 4222, 2011.
132. S. S. Mahapatra, M. S. Ramasamy, H. J. Yoo and J. W. Cho, *RSC Advances* Vol. 4, p. 15146, 2014.
133. A. K. Appel, R. Th omann and R. Mulhaupt, *Macromol. Rapid Commun.* Vol. 34, p. 1249, 2013.
134. S. M. Kang , S. Park , D. Kim , S. Y. Park , R. S. Ruoff , H. Lee, *Adv. Funct. Mat.* Vol. 21, p. 108, 2011.
135. E. K. Choi, I. Y. Jeon, S. J. Oh, J. B. Baek, *J. Mat. Chem.* Vol. 20, p. 10936, 2010.
136. Y. Huang, Y. Qin, Y. Zhou, H. Niu, Z. Z. Yu and J. Y. Dong, *Chem. Mater.* Vol. 22, p. 4096, 2010.
137. S. J. Oh, H. J. Lee, D. K. Keum, S. W. Lee, D. H. Wang, S. Y. Park, L S. Tan and J. B. Baek, *Polymer* Vol. 47, p. 1132, 2006 .
138. E. K. Choi, I. Y. Jeon , S. Y. Bae, H. J. Lee, H. S. Shin, L. Dai, J. B. Baek, *Chem. Commun.* Vol. 46, p. 6320, 2010.
139. H. J. Salavagione and G. Martinez, *Macromolecules*, Vol. 43, p. 9754, 2010.
140. Y. Lin, B. Zhou, B. K. A. S. Fernando, P. Liu, L. F. Allard, Y. P. Sun, *Macromolecules*, Vol. 36, p. 7199, 2003.
141. H. J. Salavagione, M. A. Gomez and G. Martinez, *Macromolecules*, Vol. 42, p. 6331, 2009.
142. L. M. Veca, F. Lu, M. J. Meziani, L. Cao, P. Zhang, G. Qi, L. Qu, M. Shrestha and Y. P. Sun, *Chem. Commun.* Vol. 45, p. 2565, 2009.
143. M. Cano, U. Khan, T. Sainsbury, A. O ' Neill, Z. Wang, I. T. McGovern, W. K. Maser, A. M. Benito, J. N. Coleman, *Carbon*, Vol. 52, p. 363, 2013.
144. A. Flores, H. J. Salavagione, F. Ania, G. Martinez, G. Ellis, M. A. Gomez – Fatou, *J. Mater. Chem. C*, Vol. 3, p. 1177, 2015.
145. J. Wang, X. Wang, C. Xu, M. Zhang and X. Shanga, *Polym. Int.* Vol. 60, p. 816, 2011.
146. H. J. Salavagione and G. Martinez, *Macromolecules* Vol. 44, p. 2685, 2011.
147. D. Yu, Y. Yang, M. Durstock , J. B. Baek and L. Dai, *ACS Nano* Vol. 4, p. 5633, 2010.
148. R. H. Lee, J. L. Huang and C. H. Chi, *J. Polym. Sci B*: *Polym. Phys.* Vol. 51, p. 137, 2013.
149. X. Zhuang, Y. Chen, L. Wang, K. G. Neoh, E. T. Kang and C. Wang, *Polym. Chem.* Vol. 5, p. 2010, 2014.

150. S. Sun and P. Wu, *J. Mat. Chem.* Vol. 21, p. 4095, 2011.
151. Z. Liu, J. T. Robinson, X. Sun and H. Dai , *J. Am. Chem. Soc.* Vol. 130, p. 10876, 2008.
152. X. D. Zhuang, Y. Chen, G. Liu, P. P. Li, C. X. Zhu, E. T. Kang, K. G. Neoh, B. Zhang, J. H. Zhu and Y. X. Li, *Adv. Mater.* Vol. 22, p. 1731, 2010.
153. X. Wang, W. Xing, X. Feng, B. Yu, L. Song and Y. Hu, *Polym. Chem.* Vol. 5, p. 1145, 2014.
154. F. You, D. Wang, X. Li, M. Liu, Z. M. Dang and G. H. Hu*J. Appl. Polym. Sci.* 2014, Doi: 10. 1002/ APP. 40455
155. M. Fang , Z. Zhang , J. Li , H. Zhang , H. Lu , Y. Yang , *J. Mat. Chem.* Vol. 20, p. 9635, 2010.
156. Y. Fu and W. H. Zhong, *Th ermochim. Acta* Vol. 56, p. 58, 2010.
157. H. C. Kolb, M. G. Finn and K. B. Sharpless, *Angew. Chem. Int.* Ed. Vol. 40, p. 2004, 2001.
158. C. Barner-Kowollik and A. J. Inglis, *Macromol. Chem. Phys.* Vol. 210, p. 987, 2009.
159. R. Huisgen, *Angew. Chem. Int. Ed.* Vol. 2, p. 565, 1963.
160. S. Sun, Y. Cao and J. Feng, *J. Mat. Chem.* Vol. 20, p. 5605, 2010.
161. X. Yang, L. Ma, S. Wang, Y. Li, Y. Tu and X. Zhu, *Polymer*, Vol. 52, p. 3046, 2011.
162. Y. S. Ye, Y. N. Chen, J. S. Wang, J. Rick, Y. J. Huang, F. C. Chang and B. J. Hwang, *Chem. Mater.* Vol. 24, p. 2987, 2012.
163. Y. Cao, Z. Lai and J. Feng, *J. Mat. Chem.* Vol. 21, p. 9271, 2011.
164. Y. Pan, H. Bao, N. G. Sahoo, T. Wu and L. Li, *Adv. Funct. Mat.* Vol. 21, p. 2754, 2011.
165. Z. Jin, T. P. McNicholas, C. J. Shih, Q. H. Wang, G. L. C. Paulus, A. J. Hilmer, S. Shimizu and M. S. Strano *Chem. Mater.* Vol. 23, p. 3362, 2011.
166. S. K. Yadav, H. Y. Yoo, and J. W. Cho, J. W. *J. Polym. Sci. B*, *Polym. Phys.* Vol. 51, p. 39, 2013.
167. M. Castelain, G. Martinez, P. Merino, J. A. Martin - Gago, J. L. Segura, G. Ellis and H. J. Salavagione, *Chem. Eur. J.* Vol. 18, p. 4965, 2012.
168. D. Meng, J. Sun, S. Jiang, Y. Zeng, Y. Li, S. Yan, J. Geng and Y. Huang, *J. Mater. Chem.* Vol. 22, p. 21583, 2012.
169. H. X. Wang, Q. Wang, K. G. Zhou, and H. L. Zhang, *Small* Vol. 9, p. 1266, 2013.
170. C. Deetuam, C. Samthong, S. Th ongyai, P. Praserthdam and A. Somwangthanaroj, *Compos. Sci. Technol.* Vol. 93, p. 1, 2014
171. Y. Jing, H. Tang, G. Yu and P. Wu, *Polym. Chem.* Vol. 4, p. 2598, 2013.
172. C. R. Becer, R. Hoogenboom and U. S. Schubert, *Angew. Chem. Int. Ed.* Vol. 48, p. 4900, 2009.
173. C. E. Hoyle, C. N. Bowman, *Angew. Chem. Int. Ed.* Vol. 49, p. 1540, 2010.
174. C. E. Hoyle, A. B. Lowe and C. N. Bowman, *Chem. Soc. Rev.* Vol. 39, p. 1355, 2010.
175. A. B. Lowe, *Polym. Chem.* Vol. 1, p. 17-36, 2010.
176. M. Castelain, G. Martinez, G. Ellis and H. J. Salavagione, *Chem. Commun.* Vol. 49, p. 8967, 2013.

177. J. Du, L. Zhao, L. Y. Zeng, L. Zhang, F. Li, P. Liu and C. Liu, *Carbon*, Vol. 49, p. 1094, 2011.

178. F. C. Fim, N. R. S. Basso, A. P. Graebin, D. S. Azambuja, and G. B. Galland, *J. Appl. Polym. Sci.* Vol. 128, p. 2630, 2013.

179. M. Liras, O. Garcia, I. Quijada - Garrido, G. Ellis and H. J. Salavagione *J. Mater. Chem.* C Vol. 2, p. 1723, 2014.

180. H. He and C. Gao, *Chem. Mat.* Vol. 22, p. 5054, 2010.

181. E. H. Lock, M. Baraket, M. Laskoski, S. P. Mulvaney, W. K. Lee, P. E. Sheehan, D. R. Hines, J. T. Robinson, J. Tosado, M. S. Fuhrer, S. C. Herna ndez, and S. G. Walton, *Nano Lett.* Vol. 12, p. 102, 2012.

182. A. Guimont, E. Beyou, P. Cassagnau, G. Martin, P. Sonntag, F. D' Agosto and C. Boisson, *Polym. Chem.* Vol. 4, p. 2828, 2013.

183. X. Xu, Q. Luo, W. Lv, Y. Dong, Y. Lin, Q. Yang, A. Shen, D. Pang, J. Hu, J. Qin and Z. Li, *Macromol. Chem. Phys.* Vol. 212, p. 768, 2011.

184. Z. Xu and C. Gao , *Macromolecules* Viol. 43, p. 6716, 2010.

185. L. Kan, Z. Xu and C. Gao , *Macromolecules* Vol. 44, p. 444, 2011.

186. J. Shen, Y. Hu, C. Li, C. Qin and M. Ye, *Small* Vol. 5, p. 82, 2009.

187. M. S. P. Shaff er and K. Koziol, *Chem. Commun.* Vol. 38, p. 2074, 2002.

188. S. Qin, D. Qin, W. T. Ford, J. E. Herrera, D. E. Resasco, S. M. Bachilo and R. B. Weisman, *Macromolecules* Vol. 34, p. 3965, 2004.

189. X. Zhao, Z. Xu, B. Zheng and C. Gao, *Sci. Rep.* Vol. 3, p. 3164, 2013.

190. Y. Lin, J. Jin and M. Song, *J. Mat. Chem.* Vol. 21, p. 3455, 2011.

191. C. Shan, H. Yang, D. Han, Q. Zhang, A. Ivaska and L. Niu, *Langmuir* Vol. 25, p. 12030, 2009.

192. Y. Deng, Y. Li, J. Dai, M. Lang and X. Huang, *J. Polym. Sci. A*: *Polym. Chem. Vol.* 49, *p.* 1582, 2011.

193. D. Vuluga, J. M. Th omassin, I. Molenberg, I. Huynen, B. Gilbert, C. Jerome, M. Alexandre and C. Detrembleur, *Chem. Commun.* Vol. 47, p. 2544, 2011.

194. A. Guimont, E. Beyou, P. Alcouff e, G. Martin, P. Sonntag and P. Cassagnau, *Polymer* Vol. 54, p. 4830, 2013.

195. P. Ding, S. Su, N. Song, S. Tang, Y. Liu and L. Shi, *RSC Advances* Vol. 4, p. 18782, 2014.

# 下篇

# 石墨烯在能量、健康、环境与传感器领域的新兴应用

# 第5章　石墨烯纳米片补强的镁基复合材料

*Muhammad Rashad*，*Fusheng Pan*，*Muhammad Asif*

**摘　要**：迄今为止，石墨烯是经检测证明的最强材料，石墨烯纳米片（GNPs）可以加入金属基体以制备机械性能更优的复合材料。本章综述了添加石墨烯纳米片对纯镁及其合金（Mg-1Al、Mg-10Ti 和 Mg-1Al-1Sn）机械性能的影响。采用半粉末冶金法已经成功制造出 Mg-石墨烯复合材料。通过拉伸、压缩与硬度测试观察了复合材料的机械性能。研究发现，加入石墨烯纳米片对纯 Mg 基体的抗拉强度并未产生显著影响，究其原因大概可以归结于基体与石墨烯纳米片之间的不良润湿性。另一方面，将石墨烯纳米片加入 Mg 合金基体可以使后者的机械强度显著提升。有人已经研究了石墨烯与碳纳米管在 Mg-1Al 合金基体中的协同效应。力学表征揭示出，相对于分别以单一石墨烯纳米片或多壁碳纳米管（MWCNTs）补强的复合材料而言，以石墨烯纳米片+碳纳米管（GNPs+CNTs）粒子混合物补强的复合材料表现出更高的拉伸失效应变。将石墨烯纳米片加入 Mg-10Ti 合金可使抗拉强度与塑性同时得到提高。当石墨烯纳米片加入 Mg-1Al-1Sn 合金时，生成的复合材料在抗拉强度上得到提升；不过，塑性受到不利影响。石墨烯纳米片补强的镁复合材料之所以在机械强度上有所提高主要是由于以下三种因素：（基体与补强粒子之间）在热膨胀系数上不匹配而引起的界面位错钉扎，奥罗万（Orowan）环和自软基体至硬补强剂或第二相的载荷转移。

**关键词**：镁；石墨烯纳米片；金属基复合材料；机械性能；半粉末冶金法

## 5.1　前言

### 5.1.1　镁

地壳的大约80%是由八种元素组成的，这些元素均是以矿物、盐、化合物和海水形式存在的。其中，在最丰富金属的排行榜中镁居第六位，按重量计大约占地壳的2.1%。作为最轻的结构金属（$\rho=1.738\text{g/cm}^3$），镁在航空航天与汽车领域引起了人们浓厚的研究兴趣[1,2]。倘若在某些工业生产中采纳镁金属作为替代材料就可以为减缓全球暖化做出贡献。例如，在汽车制造业的相关工艺中广泛使用镁，便可减少25%的汽车燃料消耗。事实上，在将来的电子学、体育与医疗设备领域中，镁可以作为一种颇为理想的候选材料[3]。在过去，镁在工业规模的应用上受到一定局限，主要原因就在于其机械强度与塑性不佳，抗腐蚀性能亦不能满足要求。因此，为了实现镁基材料的最佳强度，人们已经开发了几种镁合金与复合材料。

### 5.1.2 金属基复合材料

金属基复合材料(MMCs)是经混合而制成的材料，其中一部分为金属，而其他部分则可能是金属，也可以是非金属、陶瓷或者有机化合物。一般情况下，所述复合材料是由两部分组成的；如果存在三种材料，就将其称为混杂复合材料。文献综述揭示出，在过去数十年间，人们一直在努力开发镁碱金属基复合材料，多次试图提高镁的强度。金属基复合材料具有几大优点，如高比强度、高弹性模量与热稳定性[4-10]。如果金属基复合材料是由兼具塑性与韧性的金属和高模量陶瓷构成的，就会在高温下显示出令人印象深刻的剪切强度与抗压强度。金属基复合材料在航空和航天以及汽车工业中得到广泛应用，这得益于其低价位和易于再现的微观结构性质[11]。在航空航天工业中，高模量的金属基复合材料可以替代重合金。例如，以碳化硅改性的合金在模量上提高了50%，而重量上则减少了10%[12]。

非连续补强的金属基复合材料含有两种形式的补强剂，即粒子与晶须/纤维。最近，金属基复合材料一族受到人们的广泛青睐，原因是所用的补强剂(SiC粒子)价格低廉，已经开发出的若干种方法能够合成出机械性能优异的可再现结构[13]。另一方面，在连续补强的金属基复合材料制造中还存在若干问题，例如，纤维损害、纤维-对-纤维的团聚、剧烈的界面反应和微观结构的非均一性。几项研究均表明，通过非连续补强的金属基复合材料就可以克服上述难题[14]。举例来说，汽车部件并不需要特殊的热加工条件，与未补强的部件相比，加入非连续补强的金属基复合材料可以改善相应部件的强度与刚性[15-17]。与微粒补强的金属基复合材料相比，晶须补强的相应材料展现出高机械强度与热稳定性。遗憾的是，晶须补强的金属基复合材料在成本上较高，在晶须内部结构上还存在缺陷，加之颗粒污染与健康风险等因素，迫使这类金属基复合材料在应用上受到某些限制[18]。

### 5.1.3 石墨烯纳米片(GNPs)

石墨烯是$sp^2$杂化碳原子组成的单原子层，已经受到业内人士的格外关注，因为该材料具有令人着迷的电、热与机械性能。单层石墨烯的弹性模量与本征断裂强度分别是1TPa和125GPa[19-21]；其机械性能与碳纳米管(CNTs)比较亦属旗鼓相当(弹性模量达0.9TPa；断裂强度达150GPa)[22]。在过去几年里，研究人员采用氧化石墨烯和石墨烯开发出了多种复合材料，相似于CNT-基聚合物复合材料[23-25]。Rafiee等研究了加入单壁碳纳米管(SWCNT)、多壁碳纳米管(MWCNT)和石墨烯片对环氧树脂纳米复合材料机械性能的影响。实验结果表明，石墨烯纳米复合材料的杨氏模量、抗拉强度与断裂韧性比碳纳米管纳米复合材料高2~3倍。

石墨烯纳米片(GNPs)是多层石墨烯片的堆垛，形成了薄片形态。石墨烯纳米片在价格上比纯单层石墨烯便宜，而且也容易生产。图5.1(a)显示出所购石墨烯纳米片原样的扫描电子显微镜图像(SEM)。照片表明石墨烯纳米片呈现为一种褶皱状、卷曲状与重叠状交错的堆垛形态。实验中也采用透射电子显微镜(TEM)分析了石墨烯[图5.1(b)]。TEM图像表明，石墨烯纳米片是一种多层石墨烯(多于15层)。图5.1(c)示出分散于$SiO_2$衬底上的石墨烯纳米片原样的拉曼光谱图，样品在1335cm$^{-1}$位置出现明显的D带(与缺陷有关)，在1584cm$^{-1}$处出现强G带(与石墨相关)，2660cm$^{-1}$位置还出现了宽二级2D带。2D带与G带之间的强度比($I_{2D}/I_G$)表明石墨烯纳米片购后原样属于多层石墨烯。

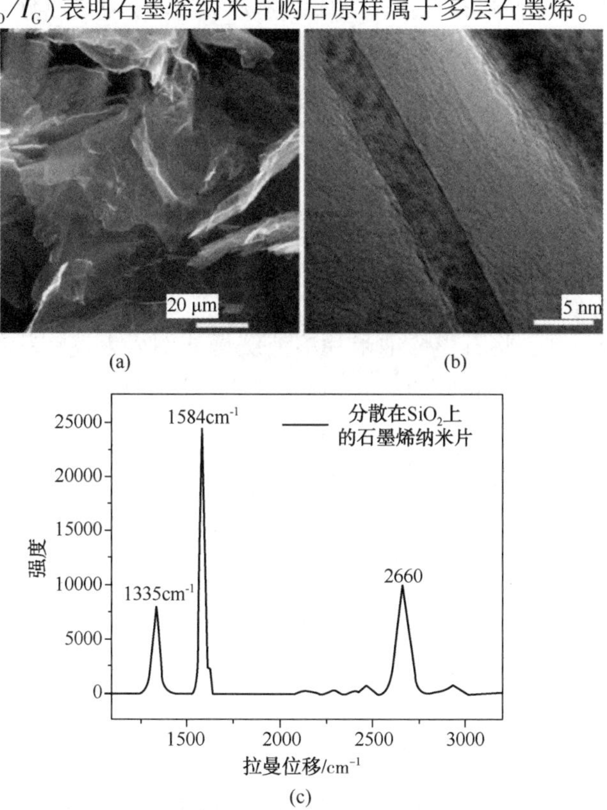


图5.1 石墨烯购后原样的：(a)扫描电子显微照片(SEM)；(b)透射电子显微照片(TEM)；(c)拉曼光谱。

## 5.2 石墨烯纳米片对纯镁机械性能的影响

### 5.2.1 前言

采用固相或液相方法，将补强剂粒子扩散进入金属镁，可以制造出镁基复合材料(MMCs)。过去十年的文献综述表明，碳纳米管(CNTs)一直广泛地用作镁的补强剂，以满足对结构强度提出的已然不低但仍在不断提高的要求。虽然CNT/Mg复合材料得到了非常广泛的研究，但碳纳米管(CNTs)在镁基体中的均匀分散仍然是研究者们面临的一项严峻挑战，此问题若不解决，该材料的实际应用便无从谈起[27,28]。

在本节中，我们将对合成镁-石墨烯纳米片复合材料(Mg/GNPs)的以往尝试做出回顾。在张力与硬度实验的双重条件下，首次研究了加入石墨烯纳米片对纯镁机械性能的影响。结果表明，石墨烯纳米片(GNPs)均匀地分布于镁基体中，因此起到了有效补强剂的作用并可防止材料发生变形。

### 5.2.2 合成

以粒度为74μm、纯度为99.5%的镁粉和平均厚度为5~15nm、直径为0.5~20μm的石墨烯纳米片(GNPs)为原料，制造出复合材料。镁-石墨烯纳米片复合材料(Mg/GNPs)是通过半粉末法制造的。在机械搅拌下，镁粉溶解于乙醇。与此同时，另外将石墨烯纳米片置于乙醇中用超声波处理60min。为了合成Al/0.3%GNPs复合材料，将石墨烯纳米片溶液缓慢地倒入上述镁粉的乙醇溶液中。在机械搅拌下，混合过程持续90min，以实现混合物的均质性。然后对机械搅拌后的混合物进行过滤，并在70℃的真空下干燥过夜，以制取复合材料粉末。在室温下，将所得复合材料粉末置于不锈钢模具中并在170MPa压力下压实，制成直径为$\Phi$30.30mm的绿色坯料。在压实之后，将绿色坯料置于马弗炉中，在550℃下烧结3h，随后在400℃热挤压，制取直径为9mm的棒材。挤出冲压速度设定在1m/min。

### 5.2.3 微观结构表征

采用扫描电子显微术(SEM)研究了Mg/0.3%GNPs(质量分数)复合材料的表面形态。图5.2(a)示出Mg/0.3%GNPs(质量分数)复合材料的SEM图像，图5.2(b)是Mg/0.3%GNPs(质量分数)的SEM图像以及图中为能量色散谱(EDS)分析设定的选区(其EDS谱图示于5.2(c)中)，图5.2(c)显示出图5.2(b)中选区的EDS谱峰。Mg/0.3%GNPs(质量分数)复合材料的SEM图像清晰地表明，GNPs

已经均匀地分布于镁基体中，且暗黑色区域表明烧结过程中的氧化结果。

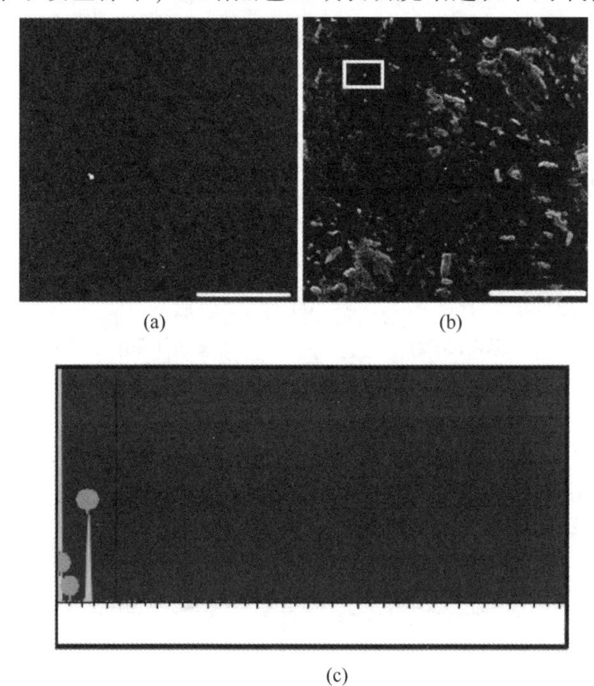

图 5.2 (a) Mg/0.3% GNPs(质量分数)复合材料的 SEM 图像；(b) Mg/0.3%GNPs(质量分数)复合材料的 SEM 图像以及图中为 EDS 分析设定的选区(其 EDS 谱图示于图(c)中)；(c)表示图(b)中选区的 EDS 谱峰[29]

石墨烯纳米片(GNPs)与镁粒子之间存在重要的键合。此外，为了研究石墨烯纳米片在镁基体中的存在与均匀吸附情况，专门进行了能量色散谱(EDS)分析。EDS 谱中的碳峰证实，Mg/0.3%GNPs(质量分数)复合材料中存在炭质成分，而氧的小峰反映出烧结过程中的低水平氧化。

### 5.2.4 结晶织构测量

结晶织构测量是采用衍射仪完成的，其条件为 40KV 下的 Cu-Kα 辐射，靶电流为 34mA。图 5.3 描绘了纯 Mg 和 Mg/0.3%GNPs(质量分数)复合材料的极图 {0002}、{10 $\bar{1}$0}，其垂直于挤出方向。因为在 Mg 的六方密堆积结构中存在有限滑移系(晶体中一个滑移面及该面上一个滑移方向的组合称一个滑移系-译者注)，因此，由于纯镁与 Mg/0.3%GNPs(质量分数)复合材料之间的结晶织构差异，抗拉性能的增强是可以发生的。

由图 5.3 可知，与纯镁相比，加入石墨烯纳米片(GNPs)削弱了基面与棱柱织构(prismatic textures)。纯镁的基面织构展现了径向对称性(辐射对称性)，即

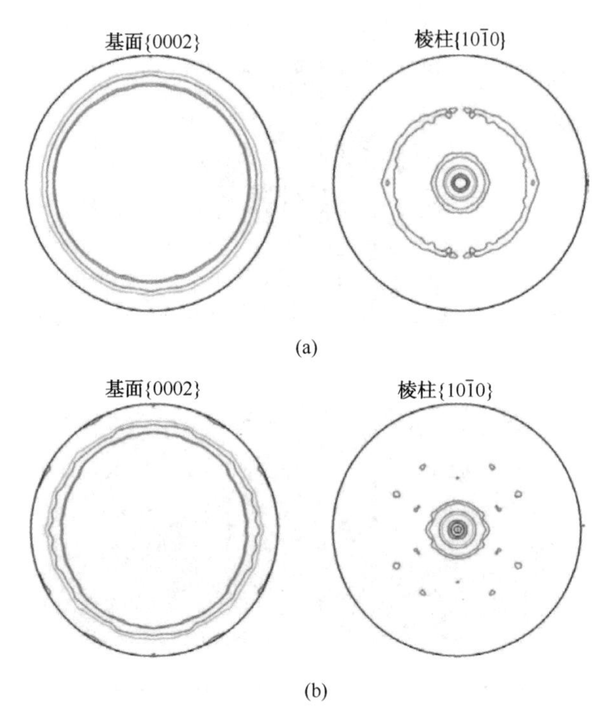


图 5.3 (a)纯 Mg；(b)Mg/0.3%GNPs(质量分数)复合材料的极图{0002}、{10 $\bar{1}$0}[29]。

{0002}极图中的强度沿其周边呈均匀状。加入石墨烯纳米片导致径向对称性发生变化，如出现的若干峰所示。相似地，纯镁的棱柱极图{10 $\bar{1}$0}展现了径向对称性。不过，当石墨烯纳米片加入到纯镁后，径向对称性出现分裂。因此，我们可以得出结论：由于石墨烯纳米片的加入，纯镁的织构(对称性)发生变化，进而影响了力学行为。

### 5.2.5 力学表征

复合材料的机械性能测量值列于表 5.1 中，采用 Vickers 法研究了复合材料的硬度。硬度测量结果表明，镁的硬度值随着补强剂石墨烯纳米片(GNPs)的加入而得到提升。由表 5.1 我们可以观察到，纯镁的硬度测量值是 57.5，加入石墨烯纳米片后，其硬度值增加至 68.5。由此得出结论，石墨烯纳米片在基体中起到补强剂作用，并致使硬度提升。

纯 Mg 与 Mg/0.3%GNPs(质量分数)的拉伸结果示于图 5.4 和表 5.1。计算出纯镁的屈服强度与极限抗拉强度分别是 187MPa 和 219MPa。加入 0.3%GNPs(质量分数)后，将屈服强度与极限抗拉强度分别提升至 197MPa 和 238MPa。这一改善效果优于 Mg/CNTs 复合材料的早期报道值[30,31]。强度之所以得到提高可以归结于 Mg/0.3%GNPs(质量分数)复合材料的基本强化机制。由于镁和石墨烯纳米片在热膨胀系数上显著不匹配而产生的位错[32]、奥罗万环机制[33]和自软基体至硬补强剂的载荷转移[34]都是可以解释复合材料强度改善的可能机制。石墨烯纳米片的热膨胀系数是 $10^{-6}K^{-1}$，该值与石墨的相应值十分接近，不过，镁的热膨胀系数是 $25\times10^{-6}K^{-1}$，因此，两者的热膨胀系数存在巨大差异。在镁-石墨烯纳米片复合材料中，由于两组分在热膨胀系数上的显著不匹配产生了界面上的棱柱位错钉扎，从而导致复合材料基体的强化。位错密度取决于补强剂粒子的表面积。较小的粒子产生较高的位错密度，这又进一步提高了基体的强度。此外，石墨烯纳米片粒子作为障碍物影响了位错在镁中的运动。在高温下，扩散速率很高，故可使合金的机械性能发生变化。因此，将补强剂粒子加入基体后，这些粒子之间的距离会由于热扩散而缩短。其结果是，使得位错在其运动中面临更多的障碍，形成位错堆积，复合材料的强度也因此而得到提升。

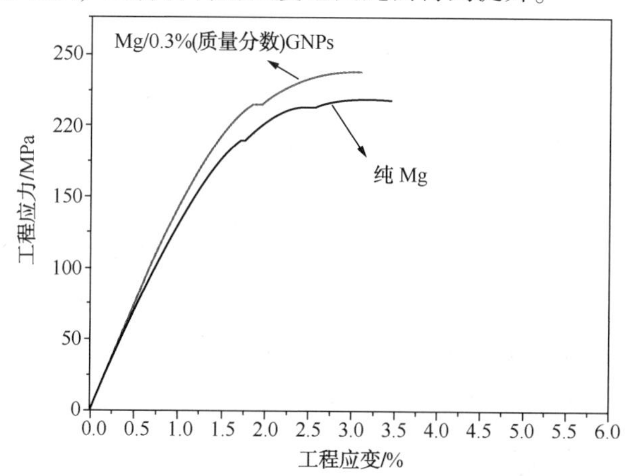


图 5.4　纯镁与 Mg/0.3%GNPs(质量分数)复合材料的拉伸应力-应变曲线[29]

**表 5.1　纯 Mg 与 Mg/0.3%GNPs(质量分数)复合材料的机械性能[29]**

| 材料 | 弹性模量/GPa | 0.2%屈服强度/MPa | 极限抗拉强度/MPa | 应变断裂/% | 维氏硬度/HV |
|---|---|---|---|---|---|
| 纯 Mg | 13.2±0.3 | 187±4 | 219±5 | 3.45±0.5 | 57.5±2 |
| Mg/0.3%GNPs(质量分数) | 14.6±0.2 | 197±3.1 | 238±6 | 3.11±0.4 | 68.5±2 |

(0.2%YS 屈服强度，0.2%yield strength，是金属材料发生屈服现象时的屈服极限，即抵抗微量塑性变形的应力。对于无明显屈服的金属材料，规定以产生 0.2%残余变形的应力值为其屈服极限，称为条件屈服极限或屈服强度，以 0.2%YS 表示-译者注)。

奥罗万环[33]在强化机制中也起到重要作用，由于纳米尺度的石墨烯纳米片(GNPs)造成位错运动受限，故引发了这种作用。这会使石墨烯纳米片之间的这些位错发生弯曲，从而产生防止位错迁移的反向应力，最终致使屈服应力增加。

由基体至补强剂的载荷转移可以通过剪切滞后模型中的界面剪切应力加以解释[34]，因此，模型中直接使用了石墨烯纳米片的刚性。石墨烯纳米片具有很高的长径比，非常适合于采用这一模型，而这一长径比也提高了复合材料的强度。

纯 Mg 与 Mg/GNPs 复合材料样品表现出不良塑性与断裂伸长率，分别只有大约 3.45%和 3.11%。所购 Mg 粉原样含有覆于其表面的氧化膜。石墨烯补强的 Mg 复合材料之所以出现伸长率降低可能是由于碳在 MgO 中的扩散系数造成的。碳在 MgO 中的扩散系数是 $D_{C/MgO}=2\times10^{-9}\exp(-22.5/RT)$ [$cm^2/s\cdot kJ\cdot mol$]，这使得复合材料的冶金结合(metallurgicalbonding)得到改善。[冶金结合是指两种金属的界面间原子相互扩散而形成的结合。这种结合或者是连接状态，或者是在温度或压力的作用下(或者温度和压力共同作用下)形成的-译者注]。不过，MgO 膜不能完全覆盖石墨烯的表面；因此，$\alpha$-Mg 基体的若干部分直接与石墨烯纳米片接触，造成不良伸长率。

Mg/0.3%GNPs(质量分数)复合材料的抗拉强度测量值为 238MPs，在实验中观察到未补强 Mg 基体的相应值也达到了 219MPa。因此，可以讲，加入石墨烯纳米片补强剂粒子之后，抗拉强度只达到了 8%的升值。抗拉强度增幅不高的原因大概是所用的石墨烯纳米片(GNPs)只是少层石墨烯，其断裂强度与单层石墨烯片(125GPa)相比要低出很多。第二种可能的原因是由于孔洞与空穴的存在，这是在挤压与烧结过程中留下的，因此，这些孔洞成为断裂期间引发裂纹的主要原因。第三种，最为明显的原因是：大多数石墨烯纳米片(GNPs)并未沿拉伸方向规则排列(面外)，石墨烯的面外强度(即相邻层原子间的弱物理结合)要远低于面内强度(即同一层内相邻原子间的强化学结合)。

此外，各组分的熔点与抗压强度之间存在巨大差异。因此，石墨烯纳米片粒子成为其他组分粒子扩散与重排的障碍，这就在复合材料中产生了高孔隙率。增大石墨烯纳米片的粒径会相应增加孔隙率；不过，提高烧结温度能够降低孔隙率。总而言之，高温会促使复合材料形成高致密结构与低孔隙率。下述方程式(5.1)给出了扩散系数与烧结温度的相关性：

$$D=D_0\exp(-Q/RT) \tag{5.1}$$

式中：$D$ 是扩散系数；$D_0$($2\times10^{-5}$m/s)是扩散常数；$Q$(22500J/mol)是活化能；$R$ 是玻尔兹曼(Boltzmann)常数；$T$ 是烧结温度。利用烧结温度值，可以计算出扩散系数。在较高温度下，可以得到低孔隙率的高致密结构。

表 5.2 是现有复合材料与先前研究的数据比较。如果与 Mg-CNTs 复合材料和大体积分数的微米级 SiC 颗粒比较，可以观察到 Mg/GNPs 复合材料的强度与塑性是相当优异的[31,35,36]。表中也比较了传统的 Mg-SiC 和 ZC63-SiC 复合材料。在本研究当中，只使用了非常少量的石墨烯纳米片(GNPs)，这是格外有益的，因为纳米尺寸的补强剂不会明显地影响镁的密度。所得比较结果表明，当前这项

研究已经开发出较好的加工技术与复合材料。

表 5.2 Mg/0.3GNPs 纳米复合材料与其他研究样品的机械性能比较[29]

| 材 料 | 0.2%屈服强度/MPa | 极限抗拉强度/MPa | 失效应变/% |
|---|---|---|---|
| 纯 Mg | 187±4 | 219±5 | 3.45±0.5 |
| Mg/0.3GNPs | 197±3.1 | 238±6 | 3.11±0.4 |
| Mg/2CNTs[31] | 89 | 140 | 3 |
| Mg/21.3SiC[35] | 128±1.9 | 176±3.5 | 1.4±0.1① |
| ZC63/12SiC[36] | 148 | 197 | 0.7① |

①塑性值。

### 5.2.6 结论

总之，采用半粉末冶金法首次成功地制造出镁-石墨烯纳米片复合材料(Mg/0.3%GNPs(质量分数))。除了热导率得到提高外，石墨烯纳米片作为补强填料还可以改善镁复合材料的机械行为。X-射线衍射分析(XRD)和能量色散谱(EDS)分析结果表明了石墨烯纳米片在复合材料中的存在，而扫描电子显微镜(SEM)照片则以图像形式证明了石墨烯纳米片在镁基体中的均匀分散。加入石墨烯纳米片提高了镁的强度，使承受拉力达到 238MPa。将 0.3%(质量分数)石墨烯纳米片加入 Mg 基体导致弹性模量(E)、拉伸屈服强度(0.2%YS)、极限抗拉强度(UTS)和维氏硬度均得到改善，分别提高了+10.6%、+5%、+8%和+19.3%。此外，也可以观察到复合材料的织构对称性发生了变化，从而影响了复合材料的力学行为。

## 5.3 石墨烯纳米片(GNPs)和多壁碳纳米管(MWCNTs)对纯镁机械性能的协同效应

### 5.3.1 前言

自从 Iijima 于 1991 年发现碳纳米管(CNTs)[37]和 Geim 于 2004 成功剥离石墨烯[38]以来，碳质纳米材料便引起了人们的浓厚研究兴趣，鉴于这类材料具有令人着迷的电、热与机械性能，因此也成为可在结构工程等领域应用的一种重要新型材料。碳纳米管与石墨烯均具有高长径比(或宽厚比，即长度与直径或长度与厚度之比)特性，因而能够作为制备复合材料的理想补强填料。石墨烯是由 $sp^2$-杂化碳原子组成的薄片，具有单原子厚度的二维结构，其中碳原子以蜂巢状晶格排列，这种薄片可以缠绕成零维(0D)巴基球(亦称巴克球)，卷成一维(1D)碳纳米管或堆叠成三维(3D)石墨[39]。碳纳米管(CNTs)又可以再分类成单壁碳纳米管

(SWCNT)、双壁碳纳米管(DWCNT)与多壁碳纳米管(MWCNT)。石墨烯具有1TPa的弹性模量和125GPa的断裂强度[40]，其机械性能与碳纳米管(弹性模量高达0.9TPa；断裂强度为150GPa)也难分伯仲[41]。上述不同寻常的机械性能使这类材料成为理想的候选纳米补强剂，可用于合成性能优异的多功能复合材料。

石墨烯纳米片(GNPs)是一种新型补强剂，具有令人惊异的机械性能，但这种独特机械性能展现的魅力很快就被其明显的缺陷所冲淡，具体来说，由于强范德华力和π-π吸引力极易使石墨烯片发生聚集，因此限制了其在金属基复合材料中的应用。在本节中介绍了一种解决方案，即，通过插入一维多壁碳纳米管(MWCNTs)，能够有效地抑制二维石墨烯纳米片的快速聚集[42]。长而柔韧的多壁碳纳米管可以桥接相邻的石墨烯纳米片，并形成三维复合结构，由此防止了石墨烯片发生聚集，更重要的是，还在CNTs+GNPs混合结构与基体之间产生了很大的接触面。以CNTs+GNPs混合补强剂改性的复合材料展现了更高的失效应变，明显优于以单独石墨烯纳米片或多壁碳纳米管补强的相应材料。此外，在每一个组合物中还加入了少量铝(1.0%，质量分数)，旨在改善镁基体与碳质纳米材料之间的相容性。

### 5.3.2 合成

将纯度为99.5%、粒度为74μm的镁屑作为基体材料。将平均厚度为5~15nm的石墨烯纳米片(GNPs)和长度为10~20μm、直径为50nm的多壁碳纳米管(MWCNTs)用作补强剂。铝粒子的尺寸大约为3μm。第一步，分别在乙醇中对0.5%(质量分数)的石墨烯纳米片和0.1%(质量分数)的多壁碳纳米管实施超声波处理，以生成均匀分散体。在超声波处理1h之后，将石墨烯纳米片和多壁碳纳米管分散体混合，并再做超声波处理30min，目的在于将1-D多壁碳纳米管插入石墨烯纳米片之间。第二步，将经过超声波处理过的混合补强剂分散体(0.6% MWCNTs+GNPs)滴加至Mg-1%Al(质量分数)的乙醇悬浮液。以2000r/min的速度将所得合成混合物机械搅拌1h。对机械搅拌后的混合物进行过滤，并在80℃的真空下干燥12h，以制取Mg-1Al-0.6(CNT-GNP)复合材料粉末。以相同的方法制备了纯Mg、Mg-1Al、Mg-1Al-0.6GNPs和Mg-1Al-0.6CNTs复合材料粉末。半粉末冶金法的简单图解示于图5.5。

在600MPa的压力下冷压接上述复合粉末，然后采用液压机制成直径为80mm、高度为45mm的绿色坯料。将压实的坯料埋入石墨粉中，然后置于箱式炉内，在630℃下的氩气氛中烧结2h。在350℃下将烧结后的坯料预热1h，再以1m/min的速度将坯料挤出。挤出棒材的最终直径为16mm。对取自挤出棒材的样品进行机加工，以备机械与微观结构表征之用。

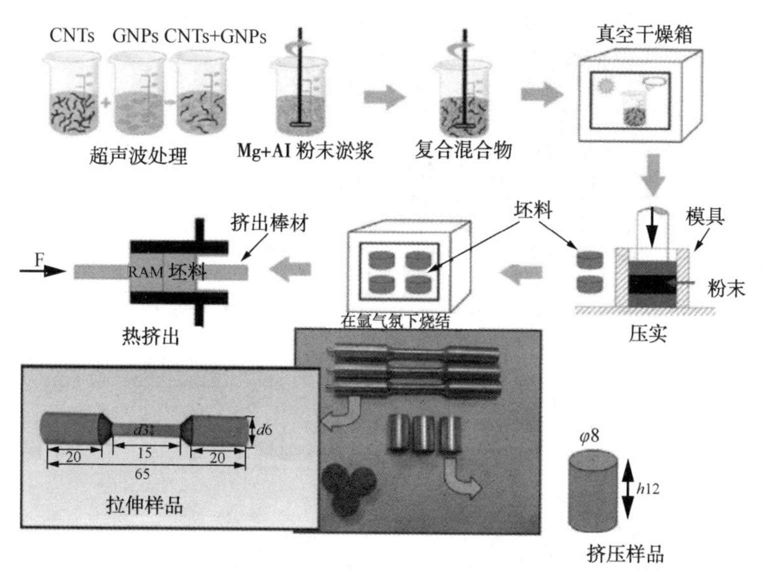


图 5.5　半粉末冶金法的简单图解[42]

## 5.3.3　微观结构表征

### 5.3.3.1　原材料

石墨烯纳米片(GNPs)是多层石墨烯片构成的堆垛，由此而形成了片状形态。图 5.6(a)示出石墨烯纳米片原样的 SEM 图像。照片显示出石墨烯纳米片的褶皱、卷曲与重叠状堆垛。图 5.6(b)示出石墨烯纳米片原样的透射电子显微镜(TEM)图像。TEM 图像证实，石墨烯纳米片的平均厚度为 5~15nm。图 5.6(c)显示 1-*D* 多壁碳纳米管(MWCNTs)与结构为蜂巢状的 2-D 石墨烯示意图。本工作采用拉曼光谱来表征石墨烯纳米片原样与多壁碳纳米管的石墨结构。拉曼散射是一种快速分析技术，可以直接探测电子-声子相互作用，对电子与结晶学结构具有非常高的灵敏度[43,44]。碳材料的拉曼光谱在 800~3000$cm^{-1}$ 区域内有三个主带。位于~1360$cm^{-1}$的 D 带是由 $sp^2$原子的面外呼吸模式产生的[45]。D 带可以归结于石墨基材料中由于存在杂质而造成的缺陷。在大约 1580$cm^{-1}$处的 G 带对应于布里渊区(Brillion zone)中心的 $E_{2g}$声子。在大约 2700$cm^{-1}$处的 2D 带是石墨烯的主要指纹谱图。该峰的形状、位置与相对于 G 带的强度取决于片层的数目[46]。图 5.6(d)示出了石墨烯纳米片原样和碳纳米管的拉曼光谱图。石墨烯纳米片和分散于 $SiO_2$衬底上的碳纳米管在其拉曼光谱呈现出三个谱带，即位于 1335$cm^{-1}$的重要 D 带、位于 1584$cm^{-1}$的强 G 带和位于 2660$cm^{-1}$的宽 2 级 2D 带。2D 带与 G 带之强度比($I_{2D}/I_G$)表明了石墨烯纳米片的多层特性。D 带与 G 带之间的强度比($I_D/I_G$)则显示了碳纳米管的多壁性质。

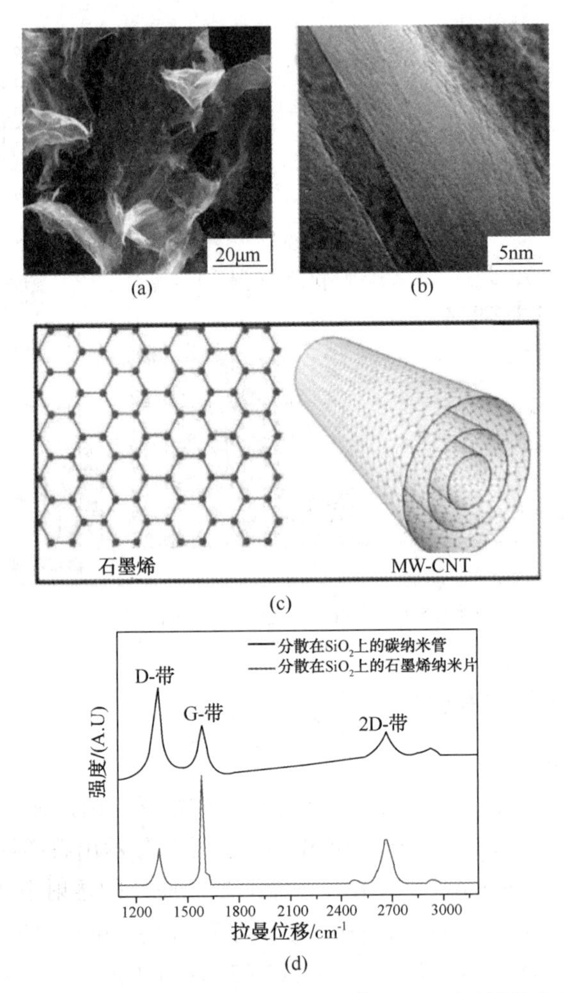


图 5.6 (a)石墨烯纳米片(GNPs)的 SEM 图像；(b)石墨烯纳米片(GNPs)的 TEM 图像；(c)1-D 多壁碳纳米管(CNTs)和 2-D 石墨烯的示意图；(d)石墨烯纳米片与多壁碳纳米管的拉曼光谱图[42]

#### 5.3.3.2 复合材料的微观结构

图 5.7(a)、(d)示出纯 Mg 及其复合材料的 SEM 显微照片。纯 Mg 的显微照片展示出其表面上的众多微孔以及相当清晰的晶界，见图 5.7(a)。纯 Mg 的平均晶粒度位于 25~30μm 的范围。图 5.7(b)示出 Mg-1Al-0.6GNPs 复合材料的精细结构，其平均晶粒度的范围是 2~5μm。从显微照片可以明显地看出，晶粒细化在整个表面上并不是均匀的。这大概可以归结于二维石墨烯纳米片(GNPs)补强剂在基体中的不良分散。Mg-1Al-0.6CNTs 复合材料的显微照片表明在其表面上存在微孔，如图 5.7(c)所描绘。从图 5.7(d)可以看出，以 0.6%(质量分数)CNTs+GNPs 补强的复合材料的表面形态并不存在微孔。在补强剂与基体之间存

在良好的化学键合。

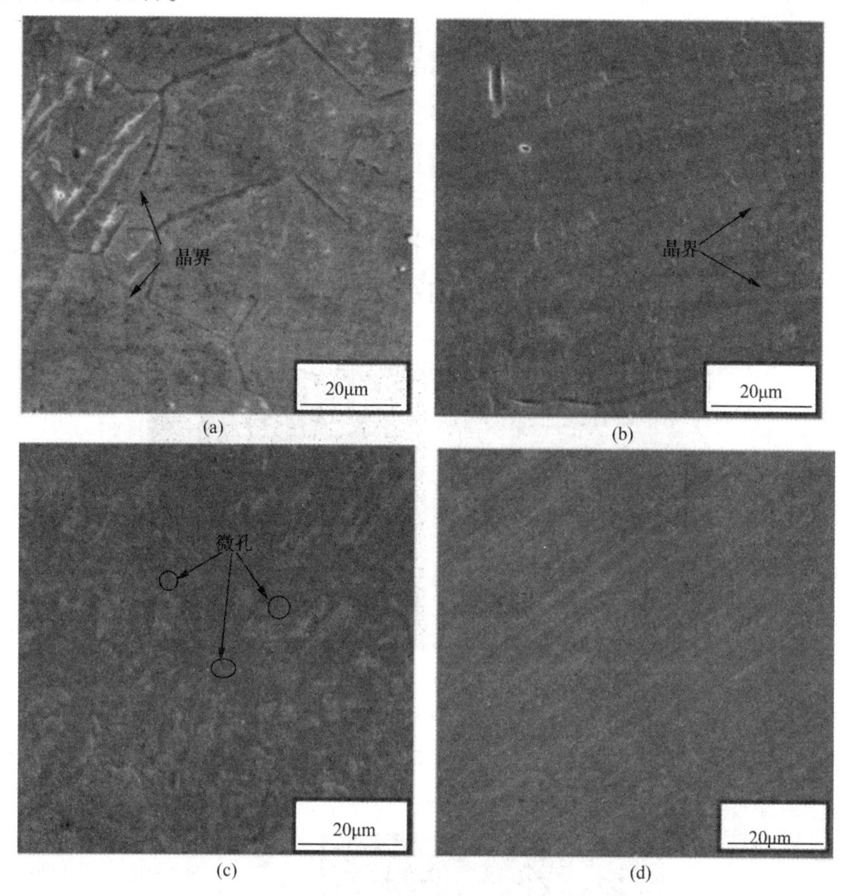


图 5.7　纯 Mg 及其复合材料的微观结构：(a)纯 Mg；(b)Mg-1Al-0.6GNPs；(c)Mg-1Al-0.6CNTs；(d)Mg-1Al-0.6(CNTs+GNPs)复合材料[42]

图 5.8(a)~(d)示出以 0.6%(质量分数)(CNTs+GNPs)补强的复合材料的 X-射线面分布图。从该图可以清晰看出，补强剂 CNTs+GNPs 均匀地分散于基体。补强剂粒子之所以能够呈现出合理而均匀的分布，其原因可以归结于在制造复合材料时采取的有效策略。因此，可以讲，半粉末法是制备 Mg 基复合材料的可靠而安全的方法。此外，还可以得出这样的结论：在石墨烯纳米片之间插入一维多壁碳纳米管是抑制二维材料聚集并实现均匀分散的可靠技术。

Stevens 等报道称，在温度高于 773K 且 Mg 合金组合物中的 Al 水平位于 0.6%~19%的条件下，制备出一种碳化物($Al_2MgC_2$)[47]。在该项研究中，采用 TEM 研究了碳质填料(即石墨烯纳米片)与基体 Mg 之间的界面。图 5.9 示出 Mg-1Al-0.6(CNTs+GNPs)复合材料的 TEM 图像。从显微照片可以看出，石墨烯纳米片(GNPs)以出色的界面黏附力(无剥离或裂纹)嵌入了 Mg 基体。显微照片同时也证明在碳质纳米材料与镁基体之间出现了新相。

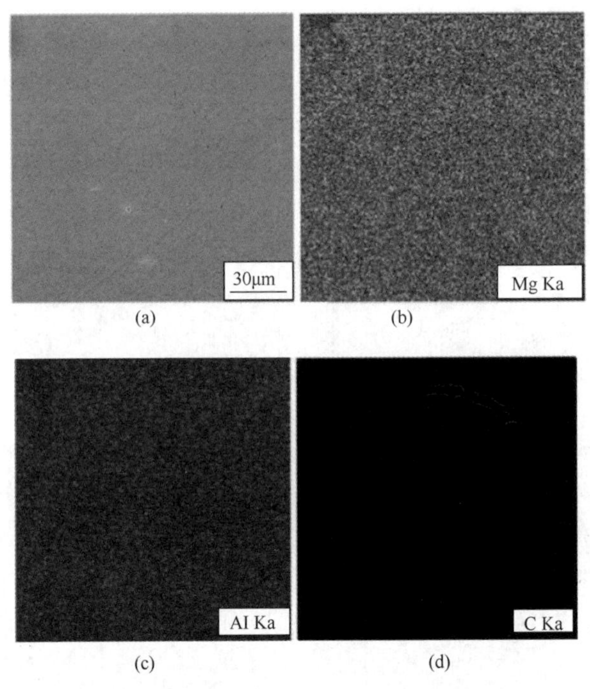


图 5.8　Mg-1Al-0.6(CNTs+GNPs)复合材料的 X-射线面分布图：(a)Mg-1Al-0.6(CNTs+GNPs)复合材料的选区(即各元素面分布的分析区域-译者注)；(b)纯 Mg 基体；(c)铝；(d)碳(CNTs+GNPs)[42]

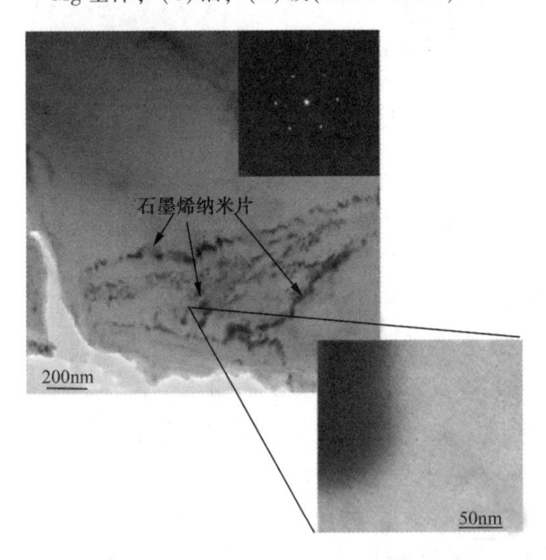


图 5.9　Mg-1Al-0.6(CNTs+GNPs)复合材料的 TEM 图像，显示出嵌入 Mg 基体的石墨烯纳米片(GNPs)以及良好的界面黏附，其中的插图显示出选区的单晶衍射图样[42]

### 5.3.4 力学表征

硬度测试结果表明，将碳质补强剂(CNTs/GNPs)加入 Mg 基体可以提高复合材料的微观硬度(microhardness)，见表 5.3。(微观硬度亦称显微硬度，该方法采用一个很小的压头在材料表面压出一个很浅的凹坑，根据凹陷深度(或面积)与所施加压力的关系得出硬度值。在材料科学中，特别是粉末冶金行业，常常需要测定显微硬度-译者注)。硬度值的增加可以归结于基体中存在的较高强度的补强剂颗粒[40,41]，正是这些颗粒的存在对压痕期间的局域化基体形变产生了较高的限制。在合成的复合材料中，Mg-1Al-0.6GNPs 样品表现了最大的硬度值。

**表 5.3 纯 Mg 及其复合材料的室温抗拉性能[42]**

| 材　　料 | *E*/GPa | 0.2%*TYS*/MPa | *UTS*/MPa | δ/% | 维氏硬度/HV |
|---|---|---|---|---|---|
| 纯 Mg | 7.0±0.3 | 104±4 | 164±5 | 6.2±0.2 | 46±2 |
| Mg-1Al | 12.8±0.4 | 155±3 | 202±3 | 6.9±0.5 | 50±4 |
| Mg-1Al-0.60GNPs | 17.2±0.1 | 204±9 | 265±8 | 4.0±0.6 | 63±2 |
| Mg-1Al-0.60CNTs | 15.7±0.3 | 210±5 | 287±4 | 10±0.3 | 61±5 |
| Mg-1Al-0.60[1∶5](CNT+GNPs) | 15.0±0.2 | 185±4 | 234±3 | 16.4±0.5 | 56±3 |

注：*E*：弹性模量；TYS：拉伸屈服应力；*UTS*：极限拉伸应力；δ：失效应变。

对纯 Mg 与所开发的复合材料进行了室温拉伸测试，其结果示于图 5.10 和表 5.3。拉伸测试结果表明，在加入多壁碳纳米管(MWCNTs)和石墨烯纳米片(GNPs)颗粒以后，材料的弹性模量(E)、0.2%屈服强度(0.2%YS)、极限抗拉强度(UTS)和失效应变(FS%)均获得了显著提升。加入石墨烯纳米片导致(Mg-1Al-0.60GNPs)在标称抗拉强度上得到改善(+34%E、+31%TYS 和+31%UTS)而失效应变出现降低。另一方面，当采用碳纳米管(CNTs)作为补强剂时，观察到了(Mg-1Al-0.60CNTs)的抗拉性能以及失效应变均出现改善(+22%E、+35%TYS 和+42%UTS)。表 5.3 表明，将混合补强剂加入纯镁后导致(Mg-1Al-0.60(CNT+GNPs))的失效应变出现显著的提高(+137%)，虽然抗拉性能的改善(+17%E；+19%TYS；和+15%UTS)低于 Mg-1Al-0.60CNTs 和 Mg-1Al-0.60GNPs 获得的相应值。作者还研究了 Mg-1Al 合金的机械性能，旨在证实 Mg-1Al-0.6CNTs/GNPs 复合材料在抗拉性能上的改善是由于加入 Al 或碳质纳米复合材料的效果。在设定 Mg-1Al 为基体材料的条件下，计算了抗拉性能的提高值。

对纯 Mg 以及本工作所制造的复合材料进行了室温抗压测试，结果列于表 5.4。测试数据表明，Mg-1Al-0.60GNPs 和 Mg-1Al-0.60CNTs 复合材料的抗压强度分别得到提高[(+52%E、+130%CYS 和+7%UCS)和(+34%E、+137%CYS 和+12%UCS)]。不过，Mg-1Al-0.60(CNTs+GNPs)复合材料的抗压强度提高值

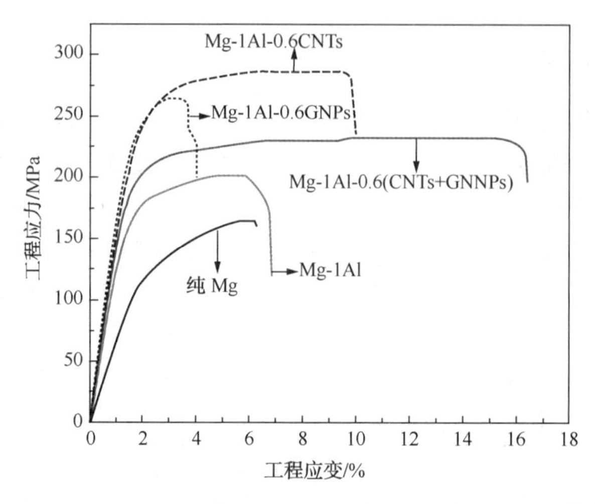


图 5.10 纯 Mg 及其复合材料的室温拉伸应力-应变曲线[42]

(+34%E、+67%CYS 和+5%UCS)低于 Mg-1Al-0.60GNPs 或 Mg-1Al-0.60CNTs 复合材料的相应值。所制造的复合材料在压缩失效应变(%)上高于纯 Mg，但是低于 Mg-1Al 合金。像拉伸失效应变一样(%)，Mg-1Al-0.60(CNTs+GNPs)的压缩失效应变(%)高于 Mg-1Al-0.60GNPs 和 Mg-1Al-0.60CNTs 复合材料的相应值。

**表 5.4 纯 Mg 及其复合材料的室温抗压性能[42]**

| 材　　料 | *E*/GPa | 0.2%*CYS*/MPa | *UCS*/MPa | *δ*/% |
|---|---|---|---|---|
| 纯 Mg | 6.4±0.4 | 136±3 | 286±6 | 12±0.2 |
| Mg-1Al | 5.0±0.3 | 100±2 | 377±8 | 18±0.5 |
| Mg-1Al-0.60GNPs | 7.6±0.5 | 230±5 | 407±3 | 13±0.3 |
| Mg-1Al-0.60CNTs | 6.7±0.4 | 237±4 | 425±5 | 12.6±0.2 |
| Mg-1Al-0.60[1∶5](CNT+GNPs) | 6.7±0.2 | 167±6 | 397±3 | 15±0.4 |

注：*E*：弹性模量；*CYS*：压缩屈服应力；*UCS*：极限压缩应力；*δ*：失效应变。

采用半粉末冶金法以及随后的热挤出法成功地制造出纯 Mg 和碳材料补强的 Mg 复合材料。抗拉强度与失效应变的测试结果表明，与纯 Mg 和 Mg-1Al-0.6CNTs 复合材料相比，以石墨烯纳米片(GNPs)补强的 Mg 复合材料(Mg-1Al-0.6GNPs)则表现出更高的刚性与脆性(表 5.3、图 5.10)，这也意味着二维石墨烯纳米片的分散是相当困难的。Mg-1Al-0.6GNPs 复合材料的拉伸失效应变较低，这大概可以归结于以下两个因素：(i)石墨烯纳米片的性质由于其片层聚集而迅速弱化，因为聚集的片层在行为上类同于表面积相对低的微米级填料；(ii)石墨烯纳米片团聚体会形成空间障碍，限制 Mg 基体流入团聚体，因此在石墨烯纳米片与基体之间形成孔洞与空隙。石墨烯纳米片补强的复合材料只有较低的失效应变，这也许是由于石墨烯纳米片在聚集过程中形成的这些孔洞与空隙造成的[48]。

以碳纳米管(CNTs)和石墨烯纳米片(GNPs)混合颗粒(Mg-1Al-0.60(CNTs+GNPs))补强的复合材料在强度上获得了显著提升，优于未补强的基体，见表5.3和表5.4。拉伸失效应变也实现显著改善，见表5.3与图5.10。Mg-1Al-0.60(CNTs+GNPs)复合材料在强度上，特别是在拉伸失效应变性能上的大幅提高清晰地证实了协同效应，其中，由于一维多壁碳纳米管(MWCNTs)插入了石墨烯纳米片层之间，使石墨烯纳米片层的团聚现象大为减少[49]。碳纳米管和石墨烯纳米片层的显著协同效应可以归结于两个原因：(i)长而弯曲的多壁碳纳米管(在超声波处理期间)插入石墨烯纳米片层之间，形成了三维复合结构，正是这种结构抑制了石墨烯纳米片发生面-对-面的聚集；(ii)多壁碳纳米管的作用相当于3-D混合架构的延长触须，其可与基体链缠绕在一起，从而加强了MWCNTs+GNPs混合补强剂与Mg基体之间的相互作用。Mg-1Al-0.6(CNTs+GNPs)复合材料获得了较高的拉伸失效应变，正是由于多壁碳纳米管和石墨烯纳米片在Mg基体内部发生了协同效应的结果，如图5.11所示。

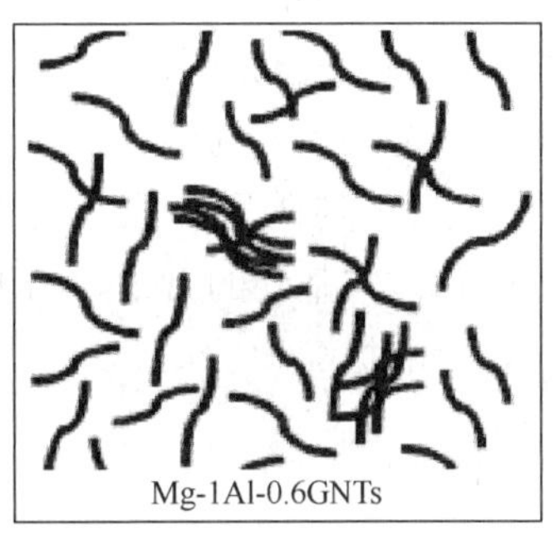

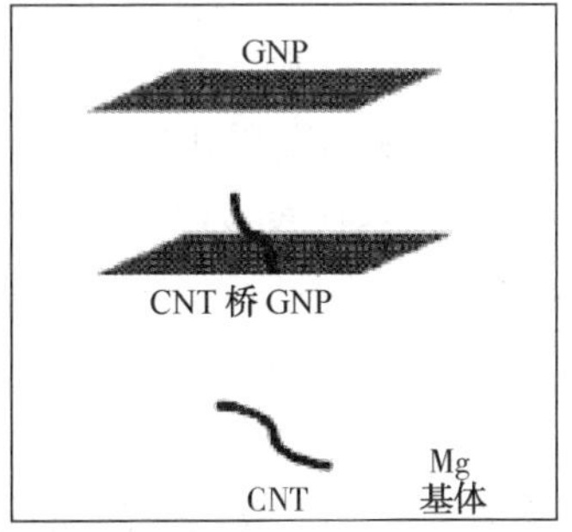


图5.11　合成复合材料的微观结构示意模型[42]

作者已经评价了某些(与金属基复合材料相关的)强化机制，这些机制或许还不能够说明，以单独的或混合的碳质纳米材料(CNTs+GNPs)进行补强后，Mg-复合材料在机械性能上得到改善的原因。与纯 Mg 相比，制造出的 Mg-复合材料在抗拉与抗压强度上已经获得明显提升，这主要归结于下述因素的综合效应，即颗粒尺寸[50,51]、几何必须位错(geometrically necessary dislocations，GNDs；有时也将该术语译为几何必需位错-译者注)[52]和载荷转移机制[53,54]。

我们认为，对于碳质补强的 Mg 复合材料而言，晶体颗粒尺寸对于总强化效果是有一定贡献的。图 5.7(a)、(b)证实，颗粒之所以发生细化是由于石墨烯纳米片(GNPs)加入基体造成的。因为颗粒细化在整个表面上并不是均匀的，因此表明二维石墨烯纳米片的不良分散导致了 Mg-1Al-0.6GNPs 复合材料的塑性不佳。基体 Mg 和碳质补强剂在热膨胀系数(CTE)与弹性模量(E)上存在着巨大差异(Mg、GNPs 和 CNTs 的 CTE 分别是 $25\times10^{-6}K^{-1}$、$10^{-6}K^{-1}$和 $2.7\times10^{-6}K^{-1}$)。不言而喻，由于这两个组分在参数 CTE 与 E 上显著不匹配，因此在纳米复合材料内部引起机械强度的不一致性，并产生了几何必须位错(GNDs)。这些 GNDs 的产生导致了复合材料强度的提升[52]。此外，与 Al 相比较，Mg 和 GNPs/CNTs 之间在 CTE 与 E 上的差值明显大很多，因此是大多数 GNDs 产生的主要原因，也就是说，对复合材料的强化做出了更大的贡献。另一个重要的机制是载荷转移机制，其取决于两个至关重要的参数，即补强剂与基体之间的界面结合以及补强剂的体积分数[53,54]。Mg 与碳质补强剂之间存在良好的界面结合，如图 5.9 所示。因此，在较软的基体与坚硬的石墨烯纳米片之间出现了载荷共享，其结果是使失效应变得到了显著的提高。

### 5.3.5 结论

总之，通过半粉末冶金法、真空烧结技术以及随后实施的热挤出技术成功地制造出 Mg 与 Mg-复合材料。根据微观结构表征与力学评价得出如下结论：

① 半粉末冶金法可以成功地合成以碳质补强剂(石墨烯纳米片(GNPs)、碳纳米管(CNTs)和 CNTs+GNPs)补强的镁基复合材料。

② 以石墨烯纳米片补强的镁复合材料(Mg-1Al-0.6GNPs)展现出明显增强的抗拉强度与抗压强度，但失效应变降低，这可以归结于石墨烯纳米片在基体中的迅速聚集。

③ 石墨烯纳米片和碳纳米管的协同效应表明，二维石墨烯纳米片在基体中实现了均匀分散。因此，Mg-1Al-0.6(CNTs+GNPs)复合材料的抗拉强度与抗压强度显著增加，且失效应变也获得显著的提高。

④ 合成复合材料在抗拉与抗压强度上的提高可以归结于基体与补强剂之间

在热膨胀系数(CTE)以及弹性模量上不匹配而产生的位错。有效载荷转移和金属间相的不存在也对基本强化机制做出了显著贡献。

## 5.4 加入石墨烯纳米片(GNPs)对镁-钛合金强度与塑性的影响

### 5.4.1 前言

金属补强剂，如钛，具有良好的塑性、强度、硬度与杨氏模量。Ti 基 Mg 合金的主要优点是在元素 Ti 与基体 Mg 之间的界面上不存在反应，Ti-Mg 二元相图对此有所解释[55]。最近，Sankaranarayanan 等制备了 Mg-5.6Ti 合金、Mg-5.6Ti-3Cu 和 Mg-5.6Ti-2.5$Al_2O_3$复合材料[56,57]。Mg-5.6Ti 合金和 Mg-5.6Ti-3Cu 复合材料是以快速微波烧结法制造的，其中也采用了粉末冶金与热挤出法作为辅助技术。拉伸测试表明，复合材料的机械强度提高，但其塑性却较差(甚至低于纯镁)。

在本节中，我们做出了两次尝试以增强 Ti 基 Mg 合金的塑性。首先，以 10% Ti(质量分数)(而不是 5.6%的)补强剂制备 Mg-10Ti 合金[58]。其次，将石墨烯纳米片(GNPs)加入 Mg-10Ti 合金以研究石墨烯纳米片对 Ti 基 Mg 合金机械强度与塑性的影响。其中，采用了半粉末冶金法制备复合材料。拉伸数据表明，合成复合材料的塑性优于以前的报道数据[56,57]，以前的相应材料只用 5.6%Ti(质量分数)和 5.6%+Cu/$Al_2O_3$作为补强剂。就我们所知，这是第一次将石墨烯纳米片用作补强剂以提高 Mg 合金的抗拉强度。

### 5.4.2 合成

在机械搅拌下，用乙醇溶剂混合镁与 Ti(10%质量分数)粉。与此同时，另外将石墨烯纳米片(GNPs)放入乙醇中进行超声波处理 1h。将石墨烯纳米片溶液(含 0.18%GNPs 质量分数)滴加至上述镁与 Ti(10%质量分数)粉末的乙醇溶液中。混合过程持续 1h，其中采用机械搅拌器以获取均匀混合物。对机械搅拌后的混合物进行过滤，并在 70℃的真空下干燥过夜，以制取复合材料粉末。另外，还制备了 Mg-10Ti 合金样品，不过，并未在其中加入石墨烯纳米片。

#### 5.4.2.1 初加工

将 Mg-10Ti 和 Mg-(10Ti+0.18GNPs)混合物粉末置于一不锈钢模具内，在室温与 600MPa 下压实，制成尺寸为 $\Phi 80mm \times 40mm$ 的绿色坯料。压实之后，将绿色坯料埋入石墨粉并置于箱式炉内，在 630℃下的氩气氛中烧结 2h。

#### 5.4.2.2 二次加工

在烧结之后，在350℃的温度下热挤出坯料，采用液压机制取圆柱形棒材。在挤出之前，经过烧结的坯料在350℃下预热1h。挤出比与冲压速度分别设定为5∶1和1m/min。挤出棒材的直径为16mm。为了便于比较，也按照压实、烧结和挤出等相同步骤制备了Mg样品。

### 5.4.3 微观结构表征

采用扫描电子显微术(SEM)研究了Mg、Mg-10Ti合金与Mg-(10Ti+0.18GNPs)复合材料的表面形态。微观结构表征证明，纯Mg的表面是光滑的，没有看到大的结构缺陷，显示Mg粒子之间的结合良好，见图5.12(a)。Mg-10Ti合金与Mg-(10Ti+0.18GNPs)复合材料的表面示于图5.12(c)、(d)，也显示出补强剂与基体之间的良好结合。在带有小孔的表面上，晶界十分清晰。图像中很难识别出存在于Mg基体中的Ti-GNPs纳米粒子，因为其含量非常之低。不过，X-射线面分析证实Mg基体中确实存在Ti-GNPs纳米粒子。图5.13示出了X-射线面分析结果，证明Ti和石墨烯纳米片(GNPs)均匀地嵌入了Mg基体。Ti-GNPs与镁粒子之间实现了有效结合，因此改善了复合材料的机械性能。

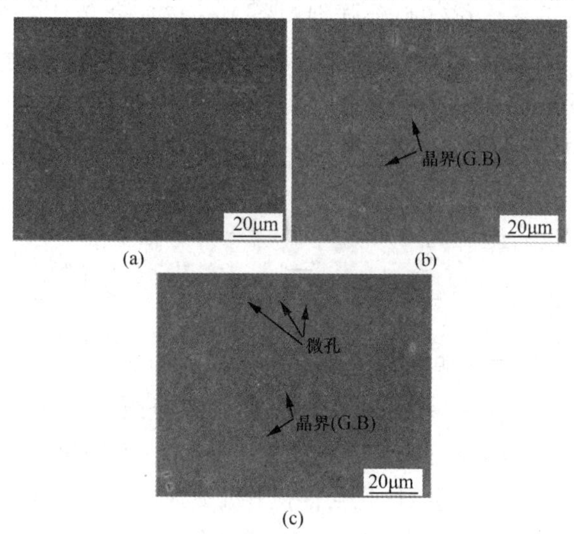


图5.12 三种样品的SEM表面图像：(a)纯Mg；(b)Mg-10Ti合金；(c)Mg-(10Ti+0.18GNPs)复合材料[58]

### 5.4.4 力学表征

纯Mg、Mg-10Ti合金与Mg-(10Ti+0.18GNPs)复合材料的拉伸测试结果示于表5.5和图5.14。将Ti粒子加入纯Mg，提升了复合样品的屈服强度、极限抗

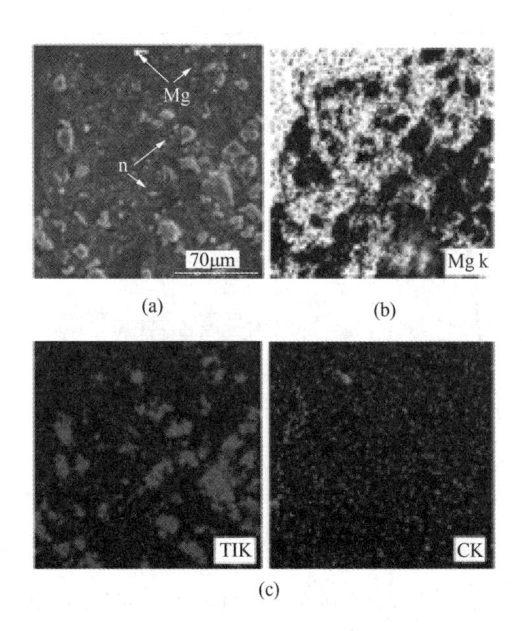


图 5.13　Mg-(10Ti+0.18GNPs)复合材料的 X 射线面分析：(a)Mg(10Ti+0.18GNPs)复合材料的形貌像；(b)镁的面分布；(c)钛的面分布；(d)碳的面分布[58]

拉强度和失效应变(%)等性能。此外，将石墨烯纳米片(GNPs)加入 Mg-10Ti 合金可使所得复合材料的屈服强度、极限抗拉强度和塑性等性能得到提升。Mg-10Ti 合金与 Mg-(10Ti+0.18GNPs)复合材料达到的失效应变值优于以前的某些报道数据[56,57]，在之前的相应材料中只加入 5.6%Ti 和 5.6%Ti+Cu/$Al_2O_3$作为补强剂。Mg-10Ti 合金与 Mg-(10Ti+0.18GNPs)复合材料的强度得到了改善并明显优于单片纯镁，这可以归结于基体与补强剂在热膨胀系数(CTE)和弹性模量(E)上显著不匹配而引起的位错；具体而言，Mg、Ti 和石墨烯纳米片的热膨胀系数分别为 $27\times10^{-6}$/℃、$9.1\times10^{-6}$/℃和 $10^{-6}$/K[59]，而 Mg、Ti 和 GNPs 的弹性模量分别是 44.7GPa、102.2GPa 和 2TPa[59,60]。由此可见，在 Mg-10Ti 合金与 Mg-(10Ti+0.18GNPs)复合材料中，由于各组分在热膨胀系数与弹性模量上存在着显著的不匹配，从而在界面上产生了棱柱位错钉扎，并因此使复合材料基体得到显著强化。

**表 5.5　纯 Mg、Mg-10Ti 合金与 Mg-(10Ti+0.18GNPs)复合材料的室温机械性能[58]**

| 材料 | 0.2%屈服强度/MPa | 极限抗拉强度/MPa | 失效应变/% |
|---|---|---|---|
| Mg | 131±05 | 163±04 | 3.2±2.5 |
| Mg-10Ti | 141±04 | 212±5.1 | 11±03 |
| Mg-(10Ti+0.18GNPs) | 160±5.3 | 230±03 | 14±3.4 |

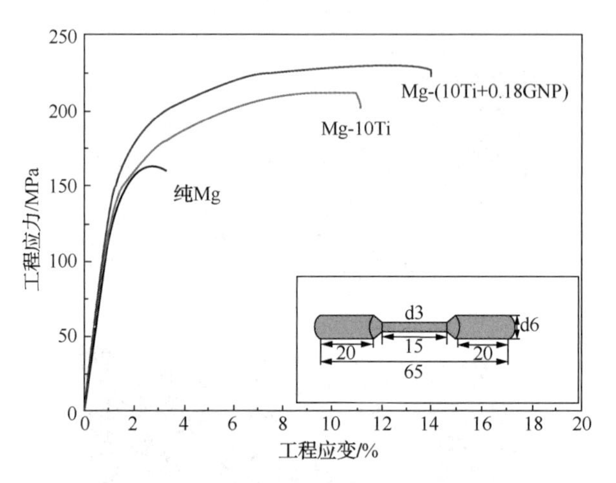


图 5.14　纯 Mg、Mg-10Ti 合金与 Mg-(10Ti+0.18GNPs)
复合材料的室温拉伸测试[58]

与单片纯 Mg 相比，已经观察到 Mg-10Ti 合金与 Mg-(10Ti+0.18GNPs)复合材料在强度上获得明显提升，而其中所涉及到的奥罗万强化[33]是一种非常复杂的机制。(简单地说，位错绕过不变形质点而产生的强化作用称为奥罗万强化-译者注)。此外，自基体至补强剂的载荷转移可以通过剪切滞后模型加以解释[34]。载荷从基体转移至补强剂的过程主要取决于基体与补强剂之间的界面结合，其中涉及到界面剪切应力。Mg-(10Ti+0.18GNPs)纳米复合材料的强度得到了改善并超过了 Mg-10Ti 合金，这可以归结于：GNPs 的高比表面和(由于其褶皱表面引起的)高黏附力以及石墨烯纳米片的二维(平面)结构。

## 5.4.5　结论

总之，采用半粉末冶金法成功制造了 Mg-10Ti 合金。也研究了将石墨烯纳米片(GNPs)加入 Mg-10Ti 合金所产生的影响。从当前的工作可以得出如下结论：

① 将 Ti 粒子加入单片 Mg 导致机械强度与塑性提高。Mg-10Ti 合金的强度之所以得到改善可以归结于两组分在热膨胀系数与弹性模量上存在的不匹配、位错的产生以及自基体至补强剂的载荷转移。

② 将石墨烯纳米片加入 Mg-10Ti 合金导致屈服强度与塑性提高。这一改善可以归结于石墨烯纳米片的高比表面和(由于其褶皱表面造成)高黏附力以及石墨烯纳米片的二维性质。Mg-(10Ti+0.18GNPs)复合材料显示出优于 Mg-5.6Ti-3Cu 和 Mg-5.6Ti-2SiC 复合材料的失效应变。

## 5.5 石墨烯纳米片对 Mg-1%Al-1%Sn 合金抗拉性能的影响

### 5.5.1 前言

在本节中，评述了加入石墨烯纳米片(GNPs)对 Mg-1Al-1Sn 合金的强度与塑性的影响[61]。采用半粉末冶金法与热挤出技术制造出 Mg-1%Al-1%Sn-0.18%石墨烯纳米片复合材料。显微观察表明石墨烯纳米片均匀地分布于基体之中。将 0.18%GNPs(质量分数)加入 Mg-1%Al-1%Sn(质量分数)合金导致抗拉强度增加(即从 236MPa 提高至 269MPa)。复合材料的强度增加可能得益于石墨烯纳米片的高比表面积、优异的纳米填料黏附力以及二维结构。

### 5.5.2 合成

采用半粉末冶金技术制造了复合材料。在半粉末冶金方法中，是以某些液体溶剂混合原料的，其中并未使用球磨法。Mg、Al(1%)和 Sn(1%质量分数)粉是在乙醇溶剂中经机械搅拌混合的。与此同时，另外将石墨烯纳米片置于乙醇溶剂中，超声波处理 1h。然后，将石墨烯溶液(分别含有 0%和 0.18%GNPs，质量分数)滴加至上述粉末的乙醇悬浮液。混合过程持续 1h，以获取均匀的混合物。对机械搅拌后的混合物进行过滤，并在 70℃的真空下干燥过夜，以制取复合材料粉末。将所得复合材料粉末置于不锈钢模具内，在室温与 580MPa 压力下将其压实，制成尺寸为 $\Phi$80mm×45mm 的绿色坯料。压实之后，将绿色坯料置于箱式炉内，在 630℃下的氩气氛中烧结 2h。烧结后的坯料在 350℃下预热 1h，然后在 350℃下挤出，得到直径为 16mm 的棒材。挤出冲压速度设定为 1m/min。

为了进行拉伸测试，从挤出的棒材制取直径 3mm 和标距长度 15mm 的试样。拉伸测试是在室温下完成的，起始的应变速度为 $1\times10^{-3}s^{-1}$。采用扫描电子显微术(SEM)研究了试样的表面形态以及断裂面。

### 5.5.3 微观结构表征

图 5.15(a)示出 Mg-1Al-1Sn-0.18GNPs 复合材料的 SEM 图像。Sn 均匀分布于基体之中。黑色部分是由于在烧结期间的氧化反应造成的。采用能量色散谱(EDS)很难检测出 Al 与石墨烯纳米片(GNPs)的存在，因为其含量过低。因此，利用 X-射线面分析法证实了复合材料中存在的 Al 与石墨烯纳米片。图 5.15(b)、(f)示出了各元素成分的 X-射线面分布。由图 5.15(f)可以清晰地看出，石墨烯纳米片均匀地分布于基体中，因此起到了有效补强剂的作用，不仅可以防

止复合材料形变，实际上也提高了材料的强度。

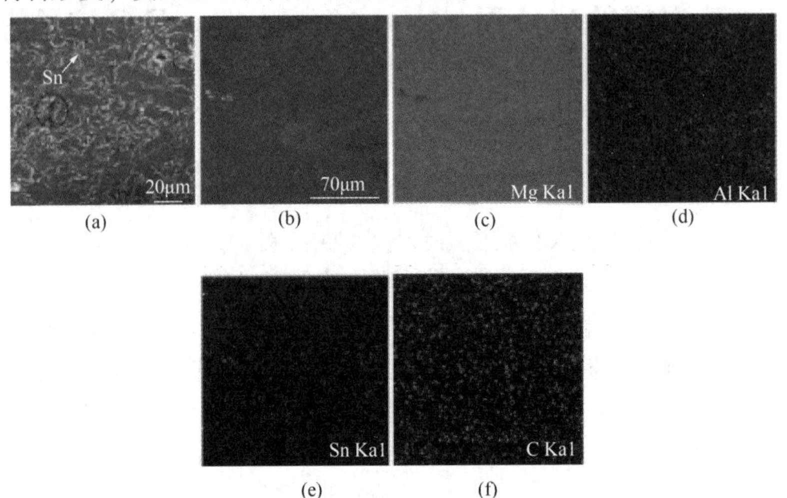


图 5.15 (a)Mg-1Al-1Sn-0.18GNPs 复合材料的 SEM 图像；(b-f)Mg-1Al-1Sn-0.18GNPs 复合材料的 X-射线面分布；(b)Mg-1Al-1Sn-0.18GNPs 复合材料的面分析选区；(c)镁的 X-射线面分布；(d)铝的 X-射线面分布；(e)锡的 X-射线面分布；(f)碳(石墨烯纳米片)的 X-射线面分布[61]

### 5.5.4 力学表征

Mg-1Al-1Sn 合金与 Mg-1Al-1Sn-0.18GNPs 复合材料的机械性能列于表 5.6，同时示于图 5.16。Mg-1Al-1Sn 合金的 0.2%屈服强度为 161MPa，极限抗拉强度(UTS)达到 236MPa，失效应变(FS)为 16.7%。将 0.18wt%石墨烯纳米片(GNPs)加入 Mg-1Al-1Sn 合金后，0.2%屈服强度和极限抗拉强度均得到提升。相对于 Mg-1Al-1Sn 合金而言，Mg-1Al-1Sn-0.18GNPs 复合材料的 0.2%屈服强度和极限抗拉强度得到了最大改善，提高值分别为+29.2%和+14%。不过，加入石墨烯纳米片会对合金的塑性产生负面影响。失效应变从 16.7 降低至 10.9%，这可以归结于石墨烯纳米片聚集成簇造成的结果。

复合材料的强度得到了提升，这可以归因于基本强化机制。由于石墨烯与 Mg-1Al-1Sn 合金在热膨胀系数(CTE)与弹性模量(E)上存在显著差异，在界面处发生了棱柱位错钉扎，从而导致复合材料的强度提升。因热膨胀系数差异造成复合材料在屈服强度上的提高值($\Delta\sigma_{\text{CTE}}$)可以由下式来表达[62,63]：

$$\Delta\sigma_{\text{CTE}} = aGb\sqrt{12\Delta T\Delta C f_{\nu}/bd_{\text{p}}} \tag{5.2}$$

式中：$\Delta\sigma_{\text{CTE}}$是由于热膨胀系数造成的屈服强度变化；$\alpha$ 是一个常数(其值为 1.25)；$G$ 是 Mg 基体的剪切模量($1.66\times10^{4}$ MPa)；$b$ 是基体的伯格斯矢量(Burgers vector)(镁的此值为 $3.21\times10^{-10}$m)；$\Delta T$ 是温度的变化；$\Delta C$ 是基体与补

强剂在热膨胀系数上的差异（$Mg$ 的热膨胀系数值是 $2.61\times10^{-5}\,K^{-1}$）；$f_v$是补强剂的体积分数；$d_p$是补强剂的平均粒度。

表 5.6　室温机械性能[61]

| 材　　料 | 0.2%屈服强度/MPa | 极限抗拉强度/MPa | 失效应变/% |
|---|---|---|---|
| Mg-1Al-1Sn | 161±04 | 236±5.1 | 16.7±03 |
| Mg-1Al-1Sn-0.18GNPs | 208±5.3 | 269±03 | 10.9±3.4 |

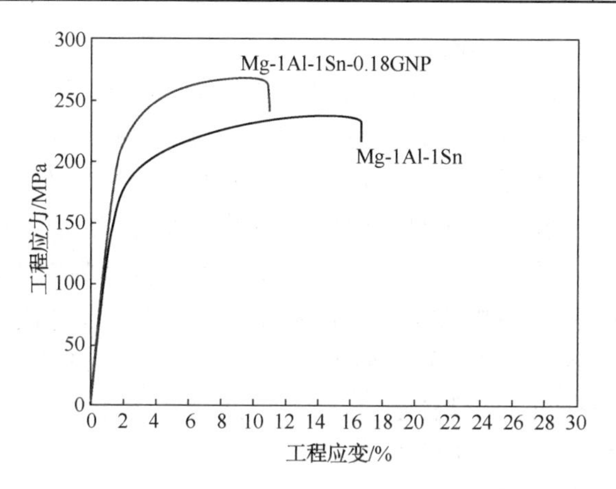


图 5.16　Mg-1Al-1Sn 合金与 Mg-1Al-1Sn-0.18GNPs
复合材料的拉伸测试，即应力-应变曲线[61]

奥罗万环[33]在强化机制中也起到了重要作用，由于插入亚微米或纳米级的粒子（石墨烯纳米片）造成位错的运动受限，从而发生强化现象。除了粒径以外，补强粒子的均匀分散也是重要的考量，只有确定了这两项参数，才能以尽可能多的（石墨烯纳米片）粒子促进强化机制[64]。加入石墨烯纳米片粒子导致在每一粒子周围（因位错避让并绕过该粒子而）生成残余位错环（dislocation loops），这就产生了一种反向应力，可以防止位错迁移，并使屈服应力提高。复合材料的屈服强度增加是由于奥罗万环作用的结果，$\Delta\sigma_{\mathrm{Orowan}}$可以由下式表达[65]。（位错环是晶体中的一种环形刃位错线。一般的刃位错是一种贯穿整个晶体的一种线状晶体缺陷，而位错环是构成环状的一种晶体缺陷。位错环的形成机理：在温度较高时，晶体中有较多的空位（热缺陷），当许多空位结合在一起时即成为一个较大的空隙；当空隙一塌陷，就在晶体中产生出环形的刃位错线，即位错环-译者注）。

$$\Delta\sigma_{\mathrm{Orowan}}=\frac{0.13Gb}{d_{\mathrm{p}}\left[\left(\frac{1}{2f_{\mathrm{v}}}\right)^{1/3}-1\right]}\ln\left(\frac{d_{\mathrm{p}}}{2b}\right) \tag{5.3}$$

采用剪切滞后模型可以解释自基体至补强剂的载荷转移现象[34,66]。载荷自基体转移至补强剂的过程主要取决于基体与补强剂之间的界面结合，其中涉及到界面剪切应力。由于载荷转移，复合材料的屈服强度得到提高，所得增量 $\Delta\sigma_{LT}$ 可以由下式来估算[62,67]：

$$\Delta\sigma_{LT}=\frac{f_v\sigma_m}{2} \tag{5.4}$$

式中：$\sigma_m$是基体的屈服强度。

相对于 Mg-1Al-1Sn 合金，复合材料抗拉强度的最大提高值只有+29.2%。抗拉强度之所以提高不多的可能原因是大多数石墨烯纳米片(GNPs)并没有沿着(面外)拉伸方向规则排列，而且石墨烯的面外强度(即，相邻层原子间的弱物理结合)大大低于面内强度(即，同一层内相邻原子间的强化学结合)。

表 5.7 列出 Mg-1Al-1Sn-0.18GNPs 复合材料的抗拉强度与以前研究结果的比较。从表中数据可以得知，与 AZ91 和 AZ31 合金相比较，Mg-1Al-1Sn-0.18GNPs 的塑性是相当优异的，尽管前两种合金是以大体积分数碳纳米管(CNTs)补强的[68,69]。同样，与纳米粒子(SiC、$Y_2O_3$)补强的 Mg 及其合金相比较，Mg-1Al-1Sn-0.18GNPs 复合材料的强度与塑性也是非常优异的[70-72]。根据我们当前与早期的研究工作可知，加入低含量的石墨烯纳米片(GNPs)是极为有利的，因为纳米级补强剂的低体积分数不会对镁复合材料的密度产生明显影响。这一比较也说明，本项研究已经成功地开发出了较好的加工技术以及复合材料[73-75]。

**表 5.7 Mg-1Al-1Sn-0.18GNPs 复合材料的机械性能与早期研究数据的比较[61]**

| 材料 | 0.2%屈服强度/MPa | 极限抗拉强度/MPa | 失效应变/% | 参考文献 |
|---|---|---|---|---|
| Mg-1Al-1Sn | 161±04 | 236±5.1 | 16.7±03 | 本工作 |
| Mg-1Al-1Sn-0.18GNPs | 208±5.3 | 269±03 | 10.9±3.4 | 本工作 |
| AZ91-3CNT | 284±6 | 361±9 | 3±2a | [68] |
| AZ31-0.95CNT | 253±5 | 380±5 | 5±3 | [69] |
| Mg-21.3SiC | 128±2 | 176±2 | 1.4±0 | [70] |
| AZ91-10SiC | 135 | 152 | 0.8① | [71] |
| Mg-2.0$Y_2O_3$ | 162±10 | 227±11 | 7.0±0.5a | [72] |

①塑性值。

### 5.5.5 结论

采用半粉末冶金法成功地合成出 Mg-1Al-1Sn-0.18GNPs 复合材料。所制复合材料在机械性能上获得显著改善。这一改善可以归结于各组分在热膨胀系数与弹性模量上显著不匹配而产生的位错。由于石墨烯纳米片(GNPs)的高比表面和(褶皱表面造成的)高黏附力，载荷转移机制在基本强化机制中起到了极为重要的作用，从而提高了复合材料的强度。

## 致 谢

本工作获得中国国家自然科学基金(No. 50725413)、中国科学技术部(MOST)(No. 2010DFR50010 和 2011FU125Z07)以及重庆科学与技术委员会(CSTC2013JCYJC60001)的支持。

## 参 考 文 献

1. E. Aghion, B. Bronfin, F. Buch, S. Schumann, H. Friedrich, Newly developed magnesium alloys for power train applications, *JOM*, 2003, 55: 30-33.

2. J. Jain, P. Cizek, W. J. Poole, M. R. Barnett, Precipitate characteristics and their eff ect on the prismatic-slip -dominated deformation behaviour of an Mg-6 Zn alloy, *Acta Materialia*, 2013, 61: 4091-4102.

3. B. -T. Lin, C. -C. Kuo, Application of an integrated RE/RP/CAD/CAE/CAM system for magnesium alloy shell of mobile phone, *Journal of Materials Processing Technology*, 2009, 209: 2818-2830.

4. S. G. Fishman, Interfaces in Composites, *Journal of Metals*, 1986, 38: 26-27.

5. Y. Flom, R. J. Arsenault, Deformation of SiC/Al Composites, *JOM*, 1986, 38: 31-34.

6. Y. Flom and R. J. Arsenault, Temperature eff ect on fracture behaviour of an alumina particulate-reinforced 6061-aluminium composite, *Mater. Sci. Eng.*, 1986, 77: 191-196.

7. M. A. H Howes, Ceramic - Reinforced MMC Fabricated by Squeeze Casting, JOM, 1986, 38: 28-29.

8. A. Mortensen, M. N. Gungor, J. A. Cornie, M. C. Flemings, Alloy Microstructures in Cast Metal Matrix Composites, JOM, 1986, 38: 30-35.

9. A. Mortensen, J. A. Cornie, M. C. Flemings, Solidifi cation Processing of Metal - Matrix Composites, JOM, 1988, 40: 12-19.

10. V. C. Nardone, K. M. Prewo, On the strength of discontinuous silicon carbide reinforced aluminum composites, *Scripta Metallurgica*, 1986, 20: 43-48.

11. T. W. Chou, A. Kelly, A. Okura, Fibre-reinforced metal-matrix composites, *Composites*, 1985, 16: 187-206.

12. A. P. Divecha, S. G. Fishman, Mechanical Properties of Silicon Carbide Reinforced Aluminum, in: in Proc. 3rd Int. Conf. on Composite Materials, 1979, 3: 351-356.

13. H. J. Rack, Processing and Properties of Powder Metallurgy Composites edited by P. Kumar, K. Vedula and A. Ritter, Th e Metallurgical Society, 1988, pp. 155-158.

14. S. R. Nutt, Defects in Silicon Carbide Whiskers, *J. Amer. Ceram. Soc.*, 1984, 67: 428-431.

15. A. P. Divecha, S. G. Fishman, S. D. Karmaker, Silicon Carbide Reinforced Aluminum - A Formable Composite, *Journal of Metals*, 1981, 33: 12-17.

16. C. R. Crowe, R. A. Gray, D. F. Hasson, Proceedings of the 5th International Conference in Composite Materials edited by W. Hanrigaan, J. Strife and A. K. Dhingra, Th e Metallurgical Society of

AIME, 1985, pp. 843.

17. S. V. Nair, J. K. Tien, R. C. Bates, SiC - reinforced Aluminum Metal Matrix Composites, *Int. Met. Rev.* , 1985, 30: 275-290.
18. A. Mortensen, J. A. Cornie, M. J. C. Flemings, Solidifi cation Processing, *Met. Trans. A*, 1988, 19A: 709-712.
19. A. A. Balandin, S. Ghosh, W. Bao, I. Calizo, D. Teweldebrhan, F. Miao, C. N. Lau, Superior Th ermal Conductivity of Single-Layer Graphene, *Nano Letters*, 2008, 8: 902-907.
20. K. I. Bolotin, K. J. Sikes, Z. Jiang, M. Klima, G. Fudenberg, J. Hone, P. Kim, H. L. Stormer, Ultrahigh electron mobility in suspended graphene, *Solid State Communications*, 2008, 146: 351-355.
21. C. Lee, X. Wei, J. W. Kysar, J. Hone, Measurement of the Elastic Properties and Intrinsic Strength of Monolayer Graphene, *Science*, 2008, 321: 385-388.
22. B. G. Demczyk, Y. M. Wang, J. Cumings, M. Hetman, W. Han, A. Zettl, R. O. Ritchie, Direct mechanical measurement of the tensile strength and elastic modulus of multiwalled carbon nanotubes, *Materials Science and Engineering*: *A*, 2002, 334: 173-178.
23. M. Fang, K. Wang, H. Lu, Y. Yang, S. Nutt, Covalent polymer functionalization of graphene nanosheets and mechanical properties of composites, *Journal of Materials Chemistry*, 2009, 19: 7098-7105.
24. J. Liang, Y. Huang, L. Zhang, Y. Wang, Y. Ma, T. Guo, Y. Chen, Molecular - Level Dispersion of Graphene into Poly( vinyl alcohol) and Eff ective Reinforcement of their Nanocomposites, *Advanced Functional Materials*, 2009, 19: 2297-2302.
25. L. Jiang, X. -P. Shen, J. -L. Wu, K. -C. Shen, Preparation and characterization of graphene/poly( vinyl alcohol) nanocomposites, *Journal of Applied Polymer Science*, 2010, 118: 275-279.
26. M. Rafi ee, J. Rafi ee, Z. Wang, H. Song, Z. -Z. Yu, N. Koratkar, Enhanced Mechanical Properties of Nanocomposites at Low Graphene Content, *ACS Nano*, 2009, 3: 3884-3890.
27. T. Hertel, R. E. Walkup, P. Avouris, Deformation of carbon nanotubes by surface van der Waals forces, *Physical Review B*, 1998, 58: 13870-13873.
28. L. Y. Jiang, Y. Huang, H. Jiang, G. Ravichandran, H. Gao, K. C. Hwang, B. Liu, A cohesive law for carbon nanotube/polymer interfaces based on the van der Waals force, *Journal of the Mechanics and Physics of Solids*, 2006, 54: 2436-2452.
29. M. Rashad, F. Pan, A. Tang, M. Asif, J. She, J. Gou, J. Mao and H. Hu, Development of magnesium - graphene nanoplatelets composite, *Journal of composite materials*, 2014, DOI: 10. 1177/0021998313518360.
30. C. S. Goh, J. Wei , L. C. Lee, M. Gupta, Development of novel carbon nanotube reinforced magnesium nanocomposites using the powder metallurgy technique, *Nanotechnology*, 2006, 17: 7-12.
31. E. Carreno - Morelli, J. Yang, E. Couteau, K. Hernadi , J. W. Seo, C. Bonjour, L. Forro, R. Schaller, Carbon nanotube/magnesium composites. *Phys. Stat. Sol.* ( a ) , 2004, 201: R53- R55.

32. R. J. Arsenault, N. Shi, Dislocation generation due to diff erences between the coefficients of thermal expansion, *Mater. Sci. Eng.* , 1986, 81(c): 175-187.
33. E. Z. Orowan, Th e crystal plasticity. III: About the mechanism of the sliding, *Phys.* 1934, 89 (9-10): 634-659.
34. T. W. Clyne, An Introduction to Metal Matrix Composites, Cambridge, Cambridge University Press;, 1995, p. 26-43.
35. M. Gupta, M. O. Lai, D. Saravanaranganathan, Synthesis, Microstructure and Properties Characterization of Disintegrated Melt Deposited Mg/SiC Composites, *J. Mater. Sci.* , 2000, 35: 2155-2165.
36. P. E. Holden, R. Pilkington, G. W. Lorimer, J. F. King, T. E. Wilks, The Institute of Materials, Proceedings of 3rd international magnesium conference, London, 1997. pp. 647-62.
37. S. Iijima, Helical microtubules of graphitic carbon, *Nature*, 1991, 354: 56-58.
38. K. S. Novoselov, A. K. Geim, S. V. Morozov, D. Jiang, Y. Zhang, S. V. Dubonos, I. V. Grigorieva, A. A. Firsov, Electric Field Eff ect in Atomically Th in Carbon Films, *Science*, 2004, 306: 666-669.
39. A. K. Geim, K. S. Novoselov, Th e rise of graphene, *Nature Materials*, 2007, 6: 183-191.
40. C. Lee, X. Wei, J. W. Kysar, J. Hone, Measurement of the Elastic Properties and Intrinsic Strength of Monolayer Graphene, *Science*, 2008, 321: 385-388.
41. B. G. Demczyk, Y. M. Wang, J. Cumings, M. Hetman, W. Han, A. Zettl, R. O. Ritchie, Direct mechanical measurement of the tensile strength and elastic modulus of multiwalled carbon nanotubes, *Materials Science and Engineering: A*, 2002, 334: 173-178.
42. M. Rashad, F. Pan, A. Tang, M. Asif, M. Aamir, Synergetic effect of graphene nanoplatelets (GNPs) and multi-walled carbon nanotube (MWCNTs) on mechanical properties of pure magnesium, *Journal of Alloys and Compounds*, 2014, 603: 111-118.
43. A. C. Ferrari, J. Robertson, Interpretation of Raman spectra of disordered and amorphous carbon, *Physical Review B*, 2000, 61: 14095-14107.
44. A. C. Ferrari, J. C. Meyer, V. Scardaci, C. Casiraghi, M. Lazzeri, F. Mauri, S. Piscanec, D. Jiang, K. S. Novoselov, S. Roth, A. K. Geim, Raman Spectrum of Graphene and Graphene Layers, *Physical Review Letters*, 2006, 97: 187401.
45. A. C. Ferrari, J. Robertson, Resonant Raman spectroscopy of disordered, amorphous, and diamondlike carbon, *Physical Review B*, 2001, 64: 075414.
46. I. Calizo, A. A. Balandin, W. Bao, F. Miao, C. N. Lau, Temperature Dependence of the Raman Spectra of Graphene and Graphene Multilayers, *Nano Letters*, 2007, 7: 2645-2649.
47. M. Russell-Stevens, R. Todd, M. Papakyriacou, Microstructural analysis of a carbon fi bre reinforced AZ91D magnesium alloy composite, *Surface and Interface Analysis*, 2005, 37: 336-342.
48. M. -Y. Shen, T. -Y. Chang, T. -H. Hsieh, Y. -L. Li, C. -L. Chiang, H. Yang, M. -C. Yip, Mechanical Properties and Tensile Fatigue of Graphene Nanoplatelets Reinforced Polymer Nanocomposites, *Journal of Nanomaterials*, 2013, 2013, 9-14.
49. V. Singh, D. Joung, L. Zhai, S. Das, S. I. Khondaker, S. Seal, Graphene based materials:

Past, present and future, *Progress in Materials Science*, 2011, 56: 1178-1271.

50. S. -Y. Yang, W. -N. Lin, Y. -L. Huang, H. -W. Tien, J. -Y. Wang, C. -C. M. Ma, S. -M. Li, Y. -S. Wang, Synergetic effects of graphene platelets and carbon nanotubes on the mechanical and thermal properties of epoxy composites, Carbon, 2011, 49: 793-803.
51. R. E. Reed-Hill, Physical metallurgy principles, D. Van Nostrand: Princeton, 1964, 95-97.
52. L. E. Murr, Interfacial phenomena in metal and alloys, Addison Wesley: Massachusetts, 1975.
53. W. F Gale, T. C. Totemeier, Smithells metal reference book, Butterworth - Heinemann, Elsevier, 2004.
54. N. Eustathopoulos, M. G. Nicholas, D. Beatrice, Wettability at high temperatures, Amsterdam, Elsevier, 1999.
55. J. L. Murray (Ed.), Phase Diagrams of Binary Titanium Alloys, ASM International, 1998.
56. S. Sankaranarayanan, S. Jayalakshmi, M. Gupta, Eff ect of individual and combined addition of micro/nano- sized metallic elements on the microstructure and mechanical properties of pure Mg, Materials and Design, 2012, 37: 274-284.
57. S. Sankaranarayanan, S. Jayalakshmi, M. Gupta, Eff ect of ball milling the hybrid reinforcements on the microstructure and mechanical properties of Mg-(Ti + n-Al2O3) composites, Journal of Alloys and Compounds. 2011, 509: 7229-7237
58. M. Rashad, F. Pan, A. Tang, Y. Lu, M. Asif, S. Hussain, J. She, J. Gou, J. Mao, Eff ect of graphene nanoplatelets (GNPs) addition on strength and ductility of magnesium-titanium alloys, Journal of Magnesium and alloys, 2013, 1: 242-248.
59. C. J. Smithells, in: Metals Reference Book, 7th Edition, Butterworth - Heinemann, London, 1992, p. 14-4, see also 14-5, 15-2, 15-3 and 22-51. 5 .
60. Jae-Ung Lee, Duhee Yoon, and Hyeonsik Cheong. Estimation of Young's Modulus of Graphene by Raman Spectroscopy, Nano Lett., 2012, 12 (9): 4444-4448.
61. M. Rashad, F. Pan, M. Asif, A. Tang, Powder metallurgy of Mg-1%Al-1%Sn alloy reinforced with low content of graphene nanoplatelets (GNPs), Journal of Industrial and Engineering Chemistry, 2014, http://dx.doi.org/10.1016/j.jiec.2014.01.028.
62. J. W. Luster, M. Th umann, R. Baumann, Mechanical properties of aluminium alloy 6061-Al 2O 3 composites, Materials Science and Technology, 1993, 9: 853-862.
63. W. S. Miller, F. J. Humphreys, Strengthening mechanisms in particulate metal matrix composites, Scripta Metallurgica et Materiala, 1991, 25: 33-38.
64. R. M. German, Powder metallurgy science, Metal Powder Industries Federation, Princeton (NJ), USA, 1994.
65. Z. Zhang, D. L. Chen, Consideration of Orowan strengthening eff ect in particulate - reinforced metal matrix nanocomposites: A model for predicting their yield strength, Scripta Materialia, 2006, 54: 1321-1326.
66. T. Clyne, An Introduction to Metal Matrix Composites, Cambridge University Press, 1995.
67. R. M. Aikin Jr, L. Christodoulou, Th e role of equiaxed particles on the yield stress of composites, *Scripta Metallurgica et Materialia*, 1991, 25: 9-14.

68. Y. Shimizu, S. Miki, T. Soga, I. Itoh, H. Todoroki, T. Hosono, K. Sakaki, T. Hayashi, Y. A. Kim, M. Endo, S. Morimoto, A. Koide, Multi - walled carbon nanotube - reinforced magnesium alloy composites, *Scripta Materialia*, 2008, 58: 267-270.

69. K. Kondoh, H. Fukuda, J. Umeda, H. Imai, B. Fugetsu, M. Endo, Microstructural and mechanical analysis of carbon nanotube reinforced magnesium alloy powder composites, *Materials Science and Engineering*: *A*, 2010, 527: 4103-4108.

70. M. Gupta, M. O. Lai, D. Saravanaranganathan, Synthesis, microstructure and properties characterization of disintegrated melt deposited Mg/SiC composites, *Journal of Materials Science*, 2000, 35: 2155-2165.

71. A. Rudajevova, P. Lukaĉ, Thermal strain in Mg composites, *Acta Materialia*, 2003, 51: 5579-5586.

72. C. S. Goh, J. Wei, L. C. Lee, M. Gupta, Properties and deformation behaviour of Mg - Y2O3 nanocomposites, *Acta Materialia*, 2007, 55: 5115-5121.

73. M. Rashad, F. Pan, A. Tang, M. Asif, Improved strength and Ductility of Magnesium with addition of Aluminum and Graphene Nanoplatelets (Al+GNPs) using semi powder metallurgy method, *Journal of Industrial and Engineering Chemistry*, 2014, http: //dx. doi. org/doi: 10. 1016/j. jiec. 2014. 08. 024.

74. M. Rashad, F. Pan, A. Tang , M. Asif, Eff ect of Graphene Nanoplatelets addition on mechanical properties of pure aluminum using a semi-powder method, *Progress in Natural Science*: *Materials International*, 2014, 24: 101-108.

75. M. Rashad, F. Pan, M. Asif, S. Hussain, M. Saleem, Improving properties of Mg with Al - Cu additions, *Materials Characterizations*, 2014, 95, 140-147.

# 第 6 章　储能用石墨烯及其衍生物

*Malgorzata Aleksandrzak*，*Ewa Mijowska*

**摘　要**：凭借其卓越的电、机械与热性能，石墨烯与石墨烯基材料不负众望，一跃成为改善能量存储设备(如锂电池和超级电容)性能的完美候选材料。数据证明，石墨烯提高了锂电池的电导率、充电率、能量容量，并减小了电极材料的体积膨胀。此外，石墨烯基超级电容器展现了高存储容量、快速能量释放、快速充电时间和长使用寿命。本章将综述制备石墨烯及其衍生物的一些方法，其中不乏应用最为广泛的一些策略，另外，本章也重点介绍了这些复合材料在锂-离子电池、锂-空气电池与锂-硫电池以及超级电容器等诸领域的应用。

**关键词**：石墨烯基纳米复合材料；能量存储；锂电池；超级电容器

## 6.1　前言

对于科学家与工程师们来说，开发储能与发电使用的设备以及相关材料是满足未来全球能量需求的重大课题[1]。可充电式的锂基电池与超级电容器被认为是能量-效益型、环境友好设备的最佳选择。作为主供电源，锂电池占据了便携式设备市场的主导地位，原因就在于这类电池具有高能量密度、高输出电压、长使用寿命以及环境友好的特点[2]。作为锂电池(LIBs)的阳极材料，石墨通常用作标准电极，因为在嵌锂电位下，石墨能够可逆充电与放电，且比容量亦十分适当(理论值为 372mAh/g)。随着人们对高能量密度电池的需求日益增长，许多研究工作仍然一直在探索新型电极材料，或设计电极材料的新型纳米结构，以满足当前之需[3]。在众多的碳质材料当中，石墨烯及其衍生物脱颖而出，最有希望成为锂电池的电极替代材料，因为这些材料具有优异的电导率(与石墨相比)、高表面积(超过 $2600m^2/g$)、高化学耐受性和相当宽的电化学窗口，十分有利于在能量技术领域的新型应用。

作为新一代能量存储设备，超级电容器具有大功率密度、优异的循环寿命以及低维护成本，可以用作混合动力车、记忆型电容器和其他设备的应急电源，因而倍受人们青睐。一般情况下，超级电容器的能量密度低于电池[4]。有三种主要类型的材料可以用于超级电容器电极，即碳质材料、过渡金属氧化物和导电聚合物。碳质材料主要用于双电层电容器(EDLC)，在这类电容器中，电荷存储过程属于非-法拉弟类型(non-Faradaic)，而且能量存储属于静电式的。对于过渡金属氧化物而言，能量存储机制主要是法拉第式的，其可以实现大赝电容(pseudocapacitance)[5]。但这类材料的电导率相对较低，而且稳定性也不佳，通常需要加入导电相方能克服这两种弊端。相比之下，石墨烯呈现了出色的本征性能，作为颇具前景的材料已经崭露头角，完全可以用于超级电容器。此外，石墨烯与赝电容性金属氧化物组合后产生的协同效应可以进一步改善超级电容的电化学性能，因为金属氧化物的氧化还原反应与石墨烯的高表面积/电导率发挥了优势互补的作用[5]。

## 6.2 锂电池中的石墨烯

锂电池是锂离子设备，是由阳极、电解液与阴极组成的。当充电时，锂离子从阴极材料脱嵌，穿过电解液并嵌入阳极材料。在放电时，则经历反转过程。因为再充电是通过锂离子在电极中的嵌入/嵌脱过程完成的，故两种电极材料的性质对于电池的性能是至关重要的[1]。石墨烯以其卓越的电子转移行为与独特的二维表面，理所当然地被业内人士选作为潜在的电极材料，以期改进锂电池的性能，包括锂-离子电池、锂-硫电池与锂空气电池[6-9]。

### 6.2.1 锂离子电池

锂-离子电池(LIB)包括阳极、电解液与阴极，是一种锂离子诱导的供电设备。LiBs的能量密度与性能主要取决于阳极材料的物理与化学性能。人们一直期望获得较高能量密度与较佳性能的电池，为了满足这种日益增长的需求，许多探索性研究也常常将其主要目标确定为设计阳极电极材料的新型纳米结构[10]。最近，石墨烯基材料进入了人们的视野并立即受到格外关注，因为这种材料具有出色的锂存储性能，故可作为LIBs中的高容量阳极材料。人们认为，锂离子可以吸附于石墨烯片的两个平面，以硬碳形式排列成“纸牌屋”，在$Li_2C_6$形成之后，便可以构建每一石墨烯片对两层锂的理想架构，其理论容量可以达到744mAh/g[11-15]。此外，数据也表明，石墨烯有能力克服电极材料原有的一些弊端，如体积膨胀、低电导率、低倍率特性与容量衰减等[16]。

Uthaisar等[17]采用密度泛函理论研究了Li原子在平面石墨烯表面上的吸附与扩散。(密度泛函理论是一种研究多电子体系电子结构的量子力学方法。密度泛函理论在物理和化学上都有广泛的应用，特别是用来研究分子和凝聚态的性质，是凝聚态物理和计算化学领域最常用的方法之一－译者注)。他们证明，当石墨烯的维数降低到准一维时，就会出现扶手椅和锯齿状边缘。他们指出，这些边缘的存在影响了碳材料对 Li 吸附原子(Li adatoms)的吸附反应性以及碳材料的扩散性质。这些性质强烈地取决于边缘的具体形态。实验结果表明，Li 吸附原子将向边缘扩散，而 Li 扩散通道是沿着带轴出现的。就大多数已研究过的扩散路径而言，其能垒低于石墨烯中间的相应值。这一影响对于边缘来说是特别显著的，边缘处的能垒比石墨烯中间的相应值至少要低 0.15 eV，因此，在室温下可使扩散系数增加两个数量级。研究结果表明，以这些材料制成的电极应当能够提高 Li-离子电池的功率。

单个 Li 原子在石墨烯上的吸附能高于体相 Li；因此，在热力学的限度内，Li 原子应当倾向于聚集成大团簇，而不是各自吸附在石墨烯上。不过，由于小团簇的高表面能，应当存在一个成核势垒[18-20]。Liu 等采用第一性原理(first principles)计算研究了 Li 团簇的形成过程，并发现 Li 成核势垒强烈地取决于 Li 离子在石墨烯上的浓度[20]。(根据原子核和电子互相作用的原理及其基本运动规律，运用量子力学原理，从具体要求出发，经过一些近似处理后直接求解薛定谔方程的算法，习惯上称为第一性原理 - 译者注)。在一定的浓度下，这个成核势垒防止了相分离的发生。位于石墨烯之上的这些团簇的电子结构表明，定域于 Li 团簇内部的低能电子大概是成核的驱动力。

Pan 等[21]研究了石墨烯纳米片处于高度无序状态时的 Li 存储性质，并且将其视为最有希望用于高容量 Li 离子电池的材料，因为这种材料具有异常高的可逆容量(794~1054 mAh/g)以及良好的循环稳定性。他们通过不同的还原方法制备了结构参数可调的石墨烯纳米片；确定了关键性的结构参数，即 D 带与 G 带的拉曼强度比，用以评价可逆容量。无序石墨烯纳米片的这一容量得到了提高，可以认为，这主要归因于另外出现的可逆存储位点，如边缘与其他缺陷。表面结构缺陷可以形成固态电解质中间相(solid electrolyte interphace)与额外的 Li 离子阱，而内部与边缘结构缺陷可导致可逆容量。(在锂离子电池首次充、放电过程中，电极材料与电解液在固液相界面上发生反应，形成一层覆盖于电极材料表面的钝化层，这种钝化层是一种界面层，具有固体电解质的性质，是电子的绝缘体却是离子的良导体，被称作固体电解质中间相，简称 SEI 膜 - 译者注)。Kuo 等也研究了还原态氧化石墨烯的 Li 存储性能，所用样品是通过可控热还原与化学还原法制备的[22]。在 300℃ 下热还原的氧化石墨烯获得了最高的放电与充电容量，分别达到 2080 mAh/g 和 1285 mAh/g。他们发现，还原态氧化石墨烯的可逆容量之所以得到提高主要是因为一些特殊的官能团，比如电势高于 1.5 V 的酚基和电势位于 0.8~1.5 V 区间的环状边缘醚基。此外，某些官能团，如羧基、内酯和羰基，并不发生可逆的锂化/脱锂过程。Ha 等研究了载有不同数量表面氧官能团的还原态氧化石墨烯，样品是通过控制热还原过程而制备的，其实验目的是用作锂离子电池的阴极材料[23]。他们发现，当C/O比增加时(表面氧官能团的数量减少)质量比容量(gravimetric capacity)表现出系统性降低，这就证明了氧官能团在锂离子与功能化碳之间的法拉第反应中发挥了作用。所述氧官能团是C-OH和碳-氧双键(羰基与羧基)以及所有与锂离子相互作用的那些基团。(比容量有两种，一种是质量比容量，即单位质量的电池或活性物质所能放出的电量；另一种是体积比容量，即单位体积的电池或活性物质所能放出的电量。电量可以以库仑计，也可以以mAh或Ah计，或以法拉第计-译者注)。接下来，Lian等研究了作为Li离子电池阳极材料的高质量石墨烯[24]。这些石墨烯片取自氧化石墨，是在1050℃的氮气氛下以快速剥离法制取的。在100 mA/g的电流密度下，首次可逆放电与充电比容量分别达到了2035 mAh/g和1264 mAh/g。甚至在500 mA/g的高电流密度下，可逆比容量仍保持在718 mAh/g。在40次循环之后，在100 mA/g电流密度下的可逆容量仍然保持在848 mAh/g。

Chakraborti等引用密度泛函理论研究了胺-功能化石墨烯(AFG)上的Li吸附[25]。该项研究揭示出，锂易于吸附在AFGs而不是原始石墨烯上，吸附能与脱附能随着功能化程度的增加而提高。另一方面，锑掺杂的AFGs是通过产生缺陷来捕获Li原子的，因此会增加Li吸附能，从而造成Li的解吸路径并不顺畅。这就意味着，只要采用AFG而不是锑掺杂的AFG作为阳极，电池的充电-放电循环以及寿命都有可能得到提高。他们也证明，通过库仑相互作用Li以离子态键合于AFG。在电池的阳极材料中，这种离子成键方式是更优先的。

迄今为止，理论与实验结果均证明，将N、B或S硫原子掺杂入石墨烯平面可以进一步提高其电化学性能与电子转移能力[12]。如今，研究人员正在专注于制造由掺杂石墨烯组成的电极材料，例如，N-掺杂的[26-28]、B-掺杂的[12]、F-掺杂的[29]，以及由石墨烯基复合材料组成的电极材料，例如，Sn-[30-46]、$TiO_2$-[47-52]、Si-[53-57]、Fe-[58-68]、Co-[69-73]、Mn-[74-76]、Mo-[77-78]-改性的石墨烯等[79-84]。

研究证明，与原始石墨烯相比，氮-掺杂的石墨烯(吡啶氮、吡咯氮和石墨氮)展现出高可逆容量、卓越的倍率性能(rate performance)与显著提高的循环稳定性。(倍率性能是指在多种不同倍率充放电电流下表现出的容量大小、保持率和恢复能力，放电电流通常是指恒流放电时设置的电流大小，放电容量指相应恒流充放电下放出的容量大小 - 译者注)。锂嵌入性能之所以得到增强可以归因于通过氮掺杂而在石墨烯膜上诱导的大量表面缺陷，掺杂还导致了无序碳结构的形成。此外，与原始石墨烯电极相比，吡啶氮原子也可以改善N-掺杂石墨烯的可逆容量[26]。

X. Wang等研究了吸附在硼掺杂石墨烯上的Li离子，并展示了Li离子吸附的第一性原理研究结果[12]。他们指出，由于硼掺杂将石墨烯转化成缺电子体系，在硼掺杂中心附近捕获的 Li 离子数目要多于在原始石墨烯中捕获的数目。掺杂于石墨烯(6C 环单元)的一个硼原子可以吸附 6 个 Li 离子，这就表明，硼掺杂的石墨烯是一种有效的 Li-离子存储材料，可用于制造锂电池。进一步的研究表明，在有限的条件下，硼掺杂的石墨烯(BC5)可以在 Li 离子吸附后形成 $Li_6BC_5$ 化合物，与之对应的锂存储容量为 2271 mAh/g，此值是石墨的 6 倍。

有文献报道说，对基于金属或金属氧化物的阳极而言，石墨烯有益于提高其性能。当金属或金属氧化物与 $Li^+$ 反应时，常伴随出现巨大的体积膨胀，这将导致电极破裂，甚至发生粉碎。将纳米粒子嵌入石墨烯纳米片基体之后，柔性的石墨烯纳米片就会缓冲纳米粒子的体积膨胀与收缩。此外，石墨烯也可以用作良好的导电介质，能够在锂化与脱锂化过程中促进电子转移[41]。

Peak 等在 $SnO_2$ 纳米粒子的存在下，通过石墨烯纳米片在乙二醇溶液中的再组装，制造了具有分层结构的纳米孔电极材料[46]。石墨烯纳米片均匀地分布于松散堆积的 $SnO_2$ 纳米粒子之间，以这样一种方式，可以制备出包含有大量孔隙空间的纳米孔结构。纳米孔电极呈现出高达 810 mAh/g 的可逆容量，与裸 $SnO_2$ 相比出现急剧增加。在 30 次循环之后，纳米复合材料的充电容量仍保持为 570 mAh/g，而裸 $SnO_2$ 纳米粒子的比容量在第一次充电时为 550 mAh/g，在 15 次循环之后迅速下降到 60 mAh/g。氧化锡纳米粒子的尺寸因周围的石墨烯而受到限制，因此在锂嵌入时也限制了体积膨胀，$SnO_2$ 与石墨烯之间形成的孔可以作为充电/放电期间的缓冲空间，从而产生了优异的循环特性。Zhou 等以简单方法制备出 Sn 纳米粒子，这些粒度为 5nm 的粒子直接生长并分布于还原态氧化石墨烯的夹层之间[35]。生成的材料证明，Sn-石墨烯纳米复合材料不仅可以作为 Li 离子电池阳极，而且性能卓越。他们指出，含有适量 Sn 的优化电极展现了明显提高的容量，在 100 次循环之后，在 0.1 A/g 的电流密度下可以达到 838.4 mAh/g 的容量，同时还表现出良好的循环稳定性(在 100 次循环后，在 0.5A/g、1A/g、2A/g 和 5 A/g 的电流密度下，容量分别为 684.5 mAh/g、639.7 mAh/g、552.3 mAh/g 和 359.7 mAh/g)。Yang 及其同事采用在石墨烯纳米片上原位生长氧化锡的方法，制造出 $SnO_2$-石墨烯纳米复合材料[44]。这些粒径范围在 5～10nm 的 $SnO_2$ 纳米粒子呈多晶结构，均匀承载于石墨烯纳米片上。在第一次循环中，这些材料在 300 mA/g 的电流密度下呈现了高达 1559.7mAh/g 和 779.7 mAh/g 的充电与放电容量，在第 200 次循环时，比放电容量仍保持在 620 mAh/g。Li 等以 $SnCl_2 \cdot 2H_2O$ 化学还原氧化石墨烯，制备出 $SnO_2$ 与石墨烯比率不同的 $SnO_2$-纳米晶体-石墨烯纳米复合材料[42]。他们指出，较大尺寸的石墨烯片与分散适当的 $SnO_2$ 可以提供较好的 Li 存储性能。他们证明，分散在较大尺寸石墨烯纳米片表面上的 $SnO_2$ 纳米晶体在数量上要少于在较小尺寸石墨烯纳米片表面上的相应值，这样的话，较大的石墨烯纳米片可很容易地限制较少量 $SnO_2$ 的体积膨胀。另一方面，较大尺寸的石墨烯纳米片有助于构建更好的导电网络，从而有益于电子传输。Thomas 及其共同作者比较了相结构与形态不同的氧化锡-石墨烯纳米复合材料的电化学性能[32]。所述纳米复合材料是以两步法制备的。首先，通过微波等离子体 CVD 技术合成出石墨烯。在 600℃衬底温度与氧气氛下，通过锡颗粒的反应性电子束蒸发，完成氧化锡纳米粒子和纳米片的沉积。呈纳米片形态的 SnO 相获得了最高的放电容量与库仑效率。片状形态的氧化锡显示出的可逆容量要高于纳米粒子($SnO_2$相)的氧化锡。在 23μA/cm$^2$的电流密度下，SnO-石墨烯的第一次放电容量为 1393 mAh/g，而 $SnO_2$-石墨烯电极的相应值则为 950 mAh/g。在 40 次循环后，在 23μA/cm$^2$的电流倍率下，SnO-石墨烯电极与 $SnO_2$-石墨烯电极的稳定容量分别达到了大约 1022 mAh/g 和 715 mAh/g。

Radish 等报道称，该团队合成了长度不等的 $MnO_2$纳米线，其沉积于还原态氧化石墨烯(RGO)表面，而且还研究了其作为 Li 离子电池阳极的电化学性能[86]。他们证明，石墨烯已成为 α-$MnO_2$纳米线的导电载体，并且通过改善动力学、传质与电容的组合方式提高了蓄电池的循环特性与电容量性能。由于 RGO 具有在其 π-π 网络中存储电子的能力，他们认为，在电解液中，RGO 在电子与 $Li^+$离子之间起到了动力学促进剂的作用，不仅快速地将存储电子放至嵌入位点，同时也促使 $Li^+$离子迅速扩散至整个电极基体。此外，他们认为，RGO 能够将离子从 $MnO_2$ 晶格中逐出，同时提高结晶度以及 $MnO_2$ 中杂质相的自修复能力。Wang 等报道了以两步法溶液相反应合成 $Mn_3O_4$纳米粒子 - 还原态氧化石墨烯混合物的策略，并且研究了所得材料作为 Li 离子电池阳极的相关性能[74]。他们首先将电池在 40 mA/g 的电流密度下循环 5 次，获得了 900 mAh/g 的稳定比容量。在 400 mA/g 的电流密度下，该容量可以高达 780 mAh/g。甚至在 1600 mA/g 的高电流密度下，其比容量仍可达到 390 mAh/g。在各种电流密度下 40 次充放电循环之后，在 400 mA/g 电流密度下仍然保持了大约 730 mAh/g 的容量，这说明其循环稳定性是相当好的。Jiang 等证明了 MnO/ZnO 空心微米球的电化学性能，这些微球嵌在还原态氧化石墨烯上并作为锂离子电池的高效电极材料[76]。这种混合物是通过一锅式水热合成法(one-pot hydrothermal method)制备的，并随后进行了热处理；在 100mA/g 的电流密度下这种材料的可逆容量达到 660 mAh/g，在 100 次循环后库仑效率为 98%。此外，在 1600 mA/g 的电流密度下保持了大约 207 mAh/g 的比容量，表现出高可逆性与良好的容量保持率。

Hu 及其同事[66]通过原位自组装法制备了 $Fe_3O_4$纳米棒-石墨烯复合材料，其过程包括：将氧化石墨与$(NH_4)_2Fe(SO_4)_2$置于水中并在还原剂肼的作用下进行温和化学还原反应，此外，作者也研究了这种材料作为 Li 离子电池阳极的电化学性能。研究结果表明，与裸 $Fe_3O_4$纳米粒子相比，复合材料展现了显著改进的循环稳定性与优异的额定容量。在 1C(C 是指可充电池的标称容量-译者注)下循环 100 次之后，仍保持了 867 mAh/g 的充电比容量，而容量损失只有 5%。在 5C 的电流密度下，其充电容量为 569 mAh/g。Li 等开发了一种三维复合材料，其方法是将碳壳封装的 $Fe_3O_4$ 纳米粒子固定在还原态氧化石墨烯片上，所得材料在锂离子电池中表现了明显增强的阳极性能[62]。这种材料在首次循环中达到了 952 mAh/g 的比放电容量，在 100 次循环之后相应电容量为 842.7 mAh/g。Behera 采用温和的超声波辅助共沉淀法，合成出单分散的 $Fe_3O_4$ 纳米粒子，然后与氧化石墨烯机械混合，并进行热还原，最后形成了磁铁-石墨烯复合材料[63]。在电流密度为 200mA/g、500mA/g、1000mA/g、2000mA/g 和 4000 mA/g 的条件下，这种混合物的可逆容量分别达到了 1120 mAh/g、1080 mAh/g、1010 mAh/g、940 mAh/g 和 860 mAh/g。这种材料在 1000 次循环之后仍表现了不同寻常的倍率性能、容量保持率与循环稳定性。Zhu 及其同事制备了 $SnO_2$-还原态氧化石墨烯（RGO）和 $SnO_2$-$Fe_2O_3$-RGO 复合材料，发现这些材料的 Li 存储性能与 $SnO_2$：RGO 或 $SnO_2$：$Fe_2O_3$：RGO 的重量比密切相关[31]。他们发现，与 $SnO_2$-RGO 样品相比，三元复合材料 $SnO_2$-$Fe_2O_3$-RGO 的纳米结构表现出显著提高的比容量和循环能力。例如，在第 100 次循环中，$SnO_2$-$Fe_2O_3$-RGO 电极在电流密度为 395 mA/g 的条件下仍达到 958 mAh/g 的比容量。$SnO_2$-$Fe_2O_3$-RGO 电极的这种 Li 存储性能，特别是在高电流密度下（例如，在 5 C 倍率下达 530mAh/g），要远高于 $SnO_2$-基或 $Fe_2O_3$-基电极。作者认为，$SnO_2$-$Fe_2O_3$-RGO 电极的超常 Li 存储性能可能是下述两个因素造成的结果。一般而言，Li 存储性能需要（i）Li 离子在电极中快速而有效的扩散和（ii）单独活性材料组分与集电器之间的可靠电接触，这样才能实现在高电流密度下的高比电容和稳定的循环特性。在 $SnO_2$-$Fe_2O_3$-RGO 复合材料纳米结构中，RGO 片可以作为导电支架，以保持 $SnO_2$-$Fe_2O_3$ 与集电器之间的可靠接触。另一方面，无定形 $Fe_2O_3$ 可以防止 RGO 上的 $SnO_2$ NPs 在充-放电期间发生团聚，以维持大比表面积供 Li 离子嵌入。在 $Fe_2O_3$ 上发生 Li 嵌入的电压要高于 $SnO_2$，因此，在放电过程中，$Fe_2O_3$ 将首先发生锂化并且出现膨胀。这可能有利于形成势垒以防止 $SnO_2$ 出现团聚，如图 6.1 所示。否则的话，$SnO_2$ 的团聚可能阻碍 Li 离子的有效扩散，并且导致可逆容量发生下降，在 $SnO_2$-RGO 样品中就观察到了这种现象。

Wang 等通过氧化石墨的热膨胀制备出石墨烯片，并以锐钛矿和金红石型氧化钛对其进行功能化，然后，再采用功能化的石墨烯研究了 Li 离子嵌入/脱嵌性能[47]。与原始锐钛矿和金红石相比，所得的混合物表现出显著提高的 Li 离子嵌入/脱嵌动力学，特别是在高充电/放电倍率下。Qiu 及其同事以管状钛酸盐作为牺牲性前体（self-sacrificing precursors），通过水热合成法制备出尺寸可调的锐钛矿 $TiO_2$ 纳米杆，然后以自发式自组装法将其密集分散在功能化的氧化石墨烯上[51]。在 $NH_3$ 气流下将混合纳米复合材料热处理之后，$TiO_2$ 表面得到了有效氮

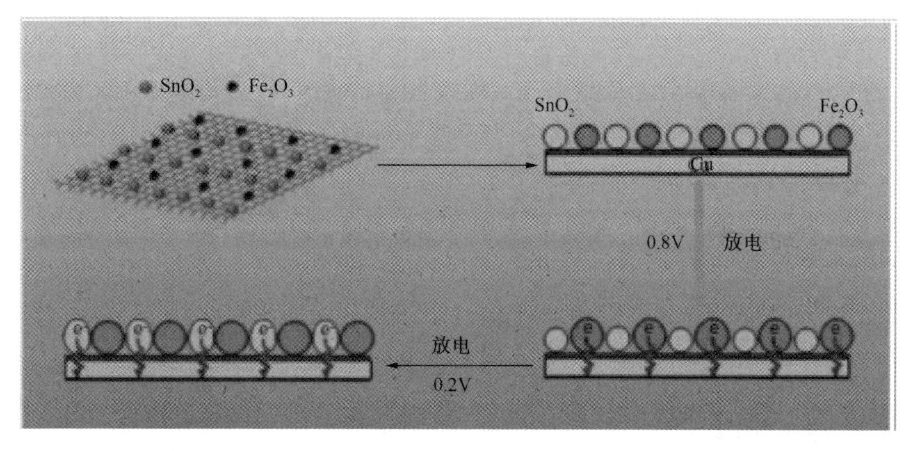


图 6.1　在放电过程中防止 $SnO_2$ 纳米粒子在 $SnO_2$-$Fe_2O_3$-RGO 复合材料中团聚的可能机制[31]

化，氧化石墨烯还原成石墨烯片，旨在进一步加强纳米复合材料的电子功能性。对作为锂-离子电池阳极的这种混合物进行了研究，与纯 $TiO_2$ 纳米杆相比，所述电极显示了卓越的倍率性能与循环特性。这些研究揭示出，在生成的纳米复合材料中，石墨烯纳米片的两个表面均覆盖了($TiO_2$)纳米杆，从而为 $TiO_2$ 纳米粒子的不良电子转移与严重的聚集问题提供了卓有成效的解决方案，因为石墨烯优化了通过导电基体的电子传输并改善了 Li 离子对液体电解质中活性物质的可及性。如此制备的混合物实现了 Li 离子嵌入/脱嵌性能的显著提升，特别是在高充电/放电倍率下。在 C/3 (1C = 168 mA/g)倍率下，纳米复合材料电极的比容量是 175 mAh/g，在 1C 条件下，这一数值缓慢地下降到 166 mAh/g，在 3C 下，降为 150 mAh/g，在 12C 下降为 130 mAh/g，当倍率回复到 C/3 时，此值也恢复至~165 mAh/g。Ding 等设计出一种混合结构，采用的方法是：在石墨烯载体上直接生长超薄锐钛矿型 $TiO_2$ 纳米片，并使其高能晶面(001)暴露在外面，随后，将其作为 Li 离子电池的阳极进行了研究[50]。他们采用了热溶剂法并以氧化石墨烯纳米片作为 $TiO_2$ 生长的载体。然后，在 $N_2/H_2$ 气氛下，氧化石墨烯经过热还原转变成石墨烯。这种混合物在不同的电流倍率下表现出卓越的循环容量保持率。在 120 次充电-放电循环结束时，在 1C(1C = 170 mA/g)的电流倍率下仍保持了 161mA h/g 的可逆容量。当电流倍率升高到 5C 时，还可以实现 125 mAh/g 的容量。当电流倍率进一步升高至 10C 时，其容量只是轻微下降到 119 mAh/g。在电流倍率达到最高的 20C 时，可逆容量仍维持在 107 mAh/g。当电流倍率再回复到 1C 时，180 mAh/g 的稳定容量也得以恢复，这表明样品具有良好的结构稳定性。Zhang 等通过一锅式水热合成工艺(one-pot solvothermal rout)制备出 $TiO_2$-石墨烯混合物，其中尺寸约为~7nm 的超薄 $TiO_2$ 纳米晶体以共涂层的方式涂覆于(大约只有两层的)超薄石墨烯纳米片上。该纳米混合物呈现了很大的可逆

Li 离子存储容量以及卓越的循环稳定性(循环 400 次之后，在 60mA/g 的电流密度下容量为 629 mAh/g)与良好的倍率性能(在 3A/g 的电流密度下为 184 mAh/g)。Mo 及其共同作者报道说，在水-油乳液体系中合成了 $TiO_2$-量子点(6±2nm)-石墨烯复合材料。该混合物显示了杰出的循环稳定性。在 100 次充电-放电循环结束时，在 1C (1C = 170 mA/g)的电流倍率下仍保持了 190 mAh/g 的可逆容量。当电流倍率增加到 5C 时，实现了 161 mAh/g 的容量。非常有意思的是，当倍率进一步提升至 10C 和 50C 时，容量分别可达 145 mAh/g 和 101 mAh/g。重要的是，在将倍率降低至 1C 时，比容量亦恢复到初始值，这表明该混合物具有非常之高的可逆性。

### 6.2.2 锂-氧电池

目前，有人已经制备出一种非质子 Li-氧原型电池(LOB)，其组成包括：Li 金属、水或非水电解液以及 $O_2$电极[89]。可能的阴极机理涉及常被称为氧还原反应(ORR)的如下历程：

$$O_2 + Li^+ + e^- \longrightarrow LiO_2 (3V\ vs.\ Li/Li^+) \tag{6.1}$$

$$2LiO_2 \longrightarrow Li_2O_2 + O_2 \tag{6.2}$$

$$LiO_2 + Li^+ + e^- \longrightarrow Li_2O_2 (3.1\ V\ vs.\ Li/Li^+) \tag{6.3}$$

Ogasawara 已经证明，$Li_2O_2$在充电时经电化学反应分解成 Li 和 $O_2$[91]，相应的析氧反应(OER)是：

$$Li_2O_2 \longrightarrow 2Li^+ + 2e^- + O_2 \tag{6.4}$$

Li-空气电池优于常规的 LIBs，其理论能量密度高出 10 倍，因为作为阳极的锂金属具有的容量比常规石墨阳极高出 10 倍[92,93]。其次，可以很容易地从周围环境吸收作为 Li-空气电池阴极的氧，这意味着可以大大地减少电池的重量与制造成本。不过，在 Li-空气电池的开发中仍然存在几个严重问题。这包括：不良循环寿命、低能量效率和慢充电/放电反应，这些弊端从一开始就制约了 Li-空气电池的实际应用[94]。重要的问题产生于：(i) 充电与放电循环过程中的电压滞后现象，这导致了低能量效率；(ii) 绝缘性锂化相($Li_2O_2$)在形成与分解时的慢反应动力学；(iii) 氧自由基的化学不稳定性[94]。相比之下，石墨烯之所以倍受青睐得益于其在 Li-空气电池应用中表现的优异性能，比如高热导率(5000W/m·K)、高电导率(103~104 S/m )与高比表面积($2630m^2/g$)。石墨烯可以用作电极的一个成分[95]、催化剂[96]、或者催化剂的载体[97]。

Xiao 等开发了一种空气电极，是由分层排列的功能化石墨烯片组成的[98]。材料的示意结构描绘于图 6.2 中。该电极表现出 15000 mAh/g 的超高容量，突出了石墨烯在金属空气体系中的潜在应用。他们认为，有两个关键性因素促成了电极性能的显著提高。一个是石墨烯基空气电极的独特形态，电极中数量众多的隧

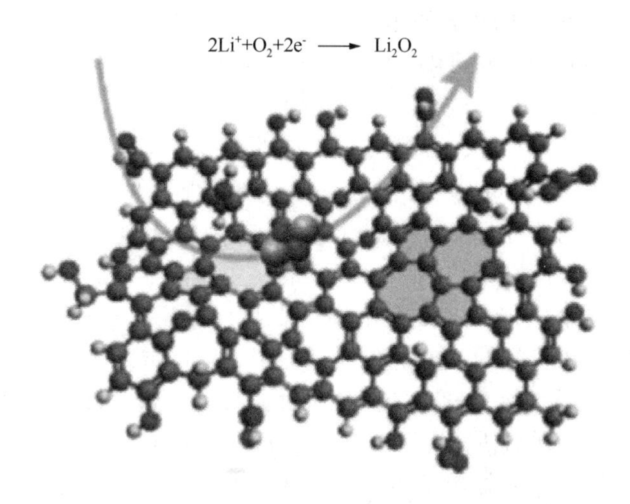


图 6.2 Xiao 等制作的功能化石墨烯片(FGSs)的示意结构[98]。FGSs 上的官能团与晶格缺陷表明环氧基与羟基位于石墨烯平面，而羧基与羟基位于边缘，一个 5-8-5 缺陷(黄色)和一个 5-7-7-5 (Stone-Wales)缺陷(蓝色)。对于成核反应与反应产物(即 $Li_2O_2$)钉扎而言，晶格缺陷位点(比如 5-8-5)是能量上非常有利的位点。(5-8-5 缺陷：即五员环-八员环-五员环构成的缺陷；5-7-7-5 缺陷类同-译者注)

道促进了连续氧流进入空气电极，而其他的小“孔”为氧还原提供了理想的三相区。另一个重要因素与 $Li_2O_2$ 在石墨烯表面上的沉积机理有关。根据密度泛函理论(DFT)计算，在带有官能团的石墨烯上，$Li_2O_2$ 更喜欢在功能化晶格缺陷位点附近处成核并生长，这是因为在 5-8-5 缺陷处沉积的 $Li_2O_2$ 单体之间存在相对较强的相互作用。自由能随 $Li_2O_2$ 簇尺寸发生的变化就表明，在那些缺陷位点附近，$Li_2O_2$ 簇的聚集在能量上是不利的，因此，在功能化的石墨烯片上，沉积的 $Li_2O_2$ 倾向于形成孤立的纳米级“孤岛”，从而进一步保障了在放电过程中实现顺利的氧转移。具有偏好生长点的反应产物在尺寸或厚度上受到限制，这或许也可以改善 Li-空气电池的可充电性，因为它防止了电极阻抗的连续增加，并且能够在充电过程中更好地接近催化剂。Kim 及其同事利用微波辅助的氧化石墨烯还原法制备出石墨烯薄片，并将其用作 Li-$O_2$ 电池的空气-阴极材料，随后研究了该电极在二甲醚电解液中的电化学性质[99]。比较了石墨烯薄片与科琴黑(Ketjen Black, KB)和碳纳米管(CNT)-基空气阴极的电化学性质。与 KB 和 CNT 相比，石墨烯薄片展示出较低的氧还原反应(ORR)和析氧反应(OER)超电势。他们也指出，在第一次放电期间，在 KB 与 CNT(而不是在石墨烯)上形成了 $LiRCO_3$，这或许可以解释为何在放电-充电测试中观察到石墨烯表现出较高的库伦效率。Zhang 等利用石墨纸的电化学发酵法制备出自由石墨烯泡沫，随后在惰性气体中热处理，以控制石墨烯泡沫中的结构缺陷数量[100]。他们发现，结构缺陷对于$O_2$电极的结构稳定性是不利的，并可以放缓电荷转移的动力学。这会降低氧电极的电化学性能，其原因不仅在于其慢动力学，还因为C-O-C、C=O和C-OH键在化学性质上比$sp^2$石墨键更为活泼。此外，这些缺陷还会导致Li-$O_2$电池的副产物在循环期间出现快速增长，而这又进一步恶化了电化学性能。就在此项工作之后，Yoo和Zhou也展示了具有混合电极的Li-空气电池的长期放电性能，该混合电极是基于表面状态不同的石墨烯纳米片制成的，用作电池的阴极[101]。所述石墨烯纳米片具有若干含氧官能团，是在室温下以水合肼还原氧化石墨烯24h后制成的。这种材料展现了良好的放电持久性，优于官能团数量不多的商品石墨烯片。作者研究证明，为了改善Li-空气电池的性能，控制碳电极的表面化学是非常重要的。尤其是，这一关键因素是与$Li_2CO_3$沉积以及$Li_2CO_3$在石墨烯纳米片上的生长机理相关的。因为，在石墨烯纳米片上$Li_2CO_3$只形成于存在官能团的缺陷附近，故在放电过程中氧转移得到增强，从而明显改善了电池寿命。

对于锂-氧电池的实际应用而言，一项重要的挑战是控制放电产物$Li_2O_2$的结构、组成与电子性质，因为$Li_2O_2$强烈地影响电池性能。由于过氧化锂形成的影响，通常会导致不良倍率性能与电池电压的明显极化。针对电池性能专门设计$Li_2O_2$的性质是当前研究的主要目标之一，为此，通过控制多孔阴极的形态与结构来选择或者制定$Li_2O_2$的最佳生长方式是非常重要的[102]。Li等发现，氮掺杂的石墨烯不仅对电池性能，而且对放电产物的成核与生长均有显著影响，另外也不利于形成小而均匀的结晶粒度[103]。在非水锂-氧电池中作为阴极的这种材料实现了11660 mAh/g的容量，这一数值比采用原始石墨烯纳米片的相应电池高出约40%。氮掺杂的石墨烯对非水电解液中氧还原反应的电催化活性是原始石墨烯的2.5倍。这种卓越的电化学性能可归结于氮掺杂引入的缺陷与官能团，二者均可作为反应的活性位点。Huang等报道了硫-掺杂的石墨烯，其可作为氧还原反应(ORR)的电催化剂，他们发现，所述样品展现了出色的催化活性与长期稳定性[104]。Li等采用S-掺杂的石墨烯作为锂-氧电池的阴极材料，发现放电产物$Li_2O_2$的形态与相应电池的放电和充电性质明显有别于以原始石墨烯制成的电池[105]。放电期间形成的$Li_2O_2$纳米棒，以及如此产生的充电性质均被认为是硫-掺杂的结果。他们提出了放电产物的生长机理(图6.3)：首先，$O_2$被还原成$O_2^-$，然后与$Li^+$结合而形成$LiO_2$[图6.3(a)]。然后，在碳表面上形成了$Li_2O_2$的细长纳米晶体[图6.3(b)]。根据放电电流密度，获得了不同的形态。在75 mA/g的电流密度下，只形成了$Li_2O_2$纳米棒[图6.3(c)]。当电流密度增加至150 mA/g时，阴极极化(cathodic polarization)增加，这又加强了过氧化物分子远离电极表面的扩散过程，而且过氧化物只沿着$Li_2O_2$晶体的某些晶面形成，因此，在纳米棒上观察到了纳米片[图6.3(d)]。(阴极极化是指瞬间断电测量得出的电位减去金属结构物的自然电位，所得到的数值不能小于 100mV - 译者注）。如果采纳了 300 mA/g 的电流密度，阴极极化甚至升高更多，此时形成的不是纳米棒，而是只形成了纳米片并产生了 $Li_2O_2$的环形聚集体[图 6.3(e)]。

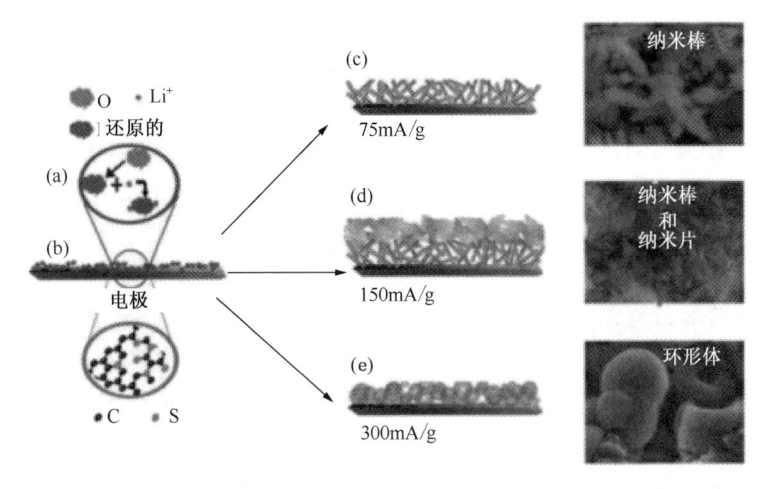


图 6.3　在 S 掺杂的石墨烯上放电产物($Li_2O_2$)纳米结构的生长示意图，
S 掺杂的石墨烯在 Li 等开发的锂-氧电池中用作阴极[105]

Zhang 及其共同作者开发了 $Fe_2O_3$纳米簇修饰的石墨烯，并将其用作 LOBs 中的柔性 $O_2$电极[89]。$Fe_2O_3$-石墨烯是采用简单易行的电化学方法制备的，该方法将石墨烯的剥离与金属氧化物的沉积结合成一个步骤。与采用相似电化学方法制备的原始石墨烯基电极相比，$Fe_2O_3$-石墨烯电极表现出较高的放电容量。作者将 $Fe_2O_3$-石墨烯的卓越电化学性能归结于两种因素相结合产生的共同效果：其一是石墨烯片提供的电子转移快动力学；其二是 $Fe_2O_3$对还原反应展现的高电催化活性。氧化铁系催化剂可以很容易地在其表面上吸附 $O_2$，因为 Fe 与 O 之间可形成键合，并因此弱化了 $O_2$分子内的键合，从而降低了 $O_2$的活化能。石墨烯促进了充电电子转移至 $Fe_2O_3$的催化位点上，$O_2^-$很容易吸附在这些位点上。$O_2^-$与 $Li^+$发生反应，在 $Fe_2O_3$-石墨烯电极的顶部生成一层 $LiO_2$。通过歧化反应，$LiO_2$快速地转化成 $Li_2O_2$，并在继续还原后生成一层 $Li_2O_2$。新一层 $LiO_2$短暂地形成于 $Fe_2O_3$-石墨烯电极和上述 $Li_2O_2$之间，而且就在形成瞬间又快速分解。因此，在放电结束时，电极表面便被一层 $Li_2O_2$所覆盖。

据文献报道，石墨烯的边缘与缺陷通常展现出对析氧反应和析氢反应的催化活性[94,106-108]。Yoo 和 Zhou 证明，无金属石墨烯纳米片可以作为催化剂用于配有混合电极的 Li-空气电池[109]。石墨烯纳米片(GNSs)的低超电势归因于在其边缘与缺陷处存在的悬空 $\sigma$-键($sp^3$碳原子)以及高电子电导率。此外，经过热处理的石墨烯纳米片显示出颇为稳定的循环特性。根据热处理后石墨烯纳米片的表面状态，作者提出了循环稳定性获得改善的两个可能原因：i)由于在热处理时石墨烯纳米片表面出现结晶化，$sp^3/sp^2$的比率下降；ii）热处理去除了石墨烯纳米片表面的官能团，从而防止了充电过程中释放的原子引起氧化反应。

石墨烯也可以用作负载型催化剂的有效载体材料，如 $MnO_2$[110]、$Co_3O_4$[111,112]、$Fe_2O_3$[89]、Au[113]、Pt[114]和 Ru[115]等体系的催化剂。可以采用物理方式将催化剂负载于石墨烯上，或以更为常用的化学方式在石墨烯上生长催化剂。有报道称，将催化剂粒子结合于石墨烯表面上便可以使催化剂活性大幅提高。例如，Cao 等报道了用于 Li-空气电池的$\alpha$-$MnO_2$-石墨烯纳米片混合催化剂[110]。该混合催化剂是以$\alpha$-$MnO_2$纳米棒在石墨烯纳米片上原位成核与生长的方式合成的；研究发现，该催化剂对 ORR 与 OER 过程表现出卓越的催化性能。显著改善的性能是和粒子的形态与粒度相关的，而且也和粒子与石墨烯的结合状况有关。他们发现，具有较大比表面的$\alpha$-$MnO_2$纳米棒与石墨烯的结合状况优于$\alpha$-$MnO_2$纳米线，故而展现出对 ORR 与 OER 过程的较好催化性能。Wang 等将 $MnCo_2O_4$-石墨烯混合材料作为阴极催化剂，用于配有非水电解液的 Li-$O_2$电池[116]。所述混合材料是以 $MnCo_2O_4$纳米粒子在还原态氧化石墨烯上直接成核与生长的形式合成的，还原态氧化石墨烯控制了氧化物纳米粒子的形态、粒度与分布，并且使氧化物纳米粒子与导电性石墨烯衬底实现了牢固的共价结合。该混合催化剂的出色催化活性赋予 Li-$O_2$电池较低的超电势与较长的循环寿命，明显优于其他催化剂，包括贵金属如铂等。Ahn 等报道了石墨烯-锆掺杂的二氧化铈(ZDC)纳米共混物，是采用石墨烯与 ZDC 混合的方法制备的[117]。石墨烯是采用改良版 Hummers 法制备的，随后又进行了氢还原处理。ZDC 是采用溶液燃烧法(solution combustion method)合成的，其中使用硝酸氧锆与硝酸铈作为前体材料。(溶液燃烧法是一种新兴的湿化学合成方法，由于原料在溶液中反应，因而组分能够达到分子、离子水平上的均匀混合，而且合成温度低，一般低于 800℃，反应时间短，通常少于5min，合成粉体粒度细小 - 译者注)。在石墨烯上仅负载了 10%的 ZDC，Li-$O_2$电池的放电容量便出现三倍增长。剥离良好的石墨烯层状结构与 ZDC 的介孔结构共同促进了电解液与内电极中的氧扩散，不仅提高了催化效率，而且也为放电产物的累积提供了足够的空间体积。石墨烯载体提供的电子传输快动力学与 ZDC 提供的高电化学活性产生了协同效应，因此使 Li-$O_2$电池中的氧电极呈现出卓越的性能。

### 6.2.3 锂-硫电池

锂-硫电池(LSB)是一种以硫或其复合物作为电极的 Li 电池。LSB 的工作原理基于硫的可逆氧化与还原。总反应机理可描述如下[94,118,119]：

$$S_8 + 16Li^+ + 16e^- \rightleftharpoons 8Li_2S \tag{6.5}$$

Li/S 电池重量轻、安全、能量密度高，故受到研究人员的格外重视。硫具有非常高的理论容量(1672 mAh/g)、比能密度(2600 Wh/kg)和体积比能密度(2800 Wh/L)，这些指标大幅高于常规的锂-离子电池[120]。但硫表现出的电导率非常低，而且还受累于充电与放电过程中体积出现大幅变化的问题。这就造成硫电极的低接触性与不良电化学性能，进而使电极呈现出低容量与容量衰减等问题[121,122]。在硫与 Li 离子发生电化学反应期间，硫的还原与氧化反应是通过几个步骤进行的，其中生成了中间物相与多硫化物。这些多硫化物可溶于电解液中，而且还可能通过锂阳极表面上的化学反应还原成 $Li_2S$。这一副反应钝化了锂阳极并造成活性材料的损失。此外，多硫化物在电解液中的溶解导致长链多硫化物扩散至锂阳极，并在表面上还原成短链多硫化物。然后，短链多硫化物可能迁移回至硫阴极并被氧化，生成长链多硫化物。这种行为降低了库伦效率并恶化了活性材料。多硫化物的进一步锂化产生了不溶性的 $Li_2S_2$ 和/或 $Li_2S$ 化合物，这些产物是电子绝缘体和离子绝缘体。一旦在电极表面形成了绝缘的 $Li_2S$（或 $Li_2S_2$）层，进一步的锂化就受到明显抑制，造成元素硫因不能完全转化而形成 $Li_2S$。硫的锂化过程涉及到大体积变化，这也是一个非常重要的问题，因为大体积膨胀与收缩造成活性材料的破碎与粉化，因此使容量在循环期间发生下降[94]。

最近，研究人员正试图引入导电、多孔与弹性很强的缓冲材料以解决上述这些问题[16]。可以实现这一目标的理想候选材料正是石墨烯，因为石墨烯具有高表面积、优异的电子传导率和高机械强度。例如，Wang 等在硫阴极与隔膜之间夹入还原态氧化石墨烯膜，其作用相当于硫与多硫化物的穿梭抑制剂[124]。具有这种构型的锂硫电池显示出 1260 mAh/g 的初始放电容量，在 100 次循环之后，容量仍保持在 895 mAh/g。出色的电化学性能可以归结于两大因素；其一是官能团，如在 RGO 上的环氧基与羧基，这些基团有益于固定与容纳硫和多硫化物；其二是碳添加剂，这类添加剂有助于产生电解液与多硫化物能够进入的通道。Li 等设计了热膨胀石墨烯-硫纳米复合材料(TG-S)，并在材料上涂覆了还原态氧化石墨烯，其中，硫与 TG 和 RGO 上的 $sp^2$ 杂化碳原子及官能团发生化学键合[123]。作者采用热处理法由氧化石墨制取 TG。然后，将升华硫注入 TG 的层间以制造 TG-S 纳米复合材料。再利用液体法将 RGO 涂覆于 TG-S 纳米复合材料上。再以 $Na_2S_2O_3$ 为还原剂实施氧化石墨烯的还原反应。该体系显示了锂-硫电池的高倍率性能。堆叠的 TG 与 RGO 涂层有效地将硫与多硫化物限制在碳骨架结构内(图 6.4)。该碳骨架结构不仅作为前述封装硫与多硫化物的导电层，而且也成为一间纳米电化学反应室。因此，在 200 次循环之后，还观察到大约为 667 mAh/g 的可逆容量，在 1.6 A/g 的高倍率下，库伦效率达到 96%。Sun 及其同事基于均匀分布在还原态氧化石墨烯上的硫，合成了一种纳米复合材料[125]。该混合物是采用一锅合成法(one-pot synthesis)制备的，其中包括：硫在氧化石墨烯的存在下同时发生沉积，而 GO 则还原成 RGO。(一锅合成法是一种非常具有前景的有机合成方法。一锅法反应中的多步反应可以从相对简单易得的原料出发，不经中间体的分离，直接获得结构复杂的分子。这样的反应显然经济上和环境友好上较为有利 - 译者注)。合成反应的示意图见图 6.5。该复合材料中的硫含量在 20.9%~72.5%之间变化。Sun 的团队将此材料用作可充电锂-硫电池的阴极，并测试了其性能。在 312 mA/g 的电流密度下循环 80 次之后，观察到硫含量为 63.6%的混合材料实现了 804 mAh/g 的可逆容量，这也是其最高的稳定容量。此外，该复合材料在 1250 mA/g 的电流密度下显示出长期循环稳定性，而且在 500 次充电/放电循环之后达到了 440 mAh/g 的可逆容量。出色的循环特性与倍率性能归结于硫在石墨烯上的均匀分散，因为这提高了硫活性材料的利用率，并改善了电极的电导率。Zhang 等将硫封装于油/水体系中的还原态氧化石墨烯中，将其作为 Li-S 二次电池的阴极材料并进行了测试[126]。其中，在超声波处理条件下，将含有二硫化碳的油相滴加到氧化石墨烯水悬浮液中。随后从混合物中完全蒸发出 $CS_2$，再加入水合肼以还原 GO。在完成连续离心、循环水洗与冷冻干燥等步骤后，收集 S-RGO 复合材料。如此制备的 S-RGO 复合材料在高倍率下展现出了杰出的电化学特性，其成因就在于：RGO 的独特类-囊结构可以赋予硫粒子电导率，避免了多硫化物在循环期间溶于电解液，并且容纳放电期间的应力与体积膨胀。RGO 表面上的官能团改善了复合阴极的整体电化学性能。首先，在放电过程中提供了缓冲空间。其次，具有固定 S 原子的吸附能力，并部分防止多硫化物在循环期间溶于电解液。Xu 等也报道了在还原态氧化石墨烯中的硫封装，作者证实了 RGO 用作可充电 Li-S 电池阴极时对电化学性能改善的影响[127]。

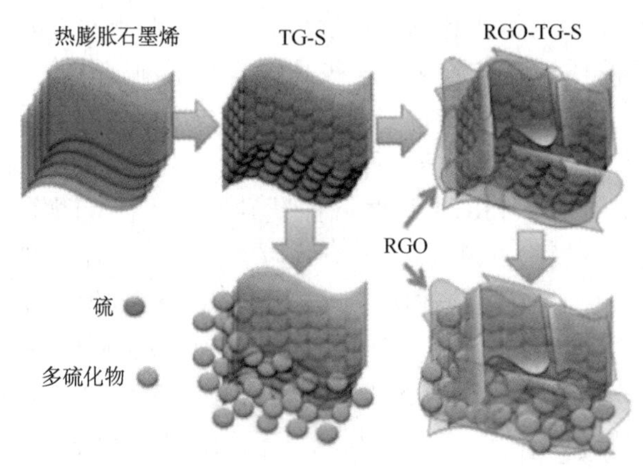


图 6.4　Li 等开发的 RGO-TG-S 纳米复合材料示意图[123](在 TG-S 纳米复合材料的边缘，多硫化物自 TG 扩散出。在与 RGO 涂层结合之后，RGO-TG-S 纳米复合材料可以有效地封堵住多硫化物)

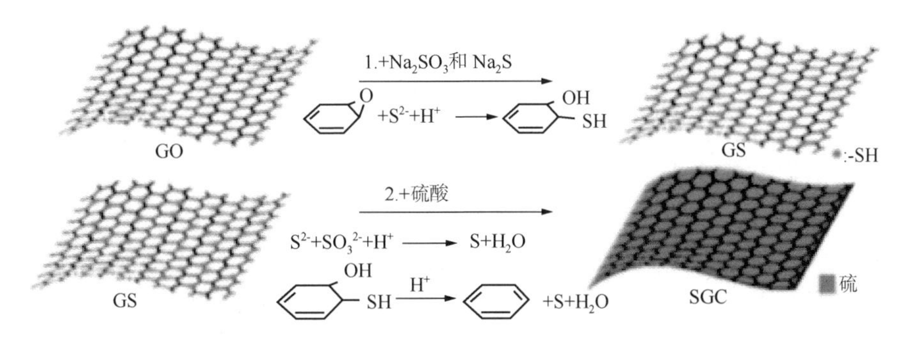


图 6.5　硫-还原态氧化石墨烯复合材料的合成反应示意图(由 Sun 等开发[125])

由于具有可调孔隙率与固定多硫化物的良好能力，多孔性无机金属氧化物，比如硅酸盐[128]、氧化铝[129]和氧化钒[130]对 Li-S 电池而言都是特别有益的。人们发现，LSBs 的循环稳定性是通过作为中间物的多硫化物与金属氧化物的弱结合而得到改善的，这样可以防止多硫化物溶于电解液[131]。例如，Kim 等报道说，已成功合成出介孔石墨烯-二氧化硅复合材料，这种材料可在 Li-S 电池中作为硫的支撑材料[131]。通过石墨烯、二氧化硅与嵌段共聚物 P123 前体的三元协同组装，合成出了与功能化石墨烯片(FGSs)基本相同的有序孔二氧化硅结构。在该实验中，作者通过热膨胀法由氧化石墨烯制取功能化石墨烯片，并将其制成水悬浮液，然后再与三嵌段共聚物 P123 和正硅酸乙酯(TEOS)相混合。在 400℃下煅烧 4h 后，最终获得介孔石墨烯-二氧化硅复合材料。这种独特的介孔结构集成了两种材料的各自优势，其一是石墨烯的电子电导率，其二是二氧化硅作为基本结构单元和作为多硫化物的原位吸收/吸附剂的双重功能，从而赋予 Li-S 电池良好的保持能力和优异的倍率能力。Yu 等制造了一种石墨烯-硫复合材料(G-S)，并通过原子层沉积 (atomic layer deposition，ALD)技术在 G-S 上涂覆一层 $Al_2O_3$超薄膜，然后将所得材料用作锂-硫电池的阴极[132]。(原子层沉积是一种可以将物质以单原子膜形式一层一层的镀在基底表面的方法。原子层沉积与普通的化学沉积有相似之处。但在原子层沉积过程中，新一层原子膜的化学反应是直接与之前一层相关联的，这种方式使每次反应只沉积一层原子- 译者注)。G-S 复合材料是通过 GO 在含硫介质中的热液还原制备的。在 0.5℃下 100 次充电-放电循环之后，这种涂覆有 $Al_2O_3$的 G-S 复合阴极实现了 646mAh/g 的高比容量，相当于裸 G-S 复合材料的 2 倍。同样，与裸 G-S 相比，G-S 复合阴极的倍率性能与库伦效率也得到极大提高。$Al_2O_3$起到了一种人造屏障的作用，可以抑制多硫化物的溶解并减缓穿梭效应，因此，有效地改善了 Li-S 电池中 G-S 复合阴极的性能。

为了改善 Li-S 电池中石墨烯主体的整体电化学性能，可以采用其他策略如杂原子掺杂，其中最为引人注目的是氮-掺杂的石墨烯。Wang 等第一次采用了以氮-掺杂并沉积有硫纳米粒子的石墨烯(NGS)作为 LSB 中的阴极[133]。他们采用一锅水热法制造出以乙二胺或尿素作为氮前体的两类 NGS。氮掺杂与氧化石墨烯的还原是同时完成的。通过原位沉淀法，将硫粒子沉积在氮-掺杂的石墨烯片上，硫的加入量为 80%。与石墨烯-硫复合材料相比，硫加入量高达 80%的 NGS 复合材料呈现出相当高的可逆容量(在 0.1 C 下达到 1356.8 mAh/g)和长稳定性(在达到 500 次循环之后，在 1C 下容量仍保持为 578.5 mAh/g)。人们已经发现，富吡啶-氮的 NGS 展现了较好的电化学性能，优于富吡咯-氮的 NGS。电化学性能的改善可以归结于 NGS 表面上氮官能团与多硫化物之间的化学相互作用以及碳基体的优异电子电导率。在锂-硫电池当中，还引入了多孔三维氮-掺杂的石墨烯(3D-NG)，用作硫的互联骨架结构。Wang 及其同事设计了一种三维氮-掺杂的石墨烯-硫复合材料(3D-NG-S)，其中硫含量为 87.6%(质量分数)，是通过一锅溶液法合成的[134]。3D-NG 是通过氧化石墨烯的一锅溶剂热法合成的，以氨溶液作为氮前体。硫沉积也是通过一锅溶液路线完成的，其中采用了硫代硫酸钠与氢氯酸。如此合成的复合材料展现了卓越的倍率性能与循环特性。在循环 145 次之后，在 600 mA/g 的电流密度下达到了 792 mAh/g 的放电比容量，每次循环的容量衰减率是 0.05%。甚至在 1500 mA/g 的高倍率下，复合材料仍显示出良好的循环性能，在 200 次循环后，容量保持在 671 mAh/g。这种杰出的电化学性能可以归因于柔性的多孔 3D 结构和石墨烯中的氮-掺杂。柔性的 3D-NG 可以为电子传输提供导电骨架结构并减缓循环期间的体积效应。氮-掺杂可以促进 Li 离子穿过石墨烯，同时还可以抑制硫，因为硫与邻近氮原子之间可形成强化学化键。

改善 LSBs 的另一条路线是将硫固定在石墨烯/纤维素复合材料上，这是由 Patel 提出的方案[135]。他们报道称，合成出了石墨烯/纤维素重量比不同的复合材料，并证明这种复合材料达到了高电化学性能以及良好的循环特性。该项研究显示出，复合材料中石墨烯较少时，电子接触状况则更糟且复合材料中的空穴数目亦减少。相反，降低复合材料中的纤维素含量，石墨烯层片便不能分离，其结果是没有产生足够的空隙来封装硫和多硫化物。从这些初步实验来看，石墨烯与纤维素的混合比为 1∶1 时似乎是适当的，此比例下形成的微观结构既可抑制多硫化物，又可容纳还原过程中的体积膨胀。均匀固定了硫分子的石墨烯片提供了如下优势：i) 限制多硫化物的能力；ii) 容纳硫体积膨胀的充分空间；iii) 与硫接触的大面积；iv) 电子与锂离子的短传输路径。在电池工作期间，溶解的多硫化物常造成体积膨胀，并致使石墨烯片分开，而加入纳米纤维恰恰能够解决这一问题。而且还可以进一步防止多硫化锂扩散进入电解液，因此延长了循环寿命。

Zhao 等在 950℃以上的温度下，以一步 CVD 法将甲烷沉积于 FeMgAl 层状复氧化物(layered double oxide, LDO)层片上，直接生长石墨烯-单壁碳纳米管混合物(G-SWCNT)[136]。LDO 表面作为石墨烯沉积的衬底，嵌在 LDO 层片上的热稳定性 Fe 纳米粒子催化了单壁碳纳米管的生长，并且促进了单壁碳纳米管与石墨烯之间的有效连接。石墨烯与单壁碳纳米管在混合物中的质量比是 3 : 2。将硫引入该混合物并作为 Li-S 电池的电极材料，该混合物本身就构成了一种 3D 导电网络，从而能够确保制造出无导电助剂的 G-SWCNT-S 电极。这种 G-SWCNT-S 纳米复合材料在 LSBs 中展现了非凡的倍率性能。在硫加入量为 60%时，在 1C 下的可逆容量达到了 928 mAh/g。在电流密度非常之高的 5C 条件下，100 次循环之后的容量仍然可以保持在 650 mAh/g 的高位值上，而库伦效率亦达到约 92%。

## 6.3 超级电容器中的石墨烯

超级电容器包括浸于电解液中的两个电极，且电极与集电器之间存在电位差。两电极之间的介电隔膜防止在两电极之间输送电荷。可以通过两种类型的机理来解释超级电容器[137]：

① 双电层电容器(EDLC)，其中，可以通过离子吸附而存储能量。在 EDLCs 中的电荷转移过程是非法拉弟的，即并没有发生穿过电极的电子转移，因此，电荷的累积完全是静电式的。

② 赝电容器，其中通过电解液与电极表面上电活性物种之间的氧化还原反应存储能量。电子转移在赝电容内造成电荷累积，且电荷转移过程本质上是属于法拉弟式的。

EDLC 与赝电容器之间的区别就在于前者利用了非法拉弟过程存储能量，而赝电容器则遵循常规的法拉弟路线，其中涉及到电解液与电活性物种(如导电聚合物和金属氧化物)之间的快速且可逆的氧化还原反应，与 EDLC 相比，赝电容的量级是较高的，但赝电容却因为不良电化学循环稳定性、高阻抗与低功率密度值而倍受诟病[137]。

现代能量存储体系颇值得期待，如可以利用的超级电容器，就具有大功率密度、适度的能量密度、优良的操作安全性以及长循环寿命[138]。因此，对于超级电容器的近期研究主要着重于电极材料的开发利用。由于在能量密度上高于电化学双层电容性碳材料，各种各样的赝电容性过渡金属氧化物、氮化物和硫化物一直成为人们广为研究的对象，以期用作超级电容器的电极材料，这其中就包括：$RuO_2$[139]、$MnO_2$[140]、$Mn_3O_4$[141]、$Fe_3O_4$[142]、$Co_3O_4$[143]、NiO[144]、ZnO[145]、$V_2O_5$[146]和氮化钒。不过，这些材料仍受累于不良电子电导率和较小的锂-离子扩散系数。为了克服这些弊端，人们提出了两种主要方法：其一是减小纳米粒子的尺寸；其二是引入导电性材料[147]。可以说，最有前景的候选材料非石墨烯莫属，因为其具有出色的化学稳定性、高电导率和大表面积。Li 等提出，可以制造 $V_2O_5$/还原态氧化石墨纳米材料并将其作为超级电容器的电极材料[145]。这种纳米材料的制备过程可按如下步骤进行：首先，在160℃下，以溶剂热法对三丙醇氧化钒与氧化石墨烯进行还原，在乙醇溶剂中反应24h，产生出VxOy-RGO，然后，在250~550℃之间的不同温度下，在空气中对所得材料进行热处理，时间为0.5h，升温速率为10℃/min，最后制得$V_2O_5$-RGO纳米复合材料。与纯$V_2O_5$微米球相比，在350℃下热处理的$V_2O_5$-RGO纳米复合材料在中性水电解液中展现了较高的比电容537 F/g，测量出的电流密度为1 A/g；在功率密度为500 W/kg的条件下，可达到较高的能量密度74.58 Wh/kg；甚至在1000次充电/放电循环之后，还能呈现较好的稳定性。这种材料的出色性能可以归结于RGO与棒状$V_2O_5$纳米晶体之间的协同效应。Zhao等展示了一种方法，可以制造出具有高电容性能的二维单层石墨烯/NiO片[148]。该混合物的合成方法是：在氧化石墨烯的存在下，$Ni(NO_3)_2 \cdot 6H_2O$与$NH_4HCO_3$发生反应，随后在400℃的氮气氛下高温分解(图6.6)。通过静电相互作用进行自组装后，镍离子吸附于氧化石墨烯的两面。根据放电曲线计算出石墨烯/NiO的比电容大约是528 F/g，大幅度超出纯NiO的相应值。此外，该复合材料获得了高容量保持率，在1000次循环之后达到95.4%。卓越的比容量与循环性能可以归结于：该复合材料因含有RGO基体而提高的电子电导率；NiO纳米粒子在单层RGO片之间的均匀分散，这些特点可使电极表面与内部的NiO形成良好的相互联接。此外，还原态氧化石墨烯的存在实际上缓冲了整个过程当中的体积变化，为该复合材料获得较好的循环性能提供了保障。最后，RGO的存在使得该双层能够在快速充电/放电过程中提高OH运输的能力。

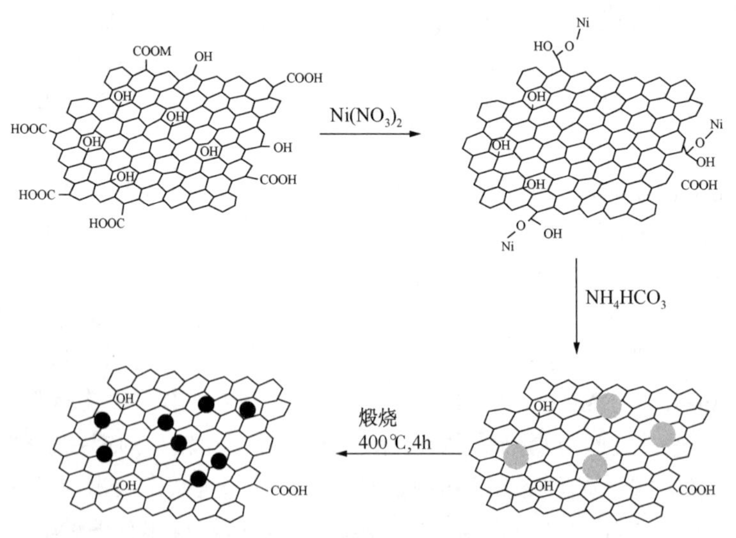


图6.6　石墨烯/NiO复合材料生成机理示意图[148]

Wang等研究了一系列RGO浓度不同的$Co_3O_4$纳米片/还原态氧化石墨烯复合

材料，并将其作为超级电容器的电极[149]。该复合材料是以水热合成法制备的，并随后在空气中进行了煅烧。$Co_3O_4$纳米片的长度约为 0.5～1μm、宽度为 100～300nm，均匀分布在 RGO 纳米片的表面上。在这些复合材料中，含有 7%RGO 的样品在 1.25 A/g 的电流密度下显示了最大的比电容 667.9F/g，在 5 A/g 的电流密度下达到了 412.5F/g，测试是在 2 M KOH 水溶液中实施的。该复合材料展现了出色的循环稳定性，在 1000 次循环之后比电容提高了 18.7%（原文如此，似应为降低 18.7%-译者注）。Li 等制造了一种柔性固态超级电容器，其中以石墨纤维作为集电器和活性材料，以聚乙烯醇(PVA)-$H_3PO_4$凝胶作为固态电解质与隔膜[150]。此外，$MnO_2$粒子固定在石墨烯纤维的表面上并且作为赝电容器电极，以期获取超高比电容值，之所以这样设计是因为法拉弟反应只发生在表面上。石墨烯纤维是由 CVD 法生长的石墨烯制备的，所得纤维的直径与长度分别为 20～40μm 和 0.5～1cm。在石墨烯纤维的存在下，$KMnO_4$和乙醇在 80℃下进行反应，产生出 $MnO_2$纳米粒子。混合石墨烯-$MnO_2$电极在 0.01 V/s 扫描速率下的最大面电容是 42.02 $mF/cm^2$；能量密度是 $1.46\times10^{-3}$ $mWh/cm^2$。Gao 等报道了全固态非对称超级电容器的设计，其中采用了无支撑碳纳米管/还原态氧化石墨烯和 $Mn_3O_4$纳米粒子/RGO 纸电极，并且以聚丙烯酸钾/KCL 作为聚合物凝胶电解质[151]。还原态氧化石墨烯是通过 GO 的水热法还原制备的，反应温度为 180℃，反应时间为 12h。碳纳米管(CNTs)的纯化与功能化分为两步实施，第一步是在浓 $HNO_3$中回流 6h 完成提纯，第二步是引入羧基基团进行功能化。$Mn_3O_4$纳米粒子是通过 NaOH 与 $Mn(CH_3COO)_2\cdot4H_2O$ 之间的反应合成的，其中，后一反应物含有聚乙二醇。无支撑 CNT/RGO 和 $Mn_3O_4$/RGO 纸的制备包括如下步骤：采用醋酸纤维素膜过滤器对 RGO 与 CNTs 或 $Mn_3O_4$纳米粒子进行过滤，随后施以水洗、空气干燥，最后从过滤器剥离产物。与原始石墨烯纸相比，上述复合纸电极展现了卓越的机械稳定性、大幅提高的活性表面和显著增强的离子输送能力。这两种纸电极与聚合物凝胶电解质的组合赋予非对称超级电容器显著提高的槽电压(1.8 V)和稳定的循环性能(在 10000 次连续充电/放电循环之后，电容保持率达到 86.0%)，与对称超级电容器相比，能量密度提高 2 倍(32.7 Wh/kg)，另外，其机械柔韧性也相当出众。Qu 及其同事研究了以 β-硫化钴纳米粒子功能化的还原态氧化石墨烯，并将其作为超级电容器的电极[152]。这种纳米复合材料是在氧化石墨烯的存在下通过 $Co(CH_3COO)_2\cdot4H_2O$ 与 $CH_3C(S)NH_2$之间的水热反应合成的。制取的材料展示了卓越的电化学性能，包括：在 2 A/g 电流密度下的比电容(1535 F/g)、40 A/g 放电电流密度下的高功率密度(11.98 kW/kg)以及出色的循环稳定性。这种杰出的电化学性能可以归结于石墨烯纳米片，理由是其可以保持机械完整性与高电导率。Li 等探索了将还原态氧化石墨烯-ZnO 纳米复合材料作为超级电容器电极的可行性[153]。所述纳米复合材料是通过氧化石墨烯与 Zn

$(NO_3)_2$的水热反应合成的，其中以水合肼作为还原剂。与 ZnO 和原始 RGO 电极的比电容相比，RGO-ZnO 混合电极的比电容得到了显著的改善，在 5mV/s 的扫描速率下为 156 F/g。此外，该材料还表现出了卓越的电化学稳定性。在 100mV/s 的扫描速率下经过 5000 次循环之后，RGO-ZnO 混合电极的容量保持了其初始电容的 94%。该混合物的超电容性能之所以得到改善主要归因于 ZnO 相的赝电容和还原态氧化石墨片的本征双层电容。Ramados 和 Kim 提出了一个简单而快速的方法，可采用微波辅助技术合成石墨烯-$TiO_2$混合纳米结构[154]。简言之，这种方法是将氧化石墨烯(GO)与锐钛矿型 $TiO_2$一起分散于二次蒸馏水中。然后，加入 NaOH 溶液，调节至 pH 值至 9。将生成的溶液转移至自动型家用微波炉中，在 150℃下处理 10min，以实现 GO 的还原。在 1 M $Na_2SO_4$电解质溶液中，该材料在 5mV/s 的扫描速率下展现出 165 F/g 的比电容。此外，该材料还具有长期循环稳定性，在高达 5000 次的循环之后仍保持了 90%的比电容。这些材料的超电容性能之所以显著改善，其原因就在于 $TiO_2$的电导率得到了提高，而这在一定程度上又得益于石墨烯片的本征双电层电容的作用。

Xu 及其同事采用氢醌(又称对苯二酚)同时兼作还原剂与功能化剂，通过氧化石墨的一步化学还原法制备了功能化的石墨烯水凝胶(FGHs)[155]。其中，赝电容性氢醌是通过 π-π 相互作用掺入高表面积 3D 石墨骨架结构的。这种方法学允许石墨烯与氢醌之间的快速电荷转移，并保障了快速离子扩散与整个多孔导电网络内的电子转移。FGHs 直接用作为超级电容器电极，而没有添加任何其他黏合剂或者导电性添加剂。在 1 M $H_2SO_4$水电解液中，这个体系显示出令人印象深刻的比电容，在 1 A/g 的流密度下为 441 F/g；而且，FGHs 展现了出色的倍率性能(在 20 A/g 的电流密度下，电容保持率为 80%)和循环稳定性(超过 10000 次循环之后，电容保持率仍为 86%)。此外，研究者们还制造了 FGHs 基柔性固态超级电容器，其中采用聚乙烯醇凝胶作为电解液。该集成设备实现了了出色的电容性能，接近于水电解液(1 A/g 下的电容量为 412 F/g；在 20 A/g 下电容量保持率为 74%；超过 10000 次循环之后电容保持率为 87%)的水平，而且还显示出非凡的机械柔韧性与低自放电过程。

Sun 等研究了一系列包含 $Ni(HCO_3)_2$与还原态氧化墨烯纳米片的复合材料，这种材料是采用简单易行的溶剂热法制备的，可用作超级电容器的电极材料[156]。主要的实验步骤简述如下：首先将 $Ni(NO_3)_2 \cdot 6H_2O$ 溶于无水乙醇中；然后，加入十二烷基苯磺酸钠和氧化石墨烯；溶剂热法合成分成两步，第一步是在 90℃下进行 8h，第二步是在 180℃进行 3h。氧化石墨烯的加入数量从 50mg 至 150mg 不等。在制备出的复合材料中，用 80mg 氧化石墨烯制备的 $Ni(HCO_3)_2$-RGO 样品在 4 A/g 的电流密度下呈现出最高的电容 1200 F/g。该电极显示出良好的倍率性能与长循环寿命，在 10 A/g 的高电流密度下循环 1000 次之后，可保持 76%的比电容。此外，作者还研究了 $Ni(HCO_3)_2$/RGO 复合材料的法拉弟氧化还原反应机理，并指出，在恒电流充电-放电测试中，由于电化学诱导的相变过程，$Ni(HCO_3)_2$相能够快速地转化成 $Ni(OH)_2$相。他们认为，该氧化还原反应可以用下述方程描述：

$$Ni(OH)_2 + OH^- \longleftrightarrow NiO-OH + H_2O + e^- \tag{6.6}$$

Cheng 等探索了以还原态氧化石墨烯/单壁碳纳米管/聚苯胺(RGO/CNT/PANI)复合材料用作超级电容器电极的可能性，作者以电化学沉积法将聚苯胺(PANI)纳米锥沉积在 RGO/CNT 复合材料上[157]。该电极获得的最高能量密度为 188 Wh/kg 和最大的功率密度为 200 kW/kg。该超级电容器的出色性能归因于：(i) 有效利用了石墨烯-基复合材料三维网络结构的大表面积；(ii) 复合材料中存在的 CNT 不仅防止了石墨烯片的再堆积，而且其作用相当于导电垫圈以及这一复合结构的导电黏合剂；(iii) PANI 在石墨烯上的均匀且垂直的规则排列，一般认为这种排列方式提高了活性材料的电导率与利用率，并使比电容显著提升。

## 6.4 总结

本章总结了制备石墨烯-基混合物的现代方法以及这种材料在能量存储设备领域的应用，如锂-离子电池、锂-氧电池、锂-硫电池和超级电容器等。人们相信，石墨烯已经攻克了 Li-离子电池中存在的诸多难题，即电极材料的体积膨胀、低电导率、低倍率性能以及容量衰减等，当前取得的一系成果便是佐证。在 Li-S 电池中，石墨烯不仅有助于解决一些固有的棘手问题，如不良动力学、大体积膨胀和电极中多硫化物的溶解等，还显著改善了循环特性与倍率性能。在 $Li-O_2$电池中，将石墨烯用作催化剂或混合催化剂时，可扩大放电容量并降低超电位[94]。此外，石墨烯-基超级电容器展现了高存储容量、快速能量释放、短充电时间以及长使用寿命等一系列优点。

### 参 考 文 献


1 M. Liang and L. Zhi, *J. Mater. Chem.*, Vol. 19, p. 5871, 2009.

2 G. Zhou, F. Li and H.-M. Cheng, *Energy Environ. Sci.*, Vol. 7, p. 1307, 2014.

3 S. M. Paek, E. Yoo, and I. Honma, *Nano Lett.*, Vol. 9, p. 72, 2009.

4 Z. Li, Z. Zhou, G. Yun, K. Shi, X. Lv and Baocheng Yang, *Nanoscale Research Letters*, Vol. 8, p. 473, 2013.

5 W. Shi, J. Zhu, D. H. Sim, Y. Y. Tay, Z. Lu, X. Zhang, Y. Sharma, M. Srinivasan, H. Zhang, H. H. Hng, and Q. Yan, *J. Mater. Chem.*, Vol. 21, p. 3422, 2011.

6 M. Liang, B. Luo and L. Zhi, *Int. J. Energy Res.*, Vol. 33, p. 1161, 2009.

7 E. J. Yoo, J. Kim, E. Hosono, H.-S. Zhou, T. Kudo and I. Honma, *Nano Letters*, Vol. 8, p.

2277, 2008.

8 E. J. Yoo and H. S. Zhou, *ACS Nano*, Vol. 5, p. 3020, 2011.

9 X. Zhou, J. Xie, J. Yang, Y Zou, J. Tang, S. Wang, L. mA and Q. Liao, *Journal of Power Sources*, Vol. 243, p. 993, 2013.

10 D. Chen, L. Tang, and J. Li, *Chem. Soc. Rev.*, Vol. 39, p. 3157, 2010.

11 Y. Hu, X. Li, J. Wang, R. Li andXueliang Sun, *Journal of Power Sources*, Vol. 237, p. 41, 2013.

12 X. Wang, Z. Zeng, H. Ahn and G. Wang, *Appl. Phys. Lett.*, Vol. 95, p. 183103, 2009.

13 Y. H. Liu, J. S. Xue, T. Zheng and J. R. Dahn, *Carbon*, Vol. 34, p. 193, 1996.

14 J. R. Dahn, T. Zheng, Y. H. Liu and J. S. Xue, *Science*, Vol. 270, p. 590, 1995.

15 G. Wang, X. Shen, J. Yao, J. Park, *Carbon*, Vol. 47, p. 2049, 2009.

16 N. Mahmood, C. Zhang, H. Yin and Y. Hou, *J. Mater. Chem. A*, Vol. 2, p. 15, 2014.

17 C. Uthaisar and V. Barone, Nano Lett., Vol. 10, p. 2838, 2010.

18 E. Lee and K. A. Persson, Nano Lett., Vol. 12, p. 4624, 2012.

19 Y. Liu, V. I. Artyukhov, M. Liu, A. R. Harutyunyan and B. I. Yakobson, J. Phys. Chem. Lett., Vol. 4, p. 1737, 2013.

20 M. Liu, A. Kutana, Y. Liu, and B. I. Yakobson, J. Phys. Chem. Lett., Vol. 5, p. 1225, 2014.

21 D. Pan, S. Wang, B. Zhao, M. Wu, H. Zhang, Y. Wang, Z. Jiao, Chem. Mater., Vol. 21 p. 3136, 2009.

22 S. L. Kuo, W. R. Liu, C. P. Kuo, . N. L. Wu, H. C. Wu, Journal of Power Sources, Vol. 244, p. 552, 2013.

23 S. H. Ha, Y. S. Jeong and Y. J. Lee, ACS Appl. Mater. Interfaces, Vol. 5, p. 12295, 2013.

24 P. Lian, X. Zhub, S. Lianga, Z. Li, W. Yang and H. Wang, Electrochimica Acta, Vol. 55, p. 3909, 2010.

25 H. Chakraborti and S. K. Pal, Chem. Phys. Lett., Vol. 600, p. 118, 2014.

26 L. L. Tian, X. Y. Wei, Q. C. Zhuang, C. H. Jiang, C. Wu, G. Y. Ma, X. Zhao, Z. M. Zong and S. G. Sun, Nanoscale, Vol. 6, p. 6075, 2014.

27 H. Wang, C. Zhang, Z. Liu, L. Wang, P. Han, H. Xu, K. Zhang, S. Dong, J. Yao and G. Cui, J. Mater. Chem., Vol. 21, p. 5430, 2011.

28 A. L. M. Reddy, A. Srivastava, S. R. Gowda, H. Gullapalli, M. Dubey and P. M. Ajayan, ACS Nano, Vol. 4, p. 6337, 2010.

29 H. Tachikawa, J. Phys. Chem. C, Vol. 112, p. 10193, 2008.

30 G. Wang, B. Wang, X. Wang, J. Park, S. Dou, H. Ahnb and K. Kim, J. Mater. Chem., Vol. 19, p. 8378, 2009.

31 J. Zhu, Z. Lu, M. O. Oo, H. H. Hng, J. Ma, H. Zhang and Q. Yan, J. Mater. Chem., Vol. 21, p. 12770, 2011.

32 R. Th omas and G. M. Rao, Electrochimica Acta, Vol. 125, p. 380, 2014.

33 J. Zhu, D. Wang, T. Liu and C. Guo, Electrochimica Acta, Vol. 125, p. 347, 2014.

34 F. Ye, B. Zhao, R. Ran and Z. Shao, Chem. Eur. J. , Vol. 20, p. 4055, 2014.
35 X. Zhou, Y. Zou, and J. Yang, Journal of Power Sources, Vol. 253, p. 287, 2014.
36 R. Liang, H. Cao, D. Qian, J. Zhang and M. Qu, J. Mater. Chem. , Vol. 21, p. 17654, 2011.
37 S. Ding, D. Luan, F. Y. C. Boey, J. S. Chen and X. W. Lou, Chem. Commun. , Vol. 47, p. 7155, 2011.
38 J. Choi, J. Jin, G. Jung, J. M. Kim, H. J. Kim and S. U. Son, Chem. Commun. , Vol. 47, p. 5241, 2011.
39 X. Wang, X. Zhou, K. Yao, J. Zhang and Z. Liu, Carbon, Vol. 49, p. 133, 2011.
40 Z. Wang, H. Zhang, N. Li, Z. Shi, Z. Gu, G. Cao, Nano Res. , Vol. 3, p. 748, 2010.
41 Z. Du, X. Yin, M. Zhang, Q. Hao, Y. Wang and T. Wang, Materials Letters, Vol. 64 p. 2076, 2010.
42 Y. Li, X. Lv, J. Lu and J. Li, J. Phys. Chem. C, Vol. 114, p. 21770, 2010.
43 L. S. Zhang, L. Y. Jiang, H. J. Yan, W. D. Wang, W. Wang, W. G. Song, Y. G. Guo and L. J. Wan, J. Mater. Chem. , Vol. 20, p. 5462, 2010.
44 X. Yang, Y. He, X. Liao, J. Chen, G. G. Wallace and Z. Ma, Batteries and Energy Technology Joint General Session - 217th ECS Meeting (pp. 151-156).
45 J. Yao, X. Shen, B. Wang, H. Liu, G. Wang, *Electrochemistry Communications*, Vol. 11, p. 1849, 2009.
46 S. M. Paek, E. J. Yoo and I. Honma, *Nano Lett.* , Vol. 9, p. 72, 2009.
47 D. Wang, D. Choi, J. Li, Z. Yang, Z. Nie, R. Kou, D. Hu, C. Wang, L. V. Saraf, J. Zhang, I. A. Aksay and J. Liu, *ACS Nano*, Vol. 3, p. 907, 2009.
48 J. S. Chen, Z. Wang, X. C. Dong, P. Chena and X. W. D. Lou, *Nanoscale*, Vol. 3, p. 2158, 2011.
49 D. Wei, P. Andrew, H. Yang, Y. Jiang, F. Li, C. S. Shan, W. Ruan, D. Han, L. Niu, C. Bower, T. Ryhanen, M. Rouvala, G. A. J. Amaratunga and A. Ivaska, *J. Mater. Chem.* , Vol. 21, p. 9762, 2011.
50 S. Ding, J. S. Chen, D. Luan, F. Y. C. Boey, S. Madhavi and X. W. D. Lou, *Chem. Commun.* , Vol. 47, p. 5780, 2011.
51 Y. Qiu, K. Yan, S. Yang, L. Jin, H. Deng and W. Li, *ACS Nano*, Vol. 4, p. 6515, 2010.
52 N. Zhu, W. Liu, M. Xue, Z. Xie, D. Zhao, M. Zhang, J. Chen and T. Cao, *Electrochimica Acta*, Vol. 55, p. 5813, 2010.
53 J. K. Lee, K. B. Smith, C. M. Hayner and H. H. Kung, *Chem. Commun.* , Vol. 46, p. 2025, 2010.
54 Z. F. Li, H. Zhang, Q. Liu, Y. Liu, L. Stanciu and J. Xie, *ACS Appl. Mater. Interfaces*, Vol. 6, p. 5996, 2014.
55 X. L. Wang and W. Q. Han, *ACS Appl. Mat. Interfaces*, Vol. 2, p. 3709, 2010.
56 J. Z. Wang, C. Zhong, S. L. Chou and H. K. Liu, *Electrochemistry Communications*, Vol. 12, p. 1467, 2010.

57 S. L. Chou, J. Z. Wang, M. Choucair, H. K. Liu, J. A. Stride and S. X. Dou, *Electrochemistry Communications*, *Vol.* 12, p. 303, 2010.

58 M. Zhang, D. Lei, X. Yin, L. Chen, Q. Li, Y. Wang and T. Wang, *J. Mater. Chem.*, Vol. 20, p. 5538, 2010.

59 P. Lian, X. Zhu, H. Xiang, Z. Li, W. Yang, H. Wang, *Electrochimica Acta*, Vol. 56, p. 834, 2010.

60 G. Zhou, D. W. Wang, F. Li, L. Zhang, N. Li, Z. S. Wu, L. Wen, G. Q. M. Lu and H. M. Cheng, *Chem. Mater.*, Vol. 22, p. 5306, 2010.

61 J. Z. Wang, C. Zhong, D. Wexler, N. H. Idris, Z. X. Wang, L. Q. Chen and H. K. Liu, *Chem. Eur. J.*, Vol. 17, p. 661, 2011.

62 B. Li, H. Cao, J. Shao and M. Qu, *Chem. Commun.*, Vol. 47, p. 10374, 2011.

63 S. K. Behera, Chem. Commun., Vol. 47, p. 10371, 2011.

64 J. Zhou, H. Song, L. mA and X. Chen, RSC Advances, Vol. 1, p. 782, 2011.

65 J. Zhu, K. Sun, D. Sim, C. Xu, H. Zhang, H. H. Hng and Q. Yan, *Chem. Commun.*, Vol., 47, p. 10383, 2011.

66 A. Hu, X. Chen, Y. Tang, Q. Tang, L. Yang and S. Zhang, Electrochemistry Communications, Vol. 28, p. 139, 2013.

67 Y. Yang, X. Fan, G. Casillas, Z. Peng, G. Ruan, G. Wang, M. J. Yacaman and J. M. Tour, *ACS Nano*, Vol. 8, p. 3939, 2014.

68 Q. Fan, L. Lei, X. Xu, G. Yin, Y. Sun, *Journal of Power Sources*, Vol. 257, p. 65, 2014.

69 Z. S. Wu, W. Ren, L. Wen, L. Gao, J. Zhao, Z. Chen, G. Zhou, F. Li and H. M. Cheng, *ACS Nano*, Vo. 4, p, . 3187, 2010.

70 Y. S. He, D. W. Bai, X. Yang, J. Chen, X. Z. Liao, Z. F. Ma, *Electrochemistry Communications*, Vol. 12, p. 570, 2010.

71 S. Q. Chen and Y. Wang, *J. Mater. Chem.*, Vol. 20, p. 9735, 2010.

72 H. Kim, D. H. Seo, S. W. Kim, J. Kim, K. Kang, *Carbon*, Vol. 49, p. 326, 2011.

73 J. Guo, L. Chen, X. Zhang, H. Chen, *Journal of Solid State Chemistry*, Vol. 213, p. 193, 2014.

74 H. Wang, L. F. Cui, Y. Yang, H. S. Casalongue, J. T. Robinson, Y. Liang, Y. Cui and H. Dai, J. Am. *Chem. Soc.*, Vol. 132, p. 13978, 2010.

75 Y. Sun, X. Hu, W. Luo and Y. Huang, *J. Mater. Chem.*, Vol. 21, p. 17229, 2011.

76 F. Jiang, L. W. Yangn, Y. Tian, P. Yang, S. W. Hu, K. Huang, X. L. Wei, J. X. Zhong, *Ceramics International*, Vol. 40, p. 4297, 2014.

77 K. Chang, W. Chen, L. Ma, H. Li, H. Li, F. Huang, Z. Xu, Q. Zhang and J. Y. Lee, *J. Mater. Chem.*, Vol. 21, p. 6251, 2011.

78 K. Chang and W. Chen, *Chem. Commun.*, Vol. 47, p. 4252, 2011.

79 H. Liu, P. Gao, J. Fang and G. Yang, *Chem. Commun.*, Vol. 47, p. 9110, 2011.

80 X. Zhou, J. Zhang, Q. Su, J. Shi, Y. Liu and G. Du, *Electrochimica Acta*, Vol. 125, p. 615, 2014.

81 B. Wang, X. L. Wu, C. Y. Shu, Y. G. Guo and C. R. Wang, *J. Mater. Chem.*, Vol. 20, p. 10661, 2010.

82 Y. Zou and Y. Wang, *Nanoscale*, Vol. 3, p. 2615, 2011.

83 Z. Zhang, C. Zhou, L. Huang, X. Wang, Y. Qu, Y. Lai, J. Li, *Electrochimica Acta*, Vol. 114, p. 88, 2013.

84 S. Lee, E. S. Oh, *Journal of Power Sources*, Vol. 244, p. 721, 2013.

85 X. Zhou, Y. Zou and J. Yang, *Journal of Power Sources*, Vol. 253, p. 287, 2014.

86 J. G. Radich and P. V. Kamat, *ACS Catal.*, Vol. 2, p. 807, 2012.

87 Q. Zhang, R. Li, M. Zhang, B. Zhang and X. Gou, *Journal of Energy Chemistry*, Vol. 23, p. 403, 2014.

88 R. Mo, Z. Lei, K. Sun and D. Rooney, *Adv. Mater.*, Vol. 26, p. 2084, 2014.

89 W. Zhang, Y. Zeng, C. Xu, H. Tan, W. Liu, J. Zhu, N. Xiao, H. H. Hng, J. Ma, H. E. Hoster, R. Yazami, and Qingyu Yan, *RSC Advances*, Vol. 2, p. 8508, 2012.

90 A. Rahman, X. Wang, and C. Wen, *J Appl Electrochem*, Vol. 44, p. 5, 2014.

91 T. Ogasawara, A. Debart, M. Holzapfel, P. Novak, and P. G. Bruce, *J Am Chem Soc*, Vol. 128, p. 1390, 2006.

92 R. E. Williford and J. G. Zhang, *J. Power Sources*, Vol. 194, p. 1164, 2009.

93 N. Mahmood, C. Zhang, H. Yin and Y. Hou, *J. Mater. Chem. A*, Vol. 2, p. 15, 2014.

94 H. Kim, H. D. Lim, J. Kim, and K. Kang, *J. Mater. Chem. A*, Vol. 2, p. 33, 2014.

95 Y. Li, J. Wang, X. Li, D. Geng, R. Li and X. Sun, *Chem. Commun.*, Vol. 47, p. 9438, 2011.

96 B. Sun, B. Wang, D. Su, L. Xiao, H. Ahn and G. Wang, *Carbon*, Vol. 50, p. 727, 2012.

97 S. Wang, S. Dong, J. Wang, L. Zhang, P. Han, C. Zhang, X. Wang, K. Zhang, Z. Lan and G. Cui, *J. Mater. Chem.*, Vol. 22, p. 21051, 2012.

98 J. Xiao, D. Mei, X. Li, W. Xu, D. Wang, G. L. Graff, W. D. Bennett, Z. Nie, L. V. Saraf, I. A. Aksay, J. Liu, and J. G. Zhang, *Nano Lett.*, Vol. 11, p. 5071, 2011.

99 S. Y. Kim, H. T. Lee, and K. B. Kim, *Phys. Chem. Chem. Phys.*, Vol. 15, p. 20262, 2013.

100 W. Zhang, J. Zhu, H. Ang, Y. Zeng, N. Xiao, Y. Gao, W. Liu, H. H. Hng, and Q. Yan, *Nanoscale*, Vol. 5, p. 9651, 2013.

101 E. Yoo, and H. Zhou, *RSC Adv.*, Vol. 4, p. 11798, 2014.

102 Y. Li, J. Wang, X. Li, D. Geng, M. N. Banis, Y. Tang, D. Wang, R. Li, T. K. Sham, and X. Sun, *J. Mater. Chem.*, Vol. 22, p. 20170, 2012.

103 Y. Li, J. Wang, X. Li, D. Geng, M. N. Banis, R. Li, and X. Sun, *Electrochemistry Communications*, Vol. 18, p. 12, 2012.

104 Z. Yang, Z. Yao, G. Li, G. Fang, H. Nie, Z. Liu, X. Zhou, X. Chen, and S. Huang, *ACS Nano*, Vol. 6, p. 205, 2012.

105 Y. Li, J. Wang, X. Li, D. Geng, M. N. Banis, Y. Tang, D. Wang, R. Li, T. K. Sham, and X. Sun, *J. Mater. Chem.*, Vol. 22, p. 20170, 2012.

106 D. Deng, L. Yu, X. Pan, S. Wang, X. Chen, P. Hu, L. Sun, and X. Bao, *Chem. Com-*

mun. , Vol. 47, p. 10016, 2011.

107 H. Kim, K. Lee, S. I. Woo, and Y. Jung, *Phys. Chem. Chem. Phys.* , Vol. 13, p. 17505, 2011.

108 K. R. Lee, K. U. Lee, J. W. Lee, B. T. Ahn, and S. I. Woo, *Electrochem. Commun.* , Vol. 12, p. 1052, 2010.

109 E. Yoo, and H. Zhou, *ACS Nano*, Vol. 4, p. 3020, 2011.

110 Y. Cao, Z. Wei, J. He, J. Zang, Q. Zhang, M. Zheng, and Q. Dong, *Energy Environ. Sci.* , Vol. 5, p. 9765, 2012.

111 C. Sun, F. Li, C. Ma, Y. Wang, Y. Ren, W. Yang, Z. Ma, J. Li, Y. Chen, Y. Kim, and L. Chen, *J. Mater. Chem. A*, Vol. 2, p. 7188, 2014.

112 W. H. Ryu, T. H. Yoon, S. H. Song, S. Jeon, Y. J. Park, and I. D. Kim, *Nano Lett.* , Vol. 13, p. 4190, 2013.

113 S. Kumar, C. Selvaraj, N. Munichandraiah, and L. G. Scanlon, *RSC Adv.* , Vol. 3, p. 21706, 2013.

114 Y. Yang, M. Shi, Q. F. Zhou, Y. S. Li, Z. W. Fu, *Electrochemistry Communications*, Vol. 20, p. 11, 2012.

115 H. G. Jung, Y. S. Jeong, J. B. Park, Y. K. Sun, B. Scrosati, and Y. J. Lee, *ACS Nano*, Vol. 7, p. 3532, 2013.

116 H. Wang, Y. Yang, Y. Liang, G. Zheng, Y. Li, Y. Cui, and H. Dai, *Energy Environ. Sci.* , Vol. 5, p. 7931, 2012.

117 C. H. Ahn, R. S. Kalubarme, Y. H. Kim, K. N. Jung, K. H. Shin, and C. J. Park, *Electrochimica Acta*, Vol. 117, p. 18, 2014.

118 J. Nelson, S. Misra, Y. Yang, A. Jackson, Y. Liu, H. Wang, H. Dai, J. C. Andrews, Y. Cui, and M. F. Toney, *J. Am. Chem. Soc.* , Vol. 134, p. 6337, 2012.

119 J. R. Akridge, Y. V. Mikhaylik, and N. White, *Solid State Ionics*, Vol. 175, p. 243, 2004.

120 M. K. Song, E. J. Cairns and Y. Zhang, *Nanoscale*, Vol. 5, p. 2186, 2013.

121 D. Wang, Q. Zeng, G. Zhou, L. Yin, F. Li, H. M. Cheng, I. Gentle and G. Q. Lu, *J. Mater. Chem. A*, Vol. 1, 9382, 2013.

122 D. W. Wang, G. Zhou, F. Li, K. H. Wu, G. Q. Lu, H. M. Cheng and I. R. Gentle, *Phys. Chem. Chem. Phys.* , Vol. 14, 8703, 2012.

123 N. Li, M. Zheng, H. Lu, Z. Hu, C. Shen, X. Chang, G. Ji, J. Cao, and Y. Shi, *Chem. Commun.* , Vol. 48, p. 4106, 2012.

124 X. Wang, Z. Wang, L. Chen, *Journal of Power Sources*, Vol. 242, p. 65, 2013.

125 H. Sun, G. L. Xu, Y. F. Xu, S. G. Sun, X. Zhang, Y. Qiu, and S. Yang, *Nano Res.* , Vol 5, p. 726, 2012.

126 F. Zhang, X. Zhang, Y. Dong, and L. Wang, *J. Mater. Chem.* , Vol. 22, p. 11452, 2012.

127 H. Xu, Y. Deng, Z. Shi, Y. Qian, Y. Meng, and G. Chen, *J. Mater. Chem. A*, Vol. 1, p. 15142, 2013.

128 K. Jeddi, K. Sarikhani, N. T. Qazvini, and P. Chen, *Journal of Power Sources*, Vol. 245, p.

656, 2014.

129 X. Han, Y. Xu, X. Chen, Y. C. Chen, N. Weadock, J. Wan, H. Zhu, Y. Liu, H. Li, G. Rubloff, C. Wang, L. Hu, *Nano Energy*, Vol. 2, p. 1197, 2013.

130 W. Li, J. Hicks-Garner, J. Wang, J. Liu, A. F. Gross, E. Sherman, J. Graetz, J. J. Vajo, and P. Liu, *Chem. Mater.*, Vol. 24, p. 3403, 2014.

131 K. H. Kim, Y. S. Jun, J. A. Gerbec, K. A. See, G. D. Stucky, H. T. Jung, *Carbon*, Vol. 69, p. 543, 2014.

132 M. Yu, W. Yuan, C. Li, J. D. Hong, and G. Shi, *J. Mater. Chem. A*, Vol. 2, p. 7360, 2014.

133 X. Wang, Z. Zhang, Y. Qu, Y. Lai, J. Li, *Journal of Power Sources*, Vol. 256, p. 361, 2014.

134 C. Wang, K. Su, W. Wan, H. Guo, H. Zhou, J. Chen, X. Zhang, and Y. Huang, *J. Mater. Chem. A*, Vol. 2, p. 5018, 2014.

135 M. U. M. Patel, N. D. Luong, J. Seppala, E. Tchernychova, R. Dominko, *Journal of Power Sources*, Vol. 254, p. 55, 2014.

136 M. Q. Zhao, X. F. Liu, Q. Zhang, G. L. Tian, J. Q. Huang, W. Zhu, and F. Wei, *ACS Nano*, Vol. 6, p. 10759, 2012.

137 S. Bose, T. Kuila, A. K. Mishra, R. Rajasekar, N. H. Kim, and J. H. Lee, *J. Mater. Chem.*, Vol. 22, p. 767, 2012.

138 D. Chen, L. Tang and J. Li, *Chem. Soc. Rev.*, Vol. 39, p. 3157, 2010.

139 C. C. Hu, W. C. Chen, and K. H. Chang, *J. Electrochem. Soc.*, Vol. 151, p. A281, 2004.

140 Yan, J.; Khoo, E.; Sumboja, A.; Lee, P. S. *ACS Nano*, Vol. 4, p. 4247, 2010.

141 C. L. Liu, K. H. Chang, C. C. Hu, W. C. Wen, *Journal of Power Sources*, Vol. 217, p. 184, 2012.

142 T. Qi, J. Jiang, H. Chen, H. Wan, L. Miao, L. Zhang, *Electrochimica Acta*, Vol. 114, p. 674, 2013.

143 W. Zhou, J. Liu, T. Chen, K. S. Tan, X. Jia, Z. Luo, C. Cong, H. Yang, C. M. Li, and T. Yu, *Phys. Chem. Chem. Phys.*, Vol. 13, p. 14462, 2011.

144 J. W. Lang, L. B. Kong, W. J. Wu, Y. C. Luo, L. Kang, *Chem. Commun.*, Vol. 35, p. 4213, 2008.

145 Z. Li, Z. Zhou, G. Yun, K. Shi, X. Lv, and B. Yang, *Nano. Res. Lett.*, Vol. 8, p. 473, 2013.

146 D. Choi, G. E. Blomgren, P. N. Kumta, *Adv. Mater.*, Vol. 18, p. 1178, 2006.

147 M. Li, G. Sun, P. Yin, C. Ruan, and K. Ai, *ACS Appl. Mater. Interfaces*, Vol. 5, p. 11462, 2013.

148 B. Zhao, J. Song, P. Liu, W. Xu, T. Fang, Z. Jiao, H. Zhang, and Y. Jiang, *J. Mater. Chem.*, Vol. 21, p. 18792, 2011.

149 X. Wang, S. Liu, H. Wang, F. Tu, D. Fang, and Y. Li, *J Solid State Electrochem*, Vol. 16, p. 3593, 2012.

150 X. Li, T. Zhao, Q. Chen, P. Li, K. Wang, M. Zhong, J. Wei, D. Wu, B. Wei, and H. Zhu, *Phys. Chem. Chem. Phys.*, Vol. 15, p. 17752, 2013.

151 H. Gao, F. Xiao, C. B. Ching, and H. Duan, *ACS Appl. Mater. Interfaces*, Vol. 4, p. 7020, 2012.

152 B. Qu, Y. Chen, M. Zhang, L. Hu, D. Lei, B. Lu, Q. Li, Y. Wang, L. Chen, and T. Wang, *Nanoscale*, Vol. 4, p. 7810, 2012.

153 Z. Li, Z. Zhou, G. Yun, K. Shi, X. Lv, and B. Yang, *Nano. Res. Lett.*, Vol. 8, p. 473, 2013.

154 A. Ramadoss, S. J. Kim, Carbon, Vol. 63, p. 434, 2013.

155 Y. Xu, Z. Lin, X. Huang, Y. Wang, Y. Huang, and X. Duan, *Adv. Mater.*, Vol. 25, p. 5779, 2013.

156 J. Sun, Z. Li, J. Wang, Z. Wang, L. Niu, P. Gong, X. Liu, H. Wang, S. Yang, *Journal of Alloys and Compounds*, Vol. 581, p. 217, 2013.

157 Q. Cheng, J. Tang, N. Shiny, L. C. Qin, *Journal of Power Sources*, Vol. 241, p. 423, 2013.

# 第7章　石墨烯-聚吡咯纳米复合材料：高性能超级电容器的理想电活性材料

*Alagiri Mani, Khosro Zangeneh Kamali, Alagarsamy Pandikumar, Yee Seng Lim, Hong Ngee Lim, Nay Ming Huang*

**摘　要**：日益增长的能量需求与化石燃料的快速枯竭引导科学界将其注意力转向可再生能源转换与适当的存储设备。超级电容器是颇具前景的能量存储设备，具有若干备受瞩目的特性，如高功率密度、出色的可逆性与高循环稳定性。在超级电容器的构建中，石墨烯基导电聚合物纳米复合材料已经被广泛认为是超级电容器的理想电极材料。在所有的导电聚合物当中，聚吡咯基石墨烯纳米复合材料是一种受到普遍欢迎的选项，因为这种材料具有令人颇感兴趣的优点，如电性能强、易于制备、成本低廉、环境稳定性好和适合大规模加工等。本章的重点在于石墨烯-聚吡咯纳米复合材料的制备以及这种材料在超级电容器应用中的性能。

**关键词**：石墨烯纳米复合材料；聚吡咯基超级电容器；能量存储

## 7.1　前言

近年来，随着生活质量的不断提高，世界能源需求也随之大幅增长，全球范围内能量消耗的激增显然是一种清晰标志。1996年，世界能量需求是374.631千兆英热单位(Btu)。[英、美等国采用的一种计算热量的单位，简记作Btu，等于1磅纯水温度升高1°F(1°F=5/9℃温度差)所需的热量。1Btu=251.996cal=1054.350J—译者注]。到了2005年，这一数字飙升至461.958千兆英热单位，而且这一需求还在继续逐年上升。在经济合作与发展组织(OECD)成员国中，1996~2005年间的总能量需求几乎上涨了10%。对于非OECD国家来说，能量需求在同一时期提高了近43%。据预测，到2030年，世界能量需求大约为678300千兆英热单位，而非OECD国家将占这一需求的59%[1]。

一般而言，能源可以分为三类：化石燃料、可再生能源与核能。迄今为止，化石燃料一直是主要能源，特别是油、煤与天然气。亚太地区已经成为最大的能源消费地(大约是总能耗的35%)，其中，中国、日本、印度和韩国是最重要的消费国。按照这一消费水平，原油的全球储量/采出比在2012年是54.2年。化石燃料的供应是有限的，而且，化石燃料的大规模使用与环境恶化有着千丝万缕的联系。根据Kalogirou分析，目前有三个已知的主要世界环境问题：酸雨、平流层臭氧耗竭和全球气候变化。大气层中温室气体浓度的持续增加已经是一个不争的事实，而燃料的价格也在增长，这成为人们努力探索并使用再生能源的主要驱动力[2]。

## 7.2 可再生能源

**可再生能源**(RES)的定义是：能够以合理成本长期获取且使用后不产生负面影响的天然资源。可再生能源包括生物质、水力发电、地热、太阳能、风能与海洋能(如潮汐能)。在2011年，可再生能源提供全球终端能源消费(final energy consumption)的约19%，而9.7%获自现代可再生能源，包括水力发电、风电、太阳能发电、地热与生物燃料。(终端能源消费：按照经济合作与发展组织和国际能源署的定义，终端能源消费是指终端用能设备入口得到的能源。因此，终端能源消费量等于一次能源消费量减去能源加工、转化和储运这三个中间环节的损失和能源工业所用能源后的能源量 - 译者注)。在发展中国家的广大农村地区，一直在广泛使用传统的生物质燃料来烹饪与取暖，这些可以算作是可再生能源，占到总终端能源需求的约9.3%。水力发电可以提供世界终端能源需求的大约3.7%，而水电的装机容量还在稳步增长。2011年，所有其他的现代可再生能源提供了终端能源需求的约6%，而且在许多发达国家与发展中国家，这一比例正处于快速增长时期。此外，对于尚缺乏可靠电力网络基础设施的欠发达地区而言，能量存储技术就显得格外重要，同理，对于外太空探索与海洋运输工具等也一样不可或缺。正因如此，能量存储设备倍受学术界与工业界的密切关注[2]。

近年来，能量存储体系引起研究者们的极大兴趣。为了发展并维持一个社会，必须要依靠广泛的技术进步，规模适当的各种能量存储体系自然就成为其中的关键因素，这自不待言。基于以上认知，超级电容器凭借其多重优异特性理所当然地受到人们的特别青睐。这其中就包括：与二次电池相比其功率密度较大，与常规电双层电容器相比其能量密度较高，以及循环寿命长和环境友好水准更高等重要优点。基于上述独特优势，这些超级电容器已经成功地应用于便携式电子设备。一方面，凭借其高功率密度，超级电容器在许多应用场合也成为举足轻重的能量存储备选方案，包括范围广泛的电源供给领域，比如混合动力汽车；另一方面，也可用于间歇能源的能量存储，如风能和太阳能等等。

## 7.3 能量存储的重要性

鉴于许多国家将更多的关注从再生能源转移至发电领域，能量存储与电源管理就成为一个日渐重要的主题。由于可再生能源(风能、潮汐能与太阳能)一直存在只能间歇性供给的弊端，能量的供应水平对电能输出的变化是相当敏感而脆弱的。对于只可间歇-供给能量而且只有间歇-能量需求的状况而言，开发适合这一供需特点的存储技术就显得非常关键，只有这种技术方可保障间歇供给基地为分布广袤的用户提供不间断的电力供应。对存在并网与离网应用的地域而言，这种技术的重要性更是不言而喻的[3]。在过去的数年间，人们将很多注意力置于开发具有高功率密度与能量密度的能量存储/转换设备。作为电介质电容器与电池之间的中间体系，超级电容器之所以赢得人们的特别关注，是因为这种电容器具有较高的功率密度，相对优于二次电池[4]。

## 7.4 超级电容器

目前正在使用的三种主要能量存储设备分别是对称超级电容器(symmetric supercapacitors，即两个极板电极材料一致的电容器 - 译者注)、混合(非对称)超级电容器和 Li 离子电池。在这三种主要的能量存储设备当中，Li 离子电池目前具有最高的能量密度范围，即 120 ~200Wh/kg。尽管其功率密度较低，只有 0.4 ~ 3kW/kg。也正是受累于功率密度低的原因，这种电池不太适合高功率要求的设备，比如回馈制动(regenerative braking)和负载均衡体系。(回馈制动，亦称反馈制动，是变频器制动方式的一种，也是非常有效的节能方法。并且避免了制动时对环境及设备的破坏 - 译者注)。此外，短循环寿命(1000 循环)是 Li 离子电池的另一个缺点。相对而言，对称超级电容器具有高得多的功率密度(5~55kW/kg)和中等能量密度(4~8Wh/kg)。此外，对称超级电容器展现了极高的循环稳定性，可以高达 100 000 次循环[5]。鉴于这是由通用电器于 1957 年发明并获得专利的产品，可以想象到，这种超级电容器的应用范围势必相当广泛，包括：以高功率密度、短充电与放电时间、长循环寿命为特点的各种应用，以及便携电子设备与制动系统等，此外，还有工作温度范围很宽的应用场合，其实例可谓不胜枚举[6,7]。电化学对称超级电容器有两种：(i) 电化学双层电容器(EDLCs)，通常是基于纯石墨纳米结构的产品，比如碳纳米管(CNTs)、石墨烯、碳洋葱/碳球、由碳衍生的模板、活化碳等；(ii) 赝电容器，一般是基于赝电容性材料的制品，包括：$V_2O_5$、$RuO_2$、$MnO_2$、$Co_2O_3$、$Co_3O_4$、$In_2O_3$、$NiO/Ni(OH)_2$、二元 Ni-Co 氢氧化物等，这些材料均能引进快速表面氧化还原反应[8,9]。

## 7.5 超级电容的原理与操作

超级电容器将电能存入一个电双层，其形成于多孔性固体电极/电解液界面上。当施加直流电压时，电解液中的正负离子电荷累积在固体电极的表面，并形成电双层，正是这个电双层存储了电能[10]。超级电容器更像是一个正在构建之中的电池，其中有两个浸于电解液中的电极，位于两个电极之间的是离子可渗透的隔膜。在这样一种方式下，每一个电极电解液界面意味着一个电容器，故整个电池可以认为是串联的两个电容器。对于对称电容器(相同电极)而言，电池电容($C_{cell}$)可以由下式表达：

$$1/C_{cell} = 1/C_1 + 1/C_2 \tag{7.1}$$

式中：$C_1$和$C_2$分别表示第一电极和第二电极的电容，在每一电极界面上的双层电容($C_{dl}$)可以由下式表示：

$$C_{dl} = \varepsilon A/4\pi t \tag{7.2}$$

式中，$\varepsilon$是电双层区域的介电常数；$A$是电极的表面积；$t$是电双层的厚度。在双-层电容中，正是大表面积(一般 >$1500m^2\ g^{-1}$)与极小电荷分离(埃)的组合才是其电容非常之高的成因。超级电容器的能量($E$)与功率($P_{max}$)是根据下式测量的：

$$E = 1/2\ CV_2 \tag{7.3}$$

$$P_{max} = V_2/4R \tag{7.4}$$

式中：$C$是以法拉(Farads)计的直流电容；$V$是标称电压；$R$是以欧姆计的等效串联电阻(ESR)。

一台设备的电容主要是与电极材料的特性相关的，特别是表面积与孔径分布。由于碳的高孔隙度，也就是其低密度的原因，能量密度一般都是以每一电极的体积比电容来度量的。电池电压(cell voltage)也是超级电容器比能量与比功率的重要决定因素。超级电容器的工作电压一般都是与电解液稳定性相关的。水电解液，比如说酸(例如$H_2SO_4$)和碱(例如KOH)，具有离子电导率高(达到1S/cm)、成本低廉与市场普遍接受的优点。另一方面，这些电解液也有内在的缺点，如电压范围有限，相对低的分解电压(只有1.23V)。不过，一般认为，高比表面碳在水电解液中的比电容(F/g)要显著高于相同电极在非水溶液中的相应值，这是因为其在水溶液体系中的介电常数较高的缘故。实际上，有几种非水电解液也已经得到了明显改善，可以采用2.5V以上的电池工作电压。因为超级电容器的比能量正比于工作电压的平方，非水电解液混合物(比如，含有溶解烷基季铵盐的碳酸丙烯酯或乙腈)已经用于许多商品化超级电容器，特别是那些瞄准高能应用的超级电容器。不过，非水电解液的电阻率比水电解液至少要高出一个数量级，所以制成的电容器通常具有较高的内阻。高内阻限制了电容器的电源能力，最终还是限制了其应用。在超级电容器中，有若干促成内阻的起因，通常是一并加以估算的，一般称之为等效串联电阻或 ESR。对于超级电容器 ESR 有贡献的因素包括：电极材料的电子电阻；电极与集电器之间的界面电阻；离子在小孔内移动时的离子(扩散)电阻；离子穿过隔膜时的离子电阻；电解质电阻[11]。

## 7.6 超级电容器的电极材料

能量需求的不断增长随同自然资源的渐近枯竭与环境污染的日趋严重一直相伴而行，其结果是激励了人们对新能源存储设备的广泛研究。超级电容器作为最具前景的电化学能量存储设备之一应运而生。近年来，通过新型/先进材料的开发以及通过对电荷存储机理的理解，在超级电容器领域实现了跳跃式发展。尽管如此，超级电容器尚不足以承担主电源的角色，原因就在于其能量密度性能欠佳。若想制造高性能超级电容器，电极材料显然是决定成功与否的关键因素。因此，设计并制造高质量电极在开发新一代高性能超级电容器中必然会起到举足轻重的作用。

与电池相比，超级电容器的最大不足之处要属其较低的能量密度。因此，若要改善超级电容器的可用性，需要加以认真考虑的重要思路就是如何提高其能量密度。根据能量密度($E$)公式(式中，$C$ 是电极电容；$V$ 是电极的电势窗口)：

$$E = 1/2CV^2 \tag{7.5}$$

可以得知，采用高电容的电级材料应当是提高能量密度的最有效方式。因此，赝-电容性材料为人们提供了一种新可能性或者选项，因为这类材料的比电容高于电双层电容性材料[12]。不过，赝电容性材料(导电聚合物与金属氧化物)通常受累于其低电导率，在这种情况下，只有将反应动力学作为协调方案才能克服这一不足，因为反应动力学依赖于法拉弟反应。法拉弟反应与电子和离子的传输动力学密切相关。因此，量身制作的电极必须具有电导率良好的多孔结构，这是最能满足上述要求的理想电极。多孔纳米结构电极是令人相当满意的[12-19]，因为它能够促进电解液与活性材料之间的接触，因此缩短了离子传输通道，并导致快反应动力学。至于电导率，可以通过巧妙组合的导电支架(例如碳纳米管[9]、石墨烯[4])来提高，如此便可改善整个电极的电导率。

对于超级电容器的另一项重要要求是高功率密度。这是一个切实可行的目标，因为超级电容器不仅能够存储能量，而且也可以在短时间间隔内释放存储的能量。上文提及的策略也适用于高功率密度超级电容器，因为多孔电极能够以较高的活性表面接触电解液，而且导电性也足以促成快反应动力学。正是因为这些理由，人们已经将研究重点置于混合电极材料的合成方面。通过电极材料来研究超级电容器的电化学性能只是奠定了下一步工作的基础，而有针对性地开发高电容与高功率密度的电极材料才是满足工业需求的真正目标。电极的电化学行为取决于高表面积（1～>2000 $m^2/g$）、平均孔径、可保障快速氧化还原反应的表面官能团和高电导率[6]。针对下一代超级电容器的电极材料，近期的研发重点已经着眼于生产具有轻质、电化学活性、纳米孔和分层纳米结构等特点的材料。为了制作合乎要求的超级电容器，人们调研了多种碳基材料，如活性碳、介孔碳、碳洋葱（carbon onion，碳洋葱是一种以 $C_{60}$ 为核心的同形多层球面套叠结构的碳分子 - 译者注）、富勒烯、碳气凝胶和碳纳米管（CNTs），还有一些赝电容性材料，如过渡金属氧化物/氢氧化物以及导电聚合物等[20]。作为独特的二维碳纳米结构材料，石墨烯在超级电容器电极领域中表现出潜在应用前景，故倍受推崇，这主要得益于其优异的电导率、不同寻常的大比表面积与出色的结构稳定性[6]。

## 7.7　石墨烯-基超级电容器及其局限性

石墨烯是一种单原子厚度的二维（2D）碳纳米结构材料，受到人们的广泛关注，主要是因为这种材料在现代电子学中呈现出不同凡响的应用前景，包括晶体管、传感器、显示器、致动器、太阳能电池、场-发射器件和场-效应晶体管等等。石墨烯可以提供离子易于接近的平面结构，促进了较快的离子吸附与脱附，并且证明了优于其他多孔性材料如活性碳的优点，尽管活性碳也含有随机相互连接的蠕虫状孔道。此外，由于其不同寻常的电子行为与优异的力学行为、良好的电化学稳定性和高比表面积，石墨烯与相关复合材料似乎可以作为超级电容器电极的潜在候选材料[20]。Ruoff 及其同事首先证实，石墨烯基超级电容器在水电解液与有机电解液中的比（电容）值分别为 135F/g 和 99F/g。不过，石墨烯基超级电容器的比能量和电容仍然低于电池与燃料电池，这一短板限制了其在不同领域的潜在应用。一般来说，引入涉及法拉弟氧化还原反应的成份（例如过渡金属氧化物、导电聚合物）可以显著地提高石墨烯电极材料的电容性能[7]。

## 7.8　石墨烯-聚合物-复合材料-基超级电容器

具有优异电导率与大赝电容（pseudo capacitance）的导电聚合物（CPs），包括聚吡咯（PPy）、聚苯胺（PANI）和聚（3，4-乙烯基二氧噻吩）（PEDOT），已经引起人们极大兴趣，因为这类材料有潜力用作超级电容器的电极材料[21]。导电聚合物在充电/放电过程中稳定性不佳，这成为构建高功率超级电容的一道难关，除此以外，导电聚合物的低电导率也产生较高的欧姆极化，从而降低了超级电容器的可逆性与稳定性[22]。为了解决这些难题，特意制造了一系列导电复合材料以寻求预期的协同效应，如PANI/无机物纳米复合材料、石墨/聚吡咯复合材料、PANI/活性碳、p-掺杂的3-甲基噻吩(PMET)/活性碳体系、石墨烯(G)/PANI、氧化钌($RuO_2$)/聚吡咯等[23]。石墨烯(G)具有石墨的二维蜂巢状晶格结构，显示出了不同寻常且令人着迷的物理、化学与机械性能。石墨烯的高宽厚比与机械性能有助于设计柔韧性的共形电极，也促使石墨烯构成一类可满足独特体积或重量要求的体系，以适应在超级电容器领域中的应用[24]。石墨烯-导电聚合物(G-CPs)显示出良好的快充电/放电性能、较高的化学稳定性、大体积/表面比和宽电化学窗口，另外，G-CPs也是物美价廉与生态友好的能量存储材料[25]。不仅如此，G-CPs还具有活性表面与高孔隙度，这些优良特性均有助于获取大比表面的G-CPs纳米复合材料[26]。

## 7.9 石墨烯-聚吡咯纳米复合材料基超级电容器

包括聚苯胺、聚吡咯和聚噻吩材料在内的导电聚合物已经成功地试用作电化学能量存储设备的电极，这得益于其高电导率与快速氧化还原电活性。在这些材料当中，聚吡咯(PPy)是最重要的超级电容器材料之一，因为其具有成本低廉、易于制备以及可逆掺杂/脱掺杂的电化学等优点[27]。此外，存在于吡咯环上的氨基(-NH-)可以改进生物分子传感[28]。不过，在充电/放电过程中，交织状态的聚合物链一直在连续地膨胀/收缩，这通常会造成离子载流子排放不足，并由此导致循环稳定性不佳。为了解决这一缺点，有人提出了一项或许会被采纳的策略，就是制造一种具备有序载流子通道的聚吡咯-复合材料[27]。将纳米结构的聚吡咯与石墨烯纳米片组合在一起，便可以设计出多层架构，能够实现高比电容与低电子阻力。在石墨烯的存在下，吡咯单体经过原位聚合生成石墨烯/聚吡咯复合材料，如此制备的复合材料展现出高比电容与长循环稳定性[19]。

## 7.10 制造超级电容器用石墨烯-聚吡咯纳米复合材料

合成石墨烯与聚吡咯复合材料的最常用方法之一是原位聚合法。存在于聚吡咯与石墨烯蜂巢结构中的π-轨道容易造成单体吡咯分子以π-π堆积的方式相互吸引。另一方面，存在于吡咯单体中的氢与氧化石墨烯/还原态氧化石墨烯中的氧基团之间能够形成牢固的氢键。聚吡咯与碳材料之间的π-π堆积、氢键相互作用以及范德华相互作用能够使这些材料在室温下经物理混合后生成复合材料，见图7.1。

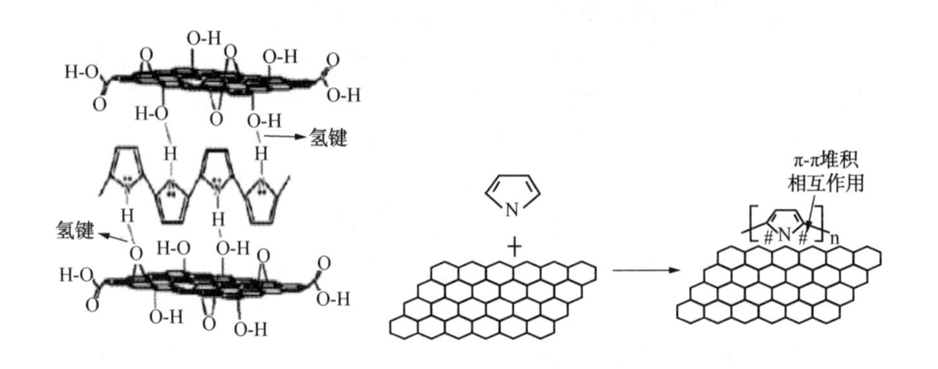


图 7.1　石墨烯结构与吡咯结构之间的氢键相互作用和吡咯与石墨烯结构之间的 π-π 堆积[30]

过硫酸铵是一种广泛用作氧化剂的材料，可用于聚合单体吡咯分子[30-37]。聚合吡咯单体的其他方式是在含有吡咯单体的溶液中加入三氯化铁($FeCl_3$)[27,29,38,39]。有的团队也为此开展过一些工作，专门研究了形态不同的聚吡咯/石墨烯结构的超级电容器性能。在当今已研究过的聚吡咯结构系列里，聚吡咯微球与聚吡咯纳米线也在其中，目的是与石墨烯复合后用作超级电容器的电极。利用 $FeCl_2$-$H_2O_2$混合物作为引发剂，可以由吡咯合成出聚吡咯微球。氧化石墨烯(GO)与聚吡咯球可以移位(或称非原位)组装，随后再进行化学还原[40,41]。在氧化石墨烯/溴化十六烷基三甲铵(GO/CTAB)悬浮液的存在下，吡咯单体进行原位聚合，合成出聚吡咯纳米线，其中以乙二酸(或 HCl 或柠檬酸)作为聚吡咯的掺杂剂[32,37,42](见图 7.2)。氧化石墨烯的亲水行为使得该材料分散良好，并在水溶液中形成了单层。这一性质可使聚吡咯的复合材料更为均匀地分布在氧化石墨烯片上。正是这一原因，许多科学家首先制备了聚吡咯/氧化石墨烯复合材料，并将氧化石墨烯还原成还原态氧化石墨烯(RGO)以改善电子特性。由于还原态氧化石墨烯属于疏水性材料，故分散石墨烯片就成为一项极为棘手的难题。于是，许多科学家在石墨结构材料上附加了带有负电荷的聚(苯乙烯磺酸钠)，以期该材料能够分散于水相中。在实现石墨结构材料分散之后，他们才能够在其上面聚合吡咯单体[35,36,38]。Lu 及其同事采用 $FeCl_3$-MO(亚甲蓝)反应性自降解模板(reactive self-degraded templates)制备出聚吡咯(PPy)纳米管，并讨论了类管状结构形成的过程与原理。

电致-聚合反应是制造聚吡咯/石墨烯的一种简单而易行的方法。在这种方法中，石墨烯(或氧化石墨烯)是在水中混合与分散的，在两个电极之间施加电压后，石墨烯与吡咯单体沉积在工作电极上且吡咯单体聚合成聚吡咯[46]。因为吡咯单体与石墨烯的电导率不高，因此有可能在电沉积过程中使用一些电解质来提高溶液的电导率与稳定性[47-49](见图 7.3)。

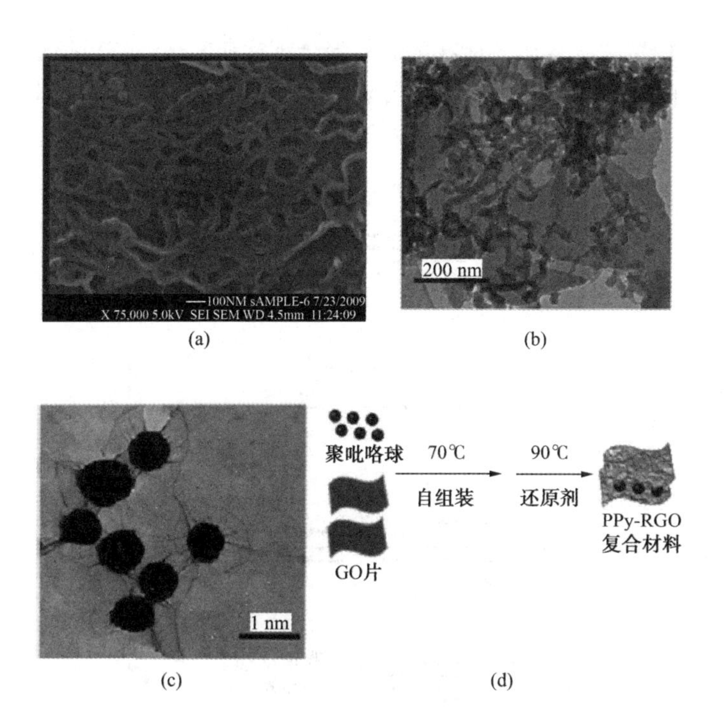


图 7.2 (a) 聚吡咯球与氧化石墨烯(GO)的合成与复合，并随后化学还原成 RGO 的示意图[41]；(b) 在 RGO 片上合成的聚吡咯球的 TEM 图像[41]；(c) 合成的聚吡咯纳米线/石墨烯复合材料；(d) 以草酸掺杂制备的聚吡咯纳米线/石墨烯复合材料[45]；以氢氯酸掺杂制备的聚吡咯纳米线/石墨烯复合材料[37]

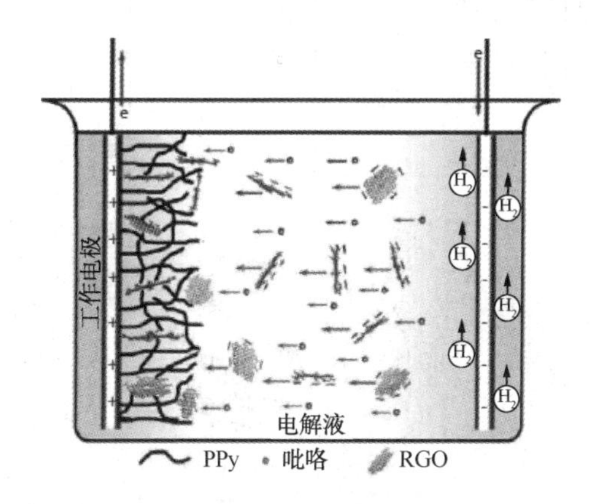


图 7.3 吡咯分子的同时电聚合与沉积以及聚吡咯与 RGO 共同形成的示意图[49]

脉冲电致-聚合反应法是另一种广泛用于制造聚吡咯/石墨烯复合材料的方法。在这种方法当中，氧化石墨烯(GO)与吡咯首先混合，然后采用恒电位仪施以连续电子全同脉冲(见图 7.4)。有一些研究小组也认为，聚吡咯链在脉冲休止期(Tr)内得到稳定化，这样才能在随后的聚合脉冲期间使新链成核更为有利，而不是扩大已有的链。有人已经指出，若采用短沉积脉冲，则生成的聚吡咯链中产生的结构缺陷也较少，见图 7.5[50-52]。

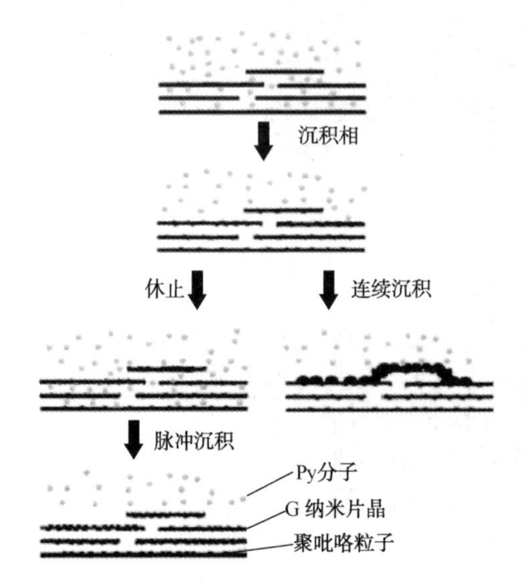


图 7.4　在石墨烯膜电极上，吡咯单体的脉冲聚合与连续聚合之间的差异示意图

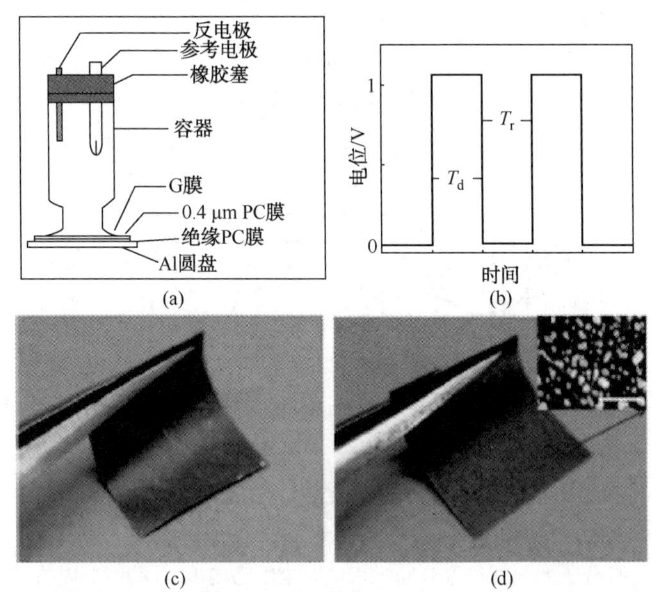


图 7.5　(a) 示意图说明休止时期如何促成吡咯分子在沉积脉冲之间扩散进入石墨烯片层的空隙。由此形成的均匀涂层与较少的堵塞孔优于连续沉积法产生的结果。(b)沉积实验中采用的电沉积电位波形图，图中，$T_d$ 为沉积脉冲长度；$T_r$ 为休止脉冲长度。照片显示了(c)纯石墨烯纳米片(GNPs)和(d)石墨烯/聚吡咯膜的柔韧性

脉冲电致-聚合也可以用来沉积石墨烯与聚吡咯复合材料，以及将聚吡咯沉积在已经沉积于电极之上的石墨烯片上。脉冲电致聚合法胜过恒流/恒压电致-沉积法的优点就在于吡咯分子可以更好、更有效地沉积在已经沉积的石墨烯片之上。

当施加脉冲之时，紧邻石墨烯膜的吡咯单体发生电致聚合，并且在石墨烯表面上变成聚吡咯纳米粒子。如果沉积过程继续，在相邻石墨烯片上的吡咯单体通过电致聚合而转化成高度还原的聚吡咯。因为沉积是连续的，从本体溶液复原的吡咯单体不能够穿过石墨烯膜的外层，所有剩余的沉积电流反而是由位于石墨烯膜表面的电致聚合消耗了。这将促成较大尺寸纳米粒子的继续聚合，而不是使新链生长成核。扩大现有的聚合物粒子防止了聚合物密度与表面覆盖度的增加，而覆盖度的这种增加并不利于超级电容器的应用性能。因为大多数电致聚合反应是在石墨烯层表面发生的，而不是穿过石墨烯片之间的空隙，故石墨烯层下面仍然保持为非复合状态。连续电致聚合造成表面积减小，因此降低了该体系内快速法拉弟氧化还原反应性能，实际上，正是这种性能为设备做出了额外的赝电容贡献[53]。在沉积脉冲之间设置脉冲休止期( $T_r$ )，显然有利于从本体溶液复原的吡咯单体透入石墨烯片层的内部(即石墨烯片之间的空间)，并由下一次脉冲实施电致聚合。此外，电致聚合中的脉冲休止期可以促成小聚吡咯纳米粒子均匀地形成于石墨烯片上，从而增大了材料的表面积[50]。根据这一原则，A. Davies 等合成了石墨烯基柔性超级电容器[50]。

## 7.11　石墨烯-聚吡咯纳米复合材料-基超级电容器的性能

Y. Q. Han 及其同事报道称，以原位聚合法合成了不同重量比的聚吡咯/氧化石墨烯(PPy/GO)复合材料，并以三电极构型研究了这些材料的超级电容器性能。作者选择的 GO：PPy 比为 20：80、50：50 和 80：20；并且测试了 GO、PPy，20：80，50：50 和 80：20 等样品的比电容，得到的相应电容值分别为 43 F/g、201 F/g、133 F/g、116 F/g 和 111 F/g。结果表明，上述复合材料的比电容并没有改进[34]。S. Konwer 研究了相同的材料，选用的 GO：PPy 比为 5：100 和 10：100，这些材料在 2mV/s 扫描速率下的比电容测定值分别为 370. 37 F/g 和 421. 42 F/g[29]。J. Li 完成了相似的研究工作，区别是作者将 GO：PPy 样品的形态改为纳米线，在 1 A/g 的电流密度下获得了 633 F/g 的比电容，在 1000 次循环之后比电容的衰减值只有 6%[42]。在另一项工作中，J. Li 将 GO：PPy 比选定为 1：99、5：95 和 20：80，在相同条件下研究了 PPy/GO 比对超级电容器性能的影响。

J. Li 发现，在 2mV/s 的扫描速率下，GO：PPy 比为 1：99、5：95、20：80 的样品以及纯聚吡咯和氧化石墨烯(GO)的比电容分别是 638 F/g、710 F/g、590 F/g、236 F/g 和 53 F/g。在 1000 次循环之后，比率为 5：95 的样品展现了 93% 的电容保持率[32]。K. Qi 就 PPy 与 GO 的脉冲电致聚合开展了研究，在 0.5mA/$cm^2$ 的电流密度下获得了 660 F/g 的比电容。稳定性测试表明，PPy/GO 的潜力可以达到 1000 次的长循环寿命，在 100mA/$cm^2$的充电-放电电流密度下，比电容的衰减值为 10%。在 GO/PPy 复合材料的长循环寿命中，有可能在前几个 100 次循环内观察到材料的比电容有所增加，这可能是附着于 GO 的氧基团发生了电化学反应产生的结果[32,54]。D. Zhang 的研究有别于他人的工作，不同之处就在于作者采用了黏合剂来制备电极。以该方法获得的结果是：在 0.5A/g 的电流密度下，1000 次循环之后记录的电容值为 482 F/g[39]。

合成无黏合剂石墨烯结构/聚吡咯超级电容器的最早工作是由 S. Biswas 等完成的。在这项工作中，作者采用了两种方法制备聚吡咯纳米线，其一是在石墨烯片上的原位聚合法，其二是与石墨烯片的物理混合法。在 1000 次循环之后，在 1 A/g 的放电电流密度下，比电容值达到 165 F/g，是其初始值的 92%[37]。S. Sahoo等采用不同比率的聚吡咯/石墨烯完成了相似的工作。在该作者的报道中，比率为 62.5：37.5 的聚吡咯/石墨烯复合材料在采用三电极构型的体系中展现了最好的性能，在 10mV/s 的扫描速率下达到了 409 F/g 的比电容，优于其他比率的样品[31]。

A. Davies 等报道了在制备的石墨烯薄片电极上以脉冲电致聚合法制备聚吡咯的方法[50]。聚吡咯在石墨烯片上的脉冲电致聚合时间只有 120s。采用三电极构型的聚吡咯/石墨烯片在电化学性能上表现不俗，比电容高达 237 F/g，这一数值比作为空白支架的石墨烯片高出 4 倍。T. Qian 报道了球形 PPy/RGO 的合成，并以三电极构型的方式测试了该材料在玻璃碳电极(GCE)上的超级电容应用性能。该复合材料显示出了非凡的性能，在 0.5 A/g 电流密度下其比电容高达 557 F/g，在 1000 次充电-放电过程之后，电容仍可保持其初始值的 85%[41]。Y. S. Lim 等报道了一种一步电化学法，可以从含有吡咯分子、氧化石墨烯(GO)纳米片的水溶液合成出聚吡咯/石墨烯(PPy/GR)复合膜，其中，电化学反应是在铟锡氧化物(ITO)上实施的。在该电化学过程中，采用了对甲苯磺酸钠(NapTS)作为电解液。通过改变聚吡咯的数量，可以使该合成材料达到其最佳性能，在 10mV/s的扫描速率下，电容达到了 300.02 F/g。一些石墨烯-聚吡咯复合材料电极及其性能的比较列于表 7.1 中。

表 7.1 一些石墨烯-聚吡咯复合材料电极及其在超级电容器中的性能比较

| 材 料 | 方法 | 充放电循环 | 比电容 | 文献 |
|---|---|---|---|---|
| PPY/GO | 脉冲电致聚合 | 1000 | 650 F/g；扫描速率 5mV/s<br>500 F/g；扫描速率 200mV/s | [55] |
| PPY/RGO | 核-壳原位聚合 | 1000 | 557 F/g；电流密度 0.5A/g<br>430 F/g；电流密度 1A/g | [41] |
| PPY/G 纳米片晶 | 电化学聚合 | 1000 | 285 F $g^{-1}$；电流密度 0.5A/g | [56] |
| G/PPY | 原位氧化聚合 | | 409 F/g | [31] |
| PPY/SG | 电化学沉积 | 800（2%） | 285 F/g；电流密度 0.5A/g | [47] |
| RGO/PPY | 电化学聚合 | 5000 | 224 F/g；电流密度 240A/g | [49] |
| RGO/PPY | 原位聚合 | 500 | 267 F/g；扫描速率 100mV/s | [38] |
| RGO/PPY | 电化学方法 | | 352 F/g；电流密度 1A/g | [46] |
| PPY/GNS | 原位聚合 | 1000 | 482 F/g；电流密度 0.5A/g | [39] |
| EG-RGO/PPY | 原位氧化聚合 | 200 | 420 F/g；电流密度 0.5A/g | [27] |
| GO/PPy 纳米线 | 原位化学聚合 | 1000 | 728 F/g；电流密度 0.5A/g | [32] |
| PPY/GO | 化学氧化聚合 | 700 | 330 F/g；扫描速率 100mV/s | [33] |
| GO/PPY | 原位聚合 | | 383 F/g；电流密度 0.5A/g | [34] |
| 多层 RGO/PPY(线) | 化学聚合 | 1000 | 165 F/g；电流密度 0.5A/g | [37] |
| PPY/GR | 电化学聚合 | | | [48] |
| G/PPY | 脉冲电致聚合 | | 237 F/g；扫描速率 10mV/s | [50] |
| PPy/GO | 原位聚合 | | 421.4 F/g；扫描速率 2mV/s | [29] |
| GNS/PPy | 原位氧化聚合 | 1000 | 318.6 F/g；扫描速率 2mV/s | [30] |
| GO/PPy | 化学法 | 1000 | 633 F/g；电流密度 1A/g | [42] |
| PPy(纳米粒子)/石墨烯 | 化学法 | 1000(70%) | 64 F/g；电流密度 1A/g | [43] |
| PPY(纳米线)/石墨烯 | 化学法 | 1000(37%) | 42 F/g；电流密度 1A/g | [43] |

## 7.12 总结与展望

本章就日益增长的能源需求与开发能量存储设备的重要性做出了解释性说明，希望为这些问题的解决有所助益。重点阐述了超级电容器，简要说明了这些设备的卓越存储能力以及对未来世界产生的正面影响。也谈及了石墨烯与聚合物用于超级电容器的潜力，因为这些材料具有优异的电导率与相当大的赝电容。本章还研究了聚吡咯/石墨烯复合材料，以期在超级电容器中得到应用，也谈到了如何合成与制造基于聚吡咯/石墨烯复合材料的电极。最后，讨论了以不同方法制备的电极和聚吡咯/石墨烯复合材料的性能。

## 参 考 文 献


1 J. L. Seale, A. a. Solano, *Energy Econ.* 2012, 34, 1834.

2 G. S. Aleman-Nava, V. H. Casiano-Flores, D. L. Cardenas-Chavez, R. Diaz- Chavez, N. Scarlat, J. Mahlknecht, J. -F. Dallemand, R. Parra, *Renew. Sustain. Energy Rev.* 2014, 32, 140.

3 P. J. Hall, E. J. Bain, *Energy Policy* 2008, 36, 4352.

4 Y. Liu, D. Yan, Y. Li, Z. Wu, R. Zhuo, S. Li, J. Feng, J. Wang, P. Yan, Z. Geng, *Electrochim. Acta* 2014, 117, 528.

5 X. Li, B. Wei, *Nano Energy* 2013, 2, 159.

6 D. Wang, Y. Min, Y. Yu, B. Peng, *J. Colloid Interface Sci.* 2014, 417, 270.

7 Y. -H. Hsu, C. -C. Lai, C. -L. Ho, C. -T. Lo, *Electrochim. Acta* 2014, 127, 369.

8 Y. Tao, L. Ruiyi, L. Zaijun, F. Yinjun, *Electrochim. Acta* 2014, 134, 384.

9 W. Wang, S. Guo, I. Lee, K. Ahmed, J. Zhong, Z. Favors, F. Zaera, M. Ozkan, C. S. Ozkan, *Sci. Rep.* 2014, 4, 4452.

10 Z. Li, J. Chen, *Microelectron. Eng.* 2008, 85, 1549.

11 a. G. Pandolfo, a. F. Hollenkamp, *J. Power Sources* 2006, 157, 11.

12 L. G. H. Staaf, P. Lundgren, P. Enoksson, *Nano Energy* 2014, 9, 128.

13 C. Yu, L. Zhang, J. Shi, J. Zhao, J. Gao, D. Yan, *Adv. Funct. Mater.* 2008, 18, 1544.

14 R. Liu, S. B. Lee, *J. Am. Chem. Soc.* 2008, 130, 2942.

15 H. Wang, H. S. Casalongue, Y. Liang, H. Dai, *J. Am. Chem. Soc.* 2010, 132, 7472.

16 T. Zhu, J. S. Chen, X. W. Lou, *J. Mater. Chem.* 2010, 20, 7015.

17 X. Wang, C. Yan, A. Sumboja, P. S. Lee, *Nano Energy* 2014, 3, 119.

18 S. Li, J. Wen, X. Mo, H. Long, H. Wang, J. Wang, G. Fang, *J. Power Sources* 2014, 256, 206.

19 U. M. Chougale, V. J. Fulari, *Mater. Sci. Semicond. Process.* 2014, 27, 682.

20 J. Yang, L. Zou, *Electrochim. Acta* 2014, 130, 791.

21 A. K. Cuentas Gallegos, M. E. Rincon, *J. Power Sources* 2006, 162, 743.

22 Y. Li, B. Wang, H. Chen, W. Feng, *J. Power Sources* 2010, 195, 3025.

23 V. D. Patake, C. D. Lokhande, O. S. Joo, *Appl. Surf. Sci.* 2009, 255, 4192.

24 G. P. Nanofi ber, Q. Wu, Y. Xu, Z. Yao, A. Liu, G. Shi, *ACS Nano* 2010, 4, 1963.

25 F. I. Simjee, P. H. Chou, *IEEE Trans. Power Electron.* 2008, 23, 1526.

26 F. Alvi, M. K. Ram, P. a. Basnayaka, E. Stefanakos, Y. Goswami, A. Kumar, *Electrochim. Acta* 2011, 56, 9406.

27 Y. Liu, Y. Zhang, G. Ma, Z. Wang, K. Liu, H. Liu, *Electrochim. Acta* 2013, 88, 519.

28 T. Qian, C. Yu, X. Zhou, S. Wu, J. Shen, *Sensors Actuators B Chem.* 2014, 193, 759.

29 S. Konwer, R. Boruah, S. K. Dolui, *J. Electron. Mater.* 2011, 40, 2248.

30 C. Xu, J. Sun, L. Gao, *J. Mater. Chem.* 2011, 21, 11253.

31 S. Sahoo, G. Karthikeyan, G. C. Nayak, C. K. Das, *Synth. Met.* 2011, 161, 1713.
32 J. Li, H. Xie, Y. Li, *J. Power Sources* 2013, 241, 388.
33 L. Li, K. Xia, L. Li, S. Shang, Q. Guo, G. Yan, *J. Nanoparticle Res.* 2012, 14, 908.
34 Y. Han, B. Ding, X. Zhang, *Chinese Sci. Bull.* 2011, 56, 2846.
35 X. Lu, H. Dou, C. Yuan, S. Yang, L. Hao, F. Zhang, L. Shen, L. Zhang, X. Zhang, *J. Power Sources* 2012, 197, 319.
36 X. Lu, F. Zhang, H. Dou, C. Yuan, S. Yang, L. Hao, L. Shen, L. Zhang, X. Zhang, *Electrochim. Acta* 2012, 69, 160.
37 S. Biswas, L. T. Drzal, *Chem. Mater.* 2010, 22, 5667.
38 S. Bose, N. H. Kim, T. Kuila, K. Lau, J. H. Lee, *Nanotechnology* 2011, 22, 369502.
39 D. Zhang, X. Zhang, Y. Chen, P. Yu, C. Wang, Y. Ma, *J. Power Sources* 2011, 196, 5990.
40 Z. Liu, Y. Liu, S. Poyraz, X. Zhang, *Chem. Commun.* (*Camb*). 2011, 47, 4421.
41 T. Qian, C. Yu, S. Wu, J. Shen, *J. Mater. Chem. A* 2013, 1, 6539.
42 J. Li, H. Xie, *Mater. Lett.* 2012, 78, 106.
43 X. Feng, Z. Yan, R. Li, *Polym. Bull.* 2013, 70, 2291.
44 X. Yang, Z. Zhu, T. Dai, Y. Lu, *Macromol. Rapid Commun.* 2005, 26, 1736.
45 J. Li, H. Xie, *Mater. Lett.* 2012, 78, 106.
46 H. -H. Chang, C. -K. Chang, Y. -C. Tsai, C. -S. Liao, *Carbon N. Y.* 2012, 50, 2331.
47 A. Liu, C. Li, H. Bai, G. Shi, *J. Phys. Chem. C* 2010, 114, 22783.
48 Y. S. Lim, Y. P. Tan, H. N. Lim, N. M. Huang, W. T. Tan, *J. Polym. Res.* 2013, 20, 156.
49 J. Wang, Y. Xu, J. Zhu, P. Ren, *J. Power Sources* 2012, 208, 138.
50 A. Davies, P. Audette, B. Farrow, F. Hassan, Z. Chen, J. Choi, A. Yu, *J. Phys. Chem. C* 2011, 115, 17612.
51 J. Yan, T. Wei, Z. Fan, W. Qian, M. Zhang, X. Shen, F. Wei, *J. Power Sources* 2010, 195, 3041.
52 R. K. Sharma, a. C. Rastogi, S. B. Desu, *Electrochem. commun.* 2008, 10, 268.
53 Y. Fang, J. Liu, D. J. Yu, J. P. Wicksted, K. Kalkan, C. O. Topal, B. N. Flanders, J. Wu, J. Li, *J. Power Sources* 2010, 195, 674.
54 Y. Shao, J. Wang, M. Engelhard, C. Wang, Y. Lin, *J. Mater. Chem.* 2010, 20, 743.
55 K. Qi, Y. Qiu, X. Guo, *Electrochim. Acta* 2014, 137, 685.
56 P. Si, S. Ding, X. -W. (David) Lou, D. -H. Kim, *RSC Adv.* 2011, 1, 1271.

# 第8章　由疏水ZnO固定的石墨烯纳米复合材料提高短路电流密度的本体异质结太阳能电池

*Rajni Sharma, Firoz Alam, A. K. Sharma, V. Dutta, S. K. Dhawan*

**摘　要：**聚合物电池能够达到的最高效率相当之低($\eta$=10%~11%)，特别是在人们联想到无机硅太阳能电池技术($\eta$=25%)并与之进行比较之时，更是感觉如此。不过，高昂的加工费用却又限制了硅技术的真正大规模应用。两种技术各有长短，有机光伏电池(OPV，亦常称为有机太阳能电池)正是在这难于取舍的背景下应时问世、映入人们眼帘的，凭借其新颖特点，迅速成为非再生能源正常储备的最可行替代资源方案，这不仅有利于环境可持续性，也有助于最为重要的经济基础建设。美中不足的是，有机光伏电池自身也存在若干不足之处，如很短的载流子扩散距离、过高的复合损耗、器件架构的局限、低效的电荷分离以及电荷至各自电极的传输等因素皆限制了有机光伏电池的效率，究其原因就在于这种材料的介电常数值过低(只有2~3)且电荷载流子迁移率亦不高(仅达到$10^{-7}$~$1cm^2/V\cdot s$)。令人欣慰的是，无机半导体纳米结构(如ZnO及其固定的石墨烯)不仅可用作有机光伏电池电子受体的补充材料，也有助于解决上述各项难题，从而增强了有机光伏电池的发展潜力。采用具有时效性的微波辅助水热合成法，制备出了疏水且无表面活性剂的ZnO纳米粒子和ZnO-固定的石墨烯(Z@G)纳米复合材料。这些无机纳米结构的疏水性质使其能够在氯苯中均匀地与聚合物和富勒烯进行混合，并可浇铸成平滑而不中断的器件活性层，在相关器件的制造中这种活性层是不可或缺的。此外，无表面活性剂的纳米结构导致较好的电荷传输，因为表面活性剂有碍于电荷运动。

**关键词：**石墨烯纳米结构；ZnO固定的石墨烯基体；有机光伏电池；功率转换效率/光电转换效率

## 8.1 前言

人们对再生能源投入的热情源于非再生能源储备的连续枯竭，如煤、石油等。非再生能源还会造成不可避免的环境破坏，这也迫使人们去寻找清洁而又环保的替代能源。可再生能源正在稳步地成为全球能量需求的最大组成部分，特别是在电力部门。

随着二氧化碳排放量的降低，配置再生能源带来了一系列的伴随效益或协同效益，包括减少其他污染物、提高能源安全性、减少化石燃料进口账单以及培育经济增长点等[世界能源展望：World Energy Outlook (2013)]。不过，最具挑战性的还是要设计出具有创新性的可再生能源保障方案，这不仅是高效与成本-效益型的，还要考虑现有的以及正在规划之中的基础设施。

在发电领域，太阳能的开发利用是迄今最为卓越的一项成就。利用太阳能的光伏能量转换器(PV)是人们的优先选项，而不是其他的可再生能源如风能和生物燃料，因为太阳能转换器不产生噪音，维护费用低廉，只需很少的土地征用(不同于生物燃料的情境)，而且没有飞行路线的干扰(亦有别于风力发电机的状况)。此外，在所有可用的绿色能源选项中，太阳能电池的最大优点是它具有可满足所有能量驱动要求的能力(如果我们能够 100%地利用太阳光谱的话)。因此，光伏能量转换器(PV)技术是目前为止最具吸引力的解决方案。

日常出现的问题与随时急需的解决方案，还有不断提出的改进要求，一同催生了四代太阳能电池，如图 8.1 所示。第一代太阳能电池是最有效的一种产品，

第一代
晶圆太阳能电池

(a)

第二代
薄膜太阳能电池 (a-SiCdTe,CIGS)

(b)

第三代

聚合物太阳能电池

(c)

染料敏化型太阳能电池

(d)

光电化学太阳能电池

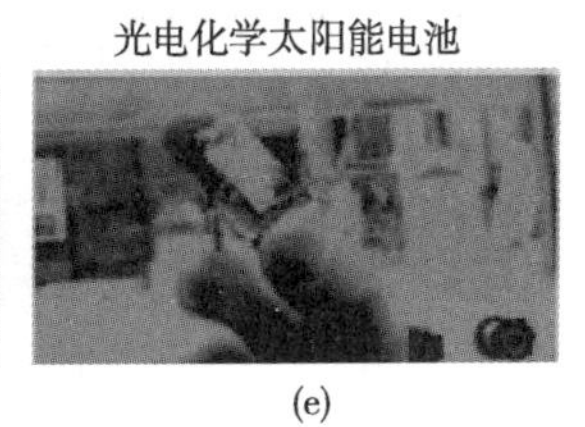

(e)

图 8.1 各代太阳能 PV(即硅太阳能电池、薄膜技术和有机光伏电池)的图解

属于无机硅太阳能电池技术范畴，也就是通常见于屋顶的平面硅板。这种产品占据了87%的太阳能电池市场，目前达到了15%~20%的效率。但安装硅板的高昂费用使绝大多数居民望而却步，因此限制了其普遍应用。

随之而来的是第二代太阳能电池，即薄膜太阳能电池，这种产品的材料消耗虽更少，却可以利用较宽的太阳光谱。不过，昂贵的光刻技术又使成本居高不下，与第一代太阳能电池的成本与效率相比，这种产品的普及应用显然是不切实际的。最后，第三代太阳能电池面世，即有机光伏电池，这种产品采用了共轭有机聚合物与有机富勒烯分别作为电子供体与电子受体。

刚刚发现有机太阳能电池的时候，其效率大约为0.001%，确实是相当之低，甚至微不足道，但如今这一数值已超过10%大关。如此急剧的效率提高使我们有理由预测，颇具竞争力的有机太阳能电池可在不久的将来取代无机硅电池技术。

第一代硅太阳能电池技术是高效且耐用的，但电子级硅晶圆与净化室的严苛要求以及昂贵的加工费用使得其成本过高，因此失去了普及应用的必要前提。与之形成鲜明对照的是，有机光伏电池(OPV)却异军突起，在世界范围内引起了人们与日俱增的关注，这缘于业已降低的加工费用、多种多样的化学结构(例如，以先进有机化学合成的改性共轭聚合物)，稳定的大面积太阳能电池制造与洁净技术。不过，还有若干因素必须要加以考虑方能实现可持续性的效率，如本体复合损耗、低载流子扩散距离、效率不高的电荷分离以及抵达各自电极的电荷传输[1-6]等。共轭有机聚合物的介电常数值通常是相当低的(只有2~3)[7]，一般低于无机半导体[8](如表8.1所示)。

因此，通过吸收光子而在聚合物内产生的电子-空穴对是强束缚的，需要一个强电场才能将这些激子分离成自由电子与空穴[9]。有机太阳能电池的另一个局限性是低激发扩散距离(10~15nm)或者短寿命时间(数百微微秒)[10]。这就会带来严重的复合损耗，最终导致的结果是产生的光电流非常之低而且功率转换效率也不高。此外，有机聚合物的电荷载流子迁移率与无机半导体相比是相当低的($10^{-7}$~$1cm^2/V·s$)，这又进一步加剧了有机太阳能电池中的复合损耗。有机聚合物与无机半导体之间的主要差异已在表8.1内列出。

**表8.1　有机半导体与无机半导体之间的比较**

| 半导体类型 | 无机半导体 | 有机半导体 |
| --- | --- | --- |
| 相互作用能 | 共价(1~4 eV) | 范德华（$10^{-3}$~$10^{-2}$ eV) |
| 介电常数 | 10 | 2~4 |
| 传输机理 | 带传输 | 跳跃传输 |
| 迁移率(室温下)/($cm^2/V·s$) | 100~1000 | $10^{-7}$~1 |
| 平均自由程 | (100-1000)$a_o$ | 1 = $a_o$晶格常数 |
| 有效质量/($m^*/m$) | 0.1 布洛赫电子 | 100~1000 极化子 |

续表

| 半导体类型 | 无机半导体 | 有机半导体 |
|---|---|---|
| 激子类型 | Mott-Wannier | Frenkel |
| 激子半径 | 10~100nm | 1nm |
| 激子结合能 | 10meV | 0.1~1eV |
| 吸收系数 | — | > $10^5 cm^{-1}$ |

数据出处：http：//www.slideshare.net/khanmtk/study-of-charge-transport-mechanism-in-organic-and-organicinorganic-hybrid-systems-with-application-to-organic-solar-cells。

## 8.2 OPV的经济预期

有机光伏(OPV)器件的成本降低主要源于三大生产要素：

① 原材料成本低：OPV器件中用作活性层的共轭聚合物是以成本-效益型技术合成的。

② 使用材料减少：由于有机材料的高吸收系数，有机太阳能电池(OSCs)中的一般活性层(即激活层)厚度仅有 ~100nm（仅为Si太阳能电池的千分之一）。换言之：只用1g材料的十分之一，便可覆盖 $1m^2$，显著降低了材料的成本。

③ 制造成本降低：有机材料通常是采用溶液法加工的，易于采用多种湿加工技术制备，如喷墨打印、微接触打印以及其他的软印刷技术。这些技术均属于高度成本-效益型的，而且器件的制造甚至可以在室温下完成，降低了制造阶段的能量消耗量。生产大面积OPV($1m^2$)的成本要比生产单晶硅太阳能电池低两个数量级。

有机太阳能电池包括作为电子供体的共轭聚合物和作为电子受体的有机富勒烯[11-14]。富勒烯的主要问题在于其非光敏特性对于吸收并无贡献[15]。这就迫使当前的研究团队以其他的潜在电子受体来取代富勒烯，最终，无机纳米结构的半导体便进入了人们的视野。现在，大多数研究团队正在从事无机/有机混合太阳

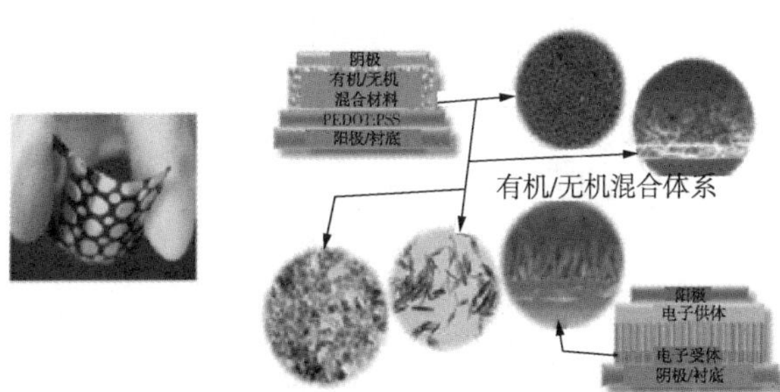


图8.2 有机/无机混合太阳能电池的架构以及形态各异的多种无机半导体纳米粒子(这些纳米粒子均作为电子受体)示意图

(数据出处：http：//www.siemens.com/innovation/en/publikationen/publications_ pof/pof_spring_ 2005/organic_ solarcells.htm)

能电池，即第四代太阳能电池的研究，如图 8.2 所示。

嵌入半导体聚合物中的无机半导体纳米晶体(NCs)均为适用的理想材料，之所以得到选用一般基于下述理由，如：

① 无机 NCs 具有高吸收系数。

② 它们是极佳的电子受体，具有高电子亲和力与高电子迁移率。

③ NCs 的带隙是 NCs 尺寸的函数，故其具有尺寸可调的光学与电学性质。

④ NCs 为电荷分离提供了大量的界面面积，具有高表面积/体积比。

⑤ 在混合器件中，两个组分(聚合物与无机电子受体)均可以吸收光，这不同于聚合物富勒烯的本体异质结(BHJ，亦称为异质结或体相异质结)，因为富勒烯对于光谱响应几乎没有贡献。

⑥ NCs 是以低成本的湿化学合成路线制备的，因此 NCs 是成本-效益型的。

⑦ NCs 易于分散在聚合物中，故可以采用旋涂成型工艺，制造出大面积的柔性器件。

⑧ NCs 展现出良好的物理与化学稳定性。

将无机纳米结构材料添加在太阳光谱吸收器上提高了光电流的产生，这与有机富勒烯形成对照。高电荷载流子迁移率、有效的扩散距离、电荷载流子的长寿命皆抑制了复合损耗并提高了指向各自电极的电荷传输。通常，有不少无机氧化物，如碲化物、硒化物和硫化物等，已经用作无机/有机混合太阳能电池中的电子受体。其中，氧化锌[ZnO，其晶体结构示于图 8.3(a)]是最有潜力的候选材料之一，因为其具有诸多出众性质，如宽带隙(体相为 3.32 eV)[16]、多种晶体形态、稳定性、高迁移率、低结晶温度、储量丰富、成本-效益性与生态友

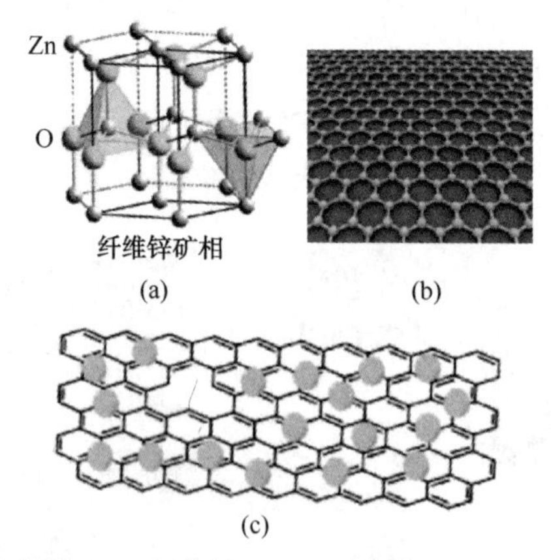


图 8.3　晶体结构示意图：(a)氧化锌；(b)石墨烯；(c) ZnO 纳米粒子修饰的石墨烯纳米复合材料

(数据出处：ZnO：http：//www.chemexplore.net/inert - pairs.htm；Graphene：http：//en.wikipedia.org/wiki/Graphene，Graphene decorated with ZnO，RSC Adv.，2014，4，5243-5247)

好等[17-21]。

如今，碳基材料也已经在各种光电子应用领域中崭露头角，凭借的就是其引人瞩目的性质，如自然储量丰富、环境友好、多种纳米结构(如碳纳米管、石墨烯等)以及最能体现其价值的电、热参数[22-23]。从太阳能电池应用的角度看，碳纳米管担当的角色(电子受体、缓冲层)早已为业内人士所熟知，不过，石墨烯如今已成为真正的游戏规则改变者，这得益于其大的比表面积($2600m^2/gm$)[24]、高载流子迁移率($200000cm^2/V \cdot s$)、卓越的热导率($5000W/m \cdot K$)[26]、可调的带隙(0~250meV)[27]、作为良好电子受体的性质等，如果采用大规模合成技术，其制造成本与碳纳米管相比也可大幅降低[28,29]。

石墨烯片是以弱范德华吸引力结合的，因此，石墨烯片有可能出现再堆积而形成团聚体，如图8.3(b)所示。为了避免这种再堆积现象可以采用两种办法，其一是引入表面活性剂，其二是将纳米粒子固定于石墨片表面。一般情况下，人们不太愿意在太阳能电池中使用表面活性剂，因为其有碍电荷传输。另外，石墨烯可以用作支架以固定纳米粒子，并可形成多种混合组装体。图8.3(c)为一张示意图，说明以纳米粒子固定的石墨烯[30]。

从文献可以清晰得知，石墨烯有能力与附在其表面的激发态半导体纳米粒子相互作用，实现有效电荷转移[31]。人们饶有兴趣地注意到，石墨烯与ZnO具有相似的晶体结构[六方纤锌矿结构，如图8.3(a)所示]。因此，由于这种良好的晶格相容性，两者易于形成复合材料[32]。当光线照射在ZnO-石墨烯(Z@G)纳米复合材料时，ZnO吸收了光子并产生了电荷载流子，而石墨烯则有助于快速传导ZnO产生的电子。电子从ZnO有效地转移至石墨烯上，并流向相应电极，这就降低了电荷载流子复合，也因此而改善了器件性能。

微波辅助的水热合成法是一种合成纳米粒子的简单方法。该方法涉及单步反应。这是一种时效性的方法，可产生形态均匀、粒度分布很窄的粒子[34-35]。此外，在应用水热合成法时，实际上保留了各个单一组分的结构与电性能[36]。在很多文献中均报道过采用(以原位合成或移位合成法制备的多种形态，包括棒状与四脚状的)ZnO纳米粒子作为电子受体的实例。不过，就器件的性能而言，结果却不尽如人意[37-38]。用作电子受体的ZnO-石墨烯与聚合物P3HT可以达到的效率为0.98%[39]，在反向结构(inverted configuration)电池中用作缓冲层时，达到的效率为4.1%[33]。(反向结构聚合物太阳能电池使用低功函数材料修饰ITO电极作为负极、高功函数稳定的顶部电极作为正极，大大提高了器件的稳定性。当前反向结构聚合物太阳能电池使用的负极修饰层材料主要是ZnO或$TiO_2$纳米晶体。传统的器件结构使用透明导电聚合物修饰ITO电极作为正极、低功函数活泼金属作为负极 - 译者注)。

在我们的研究中，新颖性就在于以微波辅助的单步水热法合成了无表面活性剂的疏水性 ZnO 纳米粒子和 Z@ G 纳米复合材料，合成步骤的时间跨度相当短，通常只有 1~2h。根据文献可知，以无机半导体纳米材料完全取代富勒烯获得的结果在效率上十分不理想[40]。因此，我们并未以具有纳米结构的合成 ZnO 完全取代富勒烯，只是将其作为富勒烯的一种补充材料。采用成本-效益型的 ZnO 基纳米材料替换昂贵的富勒烯有助于削减成本。此外，这也有助于在比较有利的有机：有机界面(PCPDTBT：PCBM)而不是有机：无机界面(PCPDTBT：ZnO{or Z2@})上的有效激子分离。(PCPDTBT 的名称为：聚[2,6-(4,4-双-(2-乙基己基)-4H-环戊[2,1-b；3,4-bc]双噻吩)-交替-4,7-(2,1,3-苯并噻二唑)]；PCBM 是一种富勒烯衍生物，名称为[6,6]-苯基-C61-丁酸甲酯。由于其较好的溶解性，很高的电子迁移率，与常见的聚合物给体材料形成良好的相分离，已成为有机太阳能电池的电子受体的标准物-译者注)。较高的电荷-载流子迁移率和传导通道提高了器件性能，不仅圆满地实现了电荷传输，而且相应减少了复合损耗。此外，合成纳米材料的疏水性质产生了均匀且无裂纹的活性层，这是保障器件有效性能的前提条件。不仅如此，石墨烯与 PCBM 均属于碳族元素，有望形成一种混合物并且在传统结构(非反向的)混合太阳能电池中为电荷传输提供通道。

## 8.3 器件架构

文献中报道的聚合物太阳能电池的主要结构特征可以根据其器件架构进行分类，如单层、双层、共混或本体异质结结构。这些结构发展的背后推动力是追求更高的电池效率，所用手段则是提高活性层中的电荷分离与收集工艺。本项研究中所用的器件架构属于本体异质结结构，如图 8.4 所示。

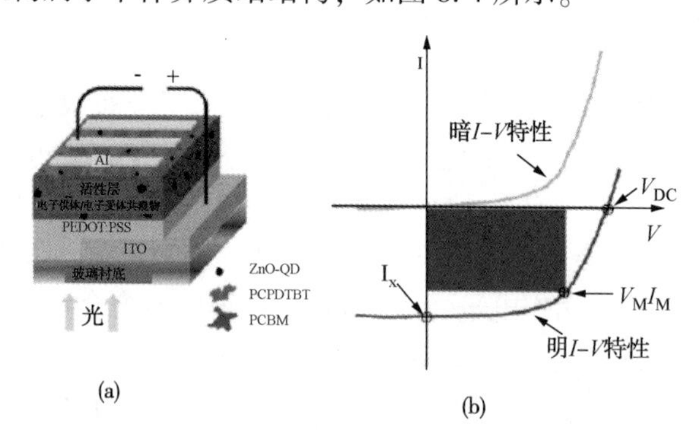


图 8.4 (a)正向结构的本体异质结太阳能电池架构；
(b)太阳能电池的暗 $I-V$ 特性与明 $I-V$ 特性

### 8.3.1 本体异质结结构

构建 OPV 器件活性层的最成功方法之一是将光敏电子供体聚合物与电子受

体进行共混，组合成本体异质结(BHJ)构型。BHJ 构型为激子分离提供了最大化的界面面积。如果共混物的长度标度与激子扩散距离相似，激子衰减过程会急剧降低，因为在每一个生成激子的附近存在邻接电子受体的界面，而这正是激子可发生快速分离的区域。因此，电荷产生可以发生在活性层内的任何位置，只要每一种材料内均存在从界面到各自电极的渗逾路径。在 BHJ 器件构型中，已经观察到光电转换效率出现急剧增加。

## 8.4 工作原理

虽然光子吸收应当发生在器件的活性层内，不过器件的其他区域最好还是透明的。采用涂覆有导电铟锡氧化物层(ITO)的透明衬底(比如玻璃)就可以做到这一点，ITO 同时也用作阴极。人们之所以喜欢选择 ITO，主要是因为这种材料允许载流子注入器件的活性层。

当电子-空穴激子对在 P 型与 N 型材料之间分裂时，活性区域必须有效地吸收产生光电流的光子。激子的扩散距离相当短，只有 10 ~15nm 的数量级。因此，对于本体异质结材料而言，非常重要的是其纳米结构不仅能够提高 P 区与 N 区之间的表面积，还要为每一个 10 ~15nm 的距离提供传导通道。器件的内量子效率($\eta_{IQE}$)是太阳能电池活性区内光吸收效率($\eta_{A}$)、激子至分离位点的扩散效率($\eta_{ED}$)、电荷转移效率(激子分离成自由电子与空穴对的效率，$\eta_{CT}$)以及电荷收集效率之乘积。

$$\eta_{IQE} = \eta_{A}\eta_{ED}\eta_{CT}\eta_{CC} \tag{8.1}$$

功率转换效率($\eta_{P}$)由下述因子求出：填充因数($FF$)、开路电压($V_{OC}$)、短路电流密度($J_{SC}$)和入射功率密度($P_{IN}$)。

$$\eta_{P} = I_{SC}V_{OC}FF/P_{IN}\eta_{CC} \tag{8.2}$$

式中，短路电流是太阳能电池的光生电流，是在外置偏压为零时引出的。在这种情况下，激子分离与电荷传输是由所谓内建电势驱动的。短路电流密度($J_{SC}$)与吸收光子的数目强烈相关，而吸收光子源于两个不同的事实。首先，短路电流密度表现出与入射光强度的线性关系，前提是在活性层内没有发生饱和效应。其次，短路电流密度可以实现最大化，方法是扩大光敏层的吸收光谱，以期在地球的太阳光谱内获取更多的光子。此外，短路电流密度也取决于活性层的电荷迁移率。

开路电压($V_{OC}$)是为湮没(annihilate)光照产生的电流而设置的偏压。所以，施加偏压后，在光照下并没有外电路电流通过器件($J=0$)。BHJ 太阳能电池的开路电压主要源于电子受体的 LUMO(最低未占轨道)与电子供体的 HOMO(最高已占轨道)之间的差异，表明电子供体与电子受体的电子水平在决定这种太阳能电池效率中的重要性。在聚合物-聚合物 BHJ 太阳能电池的实例中，已经有数据证明开路电压显著地超出了电极功函数之差，数值高达 0.7V。

太阳能电池的目的是输出功率($V \times I$)。$J-V$ 曲线的第四象限表明可以输出功率的位置。在这个象限中，可以求出功率达到其最大值的一个点，称为最大可输出功率($P_{max}$)。图 8.4 表示太阳能电池在无光照与有光照时的典型 $I-V$ 特性。填充因数由式(8.3)定义：

$$FF = P_{max}/P_{theormax} = (J.V)_{max}/J_{SC} \cdot V_{OC} \tag{8.3}$$

式中，$FF$ 是太阳能电池的二级管特性的一种度量。此数值越高，则二极管越理想。在理想状态下，填充因数应当是整数 1，但由于传输与复合造成的损耗，通常 OPV 器件的这一数值在 0.2~0.7 之间。$FF$ 与电流密度的直接关系表明，该因子受到电荷载流子迁移率的极大影响。此外，也观察到在 BHJ 太阳能电池中串联与并联电阻也是限制因子。为了得到较高的填充因数 $FF$，光伏器件的并联电阻必须非常大，这样才能防止漏电流，同时串联电阻必须要非常低，如图 8.5 所示。

## 8.4.1 串联与并联电阻

并联电阻($R_{Sh}$)表示，在任何电荷传输可能发生之前，电子-空穴对(e-h 对)在激子分离位点发生复合时造成的电流损耗。并联电阻是与活性有机半导体层内的杂质和缺陷的数量以及特性相关的，因为正是杂质与缺陷造成电荷复合与漏电流。此外，当电极在有机薄膜上沉积期间，上电极可能直接与下电极发生短接，造成针孔短路。这些是电阻性接触，因此降低了器件的二极管性质，这可以由并联电阻来表示。并联电阻是由第四象限中 $J-V$ 曲线的反斜率决定的，见图 8.5。

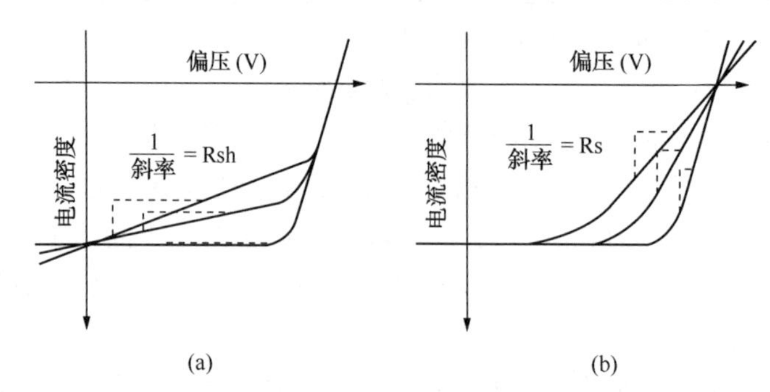


图 8.5 并联与串联电阻对填充因数的影响以及并联与串联电阻随 $I-V$ 曲线斜率的变化

（数据出处：http：//www.ni.com/ white-paper/7230/en/ and http：//pveducation.org/）

串联电阻($R_S$)是与半导体层的本征电阻、形态与厚度相关的。串联电阻类似于电导率，即特定载流子在各自传输介质中的迁移率。串联电阻也会随着电荷移动距离的增长而提高，例如在较厚的传输层内。根据第一象限内 $J-V$ 曲线的反斜率可以计算出串联电阻 $R_S$，见图 8.5。有机半导体的特性就在于低电荷载流子迁移率。由于这些材料中的低电荷载流子迁移率，注入的载流子形成空间电荷。这种电荷可创建对抗其他自由电荷传输的场，其作用相当于电容。

### 8.4.2 标准测试条件

太阳能电池的效率取决于温度、激发、光谱与光照强度。因此，人们已经专门设置了测试条件，以期获取有意义的、可以进行比较的数据值。这些测试条件基于太阳发射光谱的频谱分布与反射，测定要在阳光充足的晴天进行，辐射强度须达到 100 mW/cm$^2$且接收平面与入射光成 48.2°角，如图 8.6 所示。这一光谱也适用于含有规定物质(如水蒸气、二氧化碳和气溶胶)浓度的标准大气，而且被称为“Air Mass 1.5 Global：全球大气质量 1.5”(AM1.5G，IEC 904-3)光谱。这些标准测试条件也包括测试温度，即 25℃。见图 8.7。

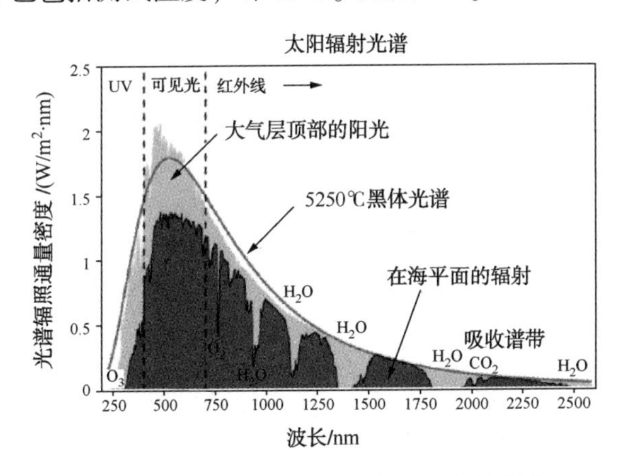


图 8.6 在大气之上与表面的太阳发射光谱

(数据出处：http：//en.wikipedia.org/ wiki/Air_ mass_ (solar_ energy)#mediaviewer/File：Solar_ Spectrum.png)

## 8.5 合成疏水纳米材料的实验步骤

所用材料：乙酸锌二水合物、氢氧化钾、采购的还原态氧化石墨烯(ACS 材料)、甲醇，均为分析纯。

所用仪器：Monowave 300 (Anton Paar)。

### 8.5.1 氧化锌纳米粒子

为了合成 ZnO 纳米粒子，将 0.6g 乙酸锌二水合物加入 20mL 甲醇，再加入 10mL 蒸馏水，搅拌 10min，完成溶解。将 13mL 含有 0.3g 氢氧化钾的甲醇溶液加入到前述乙酸锌溶液，搅拌 15min，得到透明溶液。最后，用容量为 30mL 的

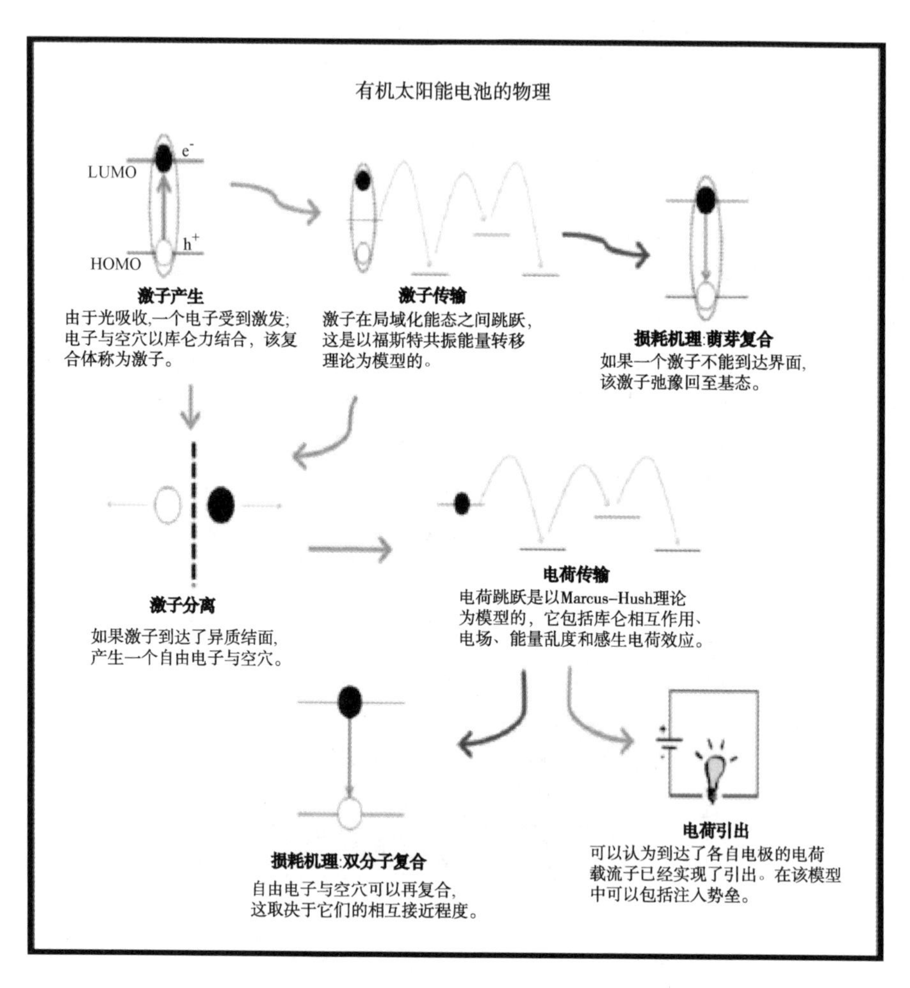


图 8.7　太阳能电池机理中涉及的各步骤，如激子产生、分离与传输以及可能的损耗(如复合等)的示意图

(数据出处：http：//csirosolarblog.com/2011/11/11/opv-supercomputers-super-idea/)

试管取出 25mL 制成的溶液。用隔板固定试管并将其置于具有聚四氟乙烯内衬的微波反应器内。在 160℃下维持反应温度 30min，反应完成后冷却至 55℃。将制得的奶白色溶液在不受扰动的条件下保持 15~20min，以沉降沉淀物。将所得沉淀物进行洗涤并以 8000r/min 的速度离心脱水，进行 3~4 次。最后，在真空烘箱内 100℃下热处理 1h，制取 ZnO 纳米粒子。图 8.8 示出在不同反应步骤拍摄的图像。ZnO 纳米粒子在氯仿与甲醇的混合溶剂(体积比为 9∶1)中形成清彻而稳定的分散体。

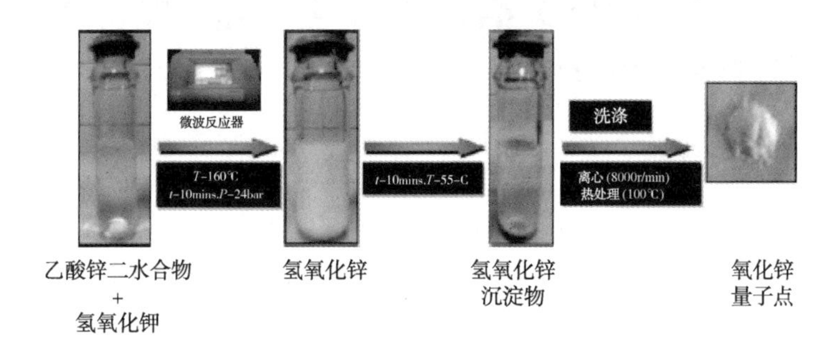


图 8.8 ZnO 纳米粒子合成工艺流程

(图片转载自 J. Mater. Chem. C, DOI: 10.1039/c4tc01056f)

## 8.5.2 ZnO 纳米粒子修饰的石墨烯纳米复合材料

ZnO 纳米粒子修饰的石墨烯是采用微波辅助的水热法合成的。将 5g 采购的还原态氧化石墨烯(RGO)加入到 10mL 乙醇，并进行超声波处理 10~15min。ZnO 基溶液是在另一个烧杯中制备的，步骤是：将 0.6g 乙酸锌二水合物加入 20mL 甲醇中，再加入 10mL 蒸馏水，随后加入 13mL 含有 0.3g 氢氧化钾的甲醇溶液，并进行搅拌。将还原态氧化石墨烯与 ZnO 溶液进行混合，再超声波处理 10~15min。最后，用容量为 30mL 的试管取出 25mL 制成的溶液。用隔板固定试管并将其置于具有聚四氟乙烯内衬的微波反应器内。反应温度设定在 160℃，反应 60min，然后冷却至 55℃。对灰色沉淀物进行洗涤并在 10000r/min 的速度下离心脱水，进行 3~4 次，最后，在真空烘箱内 100℃下热处理 1h。Z@G 合成的分步加工过程已示于图 8.9 中(原文标为图 8.8，系作者笔误-译者注)。

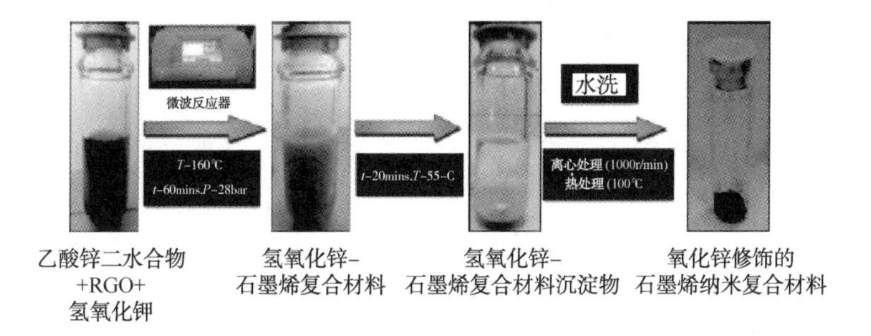


图 8.9 ZnO 纳米粒子修饰的石墨烯纳米复合材料合成工艺流程图

(图片转载自 J. Mater. Chem. C, DOI: 10.1039/c4tc01056f.)

在氯仿与甲醇的混合溶剂(体积比为 9:1)中得到了稳定的分散体。

## 8.6　合成的 ZnO 纳米粒子与 ZnO 修饰的石墨烯(Z@G)复合材料的表征

### 8.6.1　结构分析

晶体结构与相分析是采用(布鲁克公司生产的 D8-Advance XRD)X-射线衍射仪完成的，以 Cu $K_\alpha$ 线为辐射源(波长 $\lambda = 1.54Å$)，扫描范围(2θ)为 10°~80°，扫描速率为 0.02°/s，狭缝宽度为 0.1mM。图 8.10 是合成 ZnO 纳米粒子、Z@G 纳米复合材料以及还原态氧化石墨烯(RGO)的 XRD 谱图，旨在分析混合物中的层间效应以及合成纳米复合材料中的晶相与结晶度。在还原态氧化石墨烯中，在 2θ 为 29.37°的位置出现一个宽带，其对应于石墨的(002)峰。计算出晶面间距为 0.304nm。纳米片之间的范德华相互作用导致 RGO 片发生聚集，这或许是晶面间距较小的可能原因[41]。

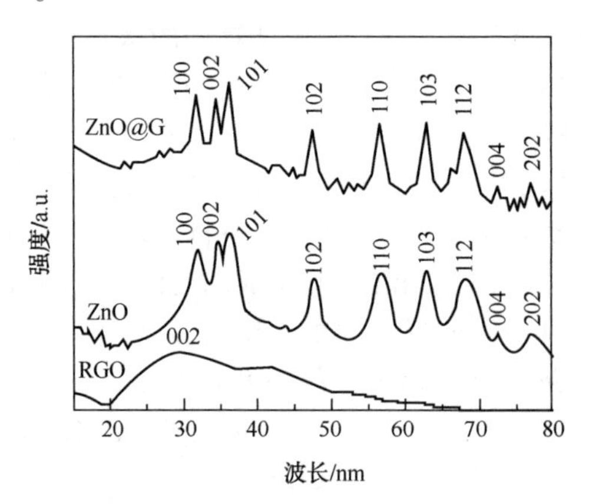


图 8.10　还原态氧化石墨烯(RGO)、ZnO 纳米粒子(ZnO)和 ZnO-石墨烯纳米复合材料(Z@G)的 X-射线衍射强度
(谱图转载自 J. Mater. Chem. C，DOI：10.1039/c4tc01056f)

ZnO 的 X-射线衍射数据证明，本工作合成的氧化锌具有六方纤锌矿晶体结构，在(100)、(002)、(101)、(102)、(110)、(103)、(112)、(004)和(202)晶面均出现反射[42]。没有观察到第二相的存在，这一事实证明合成 ZnO 纳米粒子是纯单相结晶体。根据谢乐方程(Scherrer's equation)计算出的平均晶粒度是 4.5nm。Z@G 纳米复合材料产生的反射只有 ZnO 峰，而且没有观察到对应于还原态氧化石墨烯(RGO)的衍射峰。可能的原因或许是 RGO 的衍射强度低于 ZnO，并因此抑制了 RGO 的衍射峰[43,44]，见表 8.2。

表 8.2　ZnO、Z@G 和 RGO 的晶面间距、米勒指数、平均粒度与 2θ 值的完整信息

| 材　料 | 2θ/(°) | d/(hkl) | 平均值/Å | 粒度/nm |
| --- | --- | --- | --- | --- |
| ZnO | 31.9 | (100) | 2.8 | 4.5 |
| | 34.58 | (002) | 2.6 | |
| | 36.4 | (101) | 2.47 | |
| | 47.6 | (102) | 1.9 | |
| | 56.7 | (110) | 1.6 | |
| | 63.1 | (103) | 1.47 | |
| | 68.09 | (112) | 1.39 | |
| | 72.4 | (004) | 1.31 | |
| | 76.7 | (202) | 1.2 | |
| Z@G | 31.8 | (100) | 2.8 | 8.0 |
| | 34.4 | (002) | 2.6 | |
| | 36.2 | (101) | 2.5 | |
| | 47.5 | (102) | 1.9 | |
| | 56.5 | (110) | 1.6 | |
| | 62.5 | (103) | 1.5 | |
| | 67.9 | (112) | 1.4 | |
| | 72.4 | (004) | 1.3 | |
| | 76.8 | (202) | 1.2 | |
| RGO | 29.4 | (002) | 3.1 | 5.4 |

数据出处：该表转载自 J. Mater. Chem. C，DOI：10.1039/c4tc01056f。

### 8.6.2　形态分析

为了研究合成 ZnO 纳米粒子与 Z@G 纳米复合材料的粒度与微观结构性质，进行了透射电子显微术(TEM)观察和高分辨率透射电子显微术(HRTEM)测量，所用的仪器为 Tecnai G2 F30 S-Twin 型透射电子显微镜，加速电压为 300kV，试样为分散于氯仿中的滴铸样品，分析前须将样品置于碳涂覆的铜栅网上。

图 8.11(a)是 ZnO 纳米粒子的 HRTEM 图像，其清晰地证明准球形的 ZnO 纳米粒子具有非常窄的粒度分布(4~8nm)，平均粒径为 5.25nm，如直方图所示。ZnO 纳米粒子的选区电子衍射(SAED)图示于图 8.11(b)中，同时还展示出晶格条纹图。选区电子衍射图样清晰地说明 ZnO 纳米粒子的高结晶性质，对所有的衍射环均进行了指标化，证明其为 ZnO 六方纤锌矿结构相。图 8.11(b)中的晶格条纹显示的晶面间距为 0.28nm，这对应于六方氧化锌纳米粒子的(100)晶面。

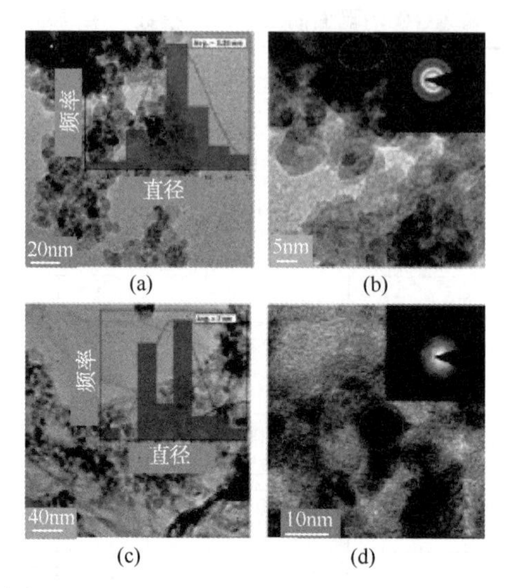


图 8.11 (a)ZnO 纳米粒子和(c)ZnO-石墨烯纳米复合材料的 HRTEM 图像；平均粒度分别为 5.25nm 和 7nm；(b)和(d)为样品的高分辨图像，作为插图的衍射图样分别表明 ZnO 的高结晶特性与 Z@ G 纳米复合材料的多晶性质。(图像转载自 J. Mater. Chem. C，DOI：10.1039/c4tc01056f)

图 8.11(c)和图 8.11 (d)对应于 Z@ G 纳米复合材料的高分辨率透射电子显微术(HRTEM)和选区电子衍射(SAED)衍射图样。图 8.11(c)清晰地显示出固定于石墨烯上的 ZnO 纳米粒子呈近乎球形的几何形状。直方图表明纳米粒子的窄粒径分布，平均粒度为 7nm。SAED 衍射图样清晰的证明了 Z@ G 纳米复合材料的多晶性质。从图 8.11(c)可见证 ZnO 与石墨烯之间的紧密接触，这是石墨烯与 ZnO 纳米粒子之间发生适当电子相互作用的前提条件[45]。

## 8.6.3 光学分析

### 8.6.3.1 紫外-可见吸收光谱

在图 8.12 中，可以很容易地看出纯 ZnO 纳米粒子与 Z@ G 纳米复合材料在吸收光谱上的差异。纯 ZnO 纳米粒子的谱图显示，在 364nm 处存在吸收峰，带隙为 3.4 eV。根据文献可知，体相 ZnO 的带隙是 3.2 eV[16]。因此，谱图中的蓝移(blue shift)证实了合成产物是纳米相 ZnO。此外，由纯 ZnO 制成 Z@ G 纳米复合材料后，吸收峰漂移至 372nm。ZnO 与石墨烯之间的偶合或许是这一红移(red shift)的可能原因。另外，还有一种可能性，就是纳米复合结构也许有利于通过 ZnO 而不是石墨烯发生吸收。(有机化合物的谱带常因取代基的变化和溶剂数量的改变使最大波长 $\lambda_{max}$ 和吸收强度发生相应变化。当 $\lambda_{max}$ 向最短波方向移动时称为蓝移，当 $\lambda_{max}$ 向最长波方向移动时称为红移 - 译者注)。

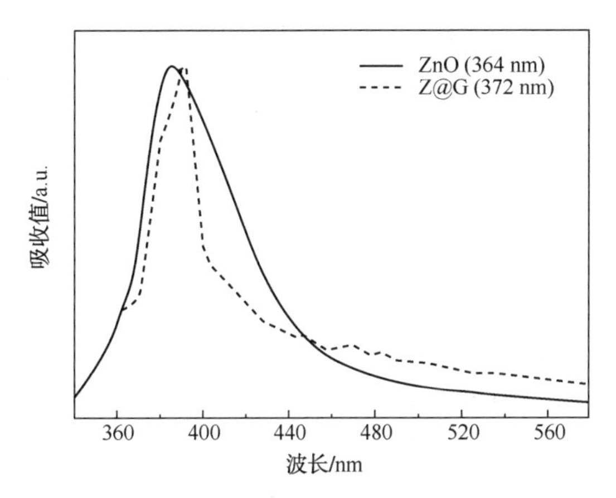


图 8.12　ZnO 纳米粒子与 Z@ G 纳米复合材料的归一化紫外-可见光谱图，在 364nm 和 372nm 位置分别存在强吸收峰，采用的试样为合成原样，即未做任何处理，以确保吸收得到改善。(谱图转载自 J. Mater. Chem. C，DOI：10.1039/c4tc01056f)

#### 8.6.3.2　光致发光谱

测定了 ZnO 纳米粒子与 Z@ G 纳米复合材料的光致发光谱，采用的试样为合成原样，测定结果见图 8.13。在纯 ZnO 纳米粒子的实例中，观察到在 385nm (3.2 eV)位置存在 UV 发射带。这是由于激子复合而产生的[46]。令人颇感兴趣的是，在 500~600nm 的较长波长区域内并没有检测到发射峰，这恰恰证明 ZnO 纳

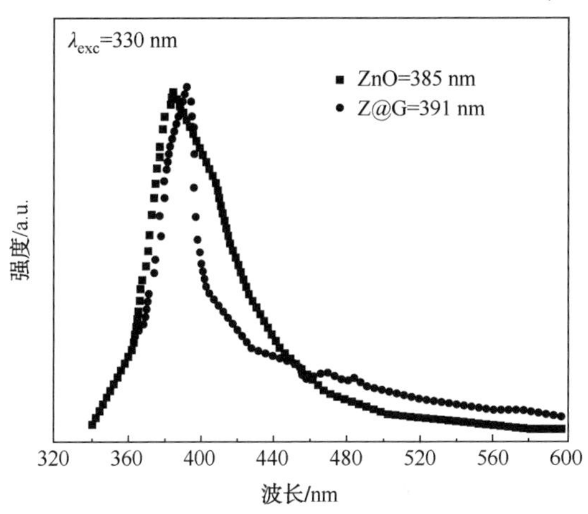


图 8.13　ZnO 纳米粒子与 Z@ G 纳米复合材料的归一化光致发光谱，采用的试样为合成原样，未做任何处理；谱图显示，在 385nm 和 391nm 位置分别存在强 UV 发射带峰，在 330nm 激发的响应中产生了红移，这说明在 ZnO 纳米粒子与石墨烯之间发生了相互作用与耦合。(谱图转载自 J. Mater. Chem. C，DOI：10.1039/c4tc01056f.)

米粒子是没有缺陷的[47]。由于 ZnO 与石墨烯之间的相互作用，Z@ G 纳米复合材料的光致发光谱出现红移，漂移至 391nm（3.17 eV）。该光致发光谱与上述紫外-可见光谱是一致的。紫外-可见光谱和光致发光谱清晰地表明，以简单且具时效性的微波辅助水热合成路线制备的 ZnO 纳米粒子与 Z@ G 纳米复合材料是没有缺陷而且单纯的物相。

### 8.6.4 傅立叶变换红外(FTIR)光谱

图 8.14 为 ZnO、还原态氧化石墨烯(RGO)和 Z@ G 纳米复合材料的傅立叶变换红外光谱。在图 8.14 中可以很容易地鉴别出附着于 ZnO 和 RGO 上的官能团，并观察到引入 ZnO 时在 RGO 中发生的化学变化。

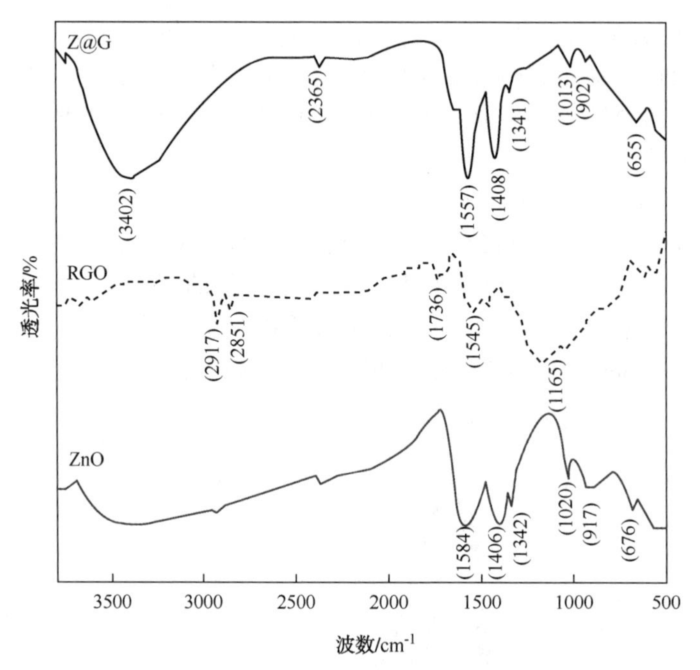


图 8.14　ZnO 纳米粒子、还原态氧化石墨烯(RGO)和 Z@ G 纳米复合材料的 FTIR 光谱，说明附着的官能团以及在 ZnO 纳米粒子固定于石墨烯片后发生的化学变化（谱图转载自 J. Mater. Chem. C，DOI：10.1039/c4tc01056f)

ZnO：在 ZnO 的谱图中，1406cm$^{-1}$对应于 OH 弯曲振动，在 3500～3300cm$^{-1}$的宽带源于 OH 伸缩振动。1584cm$^{-1}$位置上的峰是由于 C-O 伸缩振动产生的结果，而 1020cm$^{-1}$位置的峰则表示反应之后残余的未反应乙酸盐。出现在 616cm$^{-1}$和 917cm$^{-1}$位置上的小峰证明了 Zn-O 的伸缩[48]。

RGO：在 RGO 的谱图中，位于 1165cm$^{-1}$的 C-O 伸缩振动具有最大强度，而位于 1545cm$^{-1}$的 C=C 骨架面内振动是第二最强峰[49]。2920～2850cm$^{-1}$区间的宽峰是由于不对称 C-H 伸缩引起的结果，而 1736cm$^{-1}$位置上的小峰证明了 C=O 产生的伸缩振动[50]。

Z@ G：在 Z@ G 纳米复合材料的谱图中，1557cm$^{-1}$位置上的谱峰成为最强峰，这是由于 C=C 的骨架平面内振动产生的。Z@ G 中的这个谱峰与 RGO 相比出现强化，这就清晰地表明：在 Z@ G 纳米复合材料中 RGO 进一步还原成石墨烯。在 2365cm$^{-1}$和 1013cm$^{-1}$的位置上，Z@ G 中与氧相关的谱峰和 RGO 相比出现弱化，这只是表明 RGO 经脱氧后成为石墨烯。ZnO 在 655cm$^{-1}$和 920cm$^{-1}$位置上的伸缩峰是由于 ZnO 附着在石墨烯片时引起的结果。

### 8.6.5 拉曼光谱

拉曼散射是采用雷尼绍(Renishaw in Via Reflex，UK)光谱仪进行的，选择了 514.5nm 的激发源，分辨率小于 1.0cm$^{-1}$。人们普遍认为，拉曼光谱是一种强有力的分析技术，特别适用于碳质材料中有序与无序性的研究。图 8.15 显示了还原态氧化石墨烯(RGO)以及 Z@ G 纳米复合材料的拉曼光谱图。

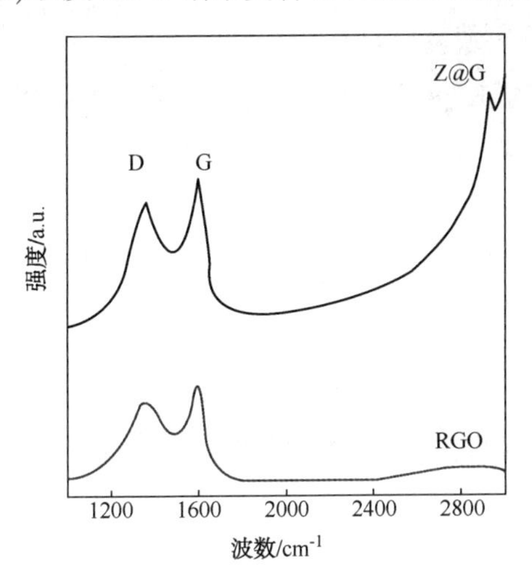


图 8.15　还原态氧化石墨烯(RGO)和 Z@ G 纳米复合材料的拉曼光谱表明蓝移(D-带)和红移(G-带)(谱图转载自 J. Mater. Chem. C，DOI：10.1039/c4tc01056f.)

在 RGO 与 Z@ G 纳米复合材料样品中，D-带基本上是由于缺陷与无序性造成的，其特征反映在 1349cm$^{-1}$与 1353cm$^{-1}$位置的谱峰上。相似地，两个样品中的 G-带源于 sp$^2$ C-C 带的对称伸缩，其特征反映在 1593cm$^{-1}$和 1597cm$^{-1}$位置的谱峰上[51]。在 Z@ G 纳米复合材料中，D-带蓝移了 4cm$^{-1}$，而 G-带也红移了 4cm$^{-1}$。这一位移是由于 ZnO 与石墨烯之间的相互作用造成的，这对于两者之间的电荷转移是必不可少的[52]。D-带与 G-带的低强度比 $I_D/I_G$(RGO 的这一比值为 0.857；Z@ G 的相应值为 0.868)证明，当 ZnO 引入到 RGO 后，在 Z@ G 纳米复合材料中产生的缺陷微乎其微。

### 8.6.6 疏水性测量

为了计算合成 ZnO 纳米粒子与 Z@ G 纳米复合材料的疏水性，采用德国 Kruss GmbH 制造的滴形分析系统(Drop Shape Analysis System) DSA10MK2 分析了这两种样品的接触角。从图 8.16 可以清楚看出，ZnO 和 Z@ G 在性质上均为疏水性的(两个样品的 $\theta>90°$)。在 ZnO 纳米粒子的实例中，$\theta=103°$，相比之下，Z@ G 的 $\theta=113°$。数据表明，由 ZnO 纳米粒子制成 Z@ G 纳米复合材料后，疏水性是增加的。

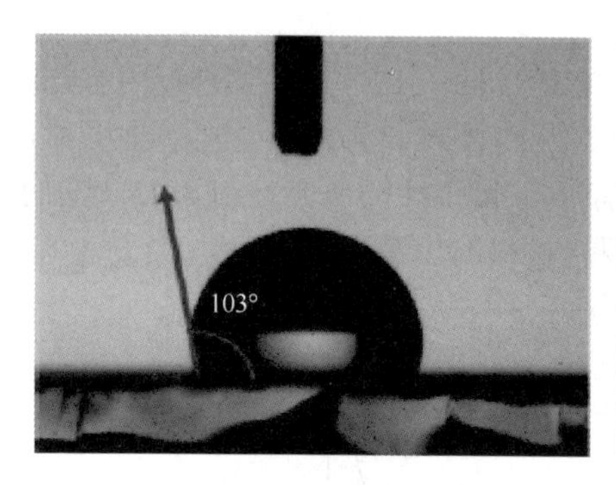

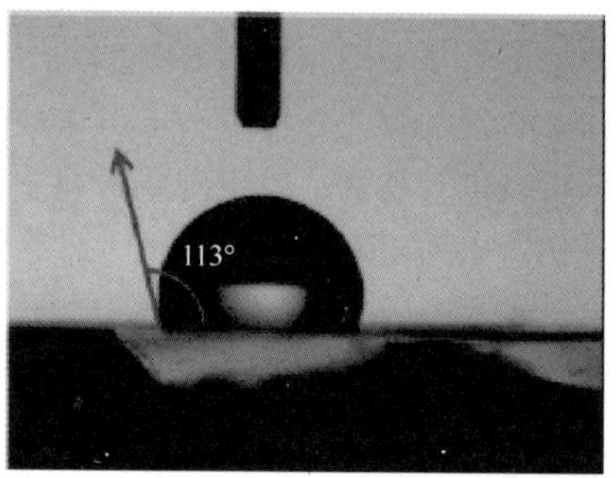


图 8.16 水热法合成的 ZnO 纳米粒子(左)和 Z@ G 纳米复合材料(右)的接触角测量。$\theta>90°$的接触角清晰地说明合成材料的疏水性质(当 $\theta<90°$时是亲水性的，而 $\theta>90°$ 时则是疏水性的)(照片转载自 J. Mater. Chem. C, DOI：10.1039/c4tc01056f.)

## 8.7 混合型太阳能电池的制造与表征

### 8.7.1 器件制造

混合型太阳能电池是采用下述材料与方式制造的：以有机低带隙聚合物(PCPDTBT)作为电子供体，以 PCBM 作为有机电子受体，另外还有 ZnO 纳米粒子(或 Z@ G 纳米复合材料)作为补充性无机电子受体。通过改变活性层的浓度制造出常规类型(ITO/PEDOT：PSS/ PCPDTBT：PCBM：ZnO(或 Z@ G) /Al)的器件，其活性面积为 0.1$cm^2$。采用 ITO 涂覆的玻璃衬底作为电极，其薄膜电阻为 10~14Ω/cm。以 2000r/min 的速度将 PEDOT：PSS 旋涂于 ITO 上以支持电荷转移，然后，再以 800r/min 的速度将活性层[PCPDTBT：PCBM：ZnO(或 Z@ G)]旋涂在 PEDOT：PSS 上。最后，在 $2\times10^{-6}$托(Torr)的真空条件下以热蒸发法沉积一层 100nm 厚的铝(Al)，作为上金属触点。

为了评价器件的性质，采用装配有氙灯光源的经典 AAA 太阳模拟器(sol3A Oriel Newport USA)在标准测试条件(STC)下完成了电流密度-电压($J$-$V$)测量。

### 8.7.2 $J$-$V$（电流密度-电压）特性

基于 ZnO 纳米粒子和 Z@G 纳米复合材料制造的混合式(型)器件是在下述两个条件下完成的：一是整体活性层浓度为 30mg/mL 和 40mg/mL(在氯苯中的 PCPDTBT：PCBM：ZnO 纳米粒子{或 Z@G})；二是 PCPDTBT：PCBM：ZnO(或 Z@G)的不同重量比为 1∶1∶1 和 1∶1∶2。按照标准条件完成了 $J$-$V$ 测量并将相应电流密度 - 电压特性值示于图 8.17 (a)和(b)。各种参数列于表 8.3 中，如短路电流($J_{sc}$)、开路电压($V_{oc}$)、填充因数($FF$)、效率($\eta$)、串联和并联电阻($R_s$、$R_{sh}$)。通过改变浓度与质量比的方式，在整体活性层浓度为 40mg/ml 的条件下获得了最有效率的器件，对应的质量比为 1∶1∶1，其中采用 ZnO 纳米粒子和 Z@G 纳米复合材料作为电子受体补充材料。

在采用 AM1.5G 太阳光谱、功率密度为 100 mW/cm$^2$的标准条件下，Z@G 基器件达到的最高效率是 3.65% ($V_{OC}$ = 0.66 V、$J_{SC}$ = 17.5mA/cm$^2$)。相似地，最好的 ZnO 基器件达到的效率为 1.76% ($V_{OC}$ = 0.59V、$J_{SC}$ = 9.5 mA/cm$^2$)。值得注意的是，以 Z@G 纳米复合材料替代 ZnO 纳米粒子，开路电压($V_{oc}$)并没有发生多少变化，但短路电流($J_{sc}$)值却大幅增加 84.2%，最终的器件效率也因此翻倍有余。一个可能的原因是石墨烯的电荷载流子迁移率非常之高，相当有利于电荷的迅速引出，从而最终抑制了电荷复合。而且，石墨烯片的大比表面导致石墨烯与聚合物基体之间生成较大的异质结界面，可以实现有效的激子分离。此外，石墨烯与修饰在其表面上的激态 ZnO 纳米粒子发生相互作用，随后捕获电荷载流子并将其传输至各自电极，可以使短路电流密度出现颇具实际价值的提高[24,31,35,45,52]。

**表 8.3 混合型太阳能电池(ITO/PEDOT：PSS/PCPDTBT：PCBM：ZnO 或 Z@G/Al)的性能，其中有机共混物(PCPDTBT：PCBM)的活性层浓度与质量比不同，无机纳米结构分别为 ZnO 或 Z@G**

| 器件架构 | 活性层浓度/(mg/mL) | 质量比 | 器件号 | $J_{sc}$/(mA/cm$^2$) | $V_{oc}$/V | $FF$/% | $\eta$/% | $R_s$/(Ω·cm$^2$) | $R_{sh}$/(Ω·cm$^2$) |
|---|---|---|---|---|---|---|---|---|---|
| ITO/PEDOT：PSS/PCPDTBT：PCBM：ZnO/Al | 30 | 1∶1∶1 | Z-1 | 4.40 | 0.52 | 30 | 0.68 | 77 | 168 |
| | 40 | 1∶1∶2 | Z-2 | 5.72 | 0.69 | 34 | 1.34 | 49 | 200 |
| | 40 | 1∶1∶1 | Z-3 | 9.53 | 0.59 | 31 | 1.76 | 30 | 96 |
| ITO/PEDOT：PSS/PCPDTBT：PCBM：Z@G/Al | 30 | 1∶1∶1 | ZG-1 | 10.12 | 0.65 | 33 | 2.16 | 26 | 107 |
| | 40 | 1∶1∶2 | ZG-2 | 13.63 | 0.71 | 33 | 3.18 | 23 | 82 |
| | 40 | 1∶1∶1 | ZG-3 | 17.45 | 0.66 | 32 | 3.65 | 18 | 60 |

数据出处：该表转摘自 J. Mater. Chem. C，DOI：10.1039/c4tc01056f。

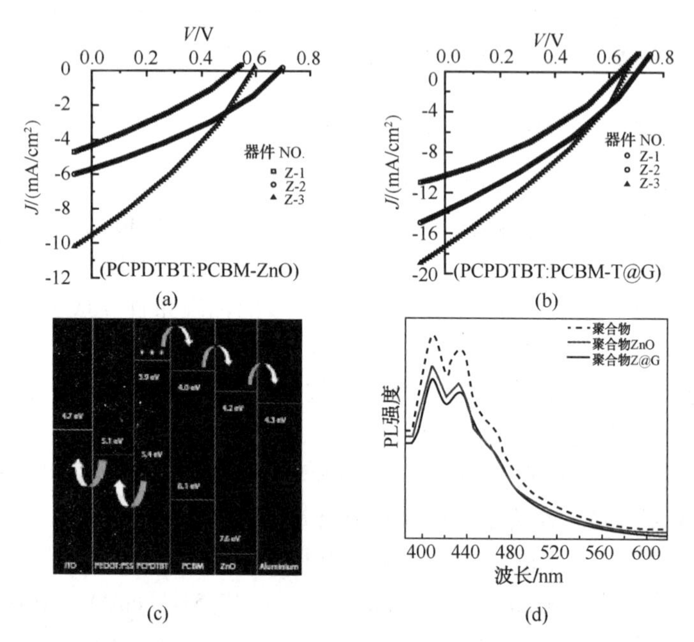


图 8.17　基于不同活性层的太阳能电池器件的 $J-V$ 特性：(a) PCPDTBT：PCBM：ZnO 纳米粒子{Z-1、Z-2 & Z-3}；(b) PCPDTBT：PCBM：Z@G 纳米复合材料{ZG-1、ZG-2 & ZG-3}；整体活性层浓度为 30mg/mL 和 40mg/mL，不同的重量比分别为 1∶1∶1 & 1∶1∶2；(c)表示能带图；(d)显示了 PL 猝灭研究(图形转载自 J. Mater. Chem. C，DOI：10.1039/c4tc01056f)

图 8.17(d)中的 PL 猝灭数据清晰地证明了聚合物与 ZnO 纳米粒子(或 Z@G 纳米复合材料)之间的电荷转移。另外，从图 8.17(c)中所示的能带图可以清楚地观察到，激子分离发生在聚合物与富勒烯之间的界面上，随后电子由富勒烯流入 ZnO 纳米粒子(或 Z@G 纳米复合材料)，最后转移至各自电极。在整体活性层浓度为 40mg/mL 的条件下提高质量比(1∶1∶2)，如此制备出的器件在效率上出现明显降低(采用 Z@G 时，$\eta=3.18\%$；采用 ZnO 时，$\eta=1.34\%$；见表 8.3)。ZnO 纳米粒子(或 Z@G 纳米复合材料)在基体上的聚集可能会降低薄膜同质性或均匀性，最终使活性层遭到破坏，出现器件性能不良的结果[53]。

如果器件是在整体活性层浓度为 30mg/mL 和质量比为 1∶1∶1 的条件下制造的，如(Z-1 和 ZG-1)，则效率出现急剧下降(Z-1，$\eta=0.68\%$；ZG-1，$\eta=2.16\%$)，造成这种状况的原因可能是活性层的厚度，因为较厚的活性层提高了光子的吸收，从而产生更多的激子[54]。(活性层越厚，光生激子数越多，但同时内建电场变弱，而且激子解离后得到的载流子传输到相应电极的距离越长，载流子被电极收集的概率减小，由此造成效率下降 - 译者注)。

只要以 Z@G 纳米复合材料替代 ZnO 纳米粒子，器件性能就因此而得到提高，

图 8.18 中的原子力显微镜(AFM)图像进一步支持了这一结果。采用具有多模式功能的原子力显微镜（Veeco，USA)以轻敲模式(tapping mode)进行了原子力显微术研究，该仪器配置了毫微秒示波器 V 控制器。(轻敲模式：AFM 探针在外力驱动下共振，探针部分振动位置进入力曲线的排斥区，因此探针间歇性的瞬间接触样品表面。轻敲模式对样品作用力小，对软样品特别有利于提高分辨率 - 译者注)。

在 PCPDTBT：PCBM：ZnO 的实例中，观察到的粗糙度是相当低的(0.325nm)。如此之低的粗糙度可能缘于 ZnO 纳米粒子的良好疏水性。反之，在 Z@G 纳米复合材料的分析中，得到的粗糙度相当高，但有意思的是，观察到的薄膜图案也很独特。由于这种均匀性以及贯穿整体的薄膜图案，非常有利于形成器件的高效率。石墨烯与富勒烯同为碳的同素异形体，因此，它们有相互形成混合物的强烈倾向。这种规则的片形结构/薄膜图案使电荷传输更为顺畅，从而提高了器件效率[55]。

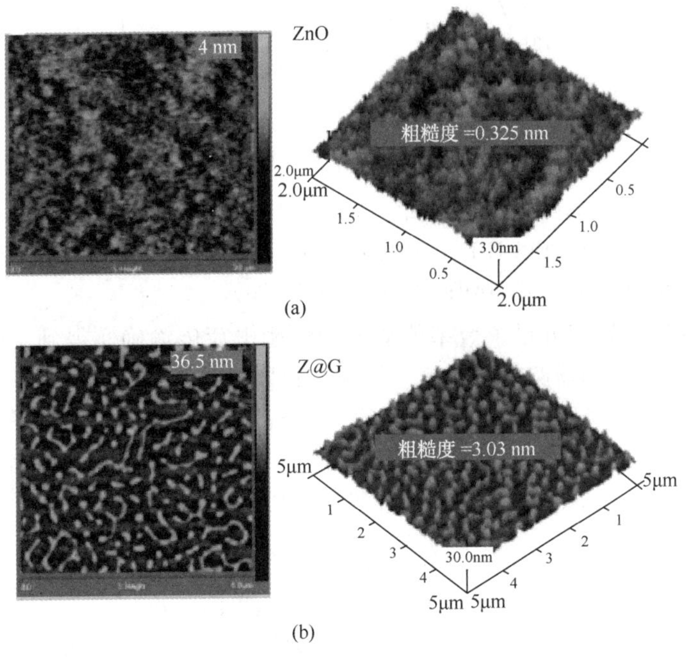


图 8.18　薄膜的 AFM 显微照片：(a) PCPDTBT：PCBM：ZnO 纳米粒子；(b) PCPDTBT：PCBM：Z@G 纳米复合材料，粗糙度分别为 0.32nm 和 3.03nm（图像转载自 *J. Mater. Chem. C*，DOI：10.1039/ c4tc01056f)

为了进一步理解短路电流密度提高的原因，特别对 ZnO 纳米粒子和 Z@G 纳米复合材料进行了外量子效率(External Quantum Efficiency，EQE)测量。(当光子入射到光敏器材的表面时，部分光子会激发光敏材料产生电子空穴对，形成电流，此时产生的电子与所有入射的光子数之比称为外量子效率 - 译者注)。ZnO-

基和Z@ G-基器件的EQE数据示于图8.19。在ZnO和Z@ G与PCPDTBT和PCBM混合后，所得样品的EQE谱显示出某些鲜明特点。在谱图中观察到两个区域，一个中心位于较高波长区域(730nm)，另一个中心则位于较低波长区域(410nm)[56,57]。较高波长区归属于聚合物PCPDTBT，而中心位于410nm的较低波长区已经归属于ZnO(或Z@ G)与PCBM的组合贡献。在ZnO纳米粒子的实例中，已经实现的最大EQE值为26%，而在Z@ G的实例中，其最大EQE值则跃升至65%。因此，EQE的观察结果与获自ZnO-基和Z@ G-基器件的$J-V$曲线的短路电流($J_{sc}$)测量值是一致的。

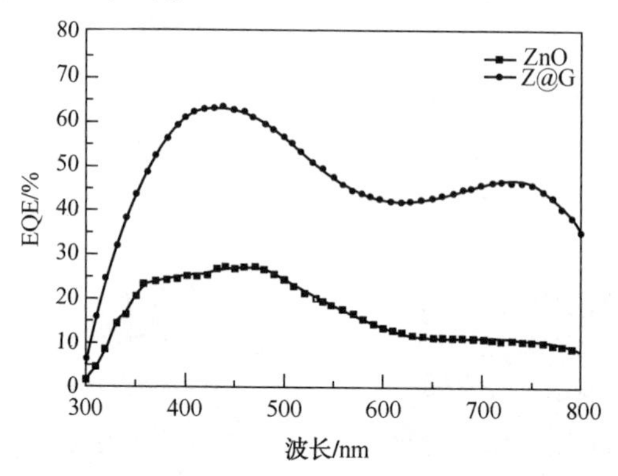


图8.19 两种器件的外量子效率，所述器件是分别基于PCPDTBT：PCBM：ZnO纳米粒子和PCPDTBT：PCBM：Z@ G纳米复合材料制造的(曲线图转载自J. Mater. Chem. C，DOI：10.1039/c4tc01056f)

Z@ G获得的较高外量子效率值清晰地证明电荷传输确实得到了改善，并最终产生了显著提高的短路电流密度。修饰在石墨烯上的ZnO纳米粒子导致了光电子的产生，而光电子随后转移至石墨烯。由于石墨烯的高电荷载流子迁移率，电荷载流子复合出现降低，电荷载流子传输得到改善，这就意味着提高了短路电流密度。ZnO和Z@ G基器件的整体性能见图8.20。

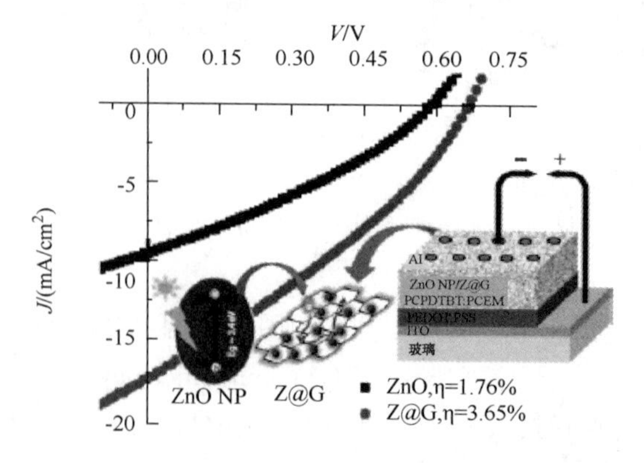


图8.20 ZnO和Z@ G太阳能电池器件的效率

## 8.8 结论

以具有时效性的微波辅助水热合成法路线制备了疏水性且无表面活性剂的ZnO纳米粒子与ZnO固定的石墨烯(Z@G)纳米复合材料。这些无机纳米结构材料具有疏水性质，因此，能够与聚合物和富勒烯在氯苯中形成均匀的共混物，生成的溶液可以在器件上浇铸成平滑而不中断的活性层，这一活性层是制造器件不可或缺的。此外，无表面活性剂的纳米结构材料可以获得较好的电荷传输性能，因为表面活性剂有碍电荷运动。采用ZnO和Z@G以及作为器件活性层的聚合物(PCPDTBT)和富勒烯(PCBM)，制造出常规(非反向结构)几何学的本体异质结太阳能电池。基于PCPDTBT：PCBM：Z@G制造的器件在功率转换效率上高于以PCPDTBT：PCBM：ZnO制造的器件。当(PCPDTBT：PCBM：ZnO{或Z@G})质量比为1∶1∶1，整体活性层浓度为40mg/mL并以ZnO和Z@G纳米复合材料作为聚合物基-本体异质结太阳能电池中的电子受体补充材料时，可以制备出最佳性能的器件(如Z-3和ZG-3)。ZnO-基器件实现的最佳效率是1.76 %，其短路电流密度($J_{SC}$)为9.53 mA/cm$^2$，开路电压($V_{OC}$)为0.59 V和填充因数($FF$)为31 %；以Z@G取代ZnO就可以使效率提高到3.65%（即2倍以上），其短路电流密度值为17.45 mA/cm$^2$，开路电压为0.66 V，填充因数为32 %。填充因数的低值(30% ~32%)是由于较高的串联电阻值与低并联电阻值造成的结果。如果能够在器件的制造工艺上继续开展研究以克服电阻损失，可以预期得到更好的结果。这项工作清晰地证明：(i) 无机半导体ZnO和石墨烯基材料的合成已经获得成功；(ii) 通过较好的电荷传输，石墨烯对聚合物太阳能电池的改善产生了特别显著的效果。


### 致　谢

作者非常感谢新德里科学与工业研究理事会(CSIR)国家物理实验室主任为完成上述研究所提供的奖励。我们也非常感谢IITD (Indian Institute of Technology Delhi)为推进太阳能电池制造与表征所做的支持。作为本项研究的作者之一，Rajni Sharm特别感谢CSIR为完成她的博士生研究工作而提供的SRF(大学生科技创新基金)。


### 参 考 文 献


1 F. C. Krebs, *Sol. Energy Mater. Sol. Cells*, 2009, 93, 394-412.

2 U. Zhokhavets, T. Erb, G. Gobsch, M. Al-Ibrahim, O. Ambacher, *Chem. Phys. Lett.*, 2006, 418, 347-350.

3 H. Y. Chen, J. Hou, S. Zhang, Y. Liang, G. Yang, Y. Yang, L. Yu, Y. Wu, G. Li, *Nat.*

*Photonics*, 2009, 3, 649-653.

4 M. A. Green, K. Emery, Y. Hishikawa, W. Warta, E. D. Dunlop, *Progr. Photovolt.* : *Res. Appl.* , 2012, 20, 12-20.

5 S. H. Park, A. Roy, S. Beaupre, S. Cho, N. Coates, J. S. Moon, D. Moses, M. Leclerc, K. Lee, A. J. Heeger, *Nat. Photonics*, 2009, 3, 297-302.

6 A. A. Bakulin, A. Rao, V. G. Pavelyev, P. H. M. van Loosdrecht, M. S. Pshenichnikov, D. Niedzialek, J. Cornil, D. Beljonne, R. H. Friend, *Science*, 2012, 335, 1340-1344.

7 W. Cai, X. Gong, Y. Cao, *Sol. Energy Mater. Sol. Cells*, 2010, 94, 114-127.

8 S. C. J. Meskers, J. Hubner, M. Oestreich, H. Baessler, *J. Phys. Chem. B*, 2001, 105, 9139-9149.

9 P. B. Miranda, D. Moses, A. J. Heeger, *Phys. Rev. B*, 2001, 64, 812011-812014.

10 T. J. Savenije, J. M. Warman, A. Goossens, *Chem. Phys. Lett.* , 1998, 287, 148-153.

11 K. M. Coakley, M. D. McGehee, *Chem. Mater.* , 2004, 16, 4533-4542.

12 S. Gunes, H. Neugebauer, N. S. Saricift ci, *Chem. Rev.* , 2007, 107, 1324-1338.

13 A. Moliton, J. M. Nunzi, *Polym. Int.* , 2006, 55, 583-600.

14 B. R. Saunders, M. L. Turner, *Adv. Colloid Interface Sci.* , 2008, 138, 1-23.

15 M. Skompska, *Synth. Met.* , 2010, 160, 1-15.

16 U. Ozgur, Y. I. Alivov, C. Liu, A. Teke, M. A. Reshchikov, S. Do 81 an, 3.0, 8 V. E36 Avrutin, S. J. Cho, and H. Morkoc, *J. App. Phys.* , 2005, 98, 041301-041404.

17 S. D. Oosterhout, M. M. Wienk, S. S. van Bavel, R. Th iedmann, L. J. A. Koster, J. Gilot, J. Loos, V. Schmidt and R. A. J. Janssen, *Nat. Mater.* , 2009, 8, 818-824.

18 S. Shao, K. Zheng, K. Zidek, P. Chabera, T. Pullerits and F. Zhang, *Sol. Energy Mater. Sol. Cells*, 2013, 118, 43-47.

19 Z. R. Tian, J. A. Voigt, J. Liu, B. Mckenzie, M. J. Mcdermott, M. A. Rodriguez, H. Konishi, H. Xu, *Nat. Mater.* , 2003, 2, 821-826.

20 S. Shoaee, J. Briscoe, J. R. Durrant and S. Dunn, *Adv. Mater.* , 2013, 26, 263-268.

21 J. Zhou, N. S. Xu and Z. L. Wang, *Adv. Mater.* , 2006, 18, 2432-2435.

22 N. M. Gabor, Z. Zhong, K. Bosnick, J. Park, P. L. McEuen, *Science*, 2009, 325, 1367-1371.

23 B. Farrow, P. V. Kamat, *J. Am. Chem. Soc.* , 2009, 131, 11124-11131.

24 S. Stankovich, D. A. Dikin, G. H. B. Dommett, K. M. Kohlhaas, E. J. Zimney, E. A. Stach, R. D. Piner, S. T. Nguyen, R. S. Ruoff , *Nature*, 2006, 442, 282-286.

25 K. I. Bolotin, K. J. Sikes, Z. Jiang, M. Klima, G. Fudenberg, J. Hone, P. Kim and H. L. Stormer, *Solid State Commun.* , 2008, 146, 351-355.

26 A. A. Balandin, S. Ghosh, W. Bao, I. Calizo, D. Teweldebrhan, F. Miao and C. N. Lau, *Nano Lett.* , 2008, 8, 902-907.

27 Y. Zhang, T. T. Tang, C. Girit, Z. Hao, M. C. Martin, A. Zettl, M. F. Crommie, Y. R. Shen, and F. Wang, *Nature*, 2009, 459, 820-823.

28 Y. Xu, H. Bai, G. Lu, C. Lu, G. Shi, *J. Am. Chem. Soc.* , 2008, 130, 5856-5857.

29 Z. F. Liu, Q. Liu, Y. Huang, Y. F. Ma, S. G. Yin, X. Y. Zhang, W. Sun and Y. S. Chen, *Adv. Mater.*, 2008, 20, 3924-3930.

30 S. W. Tong, N. Mishra, C. L. Su, V. Nalla, W. Wu, W. Ji, J. Zhang, Y. Chan and K. P. Loh, *Adv. Funct. Mater.*, 2014, 24, 1904-1910

31 Z. Chen, S. P. Berciaud, C. Nuckolls, T. F. Heinz, L. E. Brus, *ACS Nano*, 2010, 4, 2964-2968.

32 A. M. Munshi, D. L. Dheeraj, V. T. Fauske, D. C. Kim, A. T. J. van Helvoort, B. O. Fimland, H. Weman, *Nano Lett.*, 2012, 12, 4570-4576.

33 H. W. Lee, J. Y. Oh, T. Lee, W. S. Jang, Y. B. Yoo, S. S. Chae, J. H. Park, J. M. Myoung, K. M. Song and H. K. Baik, *Appl. Phys. Lett.*, 2013, 102, 193903(1-4)

34 M. Khenfouch, M. Baı¨toul, M. Maaza, *Opt. Mater.*, 2012, 34, 1320-1326.

35 B. Saravanakumar, R. Mohan, S. J. Kim, *Mate. Res. Bull.*, 2013, 48, 878-883.

36 H. Park, S. Chang, J. Jean, J. J. Cheng, P. T. Araujo, M. Wang, M. G. Bawendi, M. S. Dresselhaus, V. Bulović, J. Kong and S. Gradeč ak, *Nano Lett.*, 2013, 13, 233-239.

37 L. Baeten, B. Conings, H. G. Boyen, J. D' Haen, A. Hardy, M. D' Olieslaeger, J. V Manca, M. K. Van Bael, *Adv. Mater.* 2011, 23, 2802-2805.

38 D. E. Motaung, G. F. Malgas, S. S. Ray and C. J. Arendse, *Th in Solid Films*, 2013, 537, 90-96.

39 Q. Zheng, G. Fang, F. Cheng, H. Lei, W. Wang, P. Qin and H. Zhou, *J. Phys. D: Appl. Phys.*, 2012, 45, 455103(1-8).

40 H. Park, P. R. Brown, V. Buloyic, J. Kong, *Nano Lett.*, 2012, 12, 133-140.

41 Y. Feng, H. Liu, W. Luo, E. Liu, N. Zhao, K. Yoshino and W. Feng, *Sci. Rep.*, 2013, 3, 3260 (1-8).

42 S. Liu, H. Sun, A. Suvorova and S. Wang, *Chem. Eng. J.*, 2013, 229, 533 -539.

43 C. Xu, X. Wang and J. Zhu, *J. Phys. Chem. C*, 2008, 112, 19841-19845.

44 X. Liu, L. Pan, Q. Zhao, T. Lv, G. Zhu, T. Chen, T. Lu, Z. Sun and C. Sun, *Chem. Eng. J.*, 2012, 183, 238-243.

45 Y. Yokomizo, S. Krishnamurthy and P. V. Kamat, *Catalysis Today*, 2013, 199, 36-41.

46 J. M. Lee, Y. B. Pyun, J. Yi, J. W. Choung, and W. Park, *J. Phys. Chem. C*, 2009, 113, 19134-19138.

47 H. Park, S. Chang, J. Jean, J. J. Cheng, P. T. Araujo, M. Wang, M. G. Bawendi, M. S. Dresselhaus, V. Bulović, J. Kong, and S. Gradeč ak, *Nano Lett.*, 2013, 13, 233-239.

48 S. Mitra, P. Patra, S. Chandra, P. Pramanik and A. Goswami, *Appl. Nanosci.*, 2012, 2, 231-238.

49 F. Jiang, L. W. Yang, Y. Tian, P. Yang, S. W. Hu, K. Huang, X. L. Wei and J. X. Zhong, *Ceram. Int.*, 2014, 40, 4297-4304.

50 Yewen Cao, Zuliang Lai, Jiachun Feng and Peiyi Wu, *J. Mater. Chem.*, 2011, 21, 9271-9278.

51 D. Graf, F. Molitor, K. Ensslin, C. Stampfer, A. Jungen, C. Hierold and L. Wirtz, *Nano*

Lett. , 2007, 7, 238-242.

52 H. Yu, T. Wang, B. Wen, M. Lu, Z. Xu, C. Zhu, Y. Chen, X. Xue, C. Sun and M. Cao, *J. Mater. Chem.* , 2012, 22, 21679-21685.

53 W. J. E. Beek, M. M. Wienk and R. A. J. Janssen, *Adv. Mater.* , 2004, 16, 1009-1013.

54 W. Li, K. H. Hendriks, W. S. C. Roelofs, Y. Kim, M. M. Wienk and R. A. J. Janssen, *Adv. Mater.* , 2013, 25, 3182-3186.

55 E. K. Jeon, C. S. Yang, Y. Shen, T. Nakanishi, D. S. Jeong, J. J. Kim, K. S. Ahn, K. J. Kong and J. O. Lee, *Nanotechnology*, 2012, 23, 455202-455208.

56 A. R. Yusoff , H. P. Kim and J. Jang, *Nanoscale*, 2014, 6, 1537-1544.

57 A. V. Tunc, A. D. Sio, D. Riedel, F. Deschler, E. D. Como, J. Parisi and E. V. Hauff , *Org. Elect.* , 2012, 13, 290-296.

# 第 9 章　用于能量存储与生物传感的三维石墨烯双金属纳米催化剂泡沫

*Chih-Chien Kung, Liming Dai, Xiong Yu, Chung-Chiun Liu*

**摘　要**：在双金属纳米催化剂的诸项性能中，大表面积、良好的分散度以及高灵敏度最为引人瞩目，故成为本项研究工作的重点。碳材料具有特殊电子性能，被广泛认为是电池、生物传感器、燃料电池和光学透明电极的理想材料。石墨烯泡沫(GF)是该碳族中的重要一员，其特点就在于具有由巨大表面与高导电性路径组成的三维(3D)多孔性架构。本章讨论了由双金属(PtRu)纳米粒子与三维石墨烯泡沫(3D GF)掺混而成的复合催化剂，即，一种具有分层结构的新颖复合材料。此外，文中也详细描述了该纳米催化体系的制备方法与结构-性能表征。本项研究的最终目的是：将碳材料负载的 PtRu 纳米催化剂用作直接甲醇燃料电池(DMFCs)和直接乙醇燃料电池(DEFCs)的电极材料，并提高其在阳极氧化反应中的性能，同时，还可用于能量存储与生物传感中的 $H_2O_2$ 检测。
**关键词**：PtRu 双金属纳米粒子；三维石墨烯泡沫；纳米催化剂；碳负载材料；$H_2O_2$ 检测；甲醇氧化反应；乙醇氧化反应

## 9.1　背景与前言

碳材料具有特殊的电子性质，因此被认为是场-效应器件、传感器与光学透明电极的理想材料。在本项研究中，主要目的是将碳材料负载的 PtRu 纳米催化剂用作直接甲醇燃料电池(Direct Methanol Fuel Cell，DMFCs)和直接乙醇燃料电池(DEFCs)的电极材料，并提高其在阳极氧化反应中的性能，同时，还可用于生物传感领域中的 $H_2O_2$ 检测。(直接甲醇燃料电池属于质子交换膜燃料电池中的一类，直接使用甲醇水溶液或蒸汽甲醇为燃料供给来源，而不需通过甲醇、汽油及天然气的重整制氢以供发电。这种电池具备低温快速启动、燃料洁净环保以及电池结构简单等特性 - 译者注)。

### 9.1.1 生物传感器

生物传感器是以被测物(或称分析物)和生物受体之间的反应作为基础的，而换能器可以对反应进行量化分析。所谓换能器是一类可将生物分子识别信号转换成其他电信号的器件[1]。最为常用的换能器有电化学型、光学型和压电型，均可用于生物传感器技术的开发。

因此，生物传感器是由生物识别系统和换能器构成的器件，可用于检测并量化特定的被测物[2]。特异性生物标记物(biomarker)是一类分子，可用作正常生物过程、致病过程或对治疗性干预产生药物反应的指示器[3]。(生物标记物是近年来随着免疫学和分子生物学技术的发展而提出的一类与细胞生长增殖有关的标志物。生物标记物不仅可从分子水平探讨发病机制，而且在准确、敏感地评价早期、低水平的损害方面有着独特的优势，可提供早期预警，很大程度上为临床医生提供了辅助诊断的依据 - 译者注)。

Clark 和 Lyons 报道了第一例可在血液测量中检测葡萄糖的生物传感器[1]。酶基生物传感器是第一代，在随后的这些年里又陆续开发出可检测其他被测物的多种生物传感器。生物传感器是依据生物识别元件(例如酶和 DNA)[4]或信号转换方法(例如电化学、光学、热学和质量型传感器)[5]进行分门别类的(见图 9.1)。

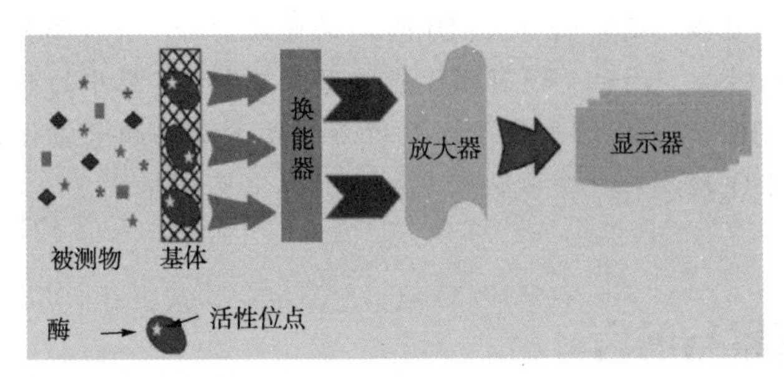


图 9.1 生物传感器示意图[7]

酶基生物传感器的基础是酶促反应，是伴随电化学活性物种(如 $H_2O_2$)的消耗或产生而发生的反应。$H_2O_2$的氧化或者还原将以电化学的方式产生电流，而该电流可以转换并用于定量分析被测物。这种类型的传感器也可以更为直接地获取测量结果并减少测量时间，相比之下，典型的酶联免疫吸附测定(enzyme linked immunosorbent assay，ELISA)检测常常需要数小时[6]。(酶联免疫吸附剂测定采用抗原与抗体的特异反应将待测物与酶连接，然后通过酶与底物产生颜色反应，用于定量测定。1971 年 Engvall 和 Perlmann 发表了该方法用于 IgG 定量测定的文章，使得 1966 年开始用于抗原定位的酶标抗体技术发展成液体标本中微量物质的测定方法 - 译者注)。

电化学生物传感器的优点包括，低成本、可携带性、快速响应时间和易于非专业人员操作等[8]。如前所述，过氧化氢（$H_2O_2$）是许多氧化酶都可以产生的电化学活性物种。因此，测量在各种酶促反应中的 $H_2O_2$ 就可以量化生物标记物检测中的被测物，如方程式（9.1）所示[9]。作为换能器的电极或催化剂-修饰的电极正是基于（$H_2O_2$）氧化反应而工作的［见式（9.2）］。

$H_2O_2$ 的氧化电流是在外加电位下产生的，并可以对其进行测量。$H_2O_2$ 的浓度可以和被测物浓度进行关联，如式（9.1）所示。

$$\text{被测物} + O_2 \xrightarrow{\text{氧化酶}} \text{副产物} + H_2O_2 \tag{9.1}$$

$$H_2O_2 \xrightarrow{\text{电极}} O_2 + 2H^+ + 2e^- \tag{9.2}$$

几个研究团队均证明，在吸附 $OH_{ads}$ 或 $O_{ads}$ 时，钌（Ru）需要的活化能低于铂（Pt）[10-14]。因此，PtRu 纳米催化剂在 $H_2O_2$ 检测中的活性要优于其他的铂系双金属催化剂。Gsell 等报道说，氧吸附更易于发生在 Ru（0001）晶面，即一种六方密堆积（hcp）的表面[15,16]。这就促使 $O_{ads}$ 抑制剂吸附在 Pt 表面上，从而将 Pt 金属上的“毒物”降到最低程度。其结果是，Pt 活性结合位点能够与 $H_2O_2$ 反应，提高了 $H_2O_2$ 检测的催化活性。有人已经提出添加促进剂（包括加入第三种金属元素）、调节制备参数、采用替代载体和对双金属纳米催化剂进行热处理等项建议[17-20]。碳粉、碳纳米管（CNT）和石墨烯已经用作双金属纳米催化剂的载体材料，原因就在于这些材料具有独特的结构、电学与机械性能[17]。

### 9.1.2 燃料电池

工业的快速发展与人口的不断增长提高了对能源的整体需求。全球的能量消费正在以令人担忧的步伐急剧加速。有人估算，到 2050 年时，能源供应的需求将翻一倍[21]。为了防止能源枯竭，人们正在寻找各种各样的替代能源。燃料电池被认为是一种使能技术（enabling technology），其可创造高性能能量转换与存储设备[22]。（国内外对于使能技术还没有统一的明确定义，主要是由于使能技术具有明显的层次特征，其内涵受使能技术创新的目标决定。从技术创新链的角度，使能技术处于基础研究和产品研发之间，属于应用研究的范畴，其使命是通过使能技术的创新，来推动创新链下游的产品开发、产业化等环节的实现 - 译者注）。在不同种类的直接酒精燃料电池（DAFCs）中，直接乙醇燃料电池（DEFCs）和直接甲醇燃料电池（DMFCs）是极为出色的动力源，因为所述电池具有高能量密度、低污染排放、低操作温度与易于供给燃料等优点[23,24]。对于 DMFC 和 DEFC 的开发而言，具有低加入量与高催化活性特点的铂-系纳米催化剂是必不可少的，通过降低粒度，增加甲醇和乙醇活性位点数目以及提高对 CO 毒害的抵抗力就可实现上述催化性能要求[25]。

如今，人们将燃料电池视为是潜在动力源。直接乙醇燃料电池(DEFCs)和直接甲醇燃料电池(DMFCs)分别是以乙醇水溶液和甲醇水溶液作为燃料的直接酒精燃料电池(DAFCs)。下面将详细地描述在PtRu催化剂存在下的乙醇氧化反应机理[26,27]。在方程式(9.3)中，反应包括：乙醇首先发生吸附并随后氧化成乙醛。通过与Ru的反应，发生水分解，如第二步所示[28]。然后，乙醛与羟基物种($OH_{ads}$)反应，如方程式(9.4)所示。在最后的步骤中[方程式(9.6)]，$RuO_xH_y$物种有助于移除CO并提高乙醇氧化反应(EOR)活性。

$$Pt + C_2H_5OH \longrightarrow Pt - C_2H_5OH_{ads} \longrightarrow Pt - CH_3CHO_{ads} + 2H^+ + 2e^- \quad (9.3)$$

$$Ru + H_2O \longrightarrow Ru - OH_{ads} + H^+ + e^- \quad (9.4)$$

$$Pt + Pt - (CO - CH_3)_{ads} \longrightarrow Pt - (CO)_{ads} + Pt - (CH_3)_{ads} \quad (9.5)$$

$$Pt - CH_3CHO_{ads} + OH_{ads} \longrightarrow Pt + CH_3COOH + H^+ + e^- \quad (9.6)$$

$$Pt - CO_{ads} + Ru - OH_{ads} \longrightarrow Pt + Ru + CO_2 + H^+ + e^- \quad (9.7)$$

在Pt催化剂上，甲醇氧化反应的主要步骤基于一种平衡，即甲醇的起始吸附脱氢和随后脱氢碎片的氧化去除之间达成的平衡[29,30]。该反应中的第一步是甲醇吸附[方程式(9.8)]。

第二步是甲醇脱氢并在Pt表面上形成甲醇残余[CO，见方程式(9.8)]。当纯Pt表面被一氧化碳占据时，这种状况称为表面“中毒”。

$$Pt + CH_3OH \longrightarrow Pt - CH_3OH_{ads} \longrightarrow Pt - (CO_{ads}) + 4H^+ + 4e^- \quad (9.8)$$

通过与第二金属Ru的反应，水发生分解，如方程式(9.9)中所示[28]。

$$Ru + H_2O \longrightarrow Ru - OH_{ads} + H^+ + e^- \quad (9.9)$$

实验已经证明，化学吸附的CO与化学吸附的羟基物种($OH_{ads}$)之间的反应从Pt活性位点上移除了$CO_{ads}$。其结果是，吸附在Pt位点上的$OH_{ads}$和甲醇残余可以还原，并生成纯Pt和纯Ru[28]。

$$Pt - CO_{ads} + Ru - OH_{ads} \longrightarrow Pt + Ru + CO_2 + H^+ + e^- \quad (9.10)$$

另一方面，根据金属的电子能带理论，过渡金属(比如第VII族金属)的D-带并未被电子完全占据。在PtRu合金的d-带中未被占据的状态数目少于纯Pt。由Ru引入的这些附加电子使得合金具有更多完全填充的d-带。这就意味着PtRu合金只需要较少的活化能去克服能带[31]。

甲醇氧化与乙醇氧化之间的差异就在于乙醇氧化过程需要更多的步骤，并为C-C键分裂消耗更多的能量。此外，pH值的调节也被认为是一种提高DMFCs和DEFCs性能的促进剂[32]。Zhao等报道说，在碱性溶液中工作的Pd/聚吡咯-石墨烯可以改善甲醇氧化反应(MOR)活性[33]。也有人研究了酸性溶液对乙醇氧化反应(EOR)的影响[34]。促进DMFCs和DEFCs性能的另一种方法是改变Pt与Ru的原子比。Shao等指出，Pt与Ru的原子比显著地影响甲醇氧化速率[35]。当Ru与Pt混合的原子比为1∶1时，Ru对甲醇氧化速率的影响最明显[36]。不过，对于

DMFCs 和 DEFCs 来说，没有碳负载材料的纯 PtRu 纳米催化剂还是存在一些局限性，比如说氧化反应的慢动力学和对 CO 毒害的低容忍度。因此，在 DMFCs 和 DEFCs 的阳极中，还是将碳纳米粒子、碳纳米管(CNTs)和石墨烯用作 PtRu 纳米催化剂的负载材料[17]。

### 9.1.3 双金属纳米催化剂

在电化学传感器与生物传感器的开发中已经采用了过渡金属纳米粒子，这两类传感器均是以过渡金属的催化活性为工作基础的[37,38]。大表面/体积比和纳米粒子表面上的特殊结合位点提高了酶促过程与纳米粒子响应之间的高速通讯，十分有利于生物传感或催化反应中的信号转换[39]。Pt 纳米粒子通常用于电化学检测，主要是基于其对 $H_2O_2$氧化的活性[40-42]。Pt 系双金属纳米粒子也被广泛视为燃料电池应用的催化剂。以 Pt 纳米粒子修饰的电极提高了电子转移并降低了 $H_2O_2$、甲醇和乙醇氧化的超电势[25,43,44]。不过，以纯 Pt 纳米粒子修饰的电极相对于 Ag/AgCl 参考电极仍然需要大约+0.7 V 电势，这样才能产生 $H_2O_2$的氧化电流。这一高超电势将会氧化人体血液中的抗坏血酸(AA)和尿酸(UA)，从而对被测物的检测造成干扰[45]。双金属纳米粒子构建了功能性混合纳米结构，导致电子、催化或光性能等发生变化。因此，与单金属纳米催化剂相比，加入第二种金属有助于改变材料的粒径、形状、表面形态、组成、化学与物理性质，包括催化活性与化学灵敏度[46]。

Wang 及其同事报道了 Pt 系双金属催化剂在传感器开发中的应用[47]。他们描述了葡萄糖的生物传感，其中采用了与 PtRu 一同分散于 Vulcan XC-70 碳(美国卡博特公司生产的一种碳黑型号-译者注)的碳-糊酶电极，并且证明，与纯金属分散体相比较其灵敏度确实得到了提高。Kang 等采用电沉积在多壁碳纳米管(MWCNTs)上的 PtAu 合金纳米粒子设计了一款溶于壳聚糖(CS)中的葡萄糖生物传感器，其中葡萄糖氧化酶(GOD)是通过戊二醛(GA)交联到 CS 上的[48]。Pt 系双金属催化剂作为测量电流的双传感器对 $H_2O_2$的检测是有效的，这一点已经得到公认。

表 9.1 比较了不同 Pt 纳米粒子基 $H_2O_2$传感器[45]，包括外加电位、线性范围、灵敏度、检测限和 pH 值。特别是在铂系双金属纳米催化剂中，PtRu 纳米催化剂在 $H_2O_2$的检测以及乙醇氧化反应与甲醇氧化反应中均展现了优异活性。

**表 9.1 各类 Pt 系双金属催化剂性能的比较[45]**

| 负载电极 | 传感平台 | 外加电位(参考电极 Ag/AgCl) | 线性/mM | 灵敏度/($\mu A/mM \cdot cm^2$) | 检测限/($\mu M$) | pH 值 |
| --- | --- | --- | --- | --- | --- | --- |
| CPE | Pt 金属化石墨 | 0.8 V | — | 26.30$^a$ | 5 | 7.4 |
| Pt micro | 介孔 Pt | 0.6 V (SCE) | 0.02~40 | 2800 | 4.5 | 7.0 |

续表

| 负载电极 | 传感平台 | 外加电位（参考电极 Ag/AgCl） | 线性/mM | 灵敏度/（μA/mM · $cm^2$） | 检测限/（μM） | pH 值 |
| --- | --- | --- | --- | --- | --- | --- |
| Pt | 在类石墨碳膜上溅射的 Pt 纳米粒子 | 0.6 V | 0.0005~2 | 55.59[b] | 0.0075 | 7.0 |
| GCE 或 CNF micro | 在全氟磺酸溶解的多壁碳纳米管上的 Pt 纳米粒子 | 0.55 V | $(2.5\times10^{-5})$ ~0.01 | 3570 和 1850 | 0.025 | 7.2 |
| Pt-Ir 合金 micro | 电沉积的纳米孔 Pt | 0.40 V | — | 197.53[c] | — | 7.4 |
| GCE | 在多壁碳纳米管上电沉积的 Pt 纳米粒子 | 0.70 V | 高达 2.5 | 3847[d] | 0.025 | 6.0 |
| Pt | 在 PDDA 聚电解质基体中自组装的 Pt 纳米粒子 | 0.6 V | $(4.2\times10^{-5})$ ~0.16 | 500 | 0.042 | 7.0 |
| GCE | 在多壁碳纳米管上电沉积的 Pt 纳米粒子 | 0.6 V | — | — | 0.2 | 7.0 |
| GCE | 由 PDDA 稳定化的 Pt 纳米粒子系综 | 0.4 V | $(5\times10^{-4})$ ~3 | 21.18[e] | 0.0005 | 7.2 |
| GCE | 在全氟磺酸分散的石墨烯上固定的 Pt 纳米粒子 | 0.4 V | 高达 12 | 115.28 | 0.0005 | 7.2 |

### 9.1.4 碳负载的材料

碳纳米材料具有不同寻常的尺寸-相关性质和表面-相关性质(例如，形态、电学、光学与机械等)，这些性能均可用来提高能量转换与存储能力[21,49-51]。特别是碳材料提高了电催化剂的电化学活性面积(ECSA)的可用性，也提供了从反应物抵达电催化剂的高质量输送。碳材料常常是按其维度分类的，如零维(0D)富勒烯、一维(1D)碳纳米管(CNT)和二维(2D)石墨烯。与富勒烯和碳纳米管相比，石墨烯具有更为新颖的性质[52-54]。石墨烯是一种二维单层碳原子结构，具有高表面积、高电荷载流子迁移率、优异的化学稳定性和热稳定性，这些优点使其成为在能量转换与电子学领域得到有效应用的生长衬底(growth substrate)[55,56]。石墨烯与金属的混合技术在不同的应用领域中均得到了广泛研究，如锂电池[57]、催化剂[58]、燃料电池[59]、生物传感器[60]和光伏器件等[61]。不过，石墨烯还是表现出了因结构缺陷导致的不良导电性与高电阻以及石墨烯片发生平面堆积的强烈倾向[62,63]。为了克服这些不足之处，有人提出了在三维

(3D)骨架(石墨烯泡沫/多孔石墨烯)上生长大表面石墨烯的策略[64,65]。石墨烯泡沫(GF)是一种多层、无支撑的整块电化学石墨烯膜。石墨烯泡沫的这种多孔架构保持了极大的表面积与高传导性电通路，可以作为能量存储与化学传感的理想材料[66,67]。基于其机械强度与连续性的骨架，石墨烯泡沫也可以用作低电阻的无支撑电极，以提高电荷载流子的迁移率[68]。图 9.2 显示了不同结构的碳同素异形体。

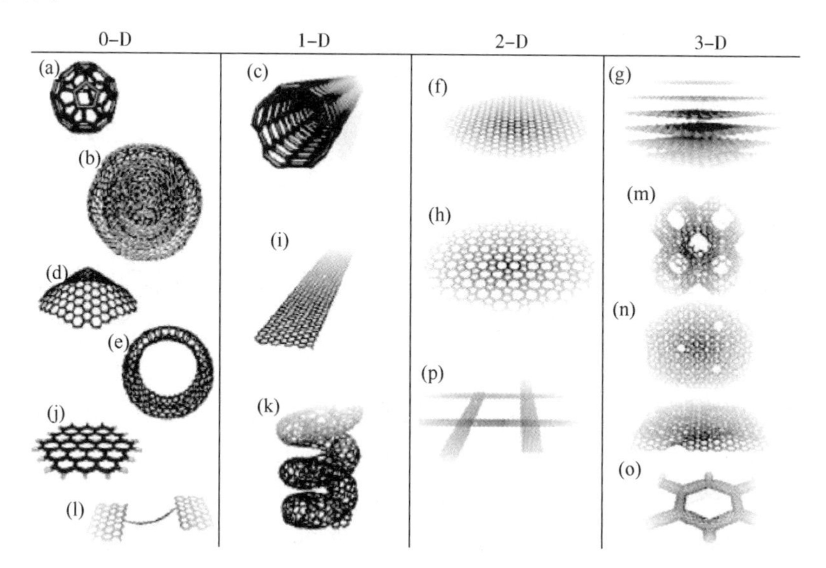


图 9.2 具有类-$sp^2$杂化碳原子纳米结构的不同类型分子模型，展现了不同的维度如 0D、1D、2D 和 3D：(a) C60：巴克敏斯特 0 富勒烯；(b) 巢状巨富勒烯或石墨洋葱；(c) 碳纳米管；(d) 纳米锥或纳米角(e) 纳米环；(f) 石墨烯晶面；(g) 3D 石墨晶体；(h) 海克尔(Haeckelite)晶面；(i)石墨烯纳米带；(j)石墨烯簇；(k)螺旋碳纳米管；(l) 短碳链；(m) 3D 汞黝矿结构晶体；(n) 碳纳米泡沫（以通道相互连接的石墨烯表面）；(o) 3D 纳米管网络；(p) 纳米带 2D 网络[69]

## 9.1.5 旋转圆盘电极

旋转圆盘电极(RDE)需要工作电极表面附近维持流体动力学条件的连续性。采用旋转圆盘电极的有利之处是：人们已经掌握了对流扩散方程的准确解法，而且在传质极限条件下电流分布是均匀的。因此，这一方法使人们有可能连续地准确测量甲醇、乙醇和过氧化氢浓度的增加或降低。

旋转圆盘电极是一种常见的对流电极系统，可用于静态下的测量。旋转圆盘电极减小了维持体积浓度的扩散层厚度(控制动力学效应)，从而提高了各组分到达电极表面的输送效率。因此，旋转圆盘电极系统可以在相对短的响应时间内接近稳态。根据在旋转圆盘电极上的流动剖面图可知，溶液只能旋转表面并产生涡流，如图 9.3 所示。

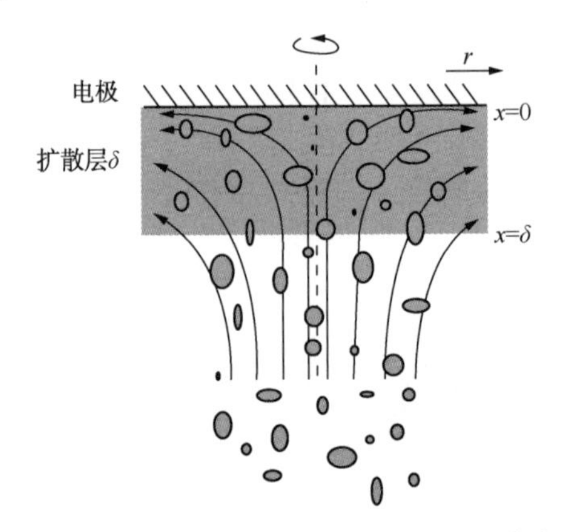


图 9.3　旋转圆盘电极上的流动剖面图[70]

在层流条件下，扩散层厚度随着电极角速度的增加而减小[71]。扩散层的厚度是：

$$\delta = 1.61D^{1/3}\omega^{-1/2}v^{1/6} \tag{9.11}$$

式中，$D$ 是扩散系数，$cm^2/s$；ω 是角速度，rad/s；ν是运动黏度，$cm^2/s$[71]。如列维奇(Levich)方程所描述，极限电流由下式求出：

$$i = 0.62nFAD^{2/3}\omega^{1/2}v^{-1/6}C \tag{9.12}$$

式中，$n$ 是反应的电子数目，$F$ 是法拉弟常数 96485C/mol；$A$ 是电极表面积，$cm^2/s$；$C$ 是浓度，$mol/cm^3$[71]。

列维奇方程一般用来描述在旋转圆盘电极上的总传质极限条件。在本项课题工作中，详细研究了在 EOR 和 MOR 的阳极氧化中以及在生物传感的 $H_2O_2$ 检测中采用的旋转圆盘电极系统。

## 9.1.6 循环伏安法与计时电流技术

循环伏安法是一种常用技术，可以从电化学反应获取定性信息。因此，经常采纳循环伏安法来评价氧化还原过程的热力学性能、多相电子转移反应的动力学与化学反应或吸附过程[72]。这种方法能够快速识别并定位电活性物种的氧化或还原电势，比如 $H_2O_2$。在本工作中，循环伏安法实验与测量电流实验均采用了“CH 仪器 660C 电化学工作站”(美国德克萨斯州奥斯丁 CH 仪器有限公司，CH Instrument，Inc.，Austin，TX，USA)。

图 9.4 说明了可逆氧化还原反应在循环伏安法中的响应。在起始点，没有氧化还原过程发生；当外加电位接近 $E^{0\prime}$时，阴极电流开始增加，直至达到峰值。在这一区域内发生了还原过程。基于相同的原因，当反向电流出现时，在氧化过程期间将出现一个阳极峰[72]。

可控电位技术的基础是准确测量对外加电位的电流响应。在质量输送过程中，扩散层随反应物的消耗而逐渐扩大，浓度曲线斜率则随时间推移出现降低，同时电流随时间推移而减小，如图 9.5 所示[72]。因此，将生物学变化转换成氧化或还原电流并进行测量，就可以直接而迅速地分析出目标物种的浓度。

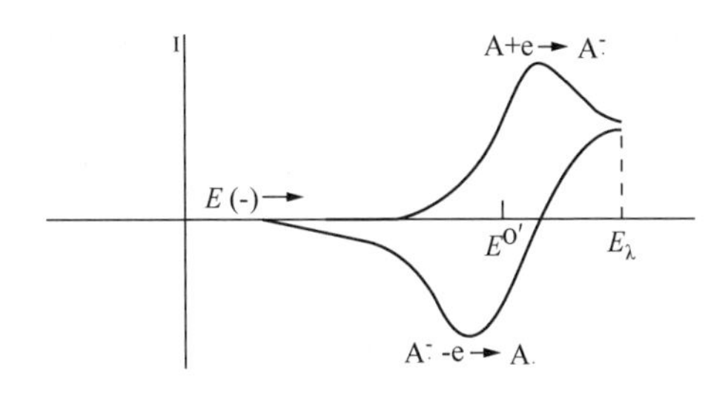


图 9.4　可逆氧化还原过程的典型伏安图[72]

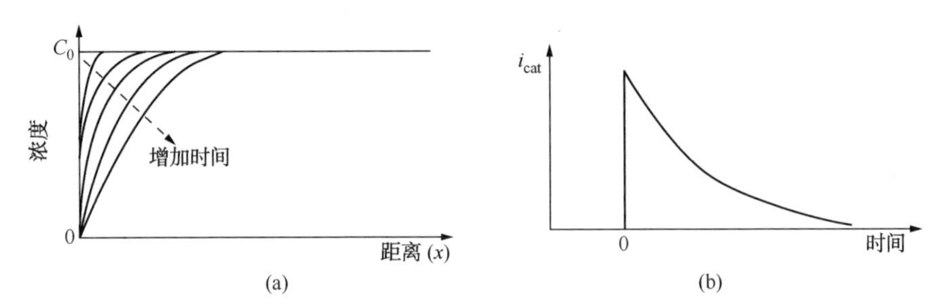


图 9.5　(a)浓度曲线随时间推移的变化；(b) 产生的电流随时间的响应[72]

## 9.1.7　估算检测限(LOD)的方法

如果一个样品符合检测条件，一般将检测限作为被测物在测试样品中的最低浓度。为了估算检测限，信噪比(S/N)数值为 3 还是可以接受的。这一方法通常用于基线存在噪音的分析技术。当空白分析提供的结果出现非零标准偏差时，就需要实施空白测定。一般将检测限表达为：与样品空白值相对应的被测物浓度再加上 3 个标准偏差，如下述方程所示：

$$LOD \cong \bar{X}_{bi} + 3S_{bi}(S/N = 3) \tag{9.13}$$

式中，$X_b$是空白的平均浓度；$S_b$是空白的标准偏差。

## 9.1.8　CO 溶出法估算催化剂表面积

乙醇氧化反应(EOR)和甲醇氧化反应(MOR)在阳极上的动力学相对不佳，这可能造成表面发生 CO 自体中毒，CO 是在乙醇与甲醇的脱氢反应中形成的。采用 CO 阳极溶出伏安法，便可以基于 CO 耐受性测量对 PtRu 纳米催化剂的表面进行评价。有一种方法利用数学模型计算出 CO 氧化实验数据，然后以此为基础估算出燃料电池中 PtRu 纳米催化剂的表面积。该计算方法对 CO 氧化峰与被吸附 CO 脱除峰之间的面积进行积分。

CO 溶出技术可用于测定电化学活性面积(ECSA)。在本研究的全过程中，CO 溶出测量均是采用三电极电池完成的，其中以 0.5 M $H_2SO_4$作为所述电池的电解液。在相对于饱和甘汞电极(SCE) -0.15V 的电位下，在纳米催化剂表面上预吸附纯 CO (99.5%)1h。在相对于饱和甘汞电极-0.2V 和+1.2V 的电位下，以 0.5V/s 的扫描速率记录了两幅循环伏安曲线图。实施第一次电势扫描的目的是对吸附的 CO 进行电氧化，第二次电势扫描则旨在证实 CO 氧化的完成程度。

### 9.1.9 BET (Brunauer、Emmett 和 Teller) 测量

BET 方法是以单层气体分子在材料表面上的物理吸附作为基础的。然后根据 Brunauer、Emmett 和 Teller 吸附等温线方程处理数据[73]。这一技术可用于测量粉末的表面积、孔径以及孔径分布。通过一种气体在固体表面上的物理吸附并计算出在该表面上相当于单分子层的吸附气体量，就可以测定出粉末的表面积。物理吸附的发生基于吸附气体分子与粉末样品吸附表面之间的相对弱作用力(范德华力)。这类测试通常是在液氮中完成的。吸附气体的数量是以体积法或连续流动法测量的。因此，利用 BET 测量可以评价不同碳负载材料混合的 PtRu 纳米催化剂的表面积。

### 9.1.10 本项研究的动机

最近，Hu 及其同事报道说，已经成功开发出三维石墨烯泡沫(3D GF)负载的 Pt/PdCu 纳米催化剂并且用于乙醇燃料电池[23]。结果表明，3D GF 有助于促进纳米催化剂获取更高的催化活性。有一种采用 Ni 泡沫作为牺牲模板的制备方法能够以简单工艺制造出新型 3D GF，在我们的工作中已对该方法做出了描述。另外，我们也研究了 PtRu 双金属催化剂在 $H_2O_2$检测、甲醇氧化反应与乙醇氧化反应中的结果，这种催化剂采用各种碳衬底材料作为载体，如 Vulcan XC-72 碳、石墨烯和石墨烯泡沫。不同碳载体的原子结构和 PtRu 纳米催化剂的电活性是由下列仪器表征的：X-射线衍射仪(XRD)、扫描电子显微镜(SEM)、扫描透射电子显微镜(STEM)和循环伏安法(CV)。作为 PtRu 纳米粒子的载体，三维多孔性石墨烯结构为 $H_2O_2$、甲醇和乙醇氧化的电子转移提供了显著扩大的表面积。电化学测量表明，石墨烯泡沫负载的 PtRu 对 $H_2O_2$检测、甲醇氧化反应和乙醇氧化反应展现了卓越的电催化活性。PtRu/3D GF 纳米催化剂对 $H_2O_2$的电化学氧化展现了非常出色的性能且无需另外加入任何促进剂或酶，更值得一提的还有其高灵敏度(1023.1μA/mM · $cm^2$)和低检测限(0.04μM)。PtRu/3D GF 纳米催化剂对甲醇氧化反应和乙醇氧化反应也展现出催化活性(前者为 109.3mA/$cm^2$；后者为 78.6mA/$cm^2$)，这一性能分别比 PtRu/石墨烯催化剂高出两倍。在循环伏安法

(CV) 900 次循环之后，PtRu/3D GF 纳米催化剂的催化活性显示出较高的 CO 毒害耐受性。3D GF 的良好电导率与混合材料的大活性表面使催化活性得到显著提高。因此，3D PtRu/GF 纳米催化剂展现出优异的电导率、低检测限和高灵敏度，这就为设计与应用具有高生物传感性能的电极材料提供了崭新的机会。不言而喻，3D PtRu/GF 纳米催化剂也为设计 DMFCs 和 DEFCs 的高性能电极材料提供了宽广的途径。

## 9.2 制备与表征用于 $H_2O_2$ 基电化学生物传感器的三维石墨烯泡沫负载的铂-钌双金属纳米催化剂

厚膜丝网印刷技术与喷墨印刷常常用于制造电化学基生物传感器。一般的作法是，利用机械刮板挤压浆糊或墨水迫使其通过不锈钢或聚合物丝网，直至衬底的平坦表面上，这样便可将符合要求的图案转移至衬底上。一个生物传感器通常含有三个电极：工作电极，反电极(亦称对电极)和参考电极。电化学电位可以施加于工作电极与参考电极之间。$H_2O_2$ 是各种酶促反应(即酶催化反应)均可以生成的一种产物。由 $H_2O_2$ 氧化产生的氧化电流可以用于定量测定被测物的浓度。由此看来，$H_2O_2$ 的电化学功能确实推动了生物医学传感器的进步，使之可以检测各种疾病中的生物标记物(或称生物标志物)。这些厚膜印刷的传感器只能单次使用而且是一次性的，为了提高这类传感器的灵敏度与选择性，有人提出将金属催化剂掺入厚膜印刷墨水(或浆糊)，而且已经为此做出了尝试性试验。沉积在各种碳表面上的金属纳米粒子将能够作为多种反应的卓越纳米催化剂，包括酶促的 $H_2O_2$ 反应和其他反应。因此，我们的研究目的是：通过酶促反应机理专门针对 $H_2O_2$ 的氧化反应设计并合成出双金属纳米催化剂，并最终用于生物传感领域。

### 9.2.1 概述

石墨烯泡沫(GF)具有三维多孔性架构，是一种由巨大表面与高导电性通道组成的新颖碳材料。在本研究中，详细描述了制备新型三维石墨烯泡沫(3D GF)的简单方法，其中采用了 Ni 泡沫作为 3D GF 的牺牲模板。然后在 3D GF 中混入铂-钌(PtRu)双金属纳米粒子，制成电化学纳米催化剂并且用于检测过氧化氢($H_2O_2$)。另外，也研究了采用各种碳衬底材料(如 Vulcan XC-72 碳、石墨烯和石墨烯泡沫)作为载体的 PtRu 双金属催化剂及其在 $H_2O_2$ 检测中的应用结果。不同碳载体的原子结构和 PtRu 纳米催化剂的电活性是由下列仪器表征的：X-射线衍射仪(XRD)、扫描电子显微镜(SEM)、扫描透射电子显微镜(STEM)和循环伏安法(CV)。电化学测量表明，石墨烯泡沫负载的 PtRu 在 $H_2O_2$ 检测中展现了卓越的电催化活性。在不需加入任何其他促进剂的条件下，PtRu/3D GF 纳米催化

剂在 $H_2O_2$的电化学氧化中具有非常出色的性能，显示出高灵敏度(1023.1μA/mM·$cm^2$)和低检测限(0.04μM)。测量电流的实验结果表明，石墨烯泡沫可以作为一种理想的平台用于开发生物传感适用的电化学传感器，同时也证明，PtRu/3D GF 纳米催化剂在 $H_2O_2$检测中具有出色的催化活性。对于纳米催化剂来说，小粒径与高分散度是获取大活性表面的重要因素，只有满足这两个条件才能在生物传感中对 $H_2O_2$实现最佳检测。此外，在采用 PtRu/3D GF 纳米催化剂的实例中，抗坏血酸和尿酸造成的潜在干扰似乎是可以忽略不计的。总而言之，3D PtRu/GF 纳米催化剂展现了优异的电导率、低检测限和高灵敏度，为设计和应用具有高生物传感性能的电极材料提供了崭新的机会。

### 9.2.2 实验

#### 9.2.2.1 材料

实验中所用的氯铂酸(IV)六水合物($H_2PtCl_6 \cdot 6H_2O$，Pt 基 37.5%)、氯化钌(III)水合物($RuCl_3 \cdot nH_2O$，纯度 99.8%)和硼氢化钠($NaBH_4$，99%，质量分数)购自 Sigma Aldrich (St. Louis，MO，USA)公司。全氟磺酸溶液获自 Ion Power Inc (New Castle，DE，USA)公司。Vulcan XC-72R 碳和石墨烯纳米粉(12nm 片)分别获自 Cabot corporation (Boston，MA，USA)公司与 Graphene Supermarket (Calverton，NY，USA)公司。0.1 M 磷酸盐缓冲溶液(pH=7.4)是由作为支持电解质(supporting electrolyte)的 0.15 M KCl、$KH_2PO_4$、$K_2HPO_4$和去离子水等以适当比例制备的。(支持电解质是仅为提高化学电池中溶液导电率而加入的电解质，本身不参与电化学反应 - 译者注)。

#### 9.2.2.2 3D 石墨烯泡沫的生长

图 9.6 示出镍泡沫［图 9.6 (a)］和石墨烯泡沫［图 9.6 (b)］的数码图像[74]。3D GF 的制备步骤如下：首先将镍泡沫(购自 INCO，Alantum Advanced Technology Materials (Dalian) Co.，Ltd.，大连，辽宁，中国；孔径：590μm)置于水平石英管中，在氩(500 sccm)和 $H_2$(200 sccm)气氛下加热至 1000℃，并在原位保持 5min，以清洁其表面并去除任何薄表面氧化层。(sccm 是体积流量单位，即 1atm、25℃下 1$cm^3$/min 的流量- 译者注)。将 $CH_4$(5 sccm)引入炉管 5min。在这一阶段中，形成石墨烯涂覆的镍泡沫。当冷却到室温(20℃)时，从炉管中取出涂满石墨烯的 Ni 泡沫，并以聚甲基丙烯酸甲酯(PMMA)溶液(在甲苯中的浓度为 6M)进行浸涂，然后在 180℃下干燥 30min，以在石墨烯表面上形成薄 PMMA 膜(PMMA/GF@Ni)，旨在防止生成的石墨烯泡沫(GFs)在镍模板腐蚀和去除过程中发生结构损坏。然后，在 70℃下将整个结构浸入 HCl (3 M)溶液中并保持 5h，以除去 Ni 泡沫，这样即可制取 PMMA/GF。最后，在 55℃的热丙酮中溶解掉 PMMA 保护膜，最终制成无支撑的石墨烯泡沫。然后，将三维石墨烯泡沫(3D GF)用作衬底

以吸附 PtRu 纳米粒子，合成出 PtRu/3D GF 纳米催化剂。

图 9.6 (a)镍泡沫；(b)石墨烯泡沫的数码照片[74]

#### 9.2.2.3 PtRu 纳米粒子催化剂的合成与修饰

PtRu 是通过氢硼化物还原合成的。按照实验顺序，典型的步骤如下：首先将 Pt 和 Ru 前驱体溶于去离子水(DI)中，分别制取 1.8mM 的金属溶液。将作为封端剂的柠檬酸加入至金属溶液中以防止纳米粒子发生团聚，柠檬酸与金属溶液之间的摩尔比为 0.42。然后，用 0.1M NaOH 溶液将双金属 PtRu 溶液的 pH 值调节至 7.0，将 $NaBH_4$ 作为还原剂滴加至金属溶液。$NaBH_4$ 的数量是 PtRu 的 1.4 倍，足以在溶液中还原 PtRu 金属。在室温下将溶液搅拌 12h，以完成化学还原。为了制备出碳负载材料混合的 PtRu 纳米催化剂，首先将 PtRu 溶液进行超声波处理 2h，然后再分别与 47.7mg 的各种碳负载材料相混合。在室温下将纳米催化剂溶液再次搅拌 12h。此后，用丙酮将纳米催化剂溶液洗涤 3 次，之后再以 18000r/min (Sorval RC-5C Centrifuge，Thermo Scientific，Asheville，NC，USA)的速度离心处理 20min 以收集产品。最后，将所得浆液置于真空烘箱内，在 70℃下处理 24h。这样就制备出了 PtRu 加入量为 20%(质量分数)且混合有碳负载材料的纳米催化剂。

#### 9.2.2.4 不同碳负载材料混合的 PtRu 纳米催化剂的表征

采用 XRD (Rigaku Corporation，Tokyo，Japan)观察了不同碳负载材料混合的 PtRu 纳米催化剂的相结构与组成，采用 Cu $K_\alpha$ 作为辐射源($\lambda$ = 1.54 A)，以 30kV 和 15mA 为操作条件，$2\theta$ 角的扫描速率为 3°/min，角度范围是 15°~85°。合金纳米粒子的粒径是采用德拜-谢乐(Debye-Scherrer)方程估算的。SEM 图像是采用 Quanta 3D 扫描电子显微镜(SEM) (型号为 FEI，Hillsboro，OR，USA)在 5.0 kV(原文为 5.0keV，加速电压单位应当是“伏-V”而非“电子伏特-eV” - 译者注)下拍摄的。使用 Tecnai F30 扫描透射电子显微镜(STEM) (型号为 FEI，Hillsboro，OR，USA)研究了纳米催化剂的形态，STEM 是在 300 kV(原文为 300keV，同样是 kV 之笔误 - 译者)的条件下工作的。采用超声波法将纳米催化剂粉末悬浮于乙醇中，以这种方式制备出适合 STEM 分析的试样。制成悬浮液后立即将其滴加在超薄碳膜支撑的400 筛目铜载网(购自 Ted Pella，Inc.，Redding，CA，USA）上，对如此制成的样品进行了 STEM 观察。

#### 9.2.2.5 电化学测量

9.2.2.5.1 $H_2O_2$检测

由文献可知，金属纳米粒子基传感器电极经常在 $H_2O_2$传感中呈现出明显提高的电流响应和较高的灵敏度与选择性[45,75]。在开始实验之前，用氮气对磷酸盐缓冲溶液(PBS)进行去氧处理。以先丙酮和后乙醇的顺序清洗玻璃碳电极(GCE)，然后再用 0.05μm 的氧化铝粉进行抛光。再以去离子(DI)水冲洗玻璃碳电极并超声波处理 10min。在典型的 $H_2O_2$检测实验中，将负载于碳基衬底的双金属纳米催化剂置于旋转圆盘电极的表面以进行评价。将 1.0mg 金属/碳粉分散在 45μL 乙醇和 5μL 全氟磺酸溶液中(15%，质量分数)，然后超声波处理 10min 以制备电催化剂。在超声波处理之后，取 8.0μL 上述混合物并沉积在表面积为 0.196$cm^2$的玻璃碳工作电极(部件号 AFE2M050GC，PINE Instrument Company，Grove City，Pennsylvania，USA)上。在室温环境下，将该厚膜墨水-涂覆的电极干燥 3min。将一个甘汞电极(SCE)和一个 Pt 网状电极($1cm^2$)分别用作参考电极和反电极。工作电极是在 1000 r/min 的转速下操作的。在以 0.15 M KCl 为支持电解质且 pH = 7.4 的磷酸缓冲盐溶液(PBS)中完成了各种 $H_2O_2$的电化学滴定。在循环伏安法与电流分析法中采用了电化学工作站(CHI 660C，CH Instrument，Inc.，Austin，TX，USA)。循环伏安法研究是在相对于饱和甘汞电极-0.2～+1.2V 的电位范围内进行的，电压扫描速率为 0.1V/s。

9.2.2.5.2 CO 溶出

为了评价纳米催化剂的电化学活性面积(ECSA)，在 0.5M $H_2SO_4$溶液中进行了 CO 溶出测量。测量中所用的纳米催化剂在制备工艺上相同于上述 $H_2O_2$检测中采用的催化剂。将纯 CO (99.5%)通至工作电极附近，保持 1h，直至电极在相对于饱和甘汞电极-0.15 V 的电位下发生极化。实验中发现，CO 吸附时间足以达到稳态。此后，用氮气在溶液中鼓泡 30min，以去除溶解的 CO，在 0.5 V/s 的扫描速率下采集溶出伏安图。在相对于饱和甘汞电极 -0.2～+1.2 V 的电位下，记录了两幅循环伏安曲线图。进行第一次电势扫描的目的是对吸附的 CO 进行电氧化，而第二次电势扫描则意在证实 CO 氧化的完成程度。

### 9.2.3 结果与讨论

#### 9.2.3.1 不同碳负载材料混合的 PtRu 纳米催化剂的物理化学表征

纯商品石墨烯与三维石墨烯泡沫(3D GF)的形态是利用扫描电子显微镜(SEM)表征的，分别示于图 9.7 (a)和图 9.7 (b)。这两种样品之间的形态完全不同。纯商品石墨烯具有布满褶皱的、类薄片状的结构。石墨烯泡沫(GF)却呈现出孔径为50~250μm的大孔结构。与商品石墨烯相比，3D GF的表面积要高出很多，这主要得益于其大孔结构。此外，3D GF也为PtRu纳米粒子的吸附提供了数目众多的活性位点，而且PtRu纳米粒子是均匀分散在表面上的[76]。根据SEM观察[图9.7(c)]可知，石墨烯泡沫也显露出高孔隙率的超空内部结构。图9.7(d)~(g)分别示出PtRu、PtRu/C、PtRu/石墨烯与PtRu/3D GF纳米催化剂的STEM图像。在不同的碳负载材料上，PtRu纳米粒子的分散是相对均匀的。在纯PtRu的STEM图像[图9.7(d)]中，观察到了纳米粒子的聚集体，纯PtRu纳

图9.7 (a)纯商品石墨烯；(b)纯石墨烯泡沫(主视图)；(c)纯石墨烯泡沫(截面图)的SEM图像；(d)纯PtRu纳米粒子；(e)PtRu/Vulcan XC-72R碳；(f)PtRu/石墨烯；(g)PtRu/3D GF的STEM图像[60]

米粒子之所以没有分离开就在于其没有碳负载材料。另外，根据 STEM 图像可知，PtRu 纳米粒子在 Vulcan XC-72 碳[图 9.7 (e)]、石墨烯[图 9.7 (f)]、特别是在 3D GF[图 9.7 (g)]上实现了均匀的良好分散状态。这是因为碳负载材料可以提供更多的表面积，从而促进了 PtRu 纳米粒子的较好分散状态。图 9.7(f)和图 9.7(g)分别示出 PtRu 纳米粒子在石墨烯片与石墨烯泡沫上的分散状况。这两张图显示出稍有褶皱的形态。Aksay 等认为，若想防止石墨烯聚集并维持高活性表面积，这种皱纹是非常重要的因素[77,78]。图 9.7(g)的 STEM 图像表明，纳米孔结构为 PtRu 纳米粒子提供了基底，使这些粒子能够吸附在平坦层片和支架上。PtRu/3D GF 纳米催化剂的平均纳米粒径小于与其他碳负载材料混合的相应值。碳负载材料的比表面各不相同，这就可以解释纳米粒子分散体的粒径为何出现差异；在本工作中，纳米粒子的粒度是根据 X 射线衍射数据计算的。

图 9.8 示出 PtRu、PtRu/C、PtRu/石墨烯和 PtRu/3D GF 纳米催化剂的衍射图样。纯 Pt 的衍射峰分别位于 39.76°、46.24°、67.45°和 81.28°，分别对应于(111)、(200)、(220)和(311)晶面。这些衍射峰表明，Pt 具有面心立方(fcc)结构[79]。根据 XRD 图样可知，PtRu、PtRu/C、PtRu/石墨烯和 PtRu/3D GF 的(220)峰的 $2\theta$ 值分别为 67.92°、67.52°、67.96°和 67.48°。所有这些峰位从纯 Pt 晶体的 $2\theta$ 值向高角度方向稍有漂移，这可以作为合金化的证据[24]。在 XRD 图样中，并不存在与纯 Ru 或 $RuO_2$ 的 hcp 结构(即密排六方结构)相关的衍射峰，这

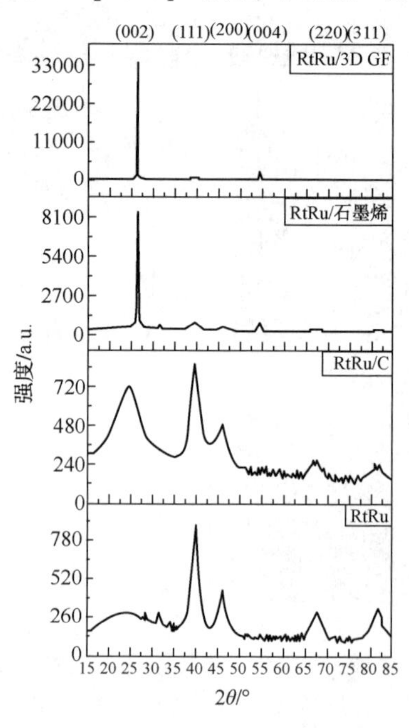


图 9.8　不同碳负载材料混合的 PtRu-系纳米催化剂的 X-射线衍射图样[60]

一事实说明，Ru 要么形成了合金，要么是以非晶态的氧化物形式存在的[17]。采用 $X$-射线能量色散谱(EDS)对 PtRu 纳米催化剂进行了元素面分析(elemental mapping)，其结果表明，Pt 和 Ru 元素本身已经形成了 PtRu 合金(见图 9.9)。

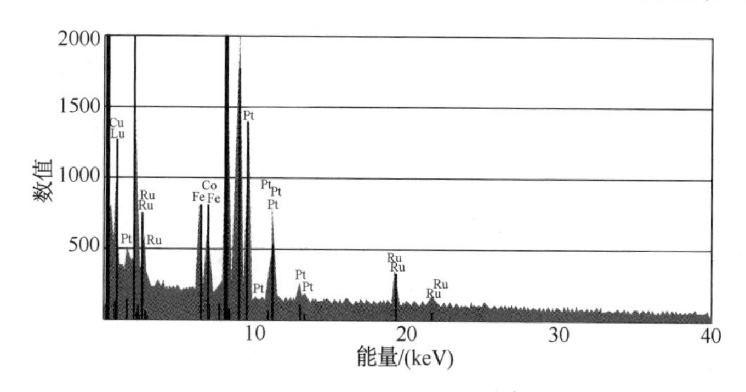


图 9.9　由能量色散谱(EDS)观察到的 PtRu 纳米催化剂的化学组成[80]

在图 9.8 中(原文是图 9.9，应为图 9.8 之误码-译者注)，位于 54.7°的衍射峰证明了碳载体的(004)晶面。只有在实现了高度石墨化之后衍射图中才会出现这个峰[81]。此外，在碳负载纳米催化剂的所有 XRD 图样中，均观察到了位于 26°附近的衍射峰，这是由碳载体六方结构的(002)晶面产生的。锐利衍射峰(002)的存在证明了碳负载材料的晶体性质。碳负载材料也因此成为良好的导电基底，而且对分散于碳材料上的 Pt 和 PtRu 纳米粒子的结晶性质产生影响。在 PtRu/3D GF 纳米催化剂的实例中，在相同的 $2\theta$ 角度上出现了非常锐利的衍射峰，这证明了石墨烯泡沫的良好结晶性质以及出色的电导率。

纳米催化剂的平均粒度是基于 Pt (220)衍射峰值并采用德拜-谢乐(Debye-Scherrer)方程计算的：

$$d = \frac{k\lambda}{\beta_{2\theta}\cos\theta_{\mathrm{mxa}}} \tag{9.14}$$

式中，$k$ 是系数(0.9)；$\lambda$ 是 $X$-射线的波长(1.54 Å)；$\beta$ 是各自衍射峰(rad)的半高宽(FWHM)；$\theta$ 是峰最大值所处的角度，(°)。

根据德拜-谢乐(Debye-Scherrer)方程计算了 PtRu、PtRu/C、PtRu/石墨烯和 PtRu/3D GF 的 Pt 纳米粒子尺寸，所得结果分别是 7.07nm、5.39nm、4.24nm 和 3.51nm。一般而言，如果在制备期间加入了碳负载材料，Pt 的纳米粒子尺寸则降低，这就表明，在纳米催化剂中 PtRu 合金的纳米粒子尺寸随着碳负载材料的加入出现减小。在四种纳米催化剂中，PtRu/3D GF 纳米催化剂的纳米粒子尺寸是最小的，而 PtRu 纳米催化剂的相应尺寸则是最大的。PtRu 的大纳米粒子尺寸或许是由于团聚造成的。这一结果表明，由于 PtRu/3D GF 的纳米粒子尺寸在四种纳米催化剂中是最小的，故其具有最大的表面积。因此，在加入了能够提供大表面积的碳负载材料之后，PtRu 纳米粒子实现了均匀分布。PtRu 的小纳米粒子尺寸与均匀分布意味着，其本身的活性位点数目得到增加，因而提高了与 $H_2O_2$ 相互作用的可能性。

#### 9.2.3.2 电化学表征与性能

采用循环伏安法(CV)研究了不同碳负载材料混合的 PtRu 纳米催化剂的电化学性能，其中以铁氰化钾(15mM)和亚铁氰化钾(15mM)作为各种改性电极的基准氧化还原反应。如图 9.10 (a)中所示，纯 PtRu 纳米催化剂的氧化还原峰强度是低的，峰-对-峰电势差($\Delta E_p = E_{pa} - E_{pc}$)是 72mV。此外，PtRu/C、PtRu/石墨烯和 PtRu/3D GF 的(电势)峰值间距分别是 152mV、155mV 和 166mV。在玻璃碳电极(GCE)沉积了不同碳负载材料之后，峰值间距减小且$[Fe(CN)_6]^{3-/4-}$的氧化还原峰值电流显著增加。较小的峰-对-峰电势差与$[Fe(CN)_6]^{3-/4-}$表现出的锐利氧化还原峰值电流，这就证明碳负载材料改善了电子与质量转移，这是因为纳米化的 PtRu 粒子提高了表面积并降低了电阻的结果。较小的纳米化 PtRu 粒子加速了电子转移动力学。由于石墨烯泡沫的三维结构得到扩展，PtRu/3D GF 试样在阳极峰值电流($i_{pa}$)和阴极峰值电流($i_{pc}$)上显示出最大幅度的改善。这一结果表明，碳负载材料提供了较大的表面积，电子与质量转移速率应当得到加速，因为 PtRu 纳米催化剂具有更为精细的纳米粒子尺寸与更为均匀的分散[45]。扫描透射电子显微镜(STEM)图像与 XRD 结果也支持了这一论点。

根据前述方程式(9.1)可以得知，酶产生的 $H_2O_2$是在适当的电化学电位下氧化的。$H_2O_2$氧化产生的电流以定量方式确定了被测物的化学计量浓度。为了核实该 PtRu 纳米催化剂检测 $H_2O_2$的能力，首先，在以 0.15 M KCl 为支持电解质且 pH =7.4 的 0.1 M 磷酸盐缓冲溶液(PBS)中进行测量 $H_2O_2$的实验。扫描电势的范围(相对于饱和甘汞电极)为-0.2~+1.2V 之间，以 0.1 V/s 的电压扫描速率循环 6 次。在含有和未含有 2mM $H_2O_2$的磷酸盐缓冲溶液中测量了第 3 和第 4 次循环时采集的循环伏安曲线，图 9.10 (b)是二者的比较。可分离的电流出现在相对于饱和甘汞电极+0.2V 的位置，这证明了该 PtRu 纳米催化剂在这一氧化电势下检测 $H_2O_2$的能力。

在评价纳米催化剂的电化学活性面积(ECSA)时采用了 CO 溶出伏安法[82,83]。在 0.5M $H_2SO_4$中，以 0.5V/s 的扫描速率测定了纳米催化剂的 CO 溶出伏安曲线以及随后的循环伏安法(CV)，结果示于图 9.11 中，测试样品为：PtRu [图 9.11 (a)]、PtRu/C[图 9.11 (b)]、PtRu/石墨烯[图 9.11 (c)]和 PtRu/3D GF[图 9.11(d)]。对于所有的纳米催化剂而言，第一次扫描表明 CO 氧化峰位于 $E \approx$ 0.5 V，在第二次扫描中未观察到 CO 氧化峰，这就证实已经完全除去了 $CO_{ads}$ 物种。

#### 9.2.3.3 电化学活性表面(*ECSA*)测量

电化学活性表面是利用下述方程估算的：

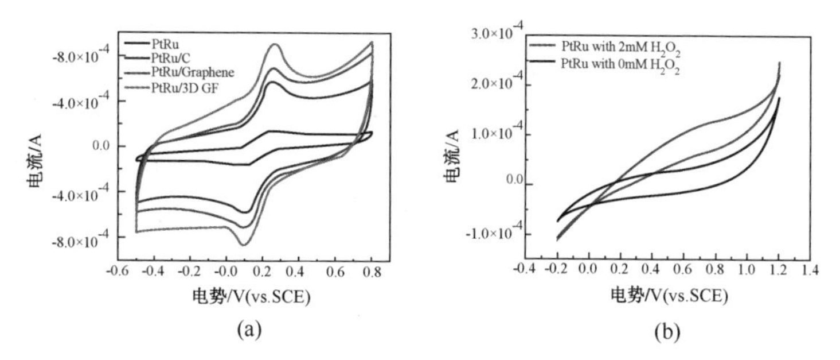


图 9.10 （a）不同碳负载材料混合的 PtRu 纳米催化剂的循环伏安图，其中采用了 0.1M 的磷酸盐缓冲溶液(PBS)（pH=7.4)和 0.15 M 的 KCl 作为支持电解质，其含有 15mM 的 $Fe(CN)_6^{3-}$ 和 $Fe(CN)_6^{4-}$；（b)含有和未含有 $H_2O_2$ 的磷酸盐缓冲溶液(PBS)(pH =7.4)的循环伏安曲线，支持电解质为 0.15 M 的 KCl[60]

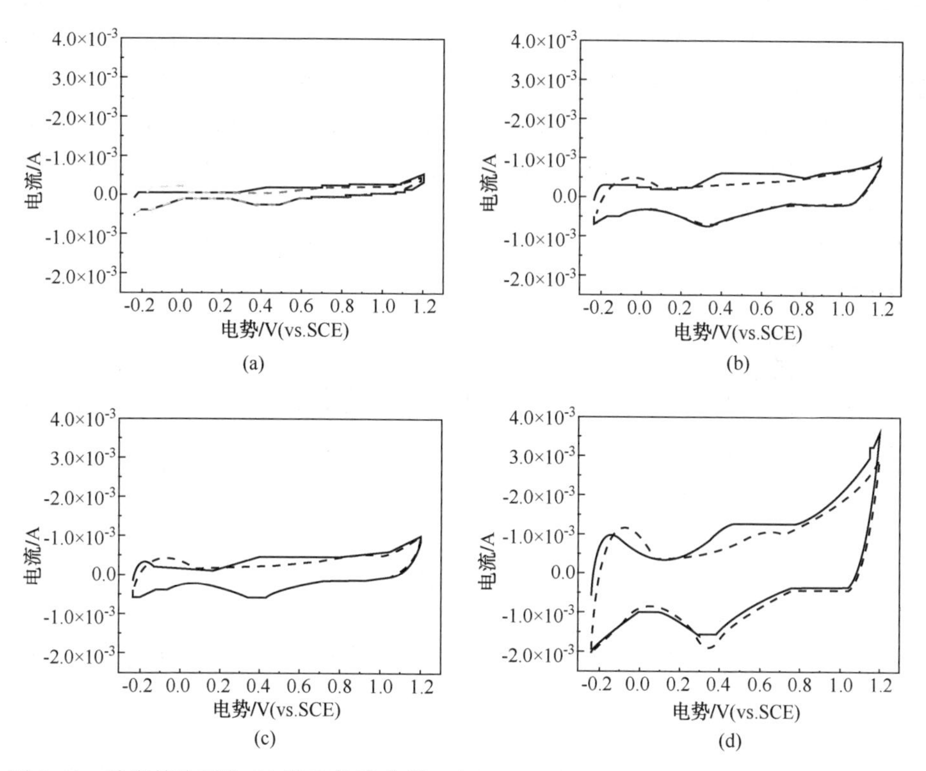


图 9.11 纳米催化剂的 CO 溶出伏安曲线：(a) PtRu、(b) PtRu/C、(c) PtRu/石墨烯和 (d) PtRu/3D GF；测量是在室温下 0.5 M $H_2SO_4$中进行的，扫描速率为 0.5 V/s。实线伏安曲线与点线伏安曲线分别代表第一次循环与第二次循环[60]。

$$ECSA = \frac{Q_{CO}}{[pt] \times 420\mu Ccm^{-2}} \tag{9.15}$$

式中，$Q_{co}$表示 CO 溶出的电荷，$mC/cm^2$；[Pt]是电极中铂的加入量，$mg/cm^2$，$420\mu C/cm^2$是氧化单层 CO 所需的电荷密度。计算出 PtRu、PtRu/C、PtRu/石墨烯和 PtRu/3D GF 的电化学活性表面数据分别是 37.2$m^2/g$、54.2$m^2/g$、121.8$m^2/g$和 186.2$m^2/g$。PtRu/3D GF 纳米催化剂的电化学活性表面值高于其他三种纳米催化剂。PtRu/3D GF 之所以有较高的电化学活性表面值是因为在石墨烯泡沫上的 PtRu 纳米粒子不但有较小粒径，而且分散状态也较好。这一观察与获自 XRD 的实验结果是一致的，即，PtRu/3D GF 纳米催化剂具有最大的表面积。

#### 9.2.3.4 $H_2O_2$的安培法测量

通过$H_2O_2$的安培法检测评价了不同碳负载材料混合的 PtRu 纳米催化剂的性能。从图 9.12(a)可以看到，在相对于饱和甘汞电极+0.32 V 的外加电位下，将$H_2O_2$连续加入搅拌中的支持电解质溶液时，PtRu、PtRu/C、PtRu/石墨烯和 PtRu/3D GF 纳米催化剂均呈现出典型的安培响应。为了使来自抗坏血酸(AA)和尿酸(UA)的干扰降低到最小程度，选择了相对于饱和甘汞电极+0.32 V 的外加电位。对于碳负载材料混合的纳米催化剂而言，得到的安培响应是稳定的，而且达到 95%稳态电流时的响应时间低于 10s。这种快速响应之所以出现，主要是因为不同碳负载材料混合的 PtRu 纳米粒子具有高电子电导率与良好的催化活性，正是这些性能促进了纳米复合材料薄膜内的电子转移。此外，PtRu/3D GF 纳米催化剂展现了较大的电流输出(对应于时间)，高于 PtRu、PtRu/C 和 PtRu/石墨烯的相应值。

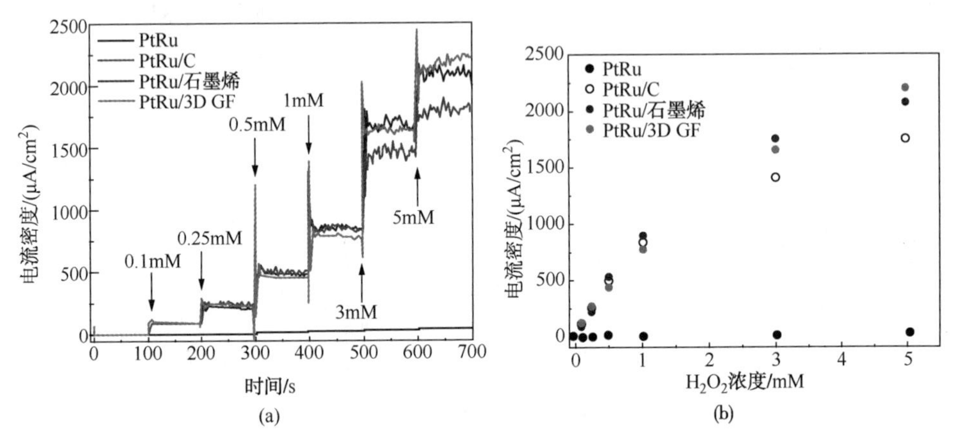


图 9.12 (a) 在连续加入$H_2O_2$时获得的安培响应，测试样品为不同碳负载材料混合的 PtRu 纳米催化剂；(b) 电流密度对$H_2O_2$浓度的计时电流测量曲线，测试样品为不同碳负载材料混合的不同 PtRu 系纳米催化剂(重复次数：$n = 3$)[60]

图 9.12(b)记录了安培电流对$H_2O_2$浓度的曲线，并且对四种纳米催化剂的数据进行了比较。实验测量的最大可检测$H_2O_2$浓度是 5mM，其信噪比为 3。这

是三次连续测量的平均值，对应于相同的 $H_2O_2$浓度。当 $H_2O_2$的浓度达到 5mM 时，PtRu/3D GF 纳米催化剂表现出最佳的性能。这一结果表明，由于其大表面积与高催化活性，PtRu/3D GF 纳米催化剂保持了良好的扩散性能。

图 9.13(a)示出在 0.005～0.04mM 浓度范围内加入 $H_2O_2$时测量的 PtRu/3D GF 纳米催化剂的时间-相关电流(即按时间记录的电流)。当稳态电流在 10s 之内达到 95%时，PtRu/3D GF 安培传感器(即，电流型传感器)迅速响应。由图 9.13(b)可知，当 $H_2O_2$的浓度范围是 0.005～0.02mM 时，校正曲线是线性的：线性回归方程是 $I$（μA/cm$^2$）= 1023.1（μA/mM·cm$^2$）$C$（mM）+ 1.14（μA/cm$^2$），判定系数为 $R^2$= 0.999。灵敏度与检测限分别是 1023.1μA/mM·cm$^2$和 0.04μM。检测限是根据信噪比($S/N$=3)计算出的。在四种样品中，PtRu/3D GF 纳米催化剂表现出最高的灵敏度与最佳的检测限，随后依次是 PtRu/石墨烯、PtRu/C 和 PtRu。PtRu/3D GF 纳米催化剂的优异检测限可以归结于纳米催化剂具有的高电催化活性。此外，这种纳米催化剂的稳定性降低了在达到较高检测限时背景电流产生的干扰。

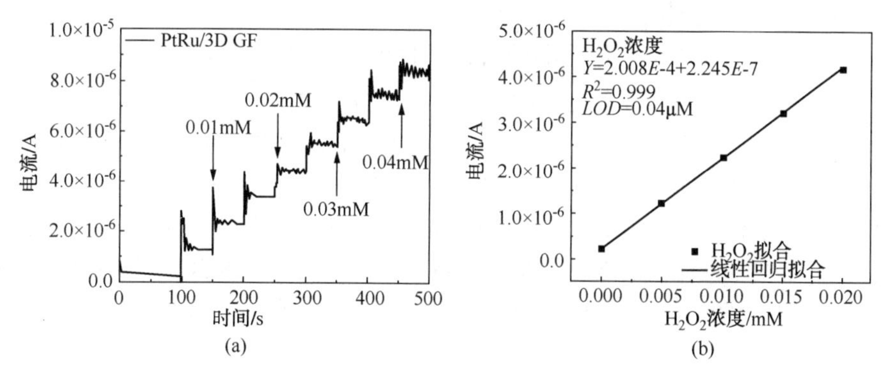


图 9.13 (a) 在连续加入 $H_2O_2$的条件下，PtRu/3D GF 的电流与时间曲线；
(b) 采用 PtRu/3D GF 检测 $H_2O_2$时的校正曲线（重复次数：$n$=3）[60]

对不同碳负载材料混合的 PtRu 纳米催化剂与其他纳米催化剂进行了性能比较，结果列于表 9.2 中，其中还包括外加电位、线性范围、灵敏度与检测限。PtRu/3D GF 纳米催化剂表现出最佳性能，部分归功于石墨烯泡沫的大表面与出色的电导率。

**表 9.2 Pt 系纳米催化剂在 $H_2O_2$检测中的性能比较[60]**

| 催化剂 | 外加电位/V | 线性范围/mM | 灵敏度/(μA/mM·cm$^2$) | 检测限 /μM | 参考文献 |
|---|---|---|---|---|---|
| Pt/CNT | −0.1（Ag/AgCl） | ($5\times10^{-3}$)～25 | 140 | 1.5 | [83] |
| Pt/MWCNT | +0.7（Ag/AgCl） | 高达 2.5 | 3847 | 0.025 | [84] |
| Pt/t-MWCNT/PDDA① | −0.1（Ag/AgCl） | ($1\times10^{-3}$)～8 | 481.3 | 0.27 | [85] |

续表

| 催化剂 | 外加电位/V | 线性范围/mM | 灵敏度/($\mu A/mM \cdot cm^2$) | 检测限 /μM | 参考文献 |
|---|---|---|---|---|---|
| Pt/t-GO/PDDA② | -0.1 (Ag/AgCl) | ($1\times10^{-3}$)~5 | 353.9 | 0.65 | [85] |
| PtIr/MWCNT | +0.25 (SCE) | ($2.5\times10^{-3}$)~0.075 | 58.8 | 2.5 | [75] |
| PtPd/MWCNT | +0.25 (SCE) | ($2.5\times10^{-3}$)~0.125 | 414.8 | 1.2 | [75] |
| 纳米孔 PtCu/C | +0.3 (Ag/AgCl) | 0~4 | 69.4 | 12.2 | [44] |
| 纳米孔 PtNi/C | +0.3 (Ag/AgCl) | 0~2 | 208.5 | 31.5 | [44] |
| 纳米孔 PtPd/C | +0.3 (Ag/AgCl) | 0~3 | 239.8 | 114 | [44] |
| 纳米孔 PtRh/C | +0.3 (Ag/AgCl) | 0~2 | 839.9 | 34.8 | [44] |
| PtRu | +0.32 (SCE) | 0~0.02 | 22.2 | 0.817 | 本工作 |
| PtRu/C | +0.32 (SCE) | 0~0.02 | 791.5 | 0.379 | 本工作 |
| PtRu/石墨烯 | +0.32 (SCE) | 0~0.02 | 795.4 | 0.355 | 本工作 |
| PtRu/3D GF | +0.32 (SCE) | 0~0.02 | 1023.1 | 0.04 | 本工作 |

注：① Pt/t-MWCNT/PDDA 表示：Pt/硫醇化的-MWCNT/聚(二烯丙基二甲基氯化铵)。

② Pt/t-GO/PDDA 表示：Pt/硫醇化的-氧化石墨烯/聚(二烯丙基二甲基氯化铵)。

#### 9.2.3.5 干扰测试

对于$H_2O_2$基生物化学传感器而言，来自生理学物种如抗坏血酸(AA)和尿酸(UA)的干扰一直是人们特别关注的棘手问题。抗坏血酸和尿酸在人体血液中的浓度分别是0.125mM和0.33mM[85]。在相对于饱和甘汞电极 +0.32 V 的电位下，测量了0.15mM抗坏血酸和0.5mM尿酸对连续加入1.0mM $H_2O_2$的响应，数据如图9.14所示。抗坏血酸和尿酸对于$H_2O_2$响应的干扰几乎没有产生什么影响，这表明PtRu/3D GF纳米催化剂的选择性非常之高。这种高选择性可以归因于在$H_2O_2$检测中采用了相对较低的电势，这就将一般干扰物种的响应降到了最小程度。

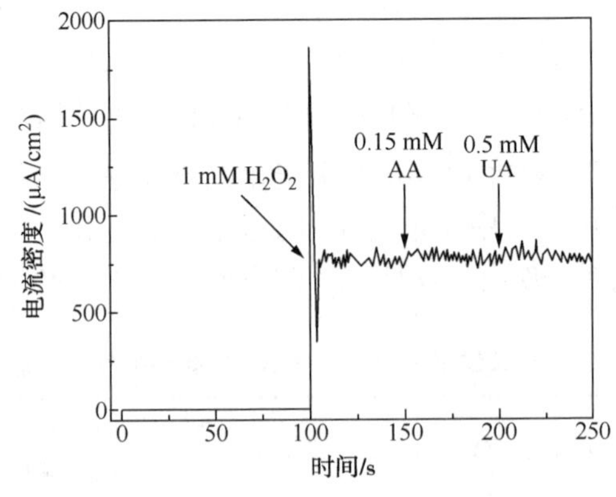


图9.14 PtRu/3D GF 对顺序加入 1mM $H_2O_2$、0.15mM 抗坏血酸和 0.5mM 尿酸的安培响应。外加电位：相对于饱和甘汞电极+0.32 V[60]

#### 9.2.3.6 PtRu/3D GF 纳米催化剂的稳定性与耐久性

在以 0.15M KCl 为支持电解质和 0.1 M 磷酸盐缓冲溶液(PBS)(pH = 7.4)的条件下，测量了 PtRu/3D GF 对 0.04mM $H_2O_2$的安培响应，以此方式研究了该纳米催化剂的稳定性。在连续 8 次检测中，采用在相同条件下制备的三个不同电极连续地测量了 0.005mM $H_2O_2$，获得了良好的稳定性，数据的相对标准偏差(RSD)为 1.54%。结果表明，PtRu/3D GF 纳米催化剂具有令人满意的稳定性，如图 9.15 所示。

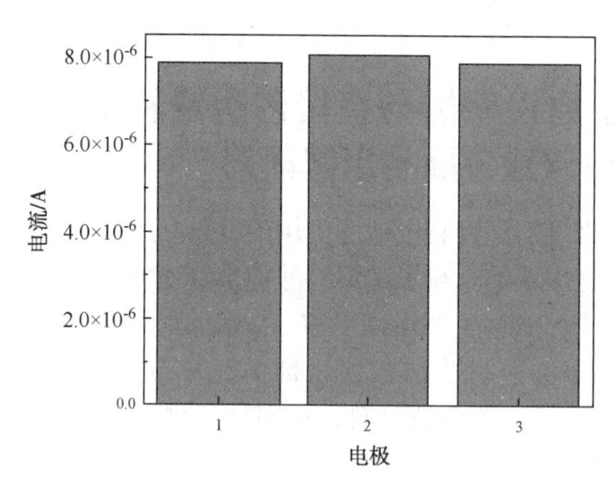


图 9.15 在采用 0.15M KCl 为支持电解质和相对于饱和甘汞电极 +0.32 V 的电位下，在磷酸盐缓冲溶液（pH = 7.4）中测量的三种 PtRu/3D GF 纳米催化剂对 0.04mM $H_2O_2$的电流响应[60]

为了评价耐久性，在不工作的时间内，将 PtRu/3D GF 电极存储于室温(25℃)下的 0.1M 磷酸盐缓冲溶液(pH = 7.4)中，缓冲溶液中加入了 0.15 M KCl 作为支持电解质。在 0.1M 磷酸盐缓冲溶液(pH = 7.4)、0.15 M KCl 和相对于饱和甘汞电极+0.32 V 电位等条件下，测量了 PtRu/3D GF 对 5mM $H_2O_2$的安培响应，以此方式研究了该电极的耐久性。结果表明，在 7 天之后，PtRu/3D GF 电极可以保持其初始响应值的 96.5%，14 天之后为 94.1%，21 天之后为 93.4%，这就证明，PtRu/3D GF 纳米催化剂对于 $H_2O_2$检测具有良好的稳定性与耐久性。同时，这一结果也证实，三维结构明显地促进了电子转移与传质过程，因为纳米化的 PtRu 粒子具有显著增大的表面积与高电导率。

### 9.2.4 有关生物传感中 $H_2O_2$检测的结论

由于对 $H_2O_2$检测的低灵敏度与低检测限，基于 $H_2O_2$的安培型传感器经常出现测量不准确的情况。另一方面，将双金属纳米粒子转入 3D 多孔结构材料中可以增加活性表面，并提高反应中的有效传输。正是在这一背景下，本项工作针对 $H_2O_2$检测专门设计出了 PtRu 双金属纳米粒子与三维石墨烯泡沫(3D GF)混合而成的复合型纳米催化剂。研究证明，3D GF 作为一个良好的平台能够与 PtRu 双金属纳米粒子进行掺混，可以用于生物传感领域。PtRu/3D GF 纳米催化剂在 $H_2O_2$的电化学氧化中展现了优异性能，而且不需要另外加入任何促进剂或酶，同时，也充分体现了该纳米催化剂的高灵敏度（1023.1μA/mM · $cm^2$）和低检测限（0.04μM）。3D GF 不仅改善了纳米催化剂中可供电子转移之用的电化学活性面积（ECSA），也提高了从反应物抵达纳米催化剂的质量输送效率。更重要的是，PtRu/3D GF 纳米催化剂的活性结合位点也得到显著增加，这就意味着提高了与 $H_2O_2$相互反应的可能性，从而增强了 $H_2O_2$检测的催化活性。

## 9.3 用于直接甲醇与直接乙醇燃料电池的三维石墨烯泡沫负载的铂-钌双金属纳米催化剂

在直接甲醇与直接乙醇燃料电池的应用中，Pt-金属（Pt-M）纳米催化剂是非常重要的。但也可能出现纳米粒子随着时间的推移而发生团聚的现象。因此，人们希望通过改进措施，能够生产出高度有序、粒度可控且形态适宜的纳米粒子。为此，本研究开发了一种制造纳米催化剂的简单方法，能够在原子水平上将 PtRu 纳米粒子分散于各种碳负载材料，特别是三维石墨烯泡沫。改变碳负载材料，沉积物的形态也相应随之而变。与其他碳负载材料相比，三维石墨烯泡沫为吸附 PtRu 纳米粒子提供了更多的活性位点，从而促进了 PtRu 纳米粒子在三维石墨烯泡沫上的较好分散。因此，金属纳米催化剂可以通过一步法（single step process）直接吸附在碳负载材料上。最近，这种具有分层结构的新型混合材料在双金属纳米催化剂的研究中受到人们的关注，因为，与其同类的单金属催化剂相比，这种材料呈现出能够显著提高活性、选择性以及稳定性的潜力。

### 9.3.1 概述

Hu 及其同事就三维石墨烯泡沫（3D GF）与 Pt/PdCu 纳米催化剂的开发以及在乙醇燃料电池中的应用做出了报道[23]。结果表明，3D GF 可以协助纳米催化剂获得较好的催化活性。在本研究工作中，报道了一种以 Ni 泡沫作为牺牲模板制备新型 3D GF 的灵巧工艺。此外，也描述了用于阳极电催化的 PtRu/3D GF，这是一种具有分层结构的新型混合材料，其中铂-钌（PtRu）纳米粒子是固定在 3D GF 上的。作为 PtRu 纳米粒子的载体，3D 多孔石墨烯结构为甲醇和乙醇氧化反应中的电子转移提供了显著增加的表面积。PtRu/3D GF 纳米催化剂对 CO 毒害表现出更高的耐受性，在甲醇氧化反应和乙醇氧化反应中展现出改善良多的催化活性。PtRu/3D GF 纳米催化剂对甲醇氧化反应和乙醇氧化反应的催化活性分别为 109.3mA/$cm^2$和 78.6mA/$cm^2$，比 PtRu/石墨烯体系高出两倍。在循环伏安法（CV）经过 900 次循环之后，PtRu/3D GF 纳米催化剂的催化活性仍保持了对 CO

毒害的较高耐受性。循环伏安法结果与长期循环稳定性证明，石墨烯泡沫(GF)可以作为开发电化学纳米材料的一个理想平台。特别是，PtRu/3D GF 纳米催化剂对甲醇氧化反应与乙醇氧化反应显示出卓越的催化活性，优于 PtRu/石墨烯(商品石墨烯)、PtRu/C(Vulcan XC-72R 碳)和纯 PtRu。在 3D GF 上，PtRu 的粒径减小到 3.5nm，其活性表面提高到 186.2 $m^2/g$。其结果是，与 PtRu/石墨烯相比，甲醇氧化反应和乙醇氧化反应在 PtRu/3D GF 纳米催化剂上的反应速率几乎提高了一倍。3D GF 的良好电导率与该混合材料的大活性表面显著提高了催化活性。3D PtRu/GF 纳米催化剂的成功面世为设计出可用于直接甲醇燃料电池(DMFCs)和直接乙醇燃料电池(DEFCs)的高性能电极材料开辟了崭新的技术途径。

### 9.3.2 实验

#### 9.3.2.1 材料

氯化钌(III)水合物($RuCl_3 \cdot nH_2O$，纯度为 99.8%)、氯铂酸(IV)六水合物($H_2PtCl_6 \cdot 6H_2O$，Pt 基 37.5%)、柠檬酸(99.5%，质量分数)和硼氢化钠($NaBH_4$，99%，质量分数)均购自 Sigma Aldrich (St. Louis，MO)。全氟磺酸溶液(LIQUION)购自 Ion Power Inc (New Castle，DE)。Vulcan XC-72R 碳(Cabot corporation，Boston，MA)和 12nm 片状石墨烯(Graphene Supermarket，Calverton，NY)是购后原样，使用时未做任何处理。

#### 9.3.2.2 3D 石墨烯泡沫的生长

无杂原子纯碳 3D 石墨烯泡沫(GFs)是采用常规化学气相沉积法生长的。在前述章节中已经报道了制备 3D GFs 的详细步骤。简单讲，采用的是孔径为 590μm 的镍泡沫，在 Ar (500 sccm)和 $H_2$(200 sccm)气氛中顺序加热 5min。随后引入 $CH_4$(5 sccm)，直至形成涂覆于镍泡沫上的石墨烯。然后，在聚甲基丙烯酸甲酯(PMMA)溶液(在甲苯中的浓度为 6M)中浸涂 3D GF，以防止生成的石墨烯泡沫发生结构损坏。将 PMMA 包覆的石墨烯泡沫连同其镍衬底一起置于 3M HCl 溶液中，以去除镍模板，再用丙酮溶解 PMMA，最后获得三维石墨烯泡沫。

#### 9.3.2.3 PtRu 纳米粒子催化剂的合成与修饰

本项工作专门研究了多种 Pt 系双金属催化剂，就甲醇和乙醇氧化应用而言，PtRu 似乎是最有前景的纳米催化剂[86]。为此，通过硼氢化物还原反应合成了 PtRu 纳米粒子。有关 PtRu 纳米粒子的制备细节在其他文献中已有描述[60]，在此不再赘述。简言之，实验中采用了 $H_2PtCl_6$(1.8mM)和 $RuCl_3$(1.8mM)的水溶液作为制备金属纳米粒子的前驱体。$RuCl_3$的数量是按照 1：1 的 Pt/Ru 原子比加入的。然后，将如此制备的 PtRu 纳米粒子与各种碳负载材料相混合：即零维(0D)活性碳粒子(Vulcan XC-72R 碳)、二维(2D)商品石墨烯和三维石墨烯泡沫(3D GF)。在直接甲醇燃料电池(DMFC)或直接乙醇燃料电池(DEFC)测试的每一次实验中，电极(表面积：0.196cm$^2$)上的 Pt 纳米粒子负载量是按照 0.68m$^2$/g 计算的。在本研究中，采用的 PtRu 加入量为 20%(质量分数)。

#### 9.3.2.4 PtRu 纳米催化剂的表征

采用 X-射线衍射仪(XRD)表征了不同碳负载材料混合的 PtRu 纳米催化剂的相结构与组成。纳米粒子的粒径是根据德拜-谢乐(Debye-Scherrer)方程计算的。PtRu 纳米粒子的形态是通过扫描电子显微镜(SEM)和扫描透射电子显微镜(STEM)观察的，在其他章节中已对相关细节做出叙述，这里不再赘述[60]。$N_2$吸附/脱附(BET)分析是在 77K 下完成的，采用的仪器是 NOVA 4200e（Quantachrome，Boynton Beach，FL）。在进行 BET 分析之前，将样品置于 120℃ 下脱气 5h。

#### 9.3.2.5 电化学测量

9.3.2.5.1 甲醇和乙醇氧化测量

甲醇氧化反应(MOR)和乙醇氧化反应(EOR)的循环伏安法研究是采用电化学工作站(CHI 660C，CH Instrument，Inc.，Austin，TX)完成的。通常的做法是，将 1mg 载于碳基衬底的双金属纳米催化剂分散于 45μL 乙醇和 5μL 全氟磺酸溶液(15%，质量分数)中，然后，超声波处理 10min 以制备墨水。在超声波处理之后，将 8.0μL 的混合物沉积于面积为 0.196cm$^2$ 的玻璃碳工作电极上（部件号 AFE2M050GC，PINE Instrument Company，Grove City，PA）。将一个 Pt 网状电极(1cm$^2$)和一个饱和甘汞电极分别用作反电极和参考电极。溶液是由0.5M $H_2SO_4$+1.0 M 甲醇或 1.0 M 乙醇组成的，在每一次实验之前，需用$N_2$进行净化。在采集数据之前，以 15 次循环伏安法扫描对电催化剂电极进行净化，采用的电压范围(相对于饱和甘汞电极)为-0.241 ~ +1.2 V，扫描速率为 0.1 V/s。循环伏安法研究则是在-0.241 ~ +1.2 V 之间的电位实施的，扫描速率为 0.05 V/s，共循环 900 次。

9.3.2.5.2 CO 溶出

电化学活性表面(ECSA)是采用 CO 溶出技术测定的。CO 溶出伏安图由三电极电池采集，该电池以 0.5 M $H_2SO_4$作为电解液。测试开始之前，在相对于饱和甘汞电极-0.15 V 的电位下预吸附纯 CO（99.5%）1h。CO 溶出的详细步骤已在前述章节中做出介绍，在此不再重复。

### 9.3.3 结果与讨论

#### 9.3.3.1 不同碳负载材料混合的 PtRu 纳米催化剂的物化表征

三维石墨烯泡沫(3D GF)呈现出孔径为 50-250μm 的大孔结构和相互连接的极薄石墨烯片，因此为 PtRu 纳米粒子提供了充分的结合位点，如图 9.16(a)所示。图 9.16(b)的 STEM 图像表明，PtRu 纳米粒子均匀地覆盖了 3D GF 纳米孔结构的全部表面。有关这一评价的细节在其他文献中已有描述[60]。每一样品的粒径均可由其 XRD 分析数据加以证实。

图 9.16 (a) 纯石墨烯泡沫的 SEM 图像；(b) PtRu/3D GF 的 STEM 图像[87]

以不同碳负载材料混合的 PtRu 纳米粒子的 XRD 图样在文献中已有报道[60]。其中提供了 Pt 晶体的(111)、(200)、(220)和(311)晶面的衍射图样。PtRu、PtRu/C、PtRu/石墨烯的纳米粒子尺寸分别为 7.07nm、5.39nm 和 4.24nm。总而言之，PtRu/3D GF 纳米催化剂显示了最小的纳米粒子尺寸(3.51nm)，这表明，在所研究的四种纳米催化剂中，其具有最大的单位体积比表面积。因此，PtRu/3D GF 成为催化甲醇或乙醇氧化反应的理想纳米催化剂。

**9.3.3.2 表面积测量**

9.3.3.2.1 电化学活性表面测量

CO 溶出伏安法是一种评价纳米催化剂电化学活性面积的可靠方法[82,83]。电化学活性面积是根据方程式(9.15)计算的。有关 CO 溶出的相关计算在前述章节中已有详细描述。在本研究中，PtRu、PtRu/C、PtRu/石墨烯和 PtRu/3D GF 的电化学活性面积值分别是 37.2$m^2$/g、54.2$m^2$/g、121.8$m^2$/g 和 186.2$m^2$/g。与其他三种纳米催化剂相比，PtRu/3D GF 纳米催化剂显示了最高的电化学活性面积。

9.3.3.2.2 BET(Brunauer、Emmett 和 Teller)测量

采用 BET 法评价一种材料的外部面积与内孔面积，便可以测定一种材料的总比表面。这种技术基于气体分子在材料表面的单分子层物理吸附。然后，再根据 BET(Brunauer、Emmett 和 Teller)吸附等温线方程对数据进行处理[73]。在本研究中，PtRu、PtRu/C、PtRu/石墨烯和 PtRu/3D GF 的 BET 表面积值是以 $N_2$ 吸附/脱附测量的，分别是 44.9$m^2$/g、52.9$m^2$/g、135.7$m^2$/g 和 158.6$m^2$/g。PtRu/3D GF 的这一数值比商品碳载体(Vulcan XC-72R 碳粉)高出 3 倍。CO 溶出测量与 BET 测量之间的差别在于：CO 溶出法是一种估算 PtRu 纳米粒子表面积的电化学测量，而 BET 法是一种物理测量，其估算值包括 PtRu 纳米粒子与碳负载材

料的总表面积。人们也应当想到，孔隙率的细度是由如此之小的纳米粒子尺寸确定的，因此，BET 法并不能测量出纳米催化剂上可用于电氧化过程的所有表面。不过，由 CO 溶出伏安法得出的趋势与 BET 测量是一致的。

#### 9.3.3.3 甲醇和乙醇氧化测量

图 9.17 (a) 和(b)分别是甲醇和乙醇氧化在 0.5M$H_2SO_4$+ 1M$CH_3OH$ 和 0.5M$H_2SO_4$+ 1M$C_2H_5OH$ 溶液中的伏安曲线，所述反应是在各种碳负载材料混合的 PtRu 纳米催化剂上进行的。电势扫描是在(相对于饱和甘汞电极) -0.2 ~ +1.2 V的范围内进行的，电压扫描速率为 0.05 V/s。在甲醇和乙醇的氧化反应中，以不同碳负载材料混合的 PtRu 催化剂表现出相似的趋势。将甲醇或乙醇加入电解液时引起伏安曲线在表观上发生了显著变化，这是由于在纳米催化剂表面上发生了甲醇氧化反应或乙醇氧化反应的结果，如图 9.17(a)和(b)所示。甲醇和乙醇氧化是以正向($I_f$)和反向($I_b$)扫描中分离良好的阳极峰为特征的。正向扫描中的峰大小是与纳米催化剂电极上氧化的甲醇或乙醇数量成正比的。进行反向扫描的目的是去除在正向扫描时形成的一氧化碳(CO)和其他残留碳物种。与其他碳负载的材料相比，PtRu/3D GF 对甲醇和乙醇显示出最高的氧化反应电流密度($I_f$)，所得测量值分别为 109.3mA/$cm^2$ 和 78.6mA/$cm^2$。在甲醇氧化反应的测试中，PtRu/3D GF 的电流密度($I_f$)分别比 PtRu/C 和 PtRu/石墨烯高出 4.35 倍和 2.13 倍。在乙醇氧化反应的情况下，PtRu/3D GF 的电流密度($I_f$)分别比 PtRu/C 和 PtRu/石墨烯高出 2.32 倍和 1.86 倍。吸附位点数目的增加与较大的表面积加速了反应速率，因此提高了催化活性。对于纳米催化剂而言，抵抗 CO 中毒的能力也是一项重要的关切。与正向($I_f$)和反向($I_b$)阳极峰有关的峰值电流比常用来描述催化剂对甲醇氧化期间产生的中间产物的耐受性[88]。低 $I_f/I_b$ 比表明，在正向扫描期间对 CO 的电氧化不佳，也就是在催化剂表面上积累了过量的碳质中间

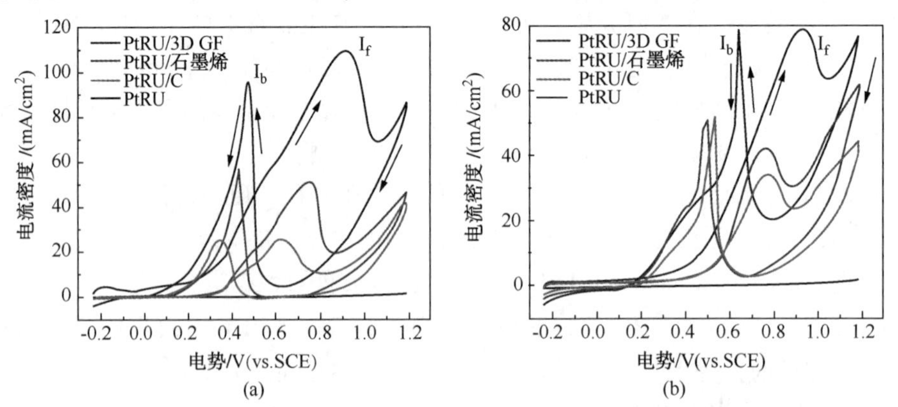


图 9.17 以不同碳负载材料混合的 PtRu 纳米催化剂的循环伏安曲线：(a)在 0.5M $H_2SO_4$和 1M $CH_3OH$ 的溶液中；(b) 在 0.5M $H_2SO_4$和 1M $C_2H_5OH$ 的溶液中[87]

体[89]。在甲醇氧化反应测试中，PtRu/3D GF 纳米催化剂的 $I_f/I_b$ 比是 1.14，这一数值明显大于 PtRu/C（0.99）和 PtRu/石墨烯(0.91)。在乙醇氧化反应的情况下，PtRu/3D GF 纳米催化剂的 $I_f/I_b$ 比值是 1.00，同样大于 PtRu/C（0.66）和 PtRu/石墨烯(0.84)。这一结果表明，PtRu/3D GF 纳米催化剂对 CO 毒物和碳质中间体具有相对较高的耐受性。对于 PtRu/3D GF 而言，甲醇和乙醇氧化反应的起始电势与 PtRu/C 和 PtRu/石墨烯相比更多地漂移向负电势。因此，PtRu/3D GF 的超电势出现减小，这就表明 PtRu/3D GF 纳米催化剂可以降低在离解甲醇或乙醇时出现的动力学阻力。

PtRu/3D GF 纳米催化剂在甲醇氧化反应和在乙醇氧化反应测试中的催化活性与稳定性分别示于图 9.18 和图 9.19，并与 PtRu/石墨烯纳米催化剂进行了比较。PtRu/3D G 和 PtRu/石墨烯纳米催化剂在 0.5M $H_2SO_4$ 和 1 M $CH_3OH$ 溶液中的伏安曲线示于图 9.18 中，电压扫描速率为 0.05V/s，循环次数为 100。对于 PtRu/3D GF 纳米催化剂来说，在正向和反向扫描峰下的电流密度，从第一次扫描时的 109.3mA/cm$^2$ 和 96.2mA/cm$^2$ 提高至第 30 次循环时的 146.2mA/cm$^2$ 和 114.8mA/cm$^2$，然后，在第 50 次循环时连续提高至 151.3mA/cm$^2$ 和 118.4mA/cm$^2$。在第 100 次循环时，正向和反向扫描峰的电流密度提到 157.2mA/cm$^2$ 和 126.9mA/cm$^2$，如图 9.18（a）所示。对于 PtRu/石墨烯纳米催化剂来说，已经观察到正向与反向扫描峰下的电流密度在第 30 次循环时出现降低。在 30 次循环之后，正向与反向扫描峰下的电流密度逐渐地从第 30 次循环时的 46.0mA/cm$^2$ 和 45.3mA/cm$^2$ 分别降低至第 100 次循环时的 38.3mA/cm$^2$ 和 41.5mA/cm$^2$，如图 9.18(b)所示。

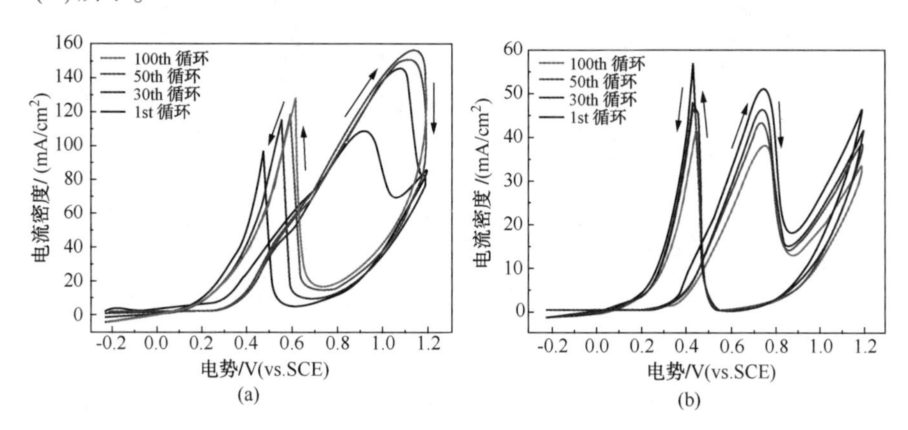


图 9.18　两种 PtRu 纳米催化剂在 0.5M $H_2SO_4$ 和 1M $CH_3OH$ 溶液中循环 100 次的循环伏安曲线：（a）PtRu/3D GF；（b）PtRu/石墨烯[87]

PtRu/3D GF 和 PtRu/石墨烯纳米催化剂在 0.5M $H_2SO_4$ 和 1M $C_2H_5OH$ 溶液中的循环伏安曲线示于图 9.19 中，电压扫描速率为 0.05 V/s，循环次数为 100 次。

对于 PtRu/3D GF 纳米催化剂[图 9.19(a)]来说，正向扫描的电流密度从第一次测定时的 78.6m/Acm$^2$降低至第 30 次循环时的 58.5mA/cm$^2$，然后，继续分别降低至第 50 次循环的 54.8mA/cm$^2$和第 100 次循环的 48.0mA/cm$^2$。对于 PtRu/石墨烯纳米催化剂[图 9.19(b)]而言，观察到正向扫描峰下的电流密度出现持续降低，第 1 次循环时为 42.3mA/cm$^2$，第 30 次循环时为 31.9mA/cm$^2$，第 50 次循环时为 29.6mA/cm$^2$和第 100 次循环时为 26.3mA/cm$^2$。在甲醇氧化反应(图 9.18)和乙醇氧化反应(图 9.19)的测试中，正向扫描($I_f$)的阳极峰随着循环次数的增加而向正电势方向漂移。甲醇氧化反应和乙醇氧化反应的较高电势说明，Pt 表面受到 CO 的连续毒害，因此，纳米催化剂本身必须要克服离解甲醇或乙醇的较高超电势。这就十分清晰地证明，用作负载材料的 3D GF 在甲醇氧化反应与乙醇氧化反应测试中展现出了较高的和更为稳定的催化活性，明显地优于商品石墨烯和 Vulcan XC-72R 碳。Hu 和 Zhang 报道说，在电势循环之后，纳米粒子发生团聚，这是由于奥斯特瓦尔德熟化过程(简称奥氏熟化，Ostwald ripening process)造成的结果[23,59]。(奥斯特瓦尔德熟化是一种可在固溶体或液溶胶中观察到的现象，其描述了一种非均匀结构随时间流逝所发生的变化：溶质中的较小型结晶或溶胶颗粒溶解并再次沉积到较大型结晶或溶胶颗粒上-译者注)。不过，PtRu 纳米粒子在 3D GF 上的分散度与附着性强于在 Vulcan XC-72R 碳和商品石墨烯上，因此可以避免本身发生团聚和奥氏熟化。PtRu 纳米粒子在 3D GF 上的分散相对均匀，这应当可以减少或防止团聚现象，因而在电势循环期间能够保持优异的催化活性与稳定性。

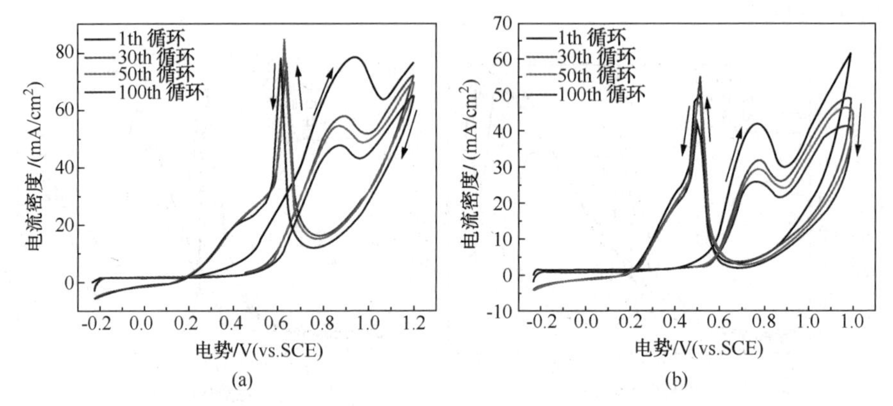


图 9.19　两种 PtRu 纳米催化剂在 0.5 M $H_2SO_4$和 1 M $C_2H_5OH$ 溶液中循环 100 次的循环伏安曲线：(a) PtRu/3D GF；(b) PtRu/石墨烯[87]

为了研究纳米催化剂的长期循环稳定性，特意进行了 900 次循环伏安法测量。图 9.20 (a)和(b)分别显示以不同碳负载材料混合的 PtRu 纳米催化剂在甲醇氧化反应和乙醇氧化反应测试中的耐久性能。甲醇氧化反应和乙醇氧化反应的电流密度在 PtRu/C 和 PtRu/石墨烯纳米催化剂的使用初期出现快速衰减。测试结果表明，在 900 次循环之后，PtRu/C、PtRu/石墨烯和 PtRu/3D GF 纳米催化剂在甲醇氧化反应和乙醇氧化反应测试中的电流密度全部大幅低于其初始值，在甲醇氧化反应测试中分别降低了 78.8%、54.6%和 0.7%，在乙醇氧化反应测试中分别降低了 98.1%、92.3%和 67.5%。在 900 次循环之后，PtRu/3D GF 纳米催化剂在甲醇氧化反应中的电流密度保持在大约 110mA/cm$^2$，分别比 PtRu/C 和 PtRu/石墨烯高出 20.5 倍和 4.7 倍。在 900 次循环之后，PtRu/3D GF 纳米催化剂在乙醇氧化反应中的电流密度大约在 25mA/cm$^2$，分别比 PtRu/C 和 PtRu/石墨烯高出 40.5 倍和 7.7 倍。在各种碳载体上的 PtRu 双金属催化剂的所有物理性质与电化学特性汇总于表 9.3 中。与所研究的其他催化剂相比，PtRu/3D GF 纳米催化剂表现出优异的性能，这主要得益于 PtRu/3D GF 的大表面积和高催化活性。图 9.17~图 9.20 以例说明了甲醇和乙醇氧化反应的细节，甲醇氧化反应与乙醇氧化反应的曲线图是相似的，但电流密度的大小不相同。

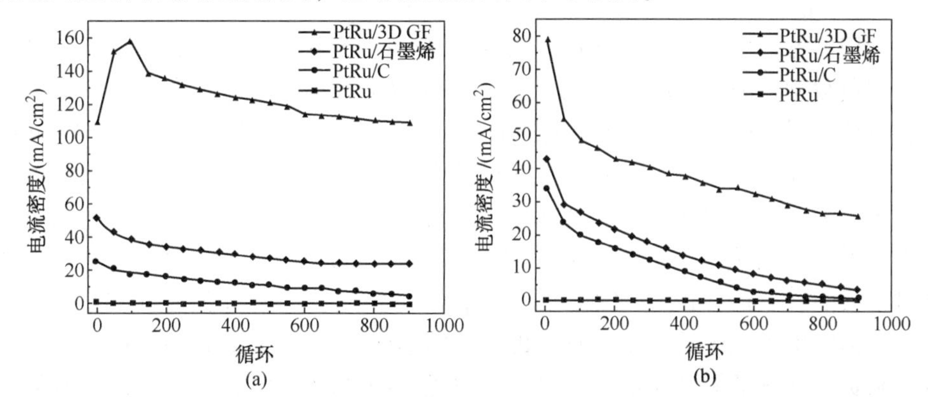


图 9.20　以不同碳负载材料混合的 PtRu 纳米催化剂的耐久性能：
(a) 在甲醇氧化反应中；(b)在乙醇氧化反应中[87]

**表 9.3　PtRu/3D GF、PtRu/石墨烯和 PtRu/C 纳米催化剂在甲醇和乙醇氧化反应中的性能比较[87]**

| 催化剂 | 粒径/nm | 电化学活性面积/(m$^2$/g) | BET 比表面/(m$^2$/g) | 甲醇氧化 | | | 乙醇氧化 | | |
|---|---|---|---|---|---|---|---|---|---|
| | | | | $I_f$/(mA/cm$^2$) | $I_f/I_b$比 | 第 900 次循环的 $I_f$/(mA/cm$^2$) | $I_f$ (mA/cm$^2$) | $I_f/I_b$比 | 第 900 次循环的 $I_f$ (mA/cm$^2$) |
| PtRu/3D GF | 3.51 | 186.2 | 158.6 | 109.3 | 1.14 | 108.5 | 78.6 | 1.00 | 25.5 |
| PtRu/石墨烯 | 4.24 | 121.8 | 135.7 | 51.3 | 0.91 | 23.3 | 42.3 | 0.84 | 3.3 |
| PtRu/C | 5.39 | 54.2 | 52.9 | 25.1 | 0.99 | 5.3 | 33.9 | 0.66 | 0.6 |

### 9.3.4 有关能量存储中甲醇和乙醇氧化反应的结论

简要地说，本项研究成功地将 PtRu 双金属纳米粒子修饰于自行开发的三维石墨烯泡沫(3D GF)上，从而制造了一种新型的纳米催化剂体系。将双金属纳米催化剂固定在 3D 多孔结构上能够增加活性表面并提高反应物的有效传输。PtRu/3D GF 的甲醇氧化反应和乙醇氧化反应活性不仅优于 PtRu 和 PtRu/C，而且在长期循环之后也显著胜过 PtRu/石墨烯。3D GF 不仅使 PtRu 纳米粒子实现均匀分散，而且改善了有利于电子转移的纳米催化剂的电化学活性面积，增强了对 CO 中毒的耐受性。因此，PtRu/3D GF 纳米催化剂提高了甲醇和乙醇氧化反应的速率。

## 9.4 结论

利用硼氢化物还原反应合成了 PtRu 双金属纳米粒子催化剂，然后与三种不同的碳负载材料进行物理混合。通过将 PtRu 双金属纳米粒子修饰于 3D GF 的方式，设计出了一种新型的纳米催化剂体系。表征了各种碳负载材料上的 PtRu 纳米催化剂，并测定了所述催化剂在甲醇和乙醇氧化反应以及在 $H_2O_2$ 检测中的活性。采用 $H_2O_2$ 对 PtRu 双金属纳米粒子进行了电化学滴定。PtRu/3D GF 纳米催化剂在 $H_2O_2$ 的电化学氧化中展现了良好的性能，实验中并不需要另外加入任何促进剂或酶，而且具有高灵敏度(1023. 1μA/mM · $cm^2$)和低检测限(0. 04μM)。

根据对甲醇氧化反应和乙醇氧化反应的催化活性与耐久性，PtRu/3D GF 与其他碳负载的纳米催化剂相比展现出更为优异的性能。PtRu/3D GF 的甲醇氧化反应和乙醇氧化反应催化活性不仅优于 PtRu 和 PtRu/C，而且在 900 次循环之后，同样超过 PtRu/石墨烯，分别是其 4. 7 倍和 7. 8 倍。在 4 种不同方法制备的碳负载材料混合的催化剂中，PtRu/3D GF 在室温下的甲醇和乙醇氧化中显现出最低的起始电势与最高的电流密度。

就生物传感与能量存储中的相关测量而言，双金属电催化剂的关键进步与发展主要体现在大表面积、出色的分散性与高灵敏度上。因此，将双金属纳米粒子掺入 3D 多孔结构材料，增加活性面积并提高反应中的有效传输便成为我们的工作目标。研究证明，3D GF 可以作为与 PtRu 双金属纳米粒子掺混的理想平台，特别适合于生物传感与能量存储。3D GF 不仅使 PtRu 纳米粒子实现均匀分布，而且改善了纳米催化剂电化学活性面积的可用性，有效地提高了从反应物抵达纳米催化剂的电子转移效率。

## 致　谢

本研究获得“美国国防部-科学研究空军办公室- MURI 2011-精细加工”的支持。对于凯斯西储大学电子学设计中心全体员工的技术协助表示诚挚谢意。

## 参 考 文 献

1 P. A. Serra, *Biosensors - emerging materials and applications*, Croatia, InTech, 2011.

2 E. A. H. Hall, *Biosensors*, United Kingdom, Milton Keynes, 1990.

3 J. F. Rusling, C. V. Kumar, J. S. Gutkind, and V. Patel, *Analyst*, Vol. 135, p. 2496, 2010.

4 U. E. Spichiger-Keller, *Chemical sensors and biosensors for medical and biological applications*, Germany, WILEY-VCH, 1998.

5 A. K. Wanekaya, W. Chen, and A. Mulchandani, *J. Environ. Monitor.*, Vol. 10, p. 703, 2008.

6 B. D. Spangler, E. A. Wilkinson, J. T. Murphy, and B. J. Tyler, *Anal. Chim. Acta.*, Vol. 444, 149, 2001.

7 S. K. Arya, M. Datta, and B. D. Malhotra, *Biosens. Bioelectron.*, Vol. 23, p. 1083, 2008.

8 K. J. Chen, C. F. Lee, J. Rick, S. H. Wang, C. C. Liu, and B. J. Hwang, *Biosens. Bioelectron.*, Vol. 33, p. 75, 2012.

9 M. R. Guascito, E. Filippo, C. Malitesta, D. Manno, A. Serra, and A. Turco, *Biosens. Bioelectron.*, Vol. 24, p. 1057, 2008.

10 J. Kua, and W. A. Goddard III, *J. Am. Chem. Soc.*, Vol. 121, p. 10928, 1999.

11 Q. Ge, S. Desai, M. Neurock, and K. Kourtakis, *J. Phys. Chem.*, Vol. 105, p. 9533, 2001.

12 T. Bligaard, J. K. Norskov, S. Dahl, J. Matthiesen, C. H. Christensen, and J. Sehested, *J. Catal.*, Vol. 224, p. 206, 2004.

13 J. Greeley, J. Rossmeisl, A. Hellman, and J. K. Norskov, *Z. Phys. Chem.*, Vol. 221, p. 1209, 2007.

14 M. Lischka, C. Mosch, and A. Gro., *Electrochim. Acta*, Vol. 52, p. 2219, 2007.

15 M. Gsell, P. Jakob, and D. Menzel, *Science*, Vol. 280, p. 717, 1998.

16 P. Jakob, M. Gsell, and D. Menzel, *J. Chem. Phys.*, Vol. 114, p. 10075, 2001.

17 J. Prabhuram, T. S. Zhao, Z. K. Tang, R. Chen, and Z. X. Liang, *J. Phys. Chem. B*, Vol. 110, p. 5245, 2006.

18 Y. W. Chang, C. W. Liu, Y. C. Wei, and K. W. Wang, *Electrochem. Commun.*, Vol. 11, p. 2161, 2009.

19 C. W. Liu, Y. C. Wei, and K. W. Wang, *J. Phys. Chem. C*, Vol. 115, p. 8702, 2011.

20 Y. C. Wei, C. W. Liu, W. J. Chang, and K. W. Wang, *J. Alloy Compd.*, Vol. 509, p. 535, 2011.

21 L. Dai, D. W. Chang, J. B. Baek, and W. Lu, *Small*, Vol. 8, p. 1130, 2012.

22 H. J. Choi, S. M. Jung, J. M. Seo, D. W. Chang, L. Dai, and J. B. Baek, *Nano Energy*, Vol. 1, p. 534, 2012.

23 C. Hu, H. Cheng, Y. Zhao, Y. Hu, Y. Liu, L. Dai, and L. Qu, *Adv. Mater.*, Vol. 24, p. 5493, 2012.

24 H. P. Cong, X. C. Ren, and S. H. Yu, *ChemCatChem*, Vol. 4, p. 1555, 2012.

25 S. Y. Huang, C. M. Chang, K. W. Wang, and C. T. Yeh, *Chem. Phys. Chem.*, Vol. 8, p. 1774, 2007.

26 X. H. Xia, H. D. Liess, and T. Iwasita, *J. Electroanal. Chem.*, Vol. 437, p. 233, 1997.

27 C. Lamy, E. M. Belgsir, and J. M. Leger, *J. Appl. Electrochem.*, Vol. 31, p. 799, 2001.

28 E. Ticanelli, T. G. Beery, M. T. Paff ett, and S. Gottesfeld, *J. Electroanal. Chem.*, Vol. 258, p. 61, 1989.

29 H. A. Gasteiger, N. Markovic, P. N. Ross, and E. J. Cairns, *J. Phys. Chem.*, Vol. 97, p. 12020, 1993.

30 P. Kauranen, E. Skou, and J. Munk, *J. Electroanal. Chem.*, Vol. 404, p. 1, 1996.

31 J. H. Sinfelt, *Bimetallic catalysts: Discoveries, Concepts, and Applications*, USA, WILEY-VCH, 1983.

32 V. R. Gangwal, J. V. D. Schaaf, B. F. M. Kuster, and J. C. Schoutem, *J. Catal.*, Vol. 229, p. 389, 2005.

33 Y. Zhao, L. Zhan, J. Tian, S. Nie, and Z. Ning, *Electrochim. Acta*, Vol. 56, p. 1967, 2011.

34 Z. B. Wang, P. J. Zuo, G. J. Wang, C. Y. Du, and G. P. Yin, *J. Phys. Chem. C*, Vol. 112, p. 6582, 2008.

35 Z. G. Shao, F. Zhu, W. F. Lin, P. A. Christensen, and H. Zhang, *J. Power Sources*, Vol. 161, p. 813, 2006.

36 A. J. Dickinson, L. P. L. Carrette, J. A. Collins, K. A. Friedrich, and U. Stimming, *J. Appl. Electrochem.*, Vol. 34, p. 975, 2004.

37 K. Gong, P. Yu, L. Su, S. Xiong, and L. Mao, *J. Phys. Chem. C*, Vol. 111, p. 1882, 2007.

38 B. J. Privett, J. H. Shin, and M. H. Schoenfi sch, *Anal. Chem.*, Vol. 80, p. 4499, 2008.

39 S. Chakraborty, and C. R. Raj, *Biosens. Bioelectron.*, Vol. 24, p. 3264, 2009.

40 P. Karam, and L. I. Halaoui, *Anal. Chem.*, Vol. 80, p. 5441, 2008.

41 E. S. McLamore, J. Shi, D. Jaroch, J. C. Claussen, A. Uchida, Y. Jiang, W. Zhang, S. S. Donkin, M. K. Banks, K. K. Buhman, D. Teegarden, J. L. Rickus, and D. M. Porterfi eld, *Biosens. Bioelectron.*, Vol. 26, p. 2237, 2011.

42 J. Shi, T. G. Cha, J. C. Claussen, A. R. Diggs, J. H. Choi, and D. M. Porterfi eld, *Analyst*, Vol. 136, p. 4916, 2011.

43 S. A. G. Evans, J. M. Elliott, L. M. Andrews, P. N. Bartlett, P. J. Doyle, and G. Denuault, *Anal. Chem.*, Vol. 74, p. 1322, 2002.

44 J. M. You, D. Kim, and S. Jeon, *Electrochim. Acta*, Vol. 65, p. 288, 2012.

45 K. J. Chen, K. C. Pillai, J. Rick, C. J. Pan, S. H. Wang, C. C. Liu, and B. J. Hwang, *Biosens. Bioelectron.*, Vol. 33, p. 120, 2012.

46 S. Alayoglu, A. U. Nilekar, M. Mavrikakis, and B. Eichhorn, *Nat. Mater.*, Vol. 7, p. 333, 2008.

47 J. Liu, F. Lu, and J. Wang, *Electrochem. Commun.*, Vol. 1, p. 341, 1999.

48 X. Kang, Z. Mai, X. Zou, P. Cai, and J. Mo, *Anal. Biochem.*, Vol. 369, p. 71, 2007.

49 J. Liu, G. Cao, Z. Yang, D. Wang, D. Dubois, X. Zhou, G. L. Graff, L. R. Pederson, and J. G. Zhang, *ChemSusChem*, Vol. 1, p. 676, 2008.

50 Y. G. Guo, J. S. Hu, and L. J. Wan, *Adv. Mater.*, Vol. 20, p. 2878, 2008.

51 D. R. Rolison, J. W. Long, J. C. Lytle, A. E. Fischer, C. P. Rhodes, T. M. McEvoy, M. E. Bourg, and A. M. Lubers, *Chem. Soc. Rev.*, Vol. 38, p. 226, 2009.

52 C. Mattevi, G. Eda, S. Agnoli, S. Miller, K. A. Mkhoyan, O. Celok, D. Mastrogiovanni, G. Granozzi, E. Garfunkel, and M. Chhowalla, *Adv. Funct. Mater.*, Vol. 19, p. 2577, 2009.

53 K. P. Loh, Q. Bao, P. K. Ang, and J. Yang, *J. Mater. Chem.*, Vol. 20, p. 2277, 2010.

54 P. Wu, Q. Shao, Y. J. Hu, J. Jin, Y. J. Yin, H. Zhang, and C. X. Cai, *Electrochim. Acta*, Vol. 55, p. 8606, 2010.

55 R. S. Sundaram, M. Steiner, H. Y. Chiu, M. Engel, A. A. Bol, R. Krupke, M. Burghard, K. Kern, and P. Avouris, *Nano Lett.*, Vol. 11, p. 3833, 2011.

56 H. Wang, Y. Yang, Y. Liang, J. T. Robinson, Y. Li, A. Jackson, Y. Cui, and H. Dai, *Nano Lett.*, Vol. 11, p. 2644, 2011.

57 Z. S. Wu, W. Ren, L. Wen, L. Gao, J. Zhao, Z. Chen, G. Zhou, F. Li, and H. M. Cheng, *ACS Nano*, Vol. 4, p. 3187, 2010.

58 G. M. Scheuermann, L. Rumi, P. Steurer, W. Bannwarth, and R. Mulhaupt, *J. Am. Chem. Soc.*, Vol. 131, p. 8262, 2009.

59 Y. Zhang, M. Janyasupab, C. W. Liu, X. Li, J. Xu, and C. C. Liu, *Adv. Funct. Mater.*, Vol. 22, p. 3570, 2012.

60 C. C. Kung, P. Y. Lin, F. J. Buse, Y. Xue, X. Yu, L. Dai, and C. C. Liu, *Biosens. Bioelectron.*, Vol. 52, p. 1, 2014.

61 S. Guo, S. Dong, and E. Wang, *ACS Nano*, Vol. 4, p. 547, 2010.

62 H. Bi, F. Huang, J. Liang, Y. Tang, X. Lu, X. Xie, and M. Jiang, *J. Mater. Chem.*, Vol. 21, p. 17366, 2011.

63 Z. Chen, W. Ren, L. Gao, B. Liu, S. Pei, and H. M. Cheng, *Nature Mater.*, Vol. 10, p. 424, 2011.

64 S. H. Lee, H. W. Kim, J. O. Hwang, W. J. Lee, J. Kwon, C. W. Bielawski, R. S. Ruoff, and

S. O. Kim, *Angew. Chem. Int. Ed.*, Vol. 49, p. 10084, 2010.

65 S. Yin, Y. Zhang, J. Kong, C. Zou, C. M. Li, X. Lu, J. Ma, F. Y. C. Boey, and X. Chen, *ACS Nano*, Vol. 5, p. 3831, 2011.

66 X. Huang, K. Qian, J. Yang, J. Zhang, L. Li, C. Yu, and D. Zhao, *Adv. Mater.*, Vol. 24, p. 4419, 2012.

67 E. Singh, Z. Chen, F. Houshmand, W. Ren, Y. Peles, H. M. Cheng, and N. Koratkar, *Small*, Vol. 1, p. 75, 2013.

68 P. Si, X. C. Dong, P. Chen, and D. H. Kim, *J. Mater. Chem. B*, Vol. 1, p. 110, 2013.

69 M. Terrones, A. R. Botello–Mendez, J. Campos–Delgado, F. Lopez–Urias, Y. I. Vega–Cantu, F. J. Rodriguez– Macias, A. L. Elias, E. Munoz–Sandoval, A. G. Cano–Marquez, J. C. Charlier, and H. Terrones, *Nano Today*, Vol. 5, p. 351, 2010.

70 A. J. Bard, and L. R. Faulkner, *Electrochemical methods fundamentals and applications*, USA, John Wiley & Sons, 2001.

71 V. G. Levich, *Physicochemical hydrodynamics*, USA, Pretice–Hall, 1962.

72 Joseph Wang, *Analytical electrochemistry*, USA, John Wiley & Sons, 2006.

73 S. Brunauer, P. H. Emmett, and E. Teller, *J. Am. Chem. Soc.*, Vol. 60, p. 309, 1938.

74 Y. Xue, D. Yu, L. Dai, R. Wang, D. Li, A. Roy, F. Lu, H. Chen, Y. Liu, and J. Qu, *Phys. Chem. Chem. Phys.*, Vol. 15, p. 12220, 2013.

75 R. S. Dey, and C. R. Raj, *J. Phys. Chem. C*, Vol. 114, p. 21427, 2010.

76 X. Dong, X. Wang, L. Wang, H. Song, H. Zhang, W. Huang, and P. Chen, *ACS Appl. Mater. Interfaces*, Vol. 4, p. 3129, 2012.

77 M. J. McAllister, J. Li, D. H. Adamson, H. C. Schniepp, A. A. Abdala, and J. Liu, *Chem. Mater.*, Vol. 19, p. 4396, 2007.

78 R. Kou, Y. Shao, D. Wang, M. H. Engelhard, J. H. Kwak, J. Wang, V. V. Viswanathan, C. Wang, Y. Lin, Y. Wang, I. A. Aksay, and J. Liu, *Electrochem. Commun.*, Vol. 11, p. 954, 2009.

79 X. Zhang, and K. Y. Chan, *Chem. Mater.*, Vol. 15, p. 451, 2003.

80 C. C. Kung, Development of three dimensional platinum – ruthenium/graphene foam bimetallic nanocatalysts for methanol and ethanol oxidation reactions in energy storage and hydrogen peroxide detection in biosensing, USA, Case Western Reserve University, 2014.

81 Q. Zhou, Z. Zhao, Y. Zhang, B. Meng, A. Zhou, and J. Qiu, *Energy Fuels*, Vol. 26, p. 5186, 2012.

82 M. S. Saha, R. Li, and X. Sun, *Electrochem. Commun.*, Vol. 9, p. 2229, 2007.

83 R. Chetty, S. Kundu, W. Xia, M. Bron, W. Schuhmann, V. Chirila, W. Brandle, T. Reinecke, and M. Muhler, *Electrochim. Acta*, Vol. 54, p. 4208, 2009.

84 Z. Wen, S. Ci, and J. Li, *J. Phys. Chem. C*, Vol. 113, p. 13482, 2009.

85 K. B. Male, S. Hrapovic, and J. H. T. Luong, *Analyst*, Vol. 132, p. 1254, 2007.

86 Y. Zhang, M. Janyasupab, C. W. Liu, P. Y. Lin, K. W. Wang, J. Xu, and C. C. Liu, *Int. J. Electrochem.*, DOI: 10. 1155/2012/410846, 2012.

87 C. C. Kung, P. Y. Lin, Y. Xue, R. Akolkar, L. Dai, X. Yu, and C. C. Liu., *Journal of Power Sources*, Vol. 256, p. 329, 2014.

88 M. Watanabe, and S. Motoo, *J. Electroanal. Chem.*, Vol. 60, p. 275, 1975.

89 C. W. Liu, Y. W. Chang, Y. C. Wei, and K. W. Wang, *Electrochim. Acta*, Vol. 56, p. 2574, 2011.

# 第10章　采用石墨烯和石墨烯-基纳米复合材料的电化学传感与生物传感平台

*Sandeep Kumar Vashist*, *John H. T. Luong*

**摘　要**：过去的10年见证了石墨烯与石墨烯-基纳米复合材料(G/GN)在制造与应用方面的巨大进步，这有助于电化学传感器与生物传感器的发展，从而使人们能够快速而准确地检测相关领域中业已多样化的被测物，如临床医学、安全、环境与生物分析等。凭借其独特且颇为理想的形态、化学稳定性、热稳定性与电化学性能，G/GN为实现以无-促进剂和直接电子转移为特点的电化学检测方案铺平了道路。这一方法促使人们去开发不断改进的生物传感器，也就是具有优异分析性能、高灵敏度、低检测限、高精度、高效率、低工作电位和长期稳定性的各类生物传感器。本章将提供有关石墨烯族在制造、性能与电化学应用等方面的广泛信息，除此之外，还对该领域做出综合性评述。文中也将谈及该领域面临的关键性挑战以及纳米生物技术的发展趋势和医疗保健与工业应用方面的需求。

**关键词**：石墨烯材料；石墨烯-基纳米复合材料；电化学传感；生物传感

## 10.1　前言

在不胜枚举的多样化应用中，石墨烯成为21世纪使用最为广泛的纳米材料[1-6]，也为2010年授予Andre Geim和Konstantin Novoselov诺贝尔物理学奖做出了重要贡献[7]。石墨烯展现了大表面/体积比，可以实现最高的生物分子负载量，在生物传感中呈现了卓越的检测灵敏度[8]。石墨烯的电导率相当出色且带隙相对很小，这种特点促进了生物分子与石墨烯表面之间的电子传导。石墨烯族也属于成本-效益型的材料，展现出比碳纳米管(CNTs)更大的均匀表面。

石墨烯在合成工艺与应用技术方面确实是进步斐然[9]。以自上而下的方式制造石墨烯涉及到物理、电化学或化学剥离等方法。另一方面，在自下而上的各种方法中，除了氧化石墨烯(GO)的化学或热还原之外，化学气相沉积(CVD)应当是最具前景的大规模生产石墨烯的方法。市场上可以采购到的石墨烯称为石墨烯纳米片(GNP)，主要是由众多石墨烯片堆积而成的石墨结晶或石墨薄片(图10.1)，当然也会出现单层或双层石墨烯的现象[10]。表面化学[11-13]可以赋予石墨烯各种官能团，如羧基、羟基、磺酸盐、酰基氯和胺等。以石墨烯族和聚合物、导电聚合物、表面活性剂与其他纳米材料(例如，量子点与金属纳米粒子等)为起始物可以较为容易地制备出若干种复合材料[14,15]。与原始石墨烯相比，这些纳米复合材料经常表现出显著提高的电导率、较长的适用期(或货架期)和抗生物污损性能。

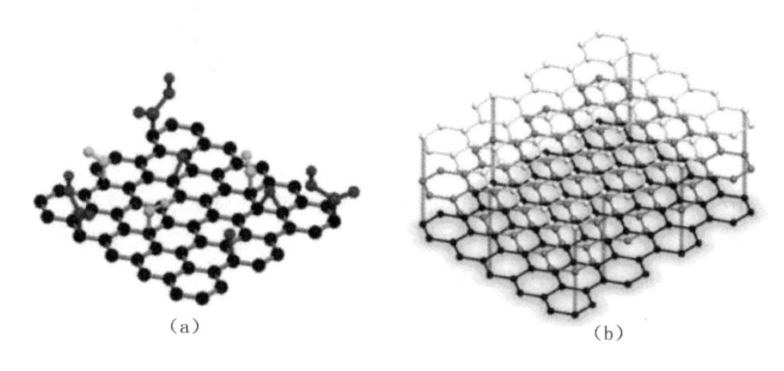


图 10.1 (a)单层石墨烯；(b)多层石墨烯
(在单层石墨烯中基团分别是羟基、乙醚和羧基)

在生物传感应用中，氧化还原酶(特别是葡萄糖氧化酶，GOx)与基础电极表面之间的直接电子转移(DET)一直受到人们的密切关注[3,16]。仅就消费角度来看，糖尿病日常管理是一个巨大的潜在市场，这无疑刺激并促进了这种酶在血糖检测中的广泛应用。GOx 的出色稳定性、灵敏度与可用性也归功于与葡萄糖监测相关的论文和专利，在过去数十年间这类文章与专利的发表数量达到了前所未有的水平。石墨烯和石墨烯-基纳米复合材料改性的电极(G/GNE)已经用于分析来自诸多领域(如临床医疗、环境、安全与其他需要分析)的生物标记物、蛋白质、DNA、重金属、无机和有机化合物等。有关采用石墨烯的电化学传感类文章一直相当活跃，仅 2014 年发表的论文数量就比 2010 年之前发表的文章总和高出 7 倍。因此，亟需就 G/GNE 在电化学传感领域的应用及其对分析领域的影响做出一项综合性的评述(图 10.2)。

本章将以石墨烯和石墨烯基纳米复合材料(G/GNE)在电化学传感/生物传感领域内的近期进展作为重点，详细介绍在 G/GNE 制造中采用的各种策略，并且对这些材料的性能与电化学性质进行简要的描述。最后，本章还将讨论 G/GNE 在各种被测物分析中的传感应用，以及这些新兴材料进入市场竞争与大规模生产时面临的未来挑战。

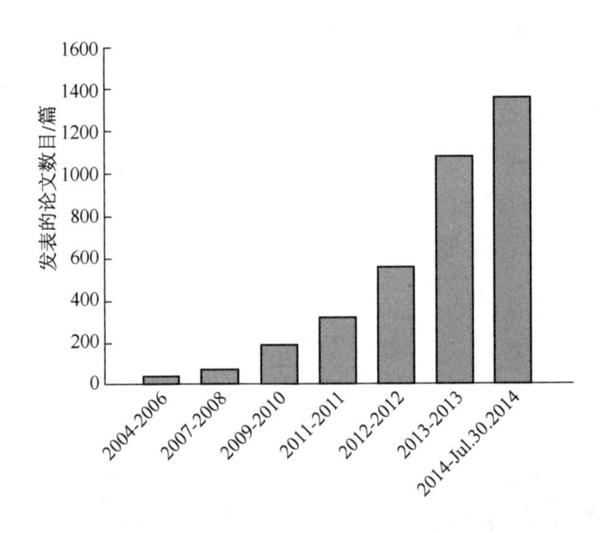


图 10.2　在过去十年发表的有关石墨烯-基电化学传感类的文章数目
（数据采集截止至 2014 年 7 月 30 日，摘自 www. sciencedirect. com，在高级检索选项中点击“graphene-石墨烯”和“electrochemical sensing -电化学传感”）

## 10.2　石墨烯及其衍生物的制造

石墨烯是一种高度各向异性的材料，其碳原子通过 $sp^2$ 键合形成蜂巢状晶格网络，原子间距离为 1.42Å。石墨烯片在其 c-轴方向上仅以弱范德华力结合，其层间距为 3.35Å。因此，通过机械或化学/电化学方法可以将石墨剥离成较小的结构单元，而且最终可以获取单层石墨烯片。人们通常将石墨作为起始材料，因为其成本不高且易于获取，纯度一般在 80% ~98%之间的范围，其中含有的最主要杂质为镍（Ni）和铁（Fe）。合成石墨的纯度可以高达 99.9%，这取决于起始碳源的质量。

文献中已经报道了若干种制造石墨烯与石墨烯纳米带（GNRs）的方法，如平面印刷、物理、化学、声化学和化学气相沉积（CVD）等方法。当以石墨作为起始材料时，需要采用称为“剥离”的工艺，这是一种“自上而下”的方法，主要的步骤是通过机械、化学或电化学的方式来消除石墨烯的层间范德华力。“自下而上”的方法则与之截然不同，主要程序是基于小分子结构单元通过 CVD、热分解或有机合成等方式组装成单层或少层石墨烯（few-layer graphene）。碳纳米管的“拉开”（有时亦称为“解拉链”）方法显然与上述策略不同，可以视为一种特殊类型的“自上而下”的方法。

### 10.2.1 剥离

机械剥离通常也称为微机械剥离或透明胶带技术[17]，该方法的主要步骤是将一片石墨放置于一条思高牌透明胶带(Scotch tape)上，反复地将胶带粘贴在石墨表面上并随即打开胶带；然后，将胶带上相对很薄的石墨层压在 $SiO_2$-涂覆的晶圆片上。如此生成的石墨烯展现了最低数量的缺陷和最高的电子迁移率，遗憾的是，这一方法并不适用于大规模生产。楔形(Wedge-based)机械剥离是另一种可以采纳的方法，也就是利用锐利的楔形单晶金刚石精确地刺入高度有序的热解石墨(HOPG)并且剥开石墨片层[18,19]。

在电化学剥离中，碳-基电极(例如，HOPG)是在辅助电极(通常为 Pt)和参考电极的存在下得到氧化的。来自电解质溶液(如硫酸[20]和聚苯乙烯磺酸盐[21])的带负电荷离子首先插入石墨层之中，然后，施加负电位以促进剥离过程。在插入石墨过程中也可以使用表面活性剂，如十二烷基硫酸钠(SDS)。为了将 SDS 分子插入石墨层通常施加+2V 的正电位；随后再施加-1V 以驱动剥离过程。该方法可产生平均尺寸为 500nm、厚度为 1nm 的石墨烯薄片，即，相当于一层或二层石墨烯[22]。提高阳极电位可产生带有氧官能团和结构缺陷的石墨烯氧化物(或氧化石墨烯，GO)。施加电位的反转可以消除一部分氧官能团，但不能再恢复或产生无缺陷的石墨烯结构。

如果首先施加了一个负电位，插入过程是由正离子实现的，而且不会在石墨烯上发生氧化反应和形成氧官能团。采用高氯酸电解液也可以达到相当显著的效果，当施加负电位时，可以实现 $H_3O^+$ 离子插入的目的，施加正电位时，可实施高氯酸盐负离子的插入。随后进行的微波处理使已经完成插层的石墨发生热膨胀，从而转化成石墨烯薄片[23]。在高负电位(-15V)且碳酸丙烯酯电解液中存在 $Li^+$ 离子的条件下，如此制取的石墨烯薄片中，有超过 70%的部分只形成了大约 5 层的厚度[24]。有一种应用效果相当好的二段法值得人们关注，即石墨在含有 $Li^+$ 的电解液中进行第一次膨胀，随后在四正丁基铵电解液中进行第二次膨胀，两段所用的电位均为-5V。这种“绿色”且快速的方法是在环境条件下实施的，通过控制外加电位或电流可以对该方法进行精确的最佳化。不过，要制备出具有均匀粒度与层分布的石墨烯依然非常困难。对插入离子施加阳极电位触发了带有氧官能团的石墨发生氧化，而这并不是人们希望看到的，原因是这一反应破坏了 $sp^2$ 杂化碳原子网络。这种转换是高度不可逆的，重新生成 $sp^2$ 杂化碳原子网络并恢复至原始石墨烯的状态是根本不可能的。因此，带有氧官能团的石墨烯由于在结构上遭到破坏而展现出不同于原始石墨烯的电化学行为。

利用强氧化剂由石墨生产氧化石墨烯(GO)便可以实现化学剥离。第一次这类尝试可以追溯至1859年，当时采用了氯酸钾来氧化浸渍于发烟硝酸中的石墨[25]。后来，对这一方案又进行了改进，以期制取高度氧化的GO，其中采用了浓硫酸与发烟硝酸的混合物，并随后在反应混合物中逐渐地加入氯酸盐[26]。另一种可供选择的方法基于浓硫酸中的 $KMnO_4$ 和 $NaNO_3$[27]。如前文所提及，在氧化期间，GO在结构上遭受了破坏并出现带有氧官能团的缺陷。采用一种还原剂来还原GO，可以相当容易地制备出还原态GO（RGO），常用的还原剂有肼、硼氢化钠、氢化铝锂、氢醌、羟胺、L-抗坏血酸等等。采取通用的湿化学方法，也可以制备出可溶性的石墨烯碎片，如用硫酸与硝酸的酸性混合物来处理微晶石墨。一系列氧化与剥离步骤产生了在其边缘位置带有羧基的小石墨片[28]。采用肼来还原水中的剥离型GO片的胶态悬浮体，就可以形成由薄石墨烯-基片组成的具有大表面积的碳材料[29]。

利用乙醇与钠金属的还原反应，并随后对乙醇盐产物进行高温分解，可以在克数量级上生产出石墨烯[30]。在有(固态、干冰或气态的) $CO_2$ 参与的氧化还原反应中，以高度放热反应来燃烧镁，可产生各种各样的碳纳米粒子，包括石墨烯与富勒烯[31]。利用高锰酸钾和硫酸切开多壁碳纳米管，也是一种制备石墨烯的方法[32]。

### 10.2.2 化学气相沉积法（CVD）

在超高真空下对SiC晶片进行热分解，可以制备出石墨烯[33-36]，或者是在金属衬底(比如钌[37]、Ni[38,39]和Cu[40])上以CVD方式生长石墨烯，当然也可以采用无衬底的CVD法[41]。在钌衬底上生长的石墨烯在厚度上通常是不均匀的[37]。与之不同的是，在铱上生长的石墨烯在结合力上相当弱，其厚度均匀而且高度有序，不过，表面稍有波纹[42]。通过CVD方法，已经在镍膜上合成出少层石墨烯的高质量片，其中采用了多重技术[43]。在非常低的压力下以铜箔为衬底生长石墨烯，可在单一石墨层形成后自动停止生长[40,44]。这种单层生长也是由于甲烷中碳浓度相对较低造成的结果，而诸如乙烷和丙烷等烃类则产生双层膜[45]。采用大气压CVD法可在铜衬底上生长出多层石墨烯，这种情况与镍类似[46]。CVD法与生长条件高度相关，而且也受累于不可控的碳沉淀效应，因此会导致不均匀生长。以CVD法合成高质量、大面积的石墨烯仍然是尚存疑问的，原因就在于该方法受到催化剂、前驱体与实验参数的强烈地影响，特别是有些实验参数直接影响石墨烯的生长[47]。

可以将涂有一层锗(Ge)的硅晶圆浸入稀HF中，以剥去自然形成的氧化锗基团，留下氢封端锗。在如此处理后的晶圆上实施CVD方法，然后，以一种干法将衬底上的石墨烯层从晶圆上剥下，以期再循环使用锗衬底继续生长石墨烯。以此法制备的石墨烯材料不起褶皱，质量高而且缺陷数量低[48]。特别令人感兴趣的是氮掺杂(N-掺杂)少层石墨烯片的制备，该方法是在 Cu 催化剂上对 1,3,5-三氮杂苯实施化学气相沉积(CVD)。利用降低生长温度的方式，氮掺杂的原子百分比可以高达 5.6%[49]。如果金属催化剂没有得到去除的话，所得石墨烯膜的应用就会受到某些限制，因此还需要进一步的工序将 CVD 石墨烯转移到适当的衬底上。不过，这一过程通常会影响石墨烯质量，因为在揭开和分离石墨烯膜时可能造成褶皱和/或结构损伤[50,51]。或许可以这样讲，石墨烯膜转移过程的改善甚至比寻求 CVD 生长方法的提高更为关键[52]。

### 10.2.3 其他技术

以超声波法将石墨分散于适当的液体介质中可以生产石墨烯。有人采用 N-甲基吡咯烷酮(NMP)，制备出了 2.1mg/mL 的石墨烯[53]。以适合的离子液体作为分散液体介质，可制取浓度较高的石墨烯(5.33mg/mL)[54]。以超声波法获取的石墨烯浓度非常之低，因为在范德华力的影响下，石墨烯片易于发生再堆积。在超声波处理之前往溶剂中加入表面活性剂可防止石墨烯再堆积，产生较高的石墨烯浓度。在两种不混溶液体(最常用的是庚烷与水)界面上以声波降解石墨可产生大尺度的石墨烯膜[55]。在 ~$10^{-6}$托(Torr)真空下将 SiC 加热至 1100℃以上，就可以把 SiC 还原成石墨烯[56]。该方法产生外延生长的石墨烯，其大小与晶圆尺寸相关。无论是硅终止的还是碳终止的石墨烯形成过程，所用的 SiC 面都高度影响石墨烯产物的厚度、迁移率和载流子密度。晶体外延生长是指晶体重迭层在晶体衬底上的沉积。

还有一种可以采用的石墨烯生产方法，即通过拉伐尔喷嘴超声加速液滴，能够将还原态氧化石墨烯悬浮液的小液滴沉积于一种衬底上。液滴均匀分散，快速蒸发并呈现出显著减少的片状聚集体。这种方法产生出无瑕疵的六方石墨烯，而且并不需要任何后处理[57]。拉开多壁碳纳米管(MWCNTs)也可以产生石墨烯纳米带(GNRs)，不过，需要采用等离子体刻蚀法事先将碳纳米管(CNTs)部分嵌入聚合物膜中。GNRs 具有平滑边缘和约为 10~20nm 的窄宽度分布[58]。其他的尝试还包括：在 1atm 的氢存在下，采用直流电弧放电法在作为电极的石墨棒上沉积石墨烯[59]；和在稀薄气体存在下，以激光热解法合成多层石墨烯[60]。根据文献报道，也有人通过电泳沉积法在镍泡沫上沉积石墨烯片[61]。

## 10.3 石墨烯及其衍生物的性质

石墨烯具有金属性与若干种特殊性质，造成这一现象的原因是：每一个碳原子均与二维平面内的 3 个相邻碳原子连接，而在第三维上却只有一个可供电子传导的电子。具有高度迁移性的这种电子，即 π (pi)-电子，定位于石墨烯片的上下，而其 π (pi)轨道相互重叠，以提高碳—碳键合。因此，石墨烯具有 3 个 $\sigma$-键和 1 个 π (pi)-键。轨道 $p_x$ 与 $p_y$ 的结合构成了 $\sigma$-键。剩下的 $p_z$ 电子则构成了 π (pi)-键，后者相当于一把钥匙，可打开允许电子自由移动的半填充带。石墨烯的性质是由 π (pi)轨道的成键与反键(价带与导带)决定的。

石墨烯的电子迁移率测定值是> 15000cm²/V · s[62]，相比之下，其理论值为 200000cm²/V · s (由石墨烯声光子散射决定的)。石墨烯是一种以空穴和电子为电荷载流子的零重叠半金属(即价带与导带零重叠的半金属 - 译者注)。不过，石墨烯与负载衬底的质量将成为限制因素。如果以 $SiO_2$ 作为负载衬底，则迁移率限制在 40000cm²/V · s。长度为 0. 142nm 的碳键合呈现出不同寻常的强度，这使得石墨烯成为拉伸强度高达 130 GPa 的最强材料，大概比相同厚度的钢材高出 100 多倍。石墨烯也是非常轻的材料，只有 0. 77mg/m²，此外，还展现出弹性性质，即在应变之后仍可保持其初始的尺寸。石墨片(厚度为 2 ~8nm)的弹簧常数为 1 ~5nm$^{-1}$，杨氏模量(不同于三维石墨)达到 0. 5 TPa。单层石墨烯的比表面高达 ~2630 m²/g[63]。

由于前述提到的电子性质，石墨烯可吸收很大一部分白光，吸收率达到 2. 3%以上。石墨烯具有独特的光学性质，其带隙值为 0 ~0. 25 eV[64]；其热导率达到 5000 W/m · K 以上，显著高于其他碳结构的相应值，甚至还高于石墨(1000 W/m · K)。少于 6000 个原子的石墨烯是不稳定的，如果分子中的原子数超过 24000 个时会转变成最为稳定的富勒烯(如在石墨内)。

从其化学结构可知，石墨烯在本质上是高度疏水性的，尽管有一些溶剂可以用来防止石墨烯片之间发生再堆积，如 N-甲基-2-吡咯烷酮、N,N-二甲基甲酰胺、二甲亚砜和 $\gamma$-丁内酯等[66]。氧化石墨烯(GO)具有 1. 5 eV 以上的带隙，这取决于其氧化水平。当 C∶O 为 2~3 时，制备出的 GO 水悬浮液相对稳定，这是因为 GO 上存在含氧基团的缘故。GO 的层间距离是 6Å，而且与湿度相关，作为对比，石墨烯的层间距离只有 3. 35Å。与石墨烯相比，GO 的石墨烯层间内聚强度要变得弱一些，因此，在分离这些片层时超声波处理法就显得更为有效[67]。为了改善石墨烯的水溶解度，非共价与共价改性方法均是有效的。在非共价方式中，含有亲水基团的小芳烃分子通过 π-π 相互作用附着于石墨烯上，比如 1-芘丁酸盐[68]、$p$-苯基-$SO_3H$[69]、亚甲基绿[70]、芘-1-磺酸钠盐和 3，4，9，10-苝四甲酰二亚胺双苯磺酸[71]。还原态氧化石墨烯(RGO)含有大约 10%或以下的氧分数，在电、热和机械性能方面与石墨烯相似。人们普遍认为的 GO 与 RGO 理想结构示于图 10. 3 中。

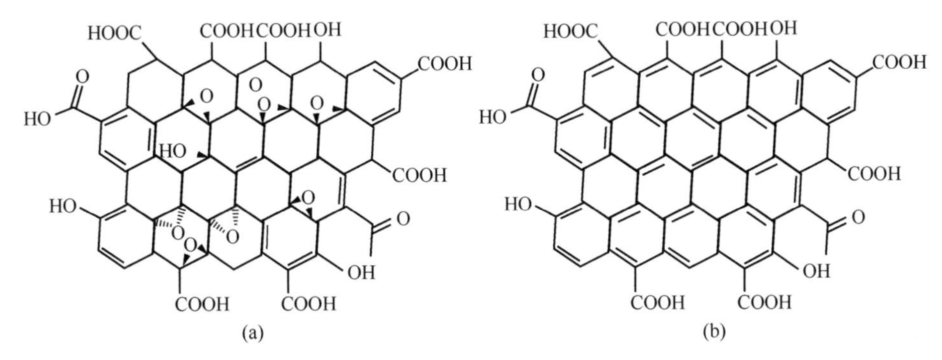


图 10.3 (a)针对氧化石墨烯(GO)提出的理想结构(改编自 C. E. Hamilton, PhD Thesis, Rice University, 2009);(b)针对还原态氧化石墨烯(RGO)提出的理想结构

## 10.4 石墨烯的电化学

石墨烯基电极展现了优异的电催化性能，甚至超过了以碳纳米管(CNTs)改性的电极[72]。在 pH =7.0 的 0.1 M 磷酸盐缓冲溶液(PBS)中，石墨烯-基电极的电势窗口(Potential Window)约为 2.5 V[73]，并不逊于石墨电极、玻璃碳(glassy carbon，GC)电极、甚至硼掺杂的金刚石(BDD)电极[73-75]。(玻璃碳简称玻碳，是将聚丙烯腈树脂或酚醛树脂等在惰性气氛中缓慢加热至1800℃的高温制成的外形似玻璃状的非晶形碳，适于作电极的电子导体材料 - 译者注)。与石墨电极和 GC 电极(GCE)相比，石墨烯也展现了相当低的电荷转移阻力[73]。一般来说，石墨烯及其衍生物是吸附在 GCE 上的，以期提高氧化峰值电流并降低目标被测物的氧化超电势，进而提高检测灵敏度与选择性。在 $[Fe(CN)_6]^{3-/4-}$ 和 $[Ru(NH_3)_6]^{3+/2+}$ 的电极反应中，石墨烯的循环伏安曲线展现出非常确定的氧化还原峰[76-78](图 10.4)。在 $Fe(CN)_6]^{3-/4-}$ 的测试中，扫描速率为 10mV/s 时的峰-对-峰电势差值范围是 61.5 ~73mV[76,79,80]，而在 $[Ru(NH_3)_6]^{3+/2+}$ 的实例中，扫描速率为 100mV/s 时的相应电势差值范围则是 60 ~65mV[76]，已经接近于电子转移过程的理想值 59mV。石墨烯展示的这一氧化还原过程主要是扩散控制的，因为阳极与阴极峰值电流与扫描速率的平方根成正比[78]。

在 $[Ru(NH_3)_6]^{3+/2+}$ 的电极反应中，石墨烯的表观电子转移速率常数($k_o$)比玻璃碳电极(GCE)的相应值高出 3 倍(0.18cm/s 对 0.055 cm/s)。而在 $Fe(CN)_6]^{3-/4-}$ 的实例中，石墨烯和玻璃碳(GC)的 $k_o$ 分别为 0.49cm/s 和 0.029cm/s。如此的电化学行为证明，石墨烯的快速电子转移是由于其独特的电子结构与高表面积导致的[82]。石墨烯与分子之间的电子“双向”转移是与目标被测物相关的，同时，与存在于石墨烯表面的缺陷、官能团和杂质的数量也是相关

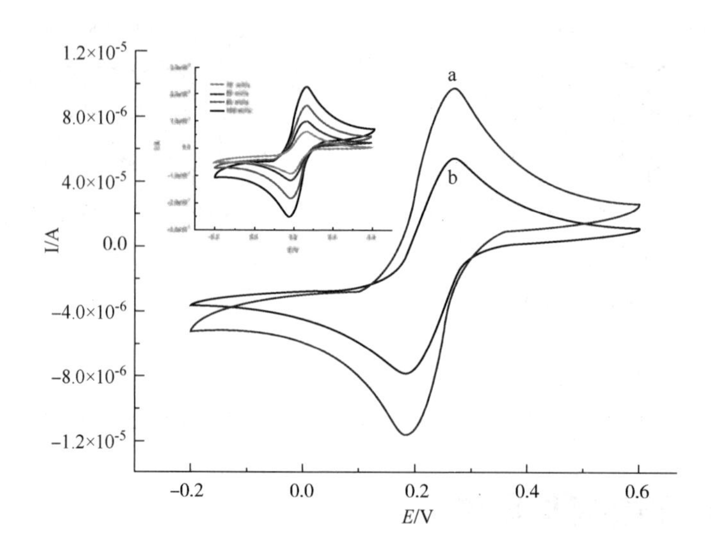


图 10.4 两种电极在 4mM $K_3Fe(CN)_6$ 中测试的循环伏安曲线：(a)裸玻璃碳电极(GCE)；(b)石墨烯改性的 GCE。支持电解质为 1.0 M $KNO_3$；扫描速率为 20mV/s。插图：在不同扫描速率下，石墨烯改性 GCE 在 2mM $K_3Fe(CN)_6$k 中的 CV 叠加图(经允许改编自文献[81]的曲线图)

的。与单层结构相比，多层结构展现出不同的电化学行为，因此，在直接比较以不同电极材料获得的电子转移速率常数时，必须要谨慎地做出研判。铁/铁氰化物的电子转移速率在棱面上非常迅速，不过，在基面上却可以忽略不计[83]。CVD 石墨烯的电催化性质已经归因于在整个石墨烯表面上存在的石墨岛，其作用与类边缘位点(edgelike sites)非常相似[84]。

石墨烯上的氧官能团，比如醌类、氢氧根、醛类、环氧化合物和过氧化物等，可以在温和的电化学电势下进行氧化或还原。石墨烯上的羧基是在更高的 pH 值和低于-2V 的电势下被还原的[85]。以不同制备方法获得的氧化石墨烯(GO)也展现出不同的还原电势，这大概与制备过程中采用的氧化剂有关。以氯酸钾作为氧化剂制备的 GO 在-1.2V 电位上出现一个还原峰。观察到以高锰酸钾制备的 GO 存在三个各有特色的波峰，这反映了不同的氧官能团[86]。已经观察到氧化石墨(相对于 Ag/AgCl 电极)的下列还原电势：过氧化物为-0.7V、醛类为-1.0V、环氧化物为-1.5V 和羧基-2.0V[87]。因此，通过 GO 的电化学还原，可以制备出还原态氧化石墨烯(RGO)。

非导电的 GO 并不是理想的电极材料，因为其电导率相当之低，但以还原剂制备的 RGO 却恢复了其电导率与电性能。GO 上的一些氧官能团也可以被还原，并且能够通过电化学而得到再生[88]，产生具有更佳电性能、高缺陷密度和类棱面的 RGO。在 GO 膜上施加阴极电势便可精确控制 C/O 比，范围在 3～10 之间[89]。包括肼在内的普通还原剂并不能还原羧基，但以 NaOH、KOH[90]或氨就可以很容易地对其进行滴定，以提高水溶解度。

## 10.5 石墨烯与石墨烯基纳米复合材料作为电极材料

为了将各种各样的金、铂和其他金属纳米粒子(MNPs)修饰于石墨烯上，人们已经付诸了相当大的努力。有些 MNPs 是以化学还原法制备的，例如，采用 $NaBH_4$作为还原剂就可以在石墨烯悬浮液中化学还原 $AuCl_4$而制成金纳米粒子(AuNPs)。电化学沉积是另外一种快速方法，也可将 MNPs 固定于石墨烯和还原态氧化石墨烯(RGO)上。采用在高温下的碳电弧法，可以将金属簇封装于多重壳石墨笼中[92-94]。石墨烯和 RGO 广泛地用作电极材料，两者在玻璃碳(GC)、Pt、Au 等电极衬底上的沉积常常是采用滴铸方式实现的，也就是将分散于有机溶剂中的石墨烯或 RGO 滴铸在所述电极衬底上。为了将石墨烯基复合材料粘附于电极表面，也可以制备成聚合物复合材料。以小有机分子或聚合物对石墨烯进行非共价改性时应当格外小心，因为所加的这类材料有可能表现出其固有的电化学性质或者对预期的应用目的形成干扰。尽管如此，生物可相容的壳聚糖还是得到了广泛应用，因为壳聚糖能够有效分散石墨烯并且促进其生物偶联，这一点特别有益于生物传感器的构建。

## 10.6 电化学传感/生物传感

继葡萄糖之后，陆续有几种重要的生物标志物、生物分子、过氧化氢与 NADH(还原型烟酰胺腺嘌呤二核苷酸)受到了格外关注，这一点并未出乎人们的预料之外。为了充分挖掘石墨烯族的潜在应用，也有人在提议将石墨烯用于重金属分析与环境安全领域。与电化学传感/生物传感相关的伏安法与电流分析法得到了最为广泛的应用，这得益于这两类仪器的简单性、灵敏度与低价位。如果在重金属或其他被测物的检测中要求超灵敏度，也可以采用溶出伏安法。电化学阻抗谱(EIS)可以用于分析细胞、DNA 和蛋白质。这是一种无标签分析技术，只需要最低限度的样品预处理，甚至根本不需要任何预处理。

电极与酶活性中心之间的直接电子转移(DET)在“无试剂”生物传感器、生物燃料电池与生物医学设备的开发中是非常关键的因素。不过，在普通电极上的 DET 是非常困难的，或者是低效率的，因为大多数氧化还原酶的活性中心是深嵌于酶分子的疏水性空腔内的。人们一直期望功能化的石墨烯能够促进电极-酶界面上的直接电子转移，因为石墨烯不但具有超乎寻常的电子传输性能，而且也可以提供高比表面积。

如前所述，生成的功能化石墨烯含有数量庞大的氧官能团，包括环氧化物、过氧化物、羰基(醛、酮和醌)和羧基。因此，氨基封端的生物分子与石墨烯的羧基之间形成的酰胺键成为固定生物分子的最常用方法。另一种颇为常见的方法涉及到氨丙基三乙氧基硅烷(APTES)的应用，目的是分散疏水性的石墨烯以形成一种稳定的悬浮体。APTES 的氨基是由生物分子的氨基经过戊二醛活化而交联的。通过引入羧基-或含氨基分子就可以提高石墨烯表面上的氧或氨基官能度，比如引入苝四羧酸[95]、聚(4，8-二羟基喹啉甲酸)[96]和1-氨基芘[97]。修饰在石墨烯上的 AuNPs 与硫醇化生物分子利用“著名的 Au-S”相互作用而结合在一起。

### 10.6.1 葡萄糖

石墨烯族已经广泛地用于开发具有良好检测线性与灵敏度的葡萄糖生物传感器，见表 10.1。石墨烯和还原态氧化石墨烯(RGO)与聚合物、导电高分子、金属纳米粒子(MNPs)等形成了功能性纳米复合材料，以期对 GO、Pt 和 Au 等电极表面进行改性。文献中已经报道了葡萄糖氧化酶(GOx)在化学还原的 GO(Cr-GO)[98]或热裂法 GO[99]上的直接电化学(direct electrochemistry)。石墨烯-GOx 改性的电极展现了一对界限清楚的氧化还原峰(图 10.5)，这是黄素腺嘌呤二核苷酸(FAD/$FADH_2$)在 GOx 中发生可逆电子转移过程的信号[99,100]。GO*x* 在石墨烯电极上的氧化还原过程是一种可逆的、囿于表面的过程，其电子转移速率常数($k_s$)为$(2.83 \pm 0.18)s^{-1}$，比采用碳纳米管(CNTs)获得的大多数相应常数值高出很多[101-103]。GO*x* 在石墨烯上的高负载量($1.12 \times 10^{-9}$ mol/$cm^2$)可以归因于石墨烯的大表面积[99]。生物相容的壳聚糖或其他聚合物也能够用来分散石墨烯，旨在促进葡萄糖生物传感器的构建。也有人主张制造石墨烯/MNP 基生物传感器[104,105]，这样便可以充分利用石墨烯与 NMPs(如 AuNPs 和 PtNPs)的协同效应。与石墨烯实现成功组合的还有其他种类的 MNPs，如 PdNPs[106,107]和 AgNPs[108]等，如此制备的电极可显著提高直接电子转移(DET)，使响应时间降低至 1s 以下。

**表 10.1 葡萄糖的检测**

| 石墨烯改性的电极 | 适用线性范围（检测限） | 灵敏度 | 参考文献 |
|---|---|---|---|
| 非酶型： | | | |
| CuO-石墨烯/GCE | 1μM~8mM（1μM） | 1065μA/mM·$cm^2$ | [110] |
| CuNPs/石墨烯/GCE | 0.5μM~4.5mM（0.5μM） | NM | [111] |
| 全氟磺酸/NiO 纳米纤维-RGO/GCE | 0.002~0.6mM（0.77μM） | 1100μA/mM·$cm^2$ | [112] |

续表

| 石墨烯改性的电极 | 适用线性范围（检测限） | 灵敏度 | 参考文献 |
|---|---|---|---|
| NiONP/GO/GCE | 3.13μM～3.05mM（1μM） | 1087μA/mM·$cm^2$ | [113] |
| GO-硫堇-Au/GCE | 0.2～13.4mM（0.05μM） | NM | [114] |
| CuO 纳米立方体-石墨烯/GCE | 2μM～4mM（0.7μM） | 1360μA/mM·$cm^2$ | [115] |
| Pt 纳米花/GO/GCE | 2μM～10.3mM<br>10.3～20.3mM | 1.26μA/mM·$cm^2$<br>0.64μA/mM·$cm^2$ | [116] |
| CuO 纳米针/石墨烯/碳纳米纤维/GCE | 1μM～5.3mM（0.1μM） | 912.7μA/mM·$cm^2$ | [117] |
| 离子液体/超临界 $CO_2$-AuNP/石墨烯/GC 盘 | 0.5～10mM（0.062μM） | 97.8μA/mM·$cm^2$ | [118] |
| PtAu-$MnO_2$/石墨烯纸 | 0.1-30mM（0.02mM） | 58.54μA/mM·$cm^2$ | [119] |
| Con A-苯氧基右旋糖酐/GO/Au 电极 | 5μM～9mM（034μM） | 3.5 kΩ/mM·$cm^2$ | [120] |
| $Cu_2O$/石墨烯纳米片/GCE | 0.3～3.3mM（3.3μM） | 0.285 mA/mM·$cm^2$ | [121] |
| NiNP/壳聚糖还原的 GO/SPE | 0.2～9mM（4.1μM） | 318.4μA/mM·$cm^2$ | [121] |
| CuO/石墨烯/SPCE | 0.122μM～0.5mM（34.3nm） | 2367μA/mM·$cm^2$ | [122] |
| PdCu/石墨烯/全氟磺酸/ITO 玻璃电极 | 1～18mM（20μM） | 48μA/mM·$cm^2$ | [123] |
| 酶与葡萄糖氧化酶（GOx） | | | |
| GOx/MWCNT-GO/GCE | 0.1～19.82mM（28μM） | 0.266μA/mM | [124] |
| GOx/石墨烯/GCE | 0.5～32mM | NM | [125] |
| GOx/石墨烯/GCE | 1.4～27.9mM | NM | [126] |
| GOx/石墨烯-离子液体/GCE | 2～16mM | NM | [127] |
| GOx/Con A/GOx/AuNP/石墨烯-普鲁士蓝-壳聚糖 | $2.5\times10^{-5}$ M～3.2mM<br>（$1\times10^{-5}$ M） | 58.7mA/M·$cm^2$ | [128] |
| 全氟磺酸/GOx/离子液体的多层膜-磺酸-功能化的石墨烯 | 10μM～0.5mM（3.33μM） | 0.0718 ± 0.00648nA/μM | [129] |
| GOx/PAMAM-AgNP/RGO/GCE | 0.032～1.89mM（4.5μM） | 75.72μA/mM·$cm^2$ | [130] |
| GOx/CVD 生长石墨烯-基场效应晶体管 | 3.3～10.9mM（3.3mM） | NM | [131] |
| GOx/$TiO_2$ NP-石墨烯/GCE | 0～8mM | 6.2μA/mM·$cm^2$ | [132] |
| GOx/全氟磺酸/(逐层)3.5/磺胺酸(ABS)/GCE | 0.1～8mM（0.05mM） | 17.5μA/mM·$cm^2$ | [133] |

续表

| 石墨烯改性的电极 | 适用线性范围（检测限） | 灵敏度 | 参考文献 |
| --- | --- | --- | --- |
| 壳聚糖/GOx/$TiO_2$纳米簇/还原态GO/GCE | 0.032~1.67mM（4.8μM） | 35.8μA/mM·$cm^2$ | [134] |
| GOx/CuNP/石墨烯-全氟磺酸/GCE | 0.05~12mM（5μM） | 34μA/mM·$cm^2$ | [135] |
| GOx/聚多巴胺-GO/Au电极 | 0.001~4.7mM（0.1μM） | 28.4μA/mM·$cm^2$ | [136] |
| GOx/还原态GO/GCE | 0.1~27mM | 1.85μA/mM·$cm^2$ | [137] |
| 全氟磺酸/GOx/电化学还原的GO/MWCNT/GCE | 0.01~6.5mM（4.7μM） | 7.95μA/mM·$cm^2$ | [138] |
| GOx/石墨烯/纳米-Au/GCE | 0.2~2mM（17μM）<br>2~20mM | 56.93μA/mM·$cm^2$<br>13.48μA/mM·$cm^2$ | [139] |
| GOx/壳聚糖/AuNP/磺酸盐聚（醚-醚酮）功能化的三元石墨烯/ITO电极 | 0.5~22.2mM（0.13mM） | 6.51μA/mM·$cm^2$ | [140] |
| GOx/AuNP/聚苯胺-石墨烯/GCE | 4μM~1.12mM（0.6μM） | NM | [141] |
| GOx/氮化碳点-还原态GO/GCE | 40μM~20mM（40μM） | NM | [142] |

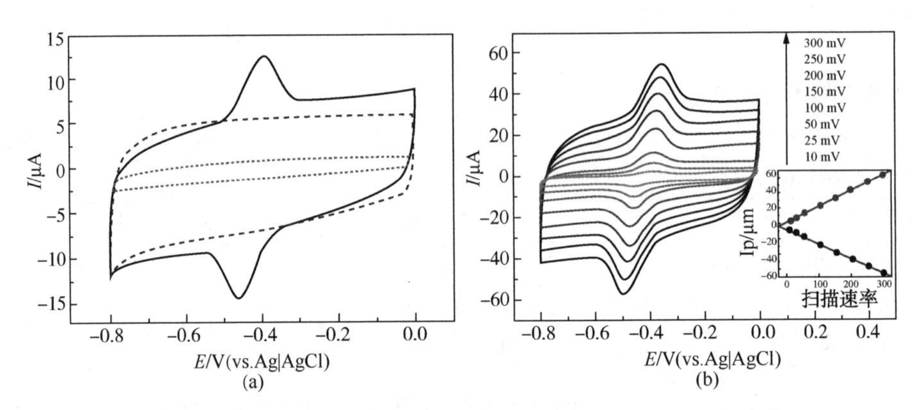


图10.5 (a)在pH =7.4和扫描速率为50mV/s的条件下，石墨烯(虚线)、石墨-GOD（点线)和石墨烯-GOD（实线)改性的电极在氮饱和的0.05M PBS中的循环伏安曲线(CVs)；(b)在各种扫描速率下，石墨烯-GOx改性电极上的循环伏安曲线（插图：峰电流($i_p$)对扫描速率)[98]；GOD：葡萄糖氧化酶，等同于缩写GOx-译者注)

在采用金属纳米粒子(MNPs)和纳米线的条件下，葡萄糖无酶传感的直接电化学检测是可行的，甚至在中性pH值下也如此。在这种背景下，可以用MNPs或聚合物来修饰石墨烯或RGO，如此制备的纳米复合材料已经在葡萄糖检测中得到了广泛证明。特别是，采用以$Co_3O_4$纳米线改性的3D石墨烯泡沫，获得了非常出色的葡萄糖检测限(25nm)[109]。

### 10.6.2 DNA/蛋白质/细胞

具有外露类-棱面的石墨烯比其他电极材料在催化性能上更胜一筹，尤其是对四种脱氧核糖核酸碱基(DNA bases)的催化氧化呈现出若干优势。以堆积型石墨烯纳米纤维改性的传感器[143]具有很高的灵敏度，与多壁碳纳米管(MWCNTs)基电极相比高出 4 倍。以 CRGO(化学还原的氧化石墨烯)改性的玻璃碳电极(GCE)能够检测所有四种脱氧核糖核酸碱基，而且还有可能直接检测短寡核苷酸中的单核苷酸多态性(SNP)[73]。电化学阻抗谱(EIS)是探索 DNA 杂交和其他亲和力/吸附事件的另一种强有力的分析技术。可以通过共价固定化、物理吸附或亲和力固定化将 DNA 序列探针固定在电极表面上。在不同石墨烯平台上物理吸附的 DNA 能够在兆摩尔的范围内检测与阿尔茨海默病相关的单核苷酸多态性(SNP)[144]。从另一篇文献报道中得知，在外延生长石墨烯(EG)上以共价方式固定的 DNA 探针提供了优于物理吸附的性能[145]。为了将凝血酶-特有的寡核苷酸适配子固定在氧化石墨烯(GO)膜上，可以采用物理吸附和共价固定法，虽然得到的结果相似，但也优于通过亲和素/生物素相互作用的亲和力固定法。

有人已经采用简单的吸附策略将单链 DNA 固定于氧化石墨烯(GO)、电化学还原的 GO(ERGO)、热法还原的 GO[147]、聚苯胺-ERGO 纳米复合材料[148]和(APTES)-ERGO 复合材料[149]。共价结合(图 10.6)，即在氨基-封端的 DNA 探针与石墨烯材料的含氧基团之间生成胺键，是众所周知的一种方法，而且也仍然是当前占主导地位的方法[150]。对于共价方法而言，通过引入小分子如苝四羧酸[95]、聚(4，8-二羟基喹啉甲酸)[96]和 1-氨基芘[97]等来提高石墨烯表面的官能度大概是更为有用的方法。带有羧酸基团的 GO 和 RGO 能够作为较好的基质，而且可以采用表面化学来提高 DNA 探针共价结合所需要的羧基数目[151]。另一种策略是以金纳米粒子(AuNPs)修饰石墨烯材料，随后则是与氨基或硫-封端的 DNA 传感探针进行生物偶联[152,153]。

有人已经提出采用石墨烯族来开发阻抗蛋白传感器和用于免疫测定的免疫传感器。具体地说，为了在毫微摩尔范围内检测兔子的免疫球蛋白(IgG)，将抗-免疫球蛋白探针(anti-IgG probes)固定在 GO-改性的玻璃碳电极(GCE)上[154]。对于免疫球蛋白(IgG)[155]和凝血酶[156]的检测，按道理应当采用热还原的石墨烯材料，不过，GO 却可为核酸适配子-基传感器提供最为灵敏的平台。特别令人感兴趣的是，GO 可以在夹层式免疫传感器中用作载波信号增强器[157]。在这种方法中，抗-癌胚抗原抗体(anti-CEA antibodies)固定于 AuNP-改性的 GCE 表面。在结合了 CEA 之后，采用以抗-癌胚抗原抗体和辣根过氧化物酶(horse radish peroxidase，HRP)改性的 GO 就可以构建上述夹层系统。最近有文献显示，单层

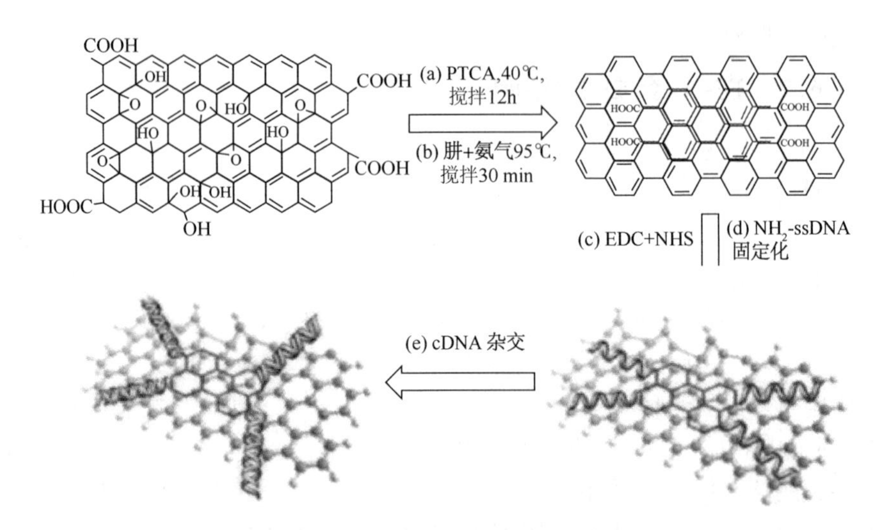


图 10.6　采用 3,4,9,10-苝四羧酸(PTCA)的石墨烯功能化、单链 DNA(ssDNA)固定化以及 DNA 杂交过程。需要以 *N*-羟基磺酸琥珀酰亚胺(NHS)和 *N*-(3-二甲氨基丙基)-*N*′-乙基碳二亚胺盐酸盐(EDC)对 PTCA/石墨烯片预先进行活化(经允许转载自文献[95])

CVD 石墨烯已经用于检测十溴联苯醚(5~100ppt)[158]。有人已经在尝试对采用石墨烯及其纳米复合材料的各种免疫测定法进行借鉴，转而分析其他蛋白质，如 $\alpha$-甲胎蛋白、前列腺特异抗原、$\beta$-乳球蛋白、伴刀豆球蛋白 A 和刚地弓形体-特异性免疫球蛋白。

最后，石墨烯可以用作生物相容的基底，以期提高细胞粘附和生长水平，并为检测细胞群体奠定基础。举例来说，带负电荷的氧化石墨烯(GO)与带正电荷的多聚赖氨酸相互作用，生成可生物相容的表面，这样便可以提高细胞的黏附程度[159]。这种传感方法可以检测低至 30 个细胞/mL 的试样。有人已经将叶酸固定于由 CRGO 和羧甲基壳聚糖组成的纳米复合物膜上，以便采用叶酸盐受体来检测肿瘤细胞，这种方法的检测限能够达到 500 个细胞/mL 的水平[160]。由化学还原的 GO 和 3,4,9,10-苝四甲酰二亚胺双苯磺酸也可以制备出纳米复合材料。当该复合材料沉积于电极之后，表面上的羧基便连接至特异性适配子上，而后者结合了核仁蛋白，也就是乳腺和宫颈癌细胞的一种过度表达(overexpression)的蛋白。适配子-基传感器可以达到 1000 个细胞/mL 的检测水平[161]。[过度表达是描述基因调节紊乱的术语。当基因表达(转录)的严格控制被打乱时，基因可能不恰当地被“关闭”，或以高速度进行转录(transcription)。高速转录导致大量信使核糖核酸(mRNA)产生，大量蛋白质产物出现。如果有问题的蛋白质在原来正常时，对于细胞分裂或其它关键过程是重要的，那么过多这样的蛋白质则会导致细胞分裂失控。Her-2/neu 基因在某些乳腺癌和卵巢癌细胞表面的过度表达就是这样的例子。这种蛋白质的大量存在促进了这些癌细胞的异常分裂 - 译者注]。

### 10.6.3 其他的小分子电活性被测物

为了改性电极材料，人们已经付出了相当大的努力，一种作法是只用石墨烯或其衍生物作为改性剂，另一种则需要辅以功能化学品、纳米粒子与聚合物等共同作为改性剂，这类改性电极主要用于检测多巴胺、抗坏血酸和尿酸等。其他的被测物包括：过氧化氢、4-氨基酚、对乙酰氨基酚、$\alpha$-甲胎蛋白、爆炸物、双酚 A、杀虫剂、无机物等等。值得注意的是过氧化氢在 CRGO 改性电极上的电化学行为。与石墨/玻璃碳(GC)和裸电极相比，该电极显示出大幅提高的电子转移速率[73]。$H_2O_2$的氧化/还原电势在 CRGO/GC 上为 0.20/0.10 V，相比之下，在石墨/GC 上为 0.80/-0.35 V 和在 GC 上为 0.70/-0.25 V。以 CRGO 改性的玻璃碳电极（GCE）展现出比碳纳米管（CNT）基电极更宽的线性范围(0.05 ~ 1500μM)[73]，这是由于在石墨烯上类棱面缺陷位点密度很高的缘故。在针对$H_2O_2$电化学传感的开发中，关键的因素是降低氧化/还原超电势，以规避内源性的电活性物种。

与位于+0.7 V 的石墨烯/GC 和 GCE 电极相比，CRGO 改性的电极在+0.4 V 下对 NADH 同样展示出显著提高的电子转移速率[76]。β-烟酰胺腺嘌呤二核苷酸(NAD+)与其还原形式(NADH)是许多脱氢酶的辅因子(Cofactor)。(辅因子是指与酶(酵素)结合且在催化反应中必要的非蛋白质化合物。从广义上说，凡能促进酶及反应物进入活化状态从而加速酶催化反应的物质都能称为辅因子 - 译者注)。在生物传感器、生物电池与生物电子器件的开发中，有人正在尝试利用 NAD+/NADH-相关的脱氢酶。对于 NADH 的阳极检测而言，大超电势还是必要的，而且由于反应产物的形成，还经常遇到电极污染的现象。石墨烯与各种电活性染料经过非共价结合可以形成稳定配合物，石墨烯与亚甲基绿(MG)的强相互作用就是例证。NADH 在 MG-石墨烯电极上的氧化是在~0.14 V 发生的，这一数字大幅低于原始石墨烯[70]和碳纳米管(CNTs)的相应值[162,163]。

石墨烯-基器件的线性与检测限(LOD)确实有必要在此简要评论一番。对于抗坏血酸的检测而言，只掺杂了石墨烯的碳糊电极实现了 0.07μM 的检测限，其线性范围达到 0.1~106μM[164]。采用石墨烯-PtNPs 改性的玻璃碳(GC)却出现了对于检测限与线性稍有不利的影响(两个参数分别为 0.15μM 和 0.15 ~ 34.4μM)[165]。使用石墨烯墨水的丝网印刷电极展现出很宽的动态线性范围(4~4500μM)，其代价则是检测限相对较高(0.95μM)[166]。一个更为复杂的石墨烯/CuPc*/聚苯胺/丝网印刷的电极改进了检测限(0.063μM)，遗憾的是，其线性范围仅为(0.5~12μM)[167]。与采用石墨烯的丝网印刷电极相比，还有一个同样复杂的体系，例如 $Pd_3Pt_1$/PDDA-还原态 GO/GCE[168]，在分析性能上并没有得到改善，检测限和线性分别为0.61μM和40~1200μM。将AgNPs掺混入GCE电极之上的RGO并没有改进线性范围(10~800μM)，但对于检测限却产生了负面影响(9.6μM)。以色氨酸功能化的石墨烯改性的GCE呈现出较高的检测限(10.09μM)和线性(0.2~12.9mM)[169]。四苯基钴(Ⅱ)卟啉-CRGO/GCE表现出5~200μM的较好线性，不过，其检测限只有1.2μM[170]，相比之下，氮掺杂的石墨烯/GCE的相应值分别为5~1300μM和2.2μM。特别令人感兴趣的是，β-环糊精/石墨烯片/GCE对于抗坏血酸的检测限相当出色(5nM)，其线性则为9nM-12.7μM[171]。

多巴胺(DA)作为一种重要的神经递质已经受到人们的相当关注。令人吃惊的是，采用石墨烯墨水的丝网印刷电极对多巴胺表现了卓越的检测限(0.12μM)和线性(0.5~2000μM)[166]，相比之下，Ni/太阳能石墨烯/GCE的相应值为0.12μM和0.44~3.3μM[172]。另一个引起人们注意的较低检测限(0.03μM)是由石墨烯-Pt/GCE获得的，其线性范围仅为0.03~8.13μM[165]，尽管如此，其性能仍不逊于四苯基钴(Ⅱ)卟啉-化学还原的石墨烯/GCE(两个参数分别为0.03μM和0.1~12μM)[170]。$Pd_3Pt_1$/PDDA-还原态GO/GCE显示出0.04μM的检测限与良好的线性(4~200μM)[168]，而氮掺杂的石墨烯/GCE只有0.25μM的检测限和0.5~170μM的线性[173]。值得注意的是，以多壁碳纳米管(MWCNT)和GO改性的GCE实现了22nM的检测限和0.2~400μM的线性[174]，而石墨烯/聚(苯乙烯磺酸盐)/Pt/GCE的相应值分别为0.04μM和0.2~4000μM[175]。多巴胺与内源性电活性物种如抗坏血酸(AA)和尿酸(UA)等是共存的，因而出现重叠的伏安响应，以致在常规固体电极材料测定多巴胺时出现不良选择性与灵敏度。在生物样品中，将重要的神经递质与抗坏血酸和尿酸区别开来是一项极为艰难的任务[176]。类$sp^2$晶面的存在与石墨烯表面上的各种边缘缺陷有助于提高对多巴胺的传感性能，一般优于单壁碳纳米管[72]，而且也能够将多巴胺有效区别于抗坏血酸和血清素(亦称5-羟色胺)，所述血清素是一种一元胺神经递质，主要位于胃肠道中的肠嗜铬细胞内。与多壁碳纳米管相比，具有大表面与高电导率的石墨烯对多巴胺传感展现出选择性[176]。多巴胺的选择性检测可以归因于多巴胺与石墨烯表面之间的π-π堆积相互作用[177]。

就尿酸而言，采用石墨烯墨水的丝网印刷电极具有0.20μM的检测限和0.8~2500μM的线性[166]。改善检测限的任何尝试常常会给线性带来负面影响，下列改性电极的分析性能便是有力的例证：石墨烯-Pt/GCE(检测限与线性分别为0.05μM和0.05~11.85μM)[165]、四苯基钴(Ⅱ)卟啉-化学还原的石墨烯/GCE(相关参数分别为0.15μM和0.5~40μM)[170]、$Pd_3Pt_1$/PDDA-还原态GO/GCE(分别为0.10μM和4~400μM)[168]和氮掺杂的石墨烯/GCE(分别为0.045μM和0.1~20μM)[140]，等等。对于石墨烯/碳纤维电极和ERGO/ITO电极也观察到了相似的行为，前者的检测限与线性分别为 0.132μM 和 0.19~49.68μM，后者的相应值分别为 0.30μM 和 0.3~100μM）[178]。ERGO/1，6-己二胺/GCE 表现出 5~1000μM 的线性与 0.088μM 的检测限[179]。石墨烯-基电极的应用也扩展到其他重要生物分子的分析，如血清素、黄嘌呤/次黄嘌呤、肾上腺素、去甲肾上腺素和色胺。

如果分子中有-$NO_2$基团存在，硝基芳烃（高能）炸药的电化学还原是可行的。石墨烯电极已经用于检测三硝基甲苯（TNT），其分析性能与电极是否由单层、少层或多层石墨烯制造并无关系[180]。热还原的氧化石墨烯材料对海水中 TNT 的检测表现出非常高的灵敏度[181]。由石墨烯纳米带（GNRs）实现的检测灵敏度比石墨烯纳米片（GNPs）要高出大约 10 倍[182]。氢化石墨烯呈现的性能明显地劣于非氢化的石墨烯材料[183]。甲基对硫磷作为一种带有-$NO_2$基团的杀虫剂，也同样可以由金属/金属氧化物纳米粒子改性的石墨烯进行电化学还原。

金属离子产生可清晰识别的信号，因此，利用溶出伏安法可以完成多重分析。一种全氟-石墨烯复合电极利用差示脉冲阳极溶出伏安法（differential pulse anodic stripping voltammetry）可以检测 $Pb^{2+}$ 和 $Cd^{2+}$，两种离子的检测限均达到了 0.02μg/L[184,185]。由还原态氧化石墨烯（RGO）、聚乙烯吡咯烷酮、壳聚糖和金纳米粒子（AuNPs）制备的纳米复合材料可以检测 $Hg^{2+}$离子，其检测限极为出色，已经达到 6 ppt 的水平[186]。由于石墨烯复合材料对重金属的强吸附能力，一些元素如汞[187]、铋[188]和 AlOOH[189]等已经混入了所述复合材料之中。值得注意的是，采用自组装的烷基功能化 GO 可以对 $Cu^{2+}$离子进行灵敏检测[190]。但与常规的玻璃碳（GC）相比，无表面活性剂的和表面活性剂稳定化的商品石墨烯对于重金属的分析并未展示出显而易见的优势[191-193]。镍支撑的 CVD 石墨烯在 $Pb^{2+}$ 的阴极富集步骤中确实表现出不利影响，从而导致了相当差的检测灵敏度[194]。与此相反，全氟-石墨烯复合材料膜对 $Pb^{2+}$和 $Cd^{2+}$表现出明显提高的检测灵敏度，并且凭借石墨烯纳米片与全氟磺酸的协同效应减轻了相关因素的干扰[184]。这种类型的电极比全氟磺酸膜改性的铋电极、有序介孔碳（mesoporous carbon）涂覆的玻璃碳电极（GCE）更为灵敏[195]，而且与全氟磺酸/碳纳米管（CNT）-涂覆的铋膜电极也不分伯仲[197]。（介孔碳是一类新型的非硅基介孔材料，具有高达 2500$m^2$/g 的巨大比表面积和高达 2.25$cm^3$/g 的孔体积，另外，还具有有序中孔孔道结构，非常有望在催化剂载体、储氢材料、电极材料等方面得到重要应用，因此受到人们的高度重视 - 译者注）。有人已经提议采用石墨烯族及其纳米复合材料来分析种类繁多的被测物，比如抗坏血酸、胆碱、雌激素、乙酰唑胺、果糖、干扰素 γ、甲状腺素、芦丁、咖啡因、香草醛、氯酚类、氨基酚、阿奇霉素、甲巯丙脯酸、可卡因等等。

## 10.7 挑战与未来趋势

石墨烯与石墨烯基纳米复合材料(G/GNE)的运用显著改善了电化学生物传感器的生物分析性能，因此，在将来的生物传感领域中应用这类材料不仅是必然趋势，也是一件令人兴趣盎然的工作。G/GNE 可以在低外加电位下工作，用于检测葡萄糖、NADH、$H_2O_2$和其他颇有意义的被测物。此外，石墨烯与氧化还原酶[如葡萄糖氧化酶(GOx)]之间的直接电子转移(DET)将极大地简化电化学(EC)检测方案。直接电子转移也可以采用其他的酶来实现，包括血红蛋白、过氧化物酶等。许多不同的方法都是可行的，例如，采用石墨烯族作为电极材料、电活性标志物(酶)的载体或免疫测定中的标志物等。石墨烯族的三个成员，即石墨烯、氧化石墨烯(GO)和还原态氧化石墨烯(RGO)对气体、蒸气、离子和中性有机物种均展现出高吸附能力。将这类材料用于开发气相传感器的潜力尚未得到全面而充分的积极发掘，尽管人们一直在尝试将其用于检测氢、CO、氧、$NO_2$、$NH_3$、水蒸气和挥发性有机化合物[198]。

制造石墨烯基电化学传感器的最方便与最流行的方法似乎并不十分复杂，一般情况下仅包括制备石墨烯的溶剂分散体以及随后的滴铸。但这类方法也有缺点，主要是形成的涂膜并不均匀，原因在于溶剂挥发之后石墨烯的分散度随之出现降低。因此，采用不同驱动力来自组装(self-organizing)功能化的石墨烯或许能够克服这一主要缺点。(自组装是指混沌系统在随机识别时形成耗散结构的过程，主要用于讨论复杂系统，因为一个系统自组装功能愈强，其保持和产生新功能的能力也就愈强 - 译者注)。石墨烯族能够采纳固态离子选择性电极(ISE)的工作方式，检测 $Ca^{2+}$[199]、$Zn^{2+}$[200] 和 $Na^{+}$[201]。在场效应晶体管基传感器中采用石墨烯的优点在文献中已有阐述并得到证明[202-205]。最后，可以认为，还原态氧化石墨烯(RGO)和氧化石墨烯(GO)是具有长程能量转移性能的"超级荧光淬灭剂"[206]，人们可以充分利用这一特性，以有效促进荧光传感器/生物传感器的开发。

与其他的碳材料如碳纳米管(CNTs)相比，制造或合成石墨烯的成本相对低廉。石墨烯与石墨烯基纳米复合材料(G/GN)的制备技术已经取得了长足的进步，在材料的功能化方面也取得了令人瞩目的成就，不仅获得了理想的化学实体，也实现了生物分子在 G/GN 功能化表面的固定化以及分子印迹聚合物(molecular imprinted polymers)的成功制备。(利用一些天然化合物或合成化合物模拟生物体系进行分子识别研究，这种分子印迹技术合成的具有特异性识别和选择性吸附的聚合物称为分子印迹聚合物 - 译者注)。时至今日，大多数生物分析应用方才证明，采用多层石墨烯来制备单层石墨烯不仅是费用高昂，而且成效不彰。

因此，特别需要人们专心致志的研究精神，以设计出成本低廉且高度简化的单层石墨烯开发策略。

尽管 G/GN 基生物传感方案已经在实际样品检测中获得验证，而且在过去几年里逐渐演变成大势所趋之现状，但是从临床的角度看，在文中所述的方法学中还存在若干限制因素。一个主要的问题是如何采用规定的生理浓度来核查电活性物质和药物干扰。例如，葡萄糖的测定需要由几种医药试剂来复核，比如甲磺吖庚脲，此外还有常规的内源性电活性物质如尿酸、抗坏血酸和对乙酰氨基酚等。非特异性结合(non-specific binding)也是人们关注的一项重要内容，因为在非特异性物质的存在下，生物分子的相互作用受到显著影响。(特异性结合是指配体结合到受体的活性位点上，非特异性结合是配体结合到受体蛋白的其它部位，在活性评价上要减去非特异性结合量 - 译者注)。因此，确实需要高效的阻断措施和高特异性生物分子，以使被测物的检测具有高度的特异性和灵敏度。

为了满足有益于被测物检测的特异性要求，需要对各种各样的石墨烯基纳米复合材料进行有效筛选。此外，G/GN 的毒性与生物相容性也需要慎重测量，特别是在活体内分析的情况下。研究已经证明，各种各样的功能化化学和石墨烯基纳米复合材料都具有高度的生物相容性，而且没有任何明显的细胞毒性。为了检测这些材料在相对较长的时期内是否存在可能的毒性，还需要做出进一步的努力。当然，这类任务既费钱，又费时；为了测定纳米材料的细胞毒性还要求制订标准的国际指导方针，正是由于缺乏这种国际标准才造成当今在某些检测中出现大相径庭的分析结果[207]。

G/GNE 基电化学生物传感器领域正在以前所未有的步伐迅速地进步并走向成熟，出现了不胜枚举的多样化传感与生物传感应用实例。下一代 G/GNE 基电化学生物传感器应当聚焦于多元被测物的同时检测和移动型智能设备的开发[208]，这种设备应当可以在 POC 设定模式下完成电化学(生物)传感，以实现个性化的健康监视与管理。(POC：point-of-care，在医疗设备领域中，指床边即时检测 - 译者注)。

在采用 G/GNE 的葡萄糖检测领域，人们已经取得了巨大的技术进步，在过去十年里发表的海量文章便是佐证。不过，确有一部分研究者在某种程度上受到一些夸张之词的左右，或者被未经确认的某些需求所误导。糖尿病血糖监测与管理方面的专家们当然知道，现有的血糖监测技术是精确的、高度可靠的和卓有成效的，不仅更适合大规模生产，而且也是成本-效益型的。就目前的实际情况而言，G/GN 的采用只不过是增加了一定的成本，而在糖尿病保健方面却尚未带来任何实质性的分析技术进步。迄今为止，基于 G/GN 的大多数电化学(EC)传感方面的文章已经证明，其线性范围相当之窄，以致于超出了糖尿病的预期病理生理范围(1 ~28mM)。此外，大多数文章并没有考虑到在糖尿病血糖监测的理想浓度内所有生理学和药理学方面的干扰，如在床边即时检测指南中所提及的那些相关内容。由此看来，采用G/GNE能否产生潜在的成本-效益性以及真正有效的电化学葡萄糖传感技术，这类在研方法是否优于现有的分析技术，仍然是存在诸多疑问的。相似地，在采用G/GNE的其他生物分子与被测物的电化学检测领域，研究者们也投入了大量的精力与时间，并成功开发出一批颇具前景的新方法，例如，G/GNE-基电化学(EC)生物传感方法，均表现出了显著的进步，包括宽线性范围、高灵敏度、高特异性和长保质寿命。不过，就这类传感器的大规模生产而言，仍需要业内研究人员进一步开发与提高这类方法的成本-效益性与可扩展性。

作为一种基于表面的方法，检测结果的不可再现性主要缘于各个电极的表面并不完全等同，而是存在一定差异。如果在常规检测与商品设备开发中采用纳米粒子(NP)-改性的电极、碳纳米管(CNT)基和石墨烯基材料，这可能会构成更大的问题。实际情况是，直径为几毫米的宏电极仍然是当前广泛应用的器件，其原因很简单，这些电极易于制造与操作，更重要的是，可以为实际应用和日常应用提供卓越的再现性。分子(特别是氧化还原酶)在石墨烯上的吸附机理显然会影响分析性能，因此，需要对石墨烯及其与分子间的相互作用加深认识与理解，这将为日后的重要应用铺平道路，也有益于开发无促进剂的酶传感方案。

在过去的十年里，人们将用于新型电极材料的石墨烯及其衍生物作为研究对象，在有关生物标志物、DNA、蛋白、重金属的检测方面发表了大量论文，不过，这类文章主要集中在新型传感界面的寻找上，如石墨烯、纳米粒子(NPs)和纳米复合材料，旨在分析简单样品与标准配制试样中的目标被测物。在许多情况下，文献中报道的此类分析技术甚至没有经历过基体不同的参考样品的验证与复核，前面讨论过的葡萄糖检测便是一例。当然，从积极的角度看，时至今日的研究已然清晰地显示出，将G/GNE用于电化学生物传感具有诸多优势。G/GNE基电化学传感仍旧是一个充满活力的研究领域，而且必将实现令人倍感兴趣的生物分析应用。以杂原子掺杂的石墨烯可以展现出大幅提高的电化学性能。举例来说，以氮和硼掺杂石墨烯明显地提高了石墨烯的电容量。为了解释石墨烯的电化学还原以及氧化成GO的机理，还需要业内技术人员的加倍努力。

放眼当前如火如荼的研发活动，可以展望，未来的努力必将攻克本领域内面临的诸多挑战，为开发出卓有成效的、精确的和分析能力优异的电化学传感器而铺平道路，以满足生物分析之亟需。不过，成本-效益性与工艺连贯性在商业成功和任何新兴技术的广泛接受性方面仍然会起到至关重要的作用，若想攻克这些挑战还需同业研究人员的不懈努力。就在本章即将结束之际，还想再简要地讨论一下具有明确多孔结构的三维(3D)石墨烯。采用CVD技术，将石墨烯层沉积于Ni 3D泡沫上，便可以制备出这种3D结构[209,210]。第二种方法是采用平印技术将轮廓分明的3D热解多孔性光刻胶膜(3D pyrolyzed porous photoresist films)转换成

3D 石墨烯[211]。这种 3D 材料的生产方法可避免石墨烯在电极制备过程中发生再堆积，因为再堆积会降低大表面积与电活性位点，而这原本是石墨烯的两大优点。此外，作为一种标准电极材料，此类 3D 石墨烯展现了更为迅速的异相电子转移，而且还可以由金属纳米粒子、导电高聚物、生物分子等加以修饰，以满足电催化与电生物催化的需求。

由于石墨烯材料是由杂质水平各异的不同原料以不同方法制备的，如果要对石墨烯及其相关材料进行表征的话，就需要清楚地了解石墨烯及其含氧官能团的种类。扫描电子显微镜（SEM）和透射电子显微镜（TEM）经常用于探索其形态、维度与其他性质。人们应当注意到，在一定能量水平下，采用高能电子束的这类分析技术有可能对石墨烯造成显而易见的辐照损害。石墨烯的拉曼特征谱在 $1580cm^{-1}$ 的波数下出现一个强峰，称为 G（石墨）带，这是 $sp^2$-键合碳原子在平面内振动引起的结果。在该谱图的 $1360cm^{-1}$ 波数下，还存在一个 D 带，其已经归属于 $sp^2$-键合碳原子的平面外振动，对于含有 $sp^3$ 碳原子、边缘和空穴等缺陷的石墨烯而言，唯一可以激活的就是 D 带。在这一实例中，位于 $1620cm^{-1}$ 波数下还存在一个弱 D 带。在 $2700cm^{-1}$ 的波数下有一个重要的 2D 带，已经归属于二级双声子模式，其强度受石墨烯层的质量与数量的影响[212]。因此，G 带与 2D 带的强度比及其相对位置是石墨烯层数的一项指标。光学显微镜（OM）可以鉴定石墨烯，直至其单层厚度[17]（原文如此，就光学显镜的分辨率而言，只可检测石墨的层厚，不太可能检测出石墨烯的原子级厚度 - 译者注）。不过，扫描探针显微镜，包括扫描隧道显微镜和原子力显微镜，大概才是探索石墨烯结构与石墨烯层数的最佳工具[17]。*X*-射线光电子谱也已经用于估算 C/O 比和含氧官能团的类型[213]，这种仪器分析不仅费时费力，而且成本昂贵，但就其效果而言，确实是值得使用的有力工具。

## 参 考 文 献


1 Y. Liu, X. Dong, and P. Chen, *Chem Soc Rev*, Vol. 41, p. 2283, 2012.

2 A. K. Geim, *Science*, Vol. 324, p. 1530, 2009.

3 M. Pumera, A. Ambrosi, A. Bonanni, E. L. K. Chng, and H. L. Poh, *Trend Anal Chem*, Vol. 29, p. 954, 2010.

4 S. Goenka, V. Sant, and S. Sant, *J. Control Release*, Vol. 173, p. 75, 2014.

5 M. S. Artiles, C. S. Rout, and T. S. Fisher, *Adv Drug Del Rev*, Vol. 63, p. 1352, 2011.

6 P. Nguyen, and V. Berry, *J Phys Chem Lett*, Vol. 3, p. 1024, 2012.

7 M. Dresselhaus, and P. Araujo, *ACS Nano*, Vol. 4, p. 6297, 2010.

8 C. N. R. Rao, A. K. Sood, R. Voggu, and K. S. Subrahmanyam, *J Phys Chem Lett*, Vol. 1, p. 572, 2010.

9 K. E. Whitener, and P. E. Sheehan, *Diam Relat Mater*, Vol. 46, p. 25, 2014.

10 A. T. Valota, I. A. Kinloch, K. S. Novoselov, C. Casiraghi, A. Eckmann, E. W. Hill, and R. A. Dryfe, *ACS Nano*, Vol. 5, p. 8809, 2011 .

11 M. H. Chakrabarti, C. T. J. Low, N. P. Brandon, V. Yufi t, M. A. Hashim, M. F. Irfan, J. Akhtar, E. Ruiz-Trejo, and M. A. Hussain, *Electrochim Acta*, Vol. 107, p. 425, 2013 .

12 T. Kuila, S. Bose, A. K. Mishra, P. Khanra, N. H. Kim, and J. H. Lee, *Prog Mater Sci*, Vol. 57, p. 1061, 2012 .

13 H. Y. Mao, Y. H. Lu, J. D. Lin, S. Zhong, A. T. S. Wee, and W. Chen, *Prog Surf Sci*, Vol. 88, p. 132, 2013 .

14 K. Hu, D. D. Kulkarni, I. Choi, and V. V. Tsukruk, *Prog Polym Sci*, doi: 10. 1016/ j. progpolymsci. 2014. 03. 001, 2014 .

15 T. Premkumar, and K. E. Geckeler, *Prog Polym Sci*, Vol. 37, p. 515, 2012 .

16 A. Ambrosi, C. K. Chua, A. Bonanni, and M. Pumera, *Chem Rev*, Vol. 114, p. 7150, 2014 .

17 K. S. Novoselov, A. K. Geim, S. V. Morozov, D. Jiang, Y. Zhang, S. V. Dubonos, I. V. Grigorieva, and A. A. Firsov, *Science*, Vol. 306, p. 666, 2004 .

18 B. Jayasena, and S. Subbiah, *Nanoscale Res Lett*, Vol. 6, p. 95, 2011 .

19 B. Jayasena, C. D. Reddy, and S. Subbiah, *Nanotechnology*, Vol. 24, p. 205301, 2013 .

20 C. Y. Su, A. Y. Lu, Y. Xu, F. R. Chen, A. N. Khlobystov, and L. J. Li, *ACS Nano*, Vol. 5, p. 2332, 2011 .

21 G. X. Wang, B. Wang, J. Park, Y. Wang, B. Sun, and J. Yao, *Carbon*, Vol. 47, p. 3242, 2009 .

22 M. Alanyalıo 813luQ 8J.B36 Segura, J. Oro-Sole, and N. Casan-Pastor, *Carbon*, Vol. 50, p. 142, 2012 .

23 G. M. Morales, P. Schifani, G. Ellis, C. Ballesteros, G. Martinez, C. Barbero, and H. J. Salavagione, *Carbon*, Vol. 49, p. 2809, 2011 .

24 J. Wang, K. K. Manga, Q. Bao, and K. P. Loh, *J Am Chem Soc*, Vol. 133, p. 8888, 2011 .

25 B. C. Brodie, *Philos T R Soc*, Vol. 149, p. 249, 1859 .

26 L. Staudenmaier, *Berichte der deutschen chemischen Gesellschaft* , Vol. 31, p. 1481, 1898 .

27 W. S. Hummers Jr, and R. E. Off eman, *J Am Chem Soc*, Vol. 80, p. 1339, 1958 .

28 S. Eigler, M. Enzelberger-Heim, S. Grimm, P. Hofmann, W. Kroener, A. Geworski, C. Dotzer, M. Rockert, J. Xiao, C. Papp, O. Lytken, H. P. Steinruck, P. Muller, and A. Hirsch, *Adv Mater*, Vol. 25, p. 3583, 2013 .

29 S. Stankovich, D. A. Dikin, R. D. Piner, K. A. Kohlhaas, A. Kleinhammes, Y. Jia, Y. Wu, S. T. Nguyen, and R. S. Ruoff , *Carbon*, Vol. 45, p. 1558, 2007 .

30 M. Choucair, P. Th ordarson, and J. A. Stride, *Nat Nanotechnol*, Vol. 4, p. 30, 2009 .

31 A. Chakrabarti, J. Lu, J. C. Skrabutenas, T. Xu, Z. L. Xiao, J. A. Maguire, and N. S. Hosmane, *J Mater Chem*, Vol. 21, p. 9491, 2011.

32 D. V. Kosynkin, A. L. Higginbotham, A. Sinitskii, J. R. Lomeda, A. Dimiev, B. K. Price, and J. M. Tour, *Nature*, Vol. 458, p. 872, 2009 .

33 W. A. De Heer, C. Berger, X. Wu, P. N. First, E. H. Conrad, X. Li, T. Li, M. Sprinkle, J. Hass, and M. L. Sadowski, *Solid State Commun*, Vol. 143, p. 92, 2007 .

34 K. V. Emtsev, A. Bostwick, K. Horn, J. Jobst, G. L. Kellogg, L. Ley, J. L. McChesney, T. Ohta, S. A. Reshanov, J. Rohrl, E. Rotenberg, A. K. Schmid, D. Waldmann, H. B. Weber, and T. Seyller, *Nat Mater*, Vol. 8, p. 203, 2009 .

35 E. Rollings, G. H. Gweon, S. Y. Zhou, B. S. Mun, J. L. McChesney, B. S. Hussain, A. Fedorov, P. N. First, W. A. de Heer, and A. Lanzara, *J Phys Chem Solids*, Vol. 67, p. 2172, 2006 .

36 Z. Berger, X. Song, X. Li, N. B. Wu, C. Naud, D. Mayo, TB Li, J. Hass, AN Marchenkov, EH Conrad, PN First, and WA de Heer, *Science*, Vol. 312, p. 1191, 2006 .

37 P. W. Sutter, J. I. Flege, and E. A. Sutter, *Nat Mater*, Vol. 7, p. 406, 2008 .

38 K. S. Kim, Y. Zhao, H. Jang, S. Y. Lee, J. M. Kim, K. S. Kim, J. H. Ahn, P. Kim, J. Y. Choi, and B. H. Hong, *Nature*, Vol. 457, p. 706, 2009 .

39 A. Reina, X. Jia, J. Ho, D. Nezich, H. Son, V. Bulovic, M. S. Dresselhaus, and J. Kong, *Nano letters*, Vol. 9, p. 30, 2008 .

40 X. Li, W. Cai, J. An, S. Kim, J. Nah, D. Yang, R. Piner, A. Velamakanni, I. Jung, E. Tutuc, S. K. Banerjee, L. Colombo, and R. S. Ruoff , *Science*, Vol. 324, p. 1312, 2009 .

41 A. Dato, V. Radmilovic, Z. Lee, J. Phillips, and M. Frenklach, *Nano Letters*, Vol. 8, p. 2012, 2008 .

42 I. Pletikosić, M. Kralj, P. Pervan, R. Brako, J. Coraux, A. N' diaye, C. Busse, and T. Michely, *Phys Rev Lett*, Vol. 102, p. 056808, 2009 .

43 J. Rafi ee, X. Mi, H. Gullapalli, A. V. Th omas, F. Yavari, Y. Shi, P. M. Ajayan, and N. A. Koratkar, *Nat Mater*, Vol. 11, p. 217, 2012.

44 S. Bae, H. Kim, Y. Lee, X. Xu, J. S. Park, Y. Zheng, J. Balakrishnan, T. Lei, H. R. Kim, Y. I. Song, Y. J. Kim, K. S. Kim, B. Ozyilmaz, J. H. Ahn, B. H. Hong, and S. Iijima, *Nat Nanotechnol*, Vol. 5, p. 574, 2010 .

45 J. K. Wassei, M. Mecklenburg, J. A. Torres, J. D. Fowler, B. C. Regan, R. B. Kaner, and B. H. Weiller, *Small*, Vol. 8, p. 1415, 2012 .

46 D. R. Lenski, and M. S. Fuhrer, *J Appl Phy*, Vol. 110, p. 013720, 2011 .

47 D. Su, M. Ren, X. Li, and W. Huang, *J Nanosci Nanotechnol*, Vol. 13, p. 6471, 2013 .

48 J. H. Lee, E. K. Lee, W. J. Joo, Y. Jang, B. S. Kim, J. Y. Lim, S. H. Choi, S. J. Ahn, J. R. Ahn, M. H. Park, C. W. Yang, B. L. Choi, S. W. Hwang, and D. Whang, *Science*, Vol. 344, p. 286, 2014 .

49 Y. F. Lu, S. T. Lo, J. C. Lin, W. Zhang, J. Y. Lu, F. H. Liu, C. M. Tseng, Y. H. Lee, C. T. Liang, and L. J. Li, *ACS Nano*, Vol. 7, p. 6522, 2013 .

50 S. K. Hong, S. M. Song, O. Sul, and B. J. Choz, *J Electrochem Soc*, Vol. 159, p. K107, 2012 .

51 X. Liang, B. A. Sperling, I. Calizo, G. Cheng, C. A. Hacker, Q. Zhang, Y. Obeng, K. Yan, H. Peng, Q. Li, X. Zhu, H. Yuan, A. R. Walker, Z. Liu, L. M. Peng, and C. A. Richter,

*ACS Nano*, Vol. 5, p. 9144, 2011 .

52 J. Kang, D. Shin, S. Bae, and B. H. Hong, *Nanoscale*, Vol. 4, p. 5527, 2012 .

53 V. Alzari, D. Nuvoli, S. Scognamillo, M. Piccinini, E. Gioff redi, G. Malucelli, S. Marceddu, M. Sechi, V. Sanna, and A. Mariani, *J Mater Chem*, Vol. 21, p. 8727, 2011 .

54 D. Nuvoli, L. Valentini, V. Alzari, S. Scognamillo, S. B. Bon, M. Piccinini, J. Illescas, and A. Mariani, *J Mater Chem*, Vol. 21, p. 3428, 2011 .

55 S. J. Woltornist, A. J. Oyer, J. M. Carrillo, A. V. Dobrynin, and D. H. Adamson, *ACS Nano*, Vol. 7, p. 7062, 2013 .

56 P. Sutter, *Nat Mater*, Vol. 8, p. 171, 2009 .

57 D. Y. Kim, S. Sinha-Ray, J. J. Park, J. G. Lee, Y. H. Cha, S. H. Bae, J. H. Ahn, Y. C. Jung, S. M. Kim, and A. L. Yarin, *Adv Funct Mater*, doi: 10. 1002/adfm. 201400732, 2014 .

58 L. Jiao, L. Zhang, X. Wang, G. Diankov, and H. Dai, *Nature*, Vol. 458, p. 877, 2009 .

59 G. F. Guo, H. Huang, F. H. Xue, C. J. Liu, H. T. Yu, X. Quan, and X. L. Dong, *Surf Coat Tech*, Vol. 228, p. S120, 2013 .

60 L. Gavrila-Florescu, I. Sandu, E. Dutu, I. Morjan, and R. Birjega, *Appl Surf Sci*, Vol. 278, p. 313, 2013 .

61 Y. Chen, X. Zhang, P. Yu, and Y. W. Ma, *J Power Sources*, Vol. 195, p. 3031, 2010 .

62 A. K. Geim, and K. S. Novoselov, *Nat Mater*, Vol. 6, p. 183, 2007 .

63 M. D. Stoller, S. Park, Y. Zhu, J. An, and R. S. Ruoff , *Nano letters*, Vol. 8, p. 3498, 2008 .

64 Y. Zhang, T. T. Tang, C. Girit, Z. Hao, M. C. Martin, A. Zettl, M. F. Crommie, Y. R. Shen, and F. Wang, *Nature*, Vol. 459, p. 820, 2009 .

65 O. Shenderova, V. Zhirnov, and D. Brenner, *Crit Rev Solid State Mater Sci*, Vol. 27, p. 227, 2002 .

66 C. J. Shih, S. Lin, M. S. Strano, and D. Blankschtein, *J Am Chem Soc*, Vol. 132, p. 14638, 2010 .

67 D. R. Dreyer, R. S. Ruoff , and C. W. Bielawski, *Angew Chem Int Ed*, Vol. 49, p. 9336, 2010 .

68 Y. Xu, H. Bai, G. Lu, C. Li, and G. Shi, *J Am Chem Soc*, Vol. 130, p. 5856, 2008 .

69 Y. Si, and E. T. Samulski, *Nano Letters*, Vol. 8, p. 1679, 2008 .

70 H. Liu, J. Gao, M. Xue, N. Zhu, M. Zhang, and T. Cao, *Langmuir*, Vol. 25, p. 12006, 2009 .

71 Q. Su, S. Pang, V. Alijani, C. Li, X. Feng, and K. Mullen, *Adv Mater*, Vol. 21, p. 3191, 2009 .

72 S. Alwarappan, A. Erdem, C. Liu, and C. Z. Li, *J Phys Chem C*, Vol. 113, p. 8853, 2009 .

73 M. Zhou, Y. Zhai, and S. Dong, *Anal Chem*, Vol. 81, p. 5603, 2009 .

74 O. Niwa, J. Jia, Y. Sato, D. Kato, R. Kurita, K. Maruyama, K. Suzuki, and S. Hirono, *J Am Chem Soc*, Vol. 128, p 7144, 2006 .

75 R. L. McCreery, *Chem Rev*, Vol. 108, p. 2646, 2008 .

76 L. H. Tang, Y. Wang, Y. M. Li, H. B. Feng, J. Lu, and J. H. Li, *Adv Funct Mater*, Vol. 19 p. 2782, 2009 .

77 S. L. Yang, D. Y. Guo, L. Su, P. Yu, D. Li, J. S. Ye, and L. Q. Mao, *Electrochem Commun*, Vol. 11, p. 1912, 2009 .

78 W. J. Lin, C. S. Liao, J. H. Jhang, and Y. C. Tsai, *Electrochem Commun*, Vol. 11, p. 2153, 2009 .

79 N. G. Shang, P. Papakonstantinou, M. McMullan, M. Chu, A. Stamboulis, A. Potenza, S. S. Dhesi, and H. Marchetto, *Advan Funct Mater*, Vol. 18, p. 3506, 2008 .

80 J. F. Wang, S. L. Yang, D. Y. Guo, P. Yu, D. Li, J. S. Ye, and L. Q. Mao, *Electrochem Commun*, Vol. 11, p. 1892, 2009 .

81 B. Ntsendwana, B. Mamba, S. Sampath, and O. Arotiba, *Int. J. Electrochem. Sci*, Vol. 7, p. 3501, 2012 .

82 A. E. Fischer, Y. Show, and G. M. Swain, *Anal Chem*, Vol. 76, p. 2553, 2004 .

83 T. J. Davies, M. E. Hyde, and R. G. Compton, *Angew Chem Int Ed Engl*, Vol. 44, p. 5121, 2005 .

84 D. A. Brownson, M. Gomez-Mingot, and C. E. Banks, *Phys Chem Chem Phys*, Vol. 13, p. 20284, 2011 .

85 J. Grimshaw, *Electrochemical reactions and mechanisms in organic chemistry*, Amsterdam, Elsevier Science B. V. , 2000 .

86 A. Y. S. Eng, A. Ambrosi, C. K. Chua, F. Šaněk, Z. Sofer, and M. Pumera, *Chem-Eur J*, Vol. 19, p. 12673, 2013 .

87 C. K. Chua, Z. Sofer, and M. Pumera, *Chem-Eur J*, Vol. 18, p. 13453, 2012 .

88 E. L. K. Chng, and M. Pumera, *Chem Asian J*, Vol. 6, p. 2899, 2011 .

89 M. Segal, *Nat Nanotechnol*, Vol. 4, p. 612, 2009 .

90 S. Park, J. An, R. D. Piner, I. Jung, D. Yang, A. Velamakanni, S. T. Nguyen, and R. S. Ruoff , *Chem Mater*, Vol. 20, p. 6592, 2008 .

91 D. Li, M. B. Muller, S. Gilje, R. B. Kaner, and G. G. Wallace, *Nat Nanotechnol*, Vol. 3, p. 101, 2008 .

92 P. M. Ajayan, C. Colliex, J. M. Lambert, P. Bernier, L. Barbedette, M. Tence, and O. Stephan, *Phys Rev Lett*, Vol. 72, p. 1722, 1994 .

93 C. Guerret-Piecourt, Y. Lebouar, A. Loiseau, and H. Pascard, *Nature*, Vol. 372, p. 761, 1994 .

94 S. Seraphin, D. Zhou, and J. Jiao, *J Appl Phys*, Vol. 80, p. 2097, 1996 .

95 Y. Hu, F. Li, X. Bai, D. Li, S. Hua, K. Wang, and L. Niu, *Chem Commun*, Vol. 47, p. 1743, 2011 .

96 T. Yang, Q. Li, L. Meng, X. Wang, W. Chen, and K. Jiao, *ACS Appl Mater Interfaces*, Vol. 5, p. 3495, 2013 .

97 L. Q. Luo, Z. Zhang, Y. P. Ding, D. M. Deng, X. L. Zhu, and Z. X. Wang, *Nanoscale*, Vol. 5, p. 5833, 2013 .

98 C. Shan, H. Yang, J. Song, D. Han, A. Ivaska, and L. Niu, *Anal Chem*, Vol. 81, p. 2378, 2009 .

99 X. Kang, J. Wang, H. Wu, I. A. Aksay, J. Liu, and Y. Lin, *Biosens Bioelectron*, Vol. 25, p. 901, 2009 .

100 Z. H. Dai, J. Ni, X. H. Huang, G. F. Lu, and J. C. Bao, *Bioelectrochemistry*, Vol. 70, p. 250, 2007 .

101 A. Guiseppi-Elie, C. Lei, and R. H. Baughman, *Nanotechnology*, Vol. 13, p. 559, 2002 .

102 C. Deng, J. Chen, X. Chen, C. Xiao, L. Nie, and S. Yao, *Biosens Bioelectron*, Vol. 23, p. 1272, 2008 .

103 C. Cai, and J. Chen, *Anal Biochem*, Vol. 332, p. 75, 2004 .

104 H. Wu, J. Wang, X. Kang, C. Wang, D. Wang, J. Liu, I. A. Aksay, and Y. Lin, *Talanta*, Vol. 80, p. 403, 2009 .

105 C. Shan, H. Yang, D. Han, Q. Zhang, A. Ivaska, and L. Niu, *Biosens Bioelectron*, Vol. 25, p. 1070, 2010 .

106 L. M. Lu, H. B. Li, F. Qu, X. B. Zhang, G. L. Shen, and R. Q. Yu, *Biosens Bioelectron*, Vol. 26, p. 3500, 2011.

107 Q. Zeng, J. S. Cheng, X. F. Liu, H. T. Bai, and J. H. Jiang, *Biosens Bioelectron*, Vol. 26, p. 3456, 2011 .

108 W. Lu, Y. Luo, G. Chang, and X. Sun, *Biosens Bioelectron*, Vol. 26, p. 4791, 2011 .

109 X. C. Dong, H. Xu, X. W. Wang, Y. X. Huang, M. B. Chan-Park, H. Zhang, L. H. Wang, W. Huang, and P. Chen, *ACS Nano*, Vol. 6, p. 3206, 2012.

110 Y. W. Hsu, T. K. Hsu, C. L. Sun, Y. T. Nien, N. W. Pu, M. D. Ger, *Electrochim Acta*, Vol. 82, p. 152, 2012.

111 J. Luo, S. Jiang, H. Zhang, J. Jiang, and X. Liu, *Anal Chim Acta*, Vol. 709, p. 47, 2012.

112 Y. Q. Zhang, Y. Z. Wang, J. B. Jia, and J. G. Wang, *Sensor Actuat B-Chem*, Vol. 171, p. 580, 2012.

113 B. Q. Yuan, C. Y. Xu, D. H. Deng, Y. Xing, L. Liu, H. Pang, and D. J. Zhang, *Electrochim Acta*, Vol. 88, p. 708, 2013.

114 F. -Y. Kong, X. -R. Li, W. -W. Zhao, J. -J. Xu, and H. -Y. Chen, *Electrochem Commun*, Vol. 14, p. 59, 2012.

115 L. Luo, L. Zhu, and Z. Wang, *Bioelectrochemistry*, Vol. 88, p. 156, 2012.

116 G. H. Wu, X. H. Song, Y. F. Wu, X. M. Chen, F. Luo, and X. Chen, *Talanta*, Vol. 105, p. 379, 2013.

117 D. Ye, G. Liang, H. Li, J. Luo, S. Zhang, H. Chen, and J. Kong, *Talanta*, Vol. 116, p. 223, 2013.

118 J. W. Wu, C. H. Wang, Y. C. Wang, and J. K. Chang, *Biosens Bioelectron*, Vol. 46, p. 30, 2013.

119 F. Xiao, Y. Li, H. Gao, S. Ge, and H. Duan, *Biosens Bioelectron*, Vol. 41, p. 417, 2013.

120 J. Huang, L. Zhang, R. P. Liang, and J. D. Qiu, *Biosens Bioelectron*, Vol. 41, p.

430, 2013.

121 M. Liu, R. Liu, and W. Chen, *Biosens Bioelectron*, Vol. 45, p. 206, 2013.

122 J. Yang, J. H. Yu, J. Rudi Strickler, W. J. Chang, and S. Gunasekaran, *Biosens Bioelectron*, Vol. 47, p. 530, 2013.

123 C. L. Sun, W. L. Cheng, T. K. Hsu, C. W. Chang, J. L. Chang, and J. M. Zen, *Electrochem Commun*, Vol. 30, p. 91, 2013.

124 M. Yuan, A. P. Liu, M. Zhao, W. J. Dong, T. Y. Zhao, J. J. Wang, and W. H. Tang, *Sensor Actuat B-Chem*, Vol. 190, p. 707, 2014.

125 S. Palanisamy, S. Cheemalapati, and S. M. Chen, *Mat Sci Eng C*, Vol. 34, p. 207, 2014.

126 D. Zheng, S. K. Vashist, K. Al-Rubeaan, J. H. Luong, and F. S. Sheu, *Talanta*, Vol. 99, p. 22, 2012.

127 D. Zheng, S. K. Vashist, M. M. Dykas, S. Saha, K. Al-Rubeaan, E. Lam, J. H. T. Luong, and F. S. Sheu, *Materials*, Vol. 6, p. 1011, 2013.

128 Y. Y. Jiang, Q. X. Zhang, F. H. Li, and L. Niu, *Sensor Actuat B-Chem*, Vol. 161, p. 728, 2012.

129 X. Zhong, R. Yuan, and Y. Q. Chai, *Sensor Actuat B-Chem*, Vol. 162, p. 334, 2012.

130 H. Gu, Y. Yu, X. Liu, B. Ni, T. Zhou, and G. Shi, *Biosens Bioelectron*, Vol. 32, p. 118, 2012.

131 Z. Luo, L. Yuwen, Y. Han, J. Tian, X. Zhu, L. Weng, and L. Wang, *Biosens Bioelectron*, Vol. 36, p. 179, 2012.

132 Y. H. Kwak, D. S. Choi, Y. N. Kim, H. Kim, D. H. Yoon, S. S. Ahn, J. W. Yang, W. S. Yang, and S. Seo, *Biosens Bioelectron*, Vol. 37, p. 82, 2012.

133 H. D. Jang, S. K. Kim, H. Chang, K. M. Roh, J. W. Choi, and J. Huang, *Biosens Bioelectron*, Vol. 38, p. 184, 2012.

134 Y. Q. Zhang, Y. J. Fan, L. Cheng, L. L. Fan, Z. Y. Wang, J. P. Zhong, L. N. Wu, X. C. Shen, and Z. J. Shi, *Electrochim Acta*, Vol. 104, p. 178, 2013.

135 Z. M. Luo, X. B. Ma, D. L. Yang, L. H. Yuwen, X. R. Zhu, L. X. Weng, and L. H. Wang, *Carbon*, Vol. 57, p. 470, 2013.

136 K. -J. Huang, L. Wang, J. Li, T. Gan, and Y. -M. Liu, *Measurement*, Vol. 46, p. 378, 2013.

137 C. Ruan, W. Shi, H. Jiang, Y. Sun, X. Liu, X. Zhang, Z. Sun, L. Dai, and D. Ge, *Sensor Actuat B-Chem*, Vol. 177, p. 826, 2013.

138 B. Unnikrishnan, S. Palanisamy, and S. M. Chen, *Biosens Bioelectron*, Vol. 39, p. 70, 2013.

139 V. Mani, B. Devadas, and S. M. Chen, *Biosens Bioelectron*, Vol. 41, p. 309, 2013.

140 X. L. Wang, and X. L. Zhang, *Electrochim Acta*, Vol. 112, p. 774, 2013.

141 J. Singh, P. Khanra, T. Kuila, M. Srivastava, A. K. Das, N. H. Kim, B. J. Jung, D. Y. Kim, S. H. Lee, D. W. Lee, D. -G. Kim, and J. H. Lee, *Process Biochem*, Vol. 48, p. 1724, 2013.

142 Q. Xu, S. X. Gu, L. Y. Jin, Y. E. Zhou, Z. J. Yang, W. Wang, and X. Y. Hu, *Sensor Actuat B-Chem*, Vol. 190, p. 562, 2014.

143 X. Y. Qin, A. M. Asiri, K. A. Alamry, A. O. Al-Youbi, and X. P. Sun, *Electrochim Acta*, Vol. 95, p. 260, 2013 .

144 A. Ambrosi, and M. Pumera, *Phys Chem Chem Phys*, Vol. 12, p. 8943, 2010 .

145 A. Bonanni, and M. Pumera, *ACS Nano*, Vol. 5, p. 2356, 2011 .

146 E. Dubuisson, Z. Yang, and K. P. Loh, *Anal Chem*, Vol. 83, p. 2452, 2011 .

147 A. H. Loo, A. Bonanni, and M. Pumera, *Chem Asian J*, Vol. 8, p. 198, 2013 .

148 M. Giovanni, A. Bonanni, and M. Pumera, *Th e Analyst*, Vol. 137, p. 580, 2012 .

149 T. Yang, Q. Li, X. Li, X. Wang, M. Du, and K. Jiao, *Biosens Bioelectron*, Vol. 42, p. 415, 2013 .

150 Z. Wang, J. Zhang, P. Chen, X. Zhou, Y. Yang, S. Wu, L. Niu, Y. Han, L. Wang, and P. Chen, *Biosens Bioelectron*, Vol. 26, p. 3881, 2011 .

151 A. Bonanni, A. Ambrosi, and M. Pumera, *Chem-Eur J*, Vol. 18, p. 4541, 2012 .

152 A. Bonanni, C. K. Chua, and M. Pumera, *Chem-Eur J*, Vol. 20, p. 217, 2014 .

153 Y. Hu, S. Hua, F. Li, Y. Jiang, X. Bai, D. Li, and L. Niu, *Biosens Bioelectron*, Vol. 26, p. 4355, 2011 .

154 Y. Chen, B. Jiang, Y. Xiang, Y. Chai, and R. Yuan, *Chem Commun*, Vol. 47, p. 12798, 2011 .

155 S. Roy, N. Soin, R. Bajpai, D. Misra, J. A. McLaughlin, and S. S. Roy, *J Mater Chem*, Vol. 21, p. 14725, 2011 .

156 A. H. Loo, A. Bonanni, A. Ambrosi, H. L. Poh, and M. Pumera, *Nanoscale*, Vol. 4, p. 921, 2012 .

157 A. H. Loo, A. Bonanni, and M. Pumera, *Nanoscale*, Vol. 4, p. 143, 2012 .

158 L. Hou, Y. Cui, M. Xu, Z. Gao, J. Huang, and D. Tang, *Biosens Bioelectron*, Vol. 47, p. 149, 2013 .

159 A. Gutes, B. Y. Lee, C. Carraro, W. Mickelson, S. W. Lee, and R. Mabouduan, *Nanoscale*, Vol. 5, p. 6048, 2013 .

160 D. Zhang, Y. Zhang, L. Zheng, Y. Zhan, and L. He, *Biosens Bioelectron*, Vol. 42, p. 112, 2013 .

161 G. Yang, J. Cao, L. Li, R. K. Rana, and J. -J. Zhu, *Carbon*, Vol. 51, p. 124, 2013 .

162 L. Feng, Y. Chen, J. Ren, and X. Qu, *Biomaterials*, Vol. 32, p. 2930, 2011 .

163 M. Musameh, J. Wang, A. Merkoci, and Y. H. Lin, *Electrochem Commun*, Vol. 4, p. 743, 2002 .

164 F. Valentini, A. Amine, S. Orlanducci, M. L. Terranova, and G. Palleschi, *Anal Chem*, Vol. 75, p. 5413, 2003 .

165 F. Li, J. J. Li, Y. Feng, L. M. Yang, and Z. F. Du, *Sensor Actuat B-Chem*, Vol. 157, p. 110, 2011 .

166 C. L. Sun, H. H. Lee, J. M. Yang, and C. C. Wu, *Biosens Bioelectron*, Vol. 26, p. 3450,

2011 .

167 J. Ping, J. Wu, Y. Wang, and Y. Ying, *Biosens Bioelectron*, Vol. 34, p. 70, 2012 .

168 S. Pakapongpan, J. P. Mensing, D. Phokharatkul, T. Lomas, and A. Tuantranont, *Electrochim Acta*, Vol. 133, p. 294, 2014 .

169 J. Yan, S. Liu, Z. Zhang, G. He, P. Zhou, H. Liang, L. Tian, X. Zhou, and H. Jiang, *Colloid Surface B*, Vol. 111C, p. 392, 2013 .

170 Q. Lian, Z. He, Q. He, A. Luo, K. Yan, D. Zhang, X. Lu, and X. Zhou, *Anal Chim Acta*, Vol. 823, p. 32, 2014 .

171 K. Q. Deng, J. H. Zhou, and X. F. Li, *Electrochim Acta*, Vol. 114, p. 341, 2013 .

172 L. Tan, K. G. Zhou, Y. H. Zhang, H. X. Wang, X. D. Wang, Y. F. Guo, and H. L. Zhang, *Electrochem Commun*, Vol. 12, p. 557, 2010 .

173 T. E. M. Nancy, and V. A. Kumary, *Electrochim Acta*, Vol. 133, p. 233, 2014 .

174 Z. H. Sheng, X. Q. Zheng, J. Y. Xu, W. J. Bao, F. B. Wang, and X. H. Xia, *Biosens Bioelectron*, Vol. 34, p. 125, 2012 .

175 S. Cheemalapati, S. Palanisamy, V. Mani, and S. M. Chen, *Talanta*, Vol. 117, p. 297, 2013 .

176 W. -L. Liu, C. Li, L. Tang, Y. Gu, and Z. -Q. Zhang, *Chin J Anal Chem*, Vol. 41, p. 714, 2013 .

177 Y. Wang, Y. M. Li, L. H. Tang, J. Lu, and J. H. Li, *Electrochem Commun*, Vol. 11, p. 889, 2009 .

178 J. Du, R. R. Yue, Z. Q. Yao, F. X. Jiang, Y. K. Du, P. Yang, and C. Y. Wang, *Colloid Surface A*, Vol. 419, p. 94, 2013 .

179 M. M. I. Khan, A. M. J. Hague, and K. Kim, *J Electroanal Chem*, Vol. 700, p. 54, 2013 .

180 M. A. Raj, and S. A. John, *Anal Chim Acta*, Vol. 771, p. 14, 2013 .

181 M. S. Goh, and M. Pumera, *Anal Bioanal Chem*, Vol. 399, p. 127, 2011 .

182 B. K. Ong, H. L. Poh, C. K. Chua, and M. Pumera, *Electroanalysis*, Vol. 24, p. 2085, 2012 .

183 S. M. Tan, C. K. Chua, and M. Pumera, *Th e Analyst*, Vol. 138, p. 1700, 2013 .

184 T. H. Seah, H. L. Poh, C. K. Chua, Z. Sofer, and M. Pumera, *Electroanalysis*, Vol. 26, p. 62, 2014 .

185 J. Li, S. Guo, Y. Zhai, and E. Wang, *Anal Chim Acta*, Vol. 649, p. 196, 2009 .

186 J. Li, S. Guo, Y. Zhai, and E. Wang, *Electrochem Commun*, Vol. 11, p. 1085, 2009 .

187 J. Gong, T. Zhou, D. Song, and L. Zhang, *Sens Actuators B-Chem*, Vol. 150, p. 491, 2010 .

188 Z. -Q. Zhao, X. Chen, Q. Yang, J. -H. Liu, and X. -J. Huang, *Electrochem Commun*, Vol. 23, p. 21, 2012 .

189 W. Wonsawat, S. Chuanuwatanakul, W. Dungchai, E. Punrat, S. Motomizu, and O. Chailapakul, *Talanta*, Vol. 100, p. 282, 2012 .

190 C. Gao, X. -Y. Yu, R. -X. Xu, J. -H. Liu, and X. -J. Huang, *ACS Appl Mater Interfaces*,

Vol. 4, p. 4672, 2012 .
191 W. Zhang, J. Wei, H. Zhu, K. Zhang, F. Ma, Q. Mei, Z. Zhang, and S. Wang, *J Mater Chem*, Vol. 22, p. 22631, 2012 .
192 D. A. Brownson, and C. E. Banks, *Th e Analyst*, Vol. 135, p. 2768, 2010 .
193 D. A. Brownson, and C. E. Banks, *Electrochem Commun*, Vol. 13, p. 111, 2011 .
194 A. Dale, *Th e Analyst*, Vol. 137, p. 420, 2012 .
195 A. Dale, *RSC Adv*, Vol. 2, p. 5385, 2012 .
196 G. Kefala, A. Economou, and A. Voulgaropoulos, *Th e Analyst*, Vol. 129, p. 1082, 2004 .
197 L. Zhu, C. Tian, R. Yang, and J. Zhai, *Electroanalysis*, Vol. 20, p. 527, 2008 .
198 H. Xu, L. Zeng, S. Xing, Y. Xian, G. Shi, and L. Jin, *Electroanalysis*, Vol. 20, p. 2655, 2008 .
199 S. Kochmann, T. Hirsch, and O. S. Wolfb eis, *Trends Anal Chem*, Vol. 39, p. 87, 2012 .
200 J. Ping, Y. Wang, Y. Ying, and J. Wu, *Anal Chem*, Vol. 84, p. 3473, 2012 .
201 E. Jaworska, W. Lewandowski, J. Mieczkowski, K. Maksymiuk, and A. Michalska, *Th e Analyst*, Vol. 137, p. 1895, 2012 .
202 R. Herna ndez, J. Riu, J. Bobacka, C. Valle s, P. Jime nez, A. M. Benito, W. K. Maser, and F. X. Rius, *J Phys Chem C*, Vol. 116, p. 22570, 2012 .
203 Y. Sofue, Y. Ohno, K. Maehashi, K. Inoue, and K. Matsumoto, *Jpn J Appl Phys*, Vol. 50, p. 06GE07, 2011 .
204 H. G. Sudibya, Q. He, H. Zhang, and P. Chen, *ACS Nano*, Vol. 5, p. 1990, 2011 .
205 T. Zhang, Z. Cheng, Y. Wang, Z. Li, C. Wang, Y. Li, and Y. Fang, *Nano Letters*, Vol. 10, p. 4738, 2010 .
206 X. H. Zhao, R. M. Kong, X. B. Zhang, H. M. Meng, W. N. Liu, W. Tan, G. L. Shen, and R. Q. Yu, *Anal Chem*, Vol. 83, p. 5062, 2011 .
207 S. K. Vashist, A. Venkatesh, K. Mitsakakis, G. Czilwik, G. Roth, F. von Stetten, and R. Zengerle, *BioNanoSci*, Vol. 2, p. 115, 2012 .
208 S. K. Vashist, O. Mudanyali, E. M. Schneider, R. Zengerle, and A. Ozcan, *Anal Bioanal Chem*, Vol. 406, p. 3263, 2014.
209 Chen, Z. P. Chen, W. C. Ren, L. B. Gao, B. L. Liu, S. F. Pei; Cheng, H. M. Cheng. *Nat Mater*, Vol. 10, p. 424, 2011
210 D, A. C, Brownson, L. C. S. Figueiredo-Filho, X. Ji, X. , M. Gomez-Mingot, J. Iniesta, O. Fatibello-Filho, D. K. Kampouris, C. E. J. Banks. *Mater Chem A*, Vol. 1, p. 5962, 2013.
211 X. Y. Xiao, T. E. Beechem, M. T. Brumbach, T. N. Lambert, D. J. Davis, J. R. Michael, C. M. Washburn, J. Wang, S. M. Brozik, D. R. Wheeler, D. B. Burckel, R. Polsky. *ACS Nano*, Vol. 6, p. 3573, 2012.
212 L. M. Malard, M. A. Pimenta, G. Dresselhaus, and M. S. Dresselhaus. *Physics Reports*, Vol. 473, p. 51, 2009.
213 D. Luo, G. Zhang, J. Liu, and X. Sun. *J Phys Chem C*, Vol. 115, p. 11327, 2011.

# 第11章　石墨烯电极在健康与环境监测中的应用

*Georgia-Paraskevi Nikoleli*，*Susana Campuzano*，
*Jose M. Pingarron*，*Dimitrios P. Nikolelis*

**摘　要**：新型功能性材料的成品为提高新电子器件的开发水平构建了坚实的平台，这些器件不仅在性能上显著提高而且其工作模式亦相当新颖，同时，这类成品也意味着在市场中崭露头角的这些新器件已经能够用于商业目的。石墨烯的出现彻底改变了电子与光电子工业，这得益于其在众多应用领域，特别是在健康与环境传感领域内展现的理想特性。改性电极的制造已经在不同科学领域内得到广泛实施，如化学传感器和生物传感器，而且皆能满足各种应用所要求的灵敏度与选择性。石墨烯纳米结构在传感应用中展现的独特性与众所周知的杰出性能使其成为极受关注的理想材料，为了实现在健康与环境应用领域中的长期既定目标，人们对这种材料寄予厚望。石墨烯是一种对电子工业产生较大影响的新型材料之一，因为这种材料具有多方面的优异性能，如大比表面积、高电导率、化学稳定性和范围极宽的电化学性能。目前，基于石墨烯的电子工业已经能够提供多种灵巧器件，相当于配置了一个价格低廉、简单和低功耗的传感器工具箱，同时也在便携式电子设备领域开启了一扇不同凡响的创新之门。石墨烯呈现出的所有这些优点为开发健康与环境领域适用的新一代传感器件提供了非常理想的平台。

**关键词**：生物传感器；电分析；石墨烯纳米结构；健康与环境监测

## 11.1　基于纳米结构材料的生物传感器

在医疗保健、化工与生物分析、环境监测、食品安全控制和国土安全等领域中，生物传感器已经成为重要而实用的工具。生物传感器的性能取决于其部件，其中，基体材料(即生物识别层与换能器之间的夹层)在决定生物传感器的稳定性、灵敏度与保质期方面起到至关重要的作用[1]。在各种生物传感器之中，电化学传感器最为引人关注，因为其集中了若干综合优势，如低检测限、短响应时

间、长期稳定性、低功率要求、低成本、易于操作和小型化能力等等。对于这些类型的生物传感器而言，当前的首要目标之一是将其转换成床边即时检测(POC)诊断器件。迄今为止，人们已经付出了诸多努力来尽量提高其关键性能参数，如灵敏度、特异性、识别率、稳定性和适于平行识别的分布式监测能力。

纳米技术的问世为电化学生物传感器开拓了崭新的视野。人们相信，通过生物分子与纳米材料基传感器平台的集成，就可以制造出以高灵敏度和高选择性为特点的生物传感器。在过去的15年里，研究重点一直集中在纳米技术的应用上，其目的就在于开发纳米结构材料(例如石墨烯、金属氧化物纳米线、纳米管和纳米棒)，并将其用作生物分子固定化的基体或载体，以期改善电化学检测的效率[2]。诸如此类的纳米级结构可以提供许多独特性质，并且有望在器件界面上实现比平面传感器构型更快的响应与更高的灵敏度。这些材料只有纳米尺寸，相当于目标被测物的大小，从而显示出大幅提高的传感面积和强力结合性质，并因此达到了更高的灵敏度。针对传感应用而研发的这些纳米结构确实使人获益颇丰，这主要缘于新合成方法的成功开发、显著提高的表征技术与能够实现的新官能度[2]。

与其他纳米材料相比，石墨烯的优势的确非常出众，因此，本章主要专注于如何提高这种纳米结构材料的应用水平，旨在制造高灵敏度的电化学传感器。针对石墨烯在生物亲和力和生物催化传感方面的应用，有人已经提出了若干项策略以放大生物标签或改善电极换能器[3,4]，尽管如此，本章仍然只着眼于将这种纳米材料作为表面改性剂的重点应用。在相关被测物的生物催化、电化学检测和其他生物电子亲和力测定(例如DNA杂交与免疫测定)中，石墨烯-基(生物)电极展现了令人颇感兴趣的能力，因此本章也将讨论其中的一些典型实例。此外，本章也会谈及这一技术领域的未来前景与面临的严峻挑战。

## 11.2 电化学(生物)传感器制造中采用的石墨烯纳米材料

石墨烯及其衍生结构(氧化石墨烯、石墨烯片晶、石墨烯纳米片)已经成为制造电化学传感与生物传感电极基体的普适材料，甚至达到了非常走俏的程度[5]。形象地将石墨烯比作所有石墨形态之母亦不为过，其中就包括0-维富勒烯、一维碳纳米管和三维石墨[6]。

根据定义，石墨烯是单层二维 $sp^2$-杂化碳原子，毫无疑问是当今研究最为广泛的热门材料之一。碳原子构成的这种单原子厚度片是以蜂巢图案排列的，也是世界上最薄、最强和最硬的一种材料，同样也是一种出色的热与电导体[7]。习惯上，人们根据这种材料的堆叠层数对其加以分类：单层、少层(2 ~10层)和称为薄石墨的多层。在理想状态下，保持有独特性质与应用性能的石墨烯可以归于单层或少层形态[5]。

石墨烯在电化学上之所以如此引人关注，主要原因就在于它是一种导电而又透明的材料，其制造成本低，对环境冲击小，电化学电势窗口宽，与玻璃碳(GC)相比其电阻很低，只有原子厚度，而且具有确定的氧化还原峰。在循环伏安测量(CV)下的峰-对-峰值很低，表明了非常迅速的电子转移动力学，而且其表观电子转移速率比 GC 要高出若干数量级。此外，电子转移的速率已经显示出是表面相关的；在石墨烯表面上引入高密度的棱面缺陷活性位点，能够使电化学活性位点成倍增长，因此电子转移速率也随之显著提高[8]。由于石墨烯属于 2D 结构，其体积完全暴露于周围环境，这就使其能够有效地检测被吸附的分子。石墨烯-基电极具有高表面积，因而可以实现相当高的酶负载量。这又进一步促进了高灵敏度与出色的电子转移，最终提高了对某些酶的检测能力以及对许多生物分子的卓越催化行为[8,9]。石墨烯基器件还具有非常高的生物相容性，可以满足多种应用要求，因此能够发挥原位传感的能力。

石墨烯还展现了大比表面积的优点(单层石墨烯为 $2630m^2/g$)，这与碳纳米管(CNTs)十分相似，而且每一个单片的尺寸均很小，因此也表现出一些其他优点，如低成本、双外表面、制造与改性相对简单以及不存在金属杂质等，需要指出的是，金属杂质可能会带来不可控制的电催化影响与毒物学风险[5,8,9]。

有人已经报道说，石墨烯片的边缘具有各种各样的氧化物种，这有助于若干种含亚铁血红素的金属蛋白将其氧化还原中心的电布线有效地延伸至电极，因此也增强了分子的吸附与脱附[8,9]。

一般情况下，可以根据生产方法对石墨烯-基纳米材料进行分类。采用化学气相沉积(CVD)生长、石墨的机械剥离或氧化石墨的剥离等方法均可以生产石墨烯。无论是 CVD-生产的石墨烯，还是机械剥离的石墨烯均含有大量的缺陷或官能团。大部分石墨烯基纳米材料是以不同方法制备的，如氧化石墨的热剥离，生产出一种称为热还原石墨烯(TRGO)的材料，或者以超声波辅助剥离法由氧化石墨制取氧化石墨烯(GO)，而且还可以对其进一步化学还原或电化学还原。所得产物通常称为化学还原的 GO (CRGO)或电化学还原的 GO (ERGO)。TRGO 含有大量的缺陷，而且明显地不同于具有完美蜂巢晶格结构的原始石墨烯。GO 的结构并非是完全平面的，因为 $sp^2$碳原子网络遭到了严重的损坏。GO 含有大量的含氧基团，这些基团通过生物分子的作用下对功能化产生有益影响，而且在生物传感过程中 也有利于生物识别事件。GO 的还原态形式部分地恢复了 $sp^2$ 晶格，但仍然持有一部分含氧基团[10]。因此，人们可以配置一个很大的石墨烯“工具箱”，以针对目标应用与换能机理来选择合理的石墨烯类型[11]。电化学中采用的石墨烯大多数是通过 GO 化学还原或电化学还原制取的石墨烯，有时也将其称为功能化的石墨烯片或化学还原的 GO，这类材料通常含有丰富的结构缺陷和官能团，这些缺陷与基团对于电化学应用也是有益的。研究数据已经证明，ERGO展现了良好的电化学应用性能，明显优于CRGO。此外，Chua等证明，并非所有的石墨烯材料都有益于芯片实验室(Lab-on-a-chip)器件的检测分析[12]。他们在研究中的发现能够从实用的角度为石墨烯材料的未来适用性提供有价值的见解。(芯片实验室亦称微全分析系统，Micro Total Analysis System，是指把生物和化学等领域中所涉及的样品制备、生物与化学反应、分离检测等基本操作单位集成或基本集成于一块几平方厘米的芯片上，用以完成不同的生物或化学反应过程，并对其产物进行分析的一种技术 - 译者注)。

电化学石墨烯基纳米生物器件的未来发展有赖于对某些电化学细节的理解，如在石墨烯片边缘处的缺陷与含氧基团的作用、生物分子与石墨烯表面的相互作用机理以及掺杂于石墨烯中的杂原子究竟有何作用等。此外，最为重要的是，一定要开发出可以精确控制石墨烯合成与加工的新方法。虽然人们已经可以采用各种策略来合成石墨烯，但目前尚没有可以广泛采用的高产率的经济生产方法。

## 11.3 健康监测适用的微型化石墨烯纳米结构生物传感器

凭借其优异的性能，石墨烯在种类繁多的生物传感方案中找到了属于自己的一席之地。作为换能器，石墨烯已经用于生物-场-效应晶体管、电化学、阻抗、电化学发光和荧光生物等传感器以及生物分子标签等。

最近，以不同制造技术制备的不同石墨烯纳米结构已经广泛地用于酶固定化。在本章中，我们将总结并讨论为改善石墨烯纳米材料基微型化电化学生物传感器而采纳的一些重要方法，所述传感器均是为临床应用而专门设计的器件。这些具有纳米结构的基体适用于结合各种酶，如葡萄糖氧化酶(GOx)[13,14,15-26]、谷氨酸脱氢酶(GLDH)[27]、胆固醇氧化酶(ChOx)[28-32]、尿酸酶[33-36]、辣根过氧化物酶(HRP)[29,37-40]、尿素酶(Urs)[41-43]、乙醇脱氢酶(ADH)[21,44,45]、乳酸氧化酶[46,47]、抗坏血酸氧化酶[48]、半乳糖氧化酶[48]、过氧化氢酶(CAT)[49]等，并且采用了不同的器件构型来检测与上述各种酶相关的目标被测物。我们也将讨论文献中报道的微型化电位式纳米传感器的其他应用，如临床诊断[13,50-52]和单股DNA (ssDNA)监测[53]中的相关离子($H^+$、$Ca^{2+}$、$Mg^{2+}$、$K^+$和$Na^+$)测定。

### 11.3.1 生物-场-效应晶体管中的石墨烯

场-效应晶体管(FET)提供了全电子检测，需要着重指出的是，这些检测完全集成于半导体公司生产的电子芯片中。因此，这些器件在生物传感领域引起了业内人士的极大兴趣，当然也毫不意外地吸引了学术界与工业界的目光[54]。FET基生物传感器依赖于探针与目标生物分子之间的生物识别事件，这类事件发生于

FET 的栅极位置[55,56]。在这些器件中，当目标分子-受体相互作用时，电荷分布改变了位于生物识别层的电流载流子密度，并且调制了通道电导，使得它们特别适合于传感带电分子，如 DNA[57]。事实上，石墨烯是一种零-带隙半导体，通过表面改性，其带隙是可以调节的[58]，石墨烯也因此成为制造 FET 生物传感器的理想材料。

Dong 等证明，大尺寸 CVD 石墨烯膜制成的晶体管能够以无标签和电化学方式检测 DNA 杂交，而且具有高灵敏度与单碱基特异性[59]。栅压($V_{g,min}$)限定了最低器件电导量，因而对于 DNA 分子与石墨烯之间的电荷转移是高灵敏性的，并且证明能够检测低至 0.01nM 的目标 DNA。这些作者也证实，以金纳米粒子(AuNPs)修饰石墨烯表面就可以将 DNA 检测上限从 10nM 扩展至 500nM，因为固定在 FET 表面上的 DNA 分子探针的负载量较高。

Stine 等证明，以共价方式结合于还原态氧化石墨烯单层上的单股 DNA 形成了一种 FET 器件，能够实施灵敏的、无标签和实时的目标 DNA 检测，且检测限(LOD)可以达到 10nM[60]。

铂纳米粒子(PtNPs)-修饰的 RGO FET 也已用于目标 DNA 杂交的实时检测，灵敏度高达 2.4nm[61]。数据证明，修饰在石墨烯表面的金属纳米粒子可以改善 FET-基生物传感器在免疫传感和适配子传感中的性能。

采用以金纳米粒子(AuNPs)-抗体轭合物修饰的热还原石墨烯(TRGO)片制成了一种 FET 免疫传感器，特别适合于检测免疫球蛋白 G (IgG)，其中使用的简单制造方法结合了电喷射与静电力直接组装这两种技术特点[62]。所述新型生物传感器能够专门检测目标蛋白，并达到了 2 ng/mL 的检测限。同一作者最近还开发了另外一种灵敏的选择性场-效应晶体管(FET)免疫传感器，其特点就在于采用了由传感器电极直接生长的、垂直取向的石墨烯(VG)片，制造过程中引用了等离子体-增强的化学气相沉积(PECVD)法并以 AuNPs-抗体轭合物做出标签(图 11.1)[63]。这种新型的 VG-基传感平台易于制造，而且其结构可调，能够用作通用平台并易于推广至其他蛋白的检测，也可以用于非常有意义的体外诊断。

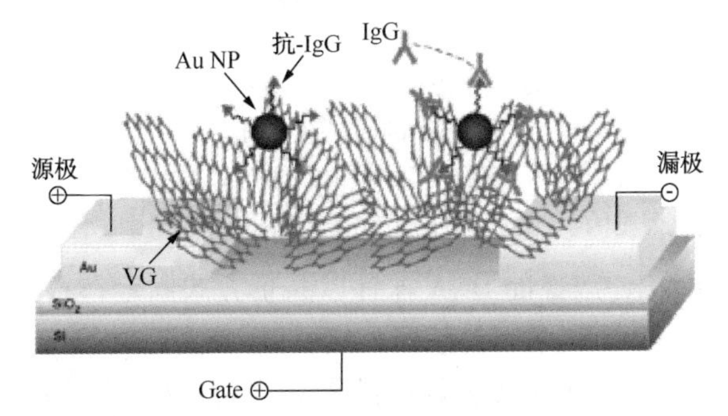


图 11.1　VG 基 FET 免疫传感器的示意图(经允许转载自文献[63]，版权 2013 NPG)

为了检测 IgE 蛋白(免疫球蛋白 E)，有人已经开发出一种无标签适配子改性的石墨烯场-效应晶体管(G-FET)[64]。根据漏极电流随 IgE 浓度而变化的相关性，估算出离解常数是 47nM，表明了 G-FETs 的良好亲和力和用于生物传感器的潜力。

## 11.3.2 石墨烯阻抗生物传感器

电化学阻抗谱(EIS)是一种非常灵敏的、无标签技术，特别适合于与石墨烯平台进行理想集成[65]。Bonanni 等非常细致地综述了阻抗基因传感器(impedimetric genosensors)和免疫传感器适用的石墨烯基平台于近期获得的进展[65]。作者还就 EIS 与石墨烯的多种制备方法进行了概述，并且证明这些方法对于生物传感器的功能存在强烈影响。

当前开发出的这些石墨烯基平台主要用于检测 DNA 杂交事件。

Bonanni 等结合了石墨烯基平台和 EIS(原文为 EIE，根据上下文应为 EIS 之误-译者注)技术与发夹式 DNA 探针高选择性的各自优点，以期开发出阻抗基因传感器并用于快速检测与阿尔茨海默病相关的单核苷酸多态性(SNP)，见图 11.2[66]。他们研究了由尺寸相同但层数不一的石墨烯层组成的各种石墨烯平台，分析了这些平台产生的影响，从而为实现高灵敏度与高选择性的传感架构迈出了坚实而重要的一步。此外，这种新颖支架在 POC 器件的开发中也找到了其应用机会，当然，也可用于检测不同疾病中涉及到的其他单核苷酸多态性。

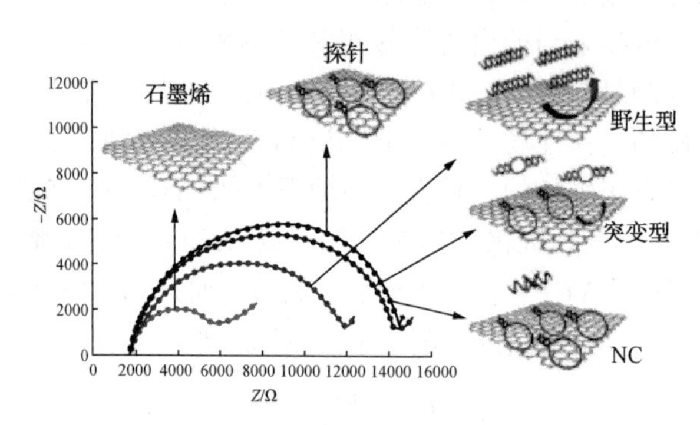


图 11.2 在探针、互补目标、1-错配序列和非互补序列的存在下，在石墨烯表面实施的方案与奈奎斯特图(Nyquist plots)(经允许转载自文献[66]，版权 2011 ACS)。(野生与突变型基因：在自然群体中往往有一种占多数座位的等位基因，称为野生(wild)型基因，与之相对的是突变(Mutant)型基因 - 译者注)

将一种特异性 $NH_2$-改性的 DNA 探针以共价方式固定在石墨烯片的羧基上，再用所得产物开发一种阻抗基因传感器，然后以无标签方式对低浓度的人体免疫缺损病毒 1(HIV-1)基因进行电化学检测[67]。当与目标 DNA 发生杂交时，固定化的探针构象从“卧式”结构转变成为“立式”双螺旋结构。构象的这一变化连同电荷分布的改变导致作为分析信号的电极表面阻抗也发生了变化。就在最近，同一作者还描述了其他高效 DNA 阻抗生物传感平台(efficient DNA impedance biosensing platform)的构建，方法是：首先将带正电荷的 N，N-双-(1-氨丙基-3-丙基咪唑盐)-3，4，9，10-苝四羧酸二亚胺(PDI)固定在石墨烯片上，然后，单股 DNA (ssDNA)中带负电荷的磷酸盐骨架和 PDI 中带正电荷的咪唑环之间发生静电相互作用以使探针固定化[68]。这种 PDI/石墨烯阻抗平台在 HIV-1 的多聚酶基因的保守序列(Conserved Sequence)检测中展现了高再现性和选择性。(保守序列：指 DNA 分子中的一个核苷酸片段或者蛋白质中的氨基酸片段，这些片段在进化过程中基本保持不变，故得名保守序列- 译者注)。

### 11.3.3 电化学传感器中的石墨烯

利用电分析技术的相对简单性、低成本、易于微型化、原位测量的可能性以及高灵敏度与选择性，人们已经开发出多种石墨烯基电化学生物传感器，可用于检测目标被测物。石墨烯不仅是具有大表面积的出色电荷传导体，也有助于产生大量的缺陷以及相关电活性物种[69]。多相电子转移发生在石墨烯的边缘或者基面上的缺陷位置(石墨烯与溶液中分子之间的电子转移是电活性物种氧化/还原的必要条件)。

文献中已经详尽地综述了石墨烯纳米结构材料在电化学生物传感中的适用性，展示了石墨烯在酶-传感、免疫-传感和 DNA 传感平台构建中的应用情况。下面简要讨论有关这三种生物平台的一些实例。

#### 11.3.3.1 酶生物传感器

糖尿病患者的血糖检测形成了一个巨大的市场与投资机会(达数十亿美元)[70]，人们已经开发出数目众多的石墨烯基电化学生物传感器以测定这种目标被测物。在这些生物传感器中，GOx(葡萄糖氧化酶)是通常采用的生物识别元件，这种酶将葡萄糖氧化成葡萄糖酸并将电子拖入溶于溶液中的氧，然后还原成过氧化氢，而这正是电化学检测的被测物。不过，有几个实例展示了来自酶的直接电子转移(DET)，而不再需要 $O_2$作为电子受体[70]。

有人报道说，基于剥离石墨纳米片晶(xGnP)制成了一种新颖且高灵敏度的电分析传感纳米复合材料，并且利用所述材料开发出一种葡萄糖生物传感器[71]。通过浇铸 GOx 和 xGnP 的全氟磺酸水-异丙基乙醇溶液的方法，制备出葡萄糖生物传感界面；数据表明，该传感器具有快速响应时间(5s)、高灵敏度(14.17μA/mM · $cm^2$)、低检测限(10μM)、良好的选择性以及长期稳定性。

Wang 等报道了制备 N-掺杂石墨烯的简单策略，方法是对化学合成的石墨烯进行氮等离子处理[72]。而且，如此制备的 N-掺杂石墨烯对过氧化氢的还原展示了高电催化活性，对 GOx 表现出快速直接电子转移动力学，而且在存在干扰的条件下，仍能检测出低至0.01mM的葡萄糖。

根据Fu等人的报道，固定于改性电极上的GOx已经实现了直接电化学检测，其快速电子转移速率达到12.6 $s^{-1}$，所用改性电极是基于剥离型石墨纳米片晶(GNSs)与全氟磺酸的复合材料膜制造的[73]。制成的这种生物传感器展现了较高的灵敏度(3.4μA/mM)，在制备成本和难易程度上与碳纳米管(CNTs)基改性电极相比处于优势地位，因此在第三代生物传感器、生物电子学与电催化剂方面应当会有广泛的应用前景。

采用其他传感器也实现了葡萄糖氧化酶(GOx)的直接电子转移(DET)，如聚乙烯吡咯烷酮保护的石墨烯/聚乙烯亚胺-功能化的离子液体(PFIL)/GOx电化学生物传感器[20]，以及在含壳聚糖的薄膜上固定的GOx传感器，其中，位于金电极上的所述薄膜是由石墨烯与金纳米粒子(AuNPs)的纳米复合材料制成的[74]。这两种平台对于$O_2$和$H_2O_2$还原均表现出明显的电催化性能，以及对葡萄糖电化学生物传感的出色性能。

有人开发了一种新颖、高效的针型葡萄糖传感器，其中，葡萄糖氧化酶(GOx)的固定是通过两种相互作用实现的，其一是还原态氧化石墨烯(RGO)的羧酸基团与GOx的胺之间的直接相互作用，其二是带正电荷的聚合物离子液体(PIL)与GOx之间存在的静电相互作用[10]。这种组合体系可以为GOx提供有利的微环境以保持其良好的生物活性。相对于Ag/AgCl参考电极，酶涂覆的石墨烯生物传感器展现出葡萄糖相关的电化学测试能力。所述电化学生物传感器展现了出色的性能，如葡萄糖浓度高达100mM的宽线性范围、5.59μA $\times 10^{-1}$的灵敏度和稳定的输出响应，这些优势为其在临床诊断中的潜在应用铺平了道路。

为了检测其他的相关被测物，如$H_2O_2$、胆固醇、β-烟酰胺腺嘌呤二核苷酸(NADH)、乙醇和尿素，有人已经开发出基于石墨烯纳米结构的电化学(生物)传感器。

Zhou等完成的研究表明，与石墨烯/玻璃碳(GC)-或GC-基生物电极相比，在CRGO(化学还原的氧化石墨烯)改性的GC电极上，$H_2O_2$和NADH表现出显著提高的电化学活性，而且在(与GOx和ADH相连的)CRGO/GC基生物电极上也呈现出较好的分析性能，因此这两个电极均能够检测葡萄糖和乙醇[21]。这些结果显示，带有单片性质的CRGO表现出非常有利的电化学活性，可以成为一种颇为理想的高级碳电极材料，在电化学传感器与生物传感器设计中大有发展前景。文献中也报道了基于直接电子转移的其他生物传感平台，可以采用单层石墨烯片晶-辣根过氧化物酶(HRP)复合材料膜[75]，或者使用固定于石墨烯与壳聚糖复合膜上的血红蛋白来检测$H_2O_2$[76]。

有人开发了一种基于联苯二甲硫醇BPT/AuNPs/石墨烯/HRP复合材料的新型$H_2O_2$生物传感器[77]。生成的生物传感器对$H_2O_2$表现出卓越的电催化性能、高灵敏度(检测限为 1.5×$10^{-6}$ M)和快速响应。

通过辣根过氧化物酶(HRP)与十二烷基苯磺酸钠(SDBS)功能化的石墨烯片(GSs)进行静电自组装，制造出一种适用于 $H_2O_2$安培检测且具有分层结构的酶-石墨烯纳米复合材料，见图 11.3[40]。以 SDBS-功能化的 GSs 不仅可以提供大而空旷并且易于接近的二维表面，特别有利于酶的固定，而且也提供了“弹性距离”与再堆积的空间，以适应生物分子通过静电自组装之后形成的尺寸，这种特性对于保持客体酶的天然构象是非常有意义的。HRP-GSs 复合材料对 $H_2O_2$的还原显示出卓越的电催化性能，此外还具有快速响应、宽线性范围、高灵敏度、低检测限和双月存储稳定性等优点。这些理想的电化学性能归因于 GSs 的出色生物相容性和优异电子转移效率，以及 HRP-GSs 生物纳米复合材料的高 HRP 负载量和对 $H_2O_2$的协同催化效应。利用静电性质不同的“专门设计的”芳烃分子，能够相对容易地对石墨烯进行功能化；人们提议的这种自组装策略可以被视作一种简单而有效的平台，可将各种生物分子组装进具有分层有序结构的生物纳米复合材料，以用于生物传感与生物催化领域。

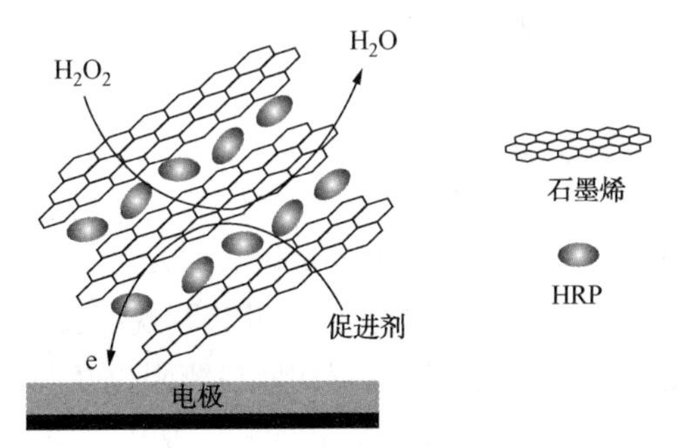


图 11.3 在玻璃碳(GC)电极上自组装的 HRP-GSs 生物纳米复合材料及其在电极表面上的电子转移过程示意图(经允许转载自文献[40]。版权 2010 Wiley)

Dey 等描述了适用于 $H_2O_2$和胆固醇传感的高灵敏度安培传感器的开发，其中采用的方法是将胆固醇氧化酶(ChOx)和胆甾醇酯酶固定于 Pt 纳米粒子修饰的化学法合成的石墨烯上(GNS-nPt)[29]。这种传感平台对 $H_2O_2$显示出高灵敏检测能力，在没有加入任何氧化还原促进剂或酶的条件下，检测限达到 0.5nm，而且是在相对于本体 Pt 电极的一个低正电位(>100mV)下测定的。双酶集成的纳米结构平台对胆固醇检测显示出低检测限(0.2μM)、高灵敏度[(2.07 ± 0.1)μA/μM · $cm^2$]、高选择性、高稳定性和快速响应时间。这些结果表明，Pt 纳米粒子修饰的石墨烯是一种理想的生物相容性材料，可在实际样品分析中对生物学上重要的被测物进行电分析。

有人基于石墨烯膜电化学微电极开发了另一种适于检测胆固醇的安培型叠层生物传感器，其中，通过热 CVD 法制备的石墨烯膜涂覆于 $Fe_3O_4$掺杂的聚苯胺

(PANi)膜上，并且利用戊二醛将 ChOx 固定于工作电极上[32]。这些以叠层方式制造的生物传感器能够在 2~20mM 的胆固醇浓度范围内完成定量分析，其灵敏度高达 $74\mu A/mM \cdot cm^2$ 且快速响应时间小于 5s。

Shan 等成功实现了低电位 NADH(β-烟酰胺腺嘌呤二核苷酸)检测和乙醇生物传感，方法是将离子液体-功能化的石墨烯(IL-石墨烯)和 ADH(乙醇脱氢酶)固定于壳聚糖改性的玻璃碳(GC)电极上[44]。与裸电极相比，IL-石墨烯/壳聚糖改性的电极对于 NADH 表现出更为稳定而且是低电位的检测能力，此外，还消除了表面污染影响，展现了良好线性(0.25~2mM)和高灵敏度($37.43\mu A/mM \cdot cm^2$)，形成了一个新颖且理想的生物相容性平台，可用以开发脱氢酶-基安培型生物传感器。以 ADH 作为模型酶，可以构建快速且高灵敏度的安培型乙醇生物传感器，达到了 5μM 的检测限，采用的方法是将 ADH 固定于 IL-石墨烯/壳聚糖改性的 GC 电极。另外，作者推荐的这一款生物传感器已经用于测定实际样品中的乙醇，所得结果与样品提供者出具的数据相当吻合，这就表明，由此类 IL-功能化的石墨烯纳米复合材料构建的平台可以用于开发电化学生物传感器，不仅能够实现低成本、易于制备和分析性能优异的目标，而且也具有获得实际应用的巨大潜力。

石墨烯片(GSs)改性的 GC 电极(GSs/GC 电极)已经得到了详细的展示，并且(在 ADH 固定之后)用于 NADH 和乙醇的电化学生物传感，在乙醇的安培检测中展示了更为理想的分析性能，明显优于常规石墨功能化的电极和裸 GC 基生物电极[45]。GSs/GC 电极对实际样品中的乙醇测定展现了良好的性能，具有快速、高选择性和高灵敏度的响应、宽线性范围和低检测限以及测定准确等优点。

由于具有非常之大的 2D 电导率与大表面积，功能化的多层石墨(MLG)已经用于制造新颖的安培型尿素生物传感器[42]。功能化的 MLG 薄膜是利用电泳沉积(EPD)技术在 ITO(铟锡氧化物)衬底上制造的，并且用来固定 Urs(尿素酶)和 GLDH(谷氨酸脱氢酶)，其中采用了 1-乙基-3-(3-二甲基氨基丙基)碳酰二亚胺和 *N*-羟基琥珀酰亚胺(EDC-NHS)化学。该生物传感器显示出的性能相当优异，例如，浓度为 10~100mg/dL 的线性范围、$5.43\mu A/mg \cdot dL \cdot cm^2$ 的灵敏度、3.9mg/dL 的检测限和 10s 的响应时间。

Israr 等描述了一种电位式微型胆固醇生物传感器，其中，ChOx 物理吸附于涂覆在铜线上的剥离型石墨烯片[31]。这种电位生物传感器显示出卓越的稳定性、可复用性、选择性和灵敏度($\sim 82mV \times 10^{-1}$)，可以在 $1\times10^{-6} \sim 1\times10^{-3}$ M 的对数范围内检测胆固醇生物分子，具有快速输出响应(~4s)和在适当环境条件下长期保存的优点，对于实际应用是非常理想的。

Nikoleli 等开发出一种微型电位式尿素脂质膜基生物传感器，具有很强的分析性能，其中，关键的制造步骤是将石墨烯片成功地剥落在细铜线之上[43]。

#### 11.3.3.2 免疫传感器

对于电化学免疫传感而言，石墨烯基生物平台已经证明了其本身具有的重要价值。在免疫传感中，抗体-抗原识别的直接电化学检测通常是不可能的，一般情况下必须要使用具有电化学活性的标签。在电化学免疫传感器中使用石墨烯的主要策略有两种：其一是将石墨烯纳米结构用作载体标签；其二是将其用作电化学换能器的改性剂。

通过将石墨烯纳米材料用作标签的方式，电化学免疫传感器已经在性能上获得了实质性改善[3,78,79]。在本章中，我们只详细介绍将石墨烯用作电化学换能器改性剂的有关方法。

如何有效利用石墨烯纳米结构换能器的表面，并不乏实例，其中包括非常灵敏的癌胚抗原(CEA)免疫传感器，该传感器的开发以金纳米花-标记的抗- CEA抗体以及以 DNA-石墨烯膜改性的金电极作为基础，并且采用了抗-CEA/金纳米花/硫堇的逐层组装方式[80]；或者也可以采用一种涉及产物催化再循环的双重信号放大策略，这种新颖方法基于石墨烯基免疫传感平台，将 GOx-结合的金-银空心微球(用作信号标签)连接至合成过氧化氢酶上[81]。相似地，石墨烯片传感器平台与作为高级标签的无机或有机纳米材料相连接后，也可以用于开发高灵敏度的免疫传感器，可检测前列腺特异性抗原(PSA)[82-85]、甲胎蛋白(AFP)[86]和乳腺癌易感基因(BRCA1)等[85]。作为实例，有人已经制备出聚(乙二醇)乳聚(乳酸)(PEGePLA)聚合物囊泡(polymeric vesicles)，并用于同时封装 $Fe_3O_4$ NPs 和固定化第二抗体(Ab2)，旨在将第一抗体固定在石墨烯片(GS)表面上，以制造一种适合 PSA 检测的电化学免疫传感器，见图 11.4[84]。(聚合物囊泡：由两亲性嵌段共聚物自组装形成的囊泡，是一类具有类似脂质体双层结构的封闭亲水空腔的球体或类球体。囊泡的这种双层膜结构与生物细胞膜非常类似，使得它们在

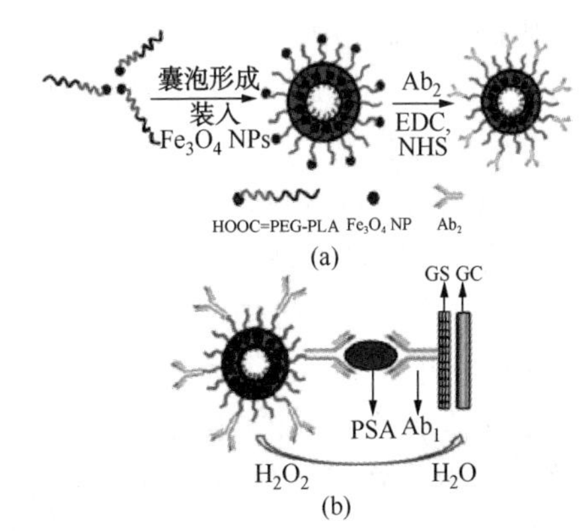


图 11.4 (a)制备 Ab2-PEG-PLA-$Fe_3O_4$聚合物囊泡的示意图；(b)开发出的免疫传感器(经允许，转载自参考文献[84]，版权 2010 Elsevier)

微型反应器、药物传输等领域具有广泛的应用前景 - 译者注)。

实验已经证明，由碳和无机纳米材料组成的混合型纳米架构可以固定抗体受体，而且具有高稳定性与生物活性[3]。有几项研究也描述了石墨烯/AuNPs 混合型架构的应用，主要是提高电化学免疫传感中使用的电极换能器[80,87-90]。

#### 11.3.3.3 DNA 传感器

石墨烯基生物传感器已经在电化学 DNA 传感中找到了另一个规模不小的应用领域。文献中报道了无核酸试剂法与有核酸试剂法的电化学检测实例。在第一组实例中，包括了 DNA 碱基的直接氧化或催化氧化以及由 π-堆积碱基对(base pairs)促进的电荷传输反应。有试剂法通常以报道分子(reporter molecules)的氧化还原反应作为基础，这种分子通过特异性的探针-目标相互作用，专门来结合已经补充到电极表面的单股或双股 DNA 或者酶[91,92]。(报道分子是指具有类似指示剂作用的分子。例如，编码可供检测蛋白质的基因即称为报道基因 - 译者注)。虽然说，无试剂法避免了在方案中引入试剂以及随后进行的冲洗试剂步骤，而且比既费时又昂贵的有试剂法更易于实现自动化，但这种方法也有自己的短板，即其灵敏度通常不佳。另外，在传统的碳材料如玻璃碳与石墨上，腺嘌呤(A)与鸟嘌呤(G)碱可以给出分析上非常有用的信号，但是胞嘧啶(C)和胸腺嘧啶(T)却不能[11]。Zhou 等[21]证明，CRGO 改性的玻璃碳(GC)电极(CRGO/GC 电极)能够对 DNA 的所有游离碱(G、A、T 和 C)提供分辨良好的信号，而且还显示出比 GC 电极和石墨改性 GC 电极更为有利的电子转移动力学。这就极大地提高了 DNA 的四种游离碱在 CRGO/GC 电极上的电化学反应性，正因如此，在生理 pH 和无预水解步骤的条件下，对单股 DNA(ssDNA)和双股 DNA(dsDNA)中的四种 DNA 碱进行电化学生物传感时，这种电极自然成为不二选择。研究证明，对于带有特殊序列且没有经历任何杂交或标签过程的短低聚物来说，这种颇为理想的 CRGO/GC 电极也适用于该低聚物中 SNP(单核苷酸多态性)位点的无标签检测，这就有力地表明，在未来的研究中，CRGO 在 DNA 杂交或 DNA 损伤的无标签电化学检测中具有潜在的应用前景。

Lim 等[93]发现，经过阳极化处理的外延附生石墨烯(EG)含有大量的棱面缺陷，因此，对于核酸、多巴胺、尿酸和抗坏血酸的检测而言，EG 是一种可以优选的生物传感平台。在这些电极中，石墨烯是在衬底上生长的，在这种情况下其基面会暴露于溶液；虽然热解石墨的基面与之相同，但石墨烯层的数目却很少。这些阳极化的 EG 伏安型传感器能够分辨核酸(A、T、C、G)或生物分子(AA、UA、DA)混合物的单个峰，因为其采用了微分脉冲伏安法(DPV)，这样就可以实现双股 DNA(dsDNA)中所有四种 DNA 碱的同时检测而无需预水解步骤，此外，还可以对单股 DNA(ssDNA)与双股 DNA 做出区分。他们的结果证明，原始外延生长的石墨烯经电化学氧化之后在其表面上引入了大量的棱面缺陷(与之前描述的多壁碳纳米管(MWCNTs)的情况颇为类似[94])，因而为高分辨率电化学传感提供了平台，得到了大幅提高且分辨较好的响应信号。

以堆叠形式存在的石墨烯纳米纤维(SGNFs)对DNA碱的氧化反应展现了出色的电化学性能，明显优于碳纳米管(高达2~4倍的电流)，其原因就在于，与碳纳米管相比，在纳米纤维表面上存在数量极多而且可以接近的石墨烯边缘(缺陷)[95]。这些SGNFs与碳多壁纳米管(MWCNT)截然不同，因为它们是由沿C轴垂直堆叠的石墨烯片组成的，展现出了独一无二的电化学活性边缘(末端基面属于例外)，其提供的灵敏度高于棱-面热解石墨(edge-plane pyrolytic graphite，EPPG)、玻璃碳(GC)电极或石墨微粒基电极(GMPs)，见图11.5。这些作者证明，与流行性感冒相关的(DNA)链在这些SGNF基电极上发生了灵敏的氧化反应，因此可以用于无标签的DNA分析。

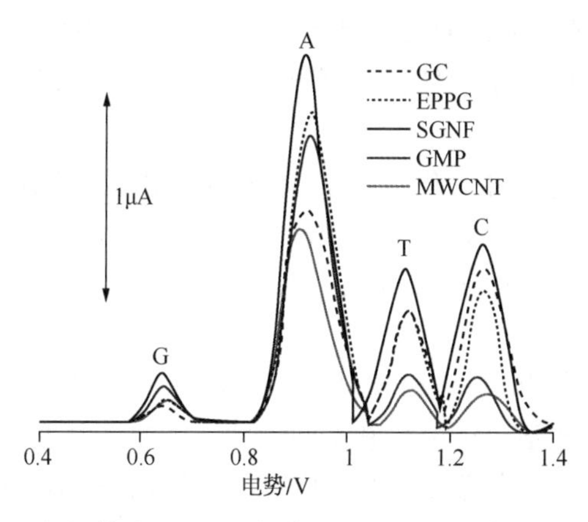


图11.5　在SGNF(红线)、GMP(绿线)、GC(黑虚线)、EPPG(黑点线)和MWCNT(蓝线)电极上的G、A、T和C混合物的DPVs(差分脉冲伏安法)。DNA碱的浓度：4μM(G)；50μM(A)；100μM(T和C)。背景电解质(其作用相当于支持电解质－译者注)，50mM磷酸盐缓冲液，pH＝7.4(经允许转载自[95]。版权2010 RSC)

有人开发了氧化石墨烯(GO)改性的光寻址电位传感器(GO-LAPS)，经过单股DNA(ssDNA)探针修饰之后已用于检测不同长度(30、21和14碱对)的互补ssDNA序列[53]。该GO-LAPS平台对于短链单股DNA(ssDNA)检测是灵敏的(在1 pM－10nM的浓度范围内可以测定目标DNA)，因此也可以用于其他各类型的生物检测，如DNA靶向药物、肿瘤标志物或单细胞。

## 11.4　环境监测中的微型化石墨烯纳米结构生物传感器

除了临床检测领域外，石墨烯纳米结构生物传感器在环境监测中亦大有用武之地，特别是在有毒气体、重金属与有机污染检测方面。

### 11.4.1 空气中有毒气体的检测

许多领域，特别是环境监测领域，是需要气体检测的，因为有些气体不仅有毒性，而且也会对环境造成一定风险。考虑到石墨烯具有的一些特殊优点，如高电子迁移率、大表面/体积比和低电噪音，人们已开发出数量众多的气体传感器，其传感机理主要归结于石墨烯的电导或电阻的变化，而这是由于吸附气体分子与石墨烯片之间的电荷转移造成的结果。

Wang 等部分采用以热处理法制备的还原态氧化石墨烯(RGO)薄膜作为活性传感元件，开发了一种氢气传感器，其具有良好的灵敏度(~4.5%)，对于室温下 160mg/L 的氢气表现出快速响应和恢复时间，分别为 20s 和 10s[96]。

Lu 等以化学法制备的 RGO 作为传导通道，构建了背栅场-效应晶体管平台，在此基础上开发了一种室温气体传感器，可检测空气中的低浓度 $NO_2$(0.10g/L)和 $NH_3$(1%)[97]。

Dua 等采用喷墨技术将氧化石墨烯(GO)和 RGO 薄膜印刷在柔性塑料表面上，以对侵入性化学蒸气比如 $NO_2$和 $Cl_2$进行可逆的选择性检测[98]。利用这些传感器，可以检测气体样品中 100~500mg/L 浓度范围内的蒸气，完全不需要使用蒸气浓缩器。

以催化金属，比如 Pt、Pd 和 Au 修饰石墨烯，可以进一步提高气体传感器的灵敏度，文献中已经报道了能够传感不同毒性气体的许多平台，均采用了这些混合材料[99-102]。例如，Li 及其同事开发了一种传感器，是由 Pd-修饰的 RGO 传感通道与 CVD-法石墨烯包覆的电极组成的，可以通过交流电-介电电泳(dielectrophoresis)对 NO 气体进行高灵敏度的检测[101]。这些器件证明了高灵敏的、可恢复的和可靠的 NO 气体检测，在室温下的检测浓度范围可达 2~420μg/L，响应时间为数百秒，这就表明，这种传感器可以非常理想地检测人类呼出的 NO 与环境污染物。

就在最近，以半导体金属氧化物，特别是 $TiO_2$[103]、$SnO_2$[104]、ZnO[105]、$Cu_2O$[106,107]和 $WO_3$[108]功能化的石墨烯激发了人们的浓厚研究兴趣，并且已经用于气体检测。例如，Mao 等报道了一种由氧化锡纳米晶体修饰的 RGO 构建的气体-传感平台(RGO-$SnO_2$ NCs)，与 RGO 裸电极相比，该平台提高了对 $NO_2$的传感能力，尽管弱化了对 $NH_3$的传感效果，因此有望在 RGO-基气体传感器的灵敏度与选择性之间进行协调，见图 11.6[104]。An 等在石墨烯表面上组装了单晶 $WO_3$纳米棒，如此制取的 $WO_3$/石墨烯纳米复合材料对 $NO_2$气体检测展现出大幅提高的性能，明显优于纯 $WO_3$纳米棒，原因就在于这种混合型材料具有独特的性质，如显著改善的电导率、特异性的电子转移和大幅提高的气体吸附能力[108]。

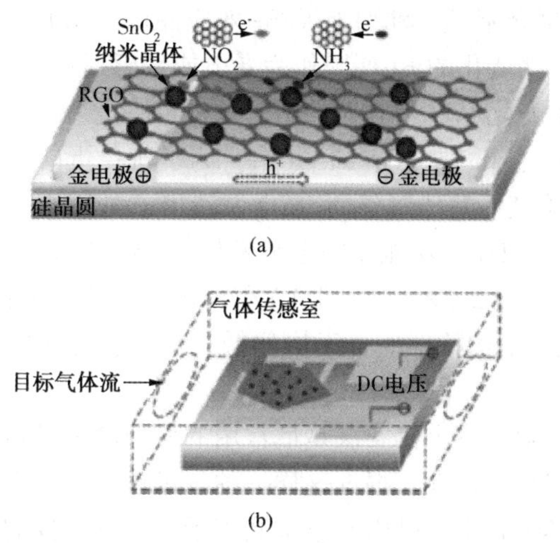


图 11.6 (a)由氧化锡纳米晶体($SnO_2$NCs)修饰的 RGO 片构建的新型气体传感平台；(b)传感器检测系统(经允许转载自文献[104]。版权 2012 RSC)

为了检测 $H_2S$ 气体，Zhou 及其同事设计了一种采用 $Cu_2O$ 纳米晶体的传感器，所述纳米晶体均匀而稠密地生长于功能化的石墨烯片(FGS)上，可作为传导通道的这种材料($Cu_2O$/FGS)沉积于 Si/$SiO_2$衬底之上的金叉指电极(interdigitated electrodes)[106]。(叉指电极是如指状或梳状的面内有周期性图案的电极 - 译者注)。在室温下，$H_2S$ 可以吸附于 $Cu_2O$/FGS 纳米复合材料上，这样就会导致电子从 $H_2S$ 转移至 $Cu_2O$，并因此会降低空穴载流子密度，造成电阻增加。这种传感器甚至在较低的暴露浓度下也表现出卓越的灵敏度(5μg/L)，这是由于 $Cu_2O$(具有可吸附气体分子的高表面活性)和 FGS (具有较高电子转移效率)产生了协同效应的结果。这一事实说明，基于 $Cu_2O$-FGS 纳米复合材料的传感器具有在室温下监测空气污染的潜在应用前景，这种传感器的成本很低且功耗不高。

此外，文献中还描述了一些基于石墨烯的氨气传感器实例，其中石墨烯通常是由聚合物如 PANi(聚苯胺)[109]和聚吡咯(原文为 polypirrol，应为 polypyrrole 之笔误 - 译者注)修饰的[110]。

### 11.4.2 重金属离子的检测

快速而准确地检测水污染物具有非常重要的意义，因为这些污染物对人类健康与环境造成了严重的威胁[111]。鉴于这些污染物的高毒性，美国环境保护署(EPA)和世界卫生组织(WHO)已经明确规定了重金属离子在环境，特别是饮用水中的最高污染水平。因此，迫切地需要为重金属检测开发出高灵敏度和高选择性的器件。当前，人们已经构建了许多基于石墨烯及其衍生物的电化学平台(主要是电位式与伏安法)，可以满足这一燃眉之急。

Sudibya 及其同事介绍了一种纳米级场-效应晶体管(FET)传感器，其中采用了微图案的、蛋白质功能化的 RGO 膜作为导电或传感通道[112]。由于金属离子的加入会造成电导发生变化，这些 RGO-FETs 便能够在此基础上以高灵敏度实时检测各种金属离子($Ca^{2+}$、$Mg^{2+}$、$Hg^{2+}$和 $Cd^{2+}$)。为了避免蛋白质基 FET 传感器的复杂制造程序，Chen 等基于热法制备的 RGO 制造出一种用于 $Hg^{2+}$检测的 FET，其中 RGO 是由巯基乙酸(TGA)功能化的金纳米粒子(AuNPs)修饰的[111]。这些传感器显示出较低的检测限 ($2.5\times10^{-8}$ mol/L)和较快的响应(少于 10s)，这就表明，RGO/TGA-AuNP 混合结构特别适合于构建低成本的、轻便的、实时的重金属离子检测器。

至于伏安技术，阳极溶出伏安法是最常用的重金属离子检测方法，因为这种方法具有高灵敏度与高选择性。根据这样一种技术，人们已经制造出许多基于石墨烯的电极平台，其中石墨烯是由对重金属离子具有亲和性的分子修饰的。

例如，Zhao 的团队利用 $Hg^{2+}$对聚吡咯/RGO 的高选择性吸附开发了一种电化学传感器，专门用于 $Hg^{2+}$的高灵敏度(检测限为 $1.5\times10^{-8}$ mol/L)和高选择性的检测[113]。Zhou 等为检测 $Hg^{2+}$提出来一种更为灵敏的伏安法[114]，即通过氧化石墨烯的环氧基与 KOH 溶液中巯基乙胺的氨基之间发生的亲核开环反应，以巯基乙胺对氧化石墨烯进行适当的共价功能化，并以此为基础开发出所述伏安法，见图 11.7。这种传感器提供了 $3.0\times10^{-9}$mol/L 的检测限，而且在 $Cu^{2+}$、$Co^{2+}$、$Fe^{2+}$、$Zn^{2+}$和 $Mn^{2+}$的浓度高出 200 倍的条件下仍对 $Hg^{2+}$表现出卓越的选择性。

Lon 及其同事提出了一种表面氨基功能化的($-CO-NH_2$)剥离型 xGnP 铋-改性电极($-CO-NH_2$-xGnP/ GC 电极)，可用于 $Pb^{2+}$的差分脉冲伏安法(DPV)测定，检测限达到 $1.0\times10^{-9}$g/L[115]。

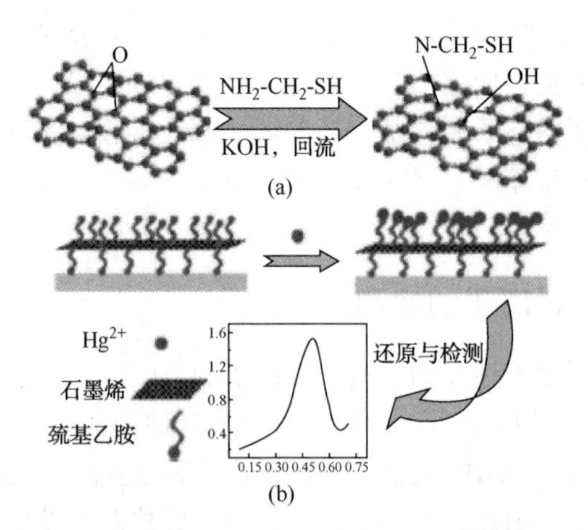


图 11.7 (a)以巯基乙胺功能化氧化石墨烯所用的方案；
(b)对 $Hg^{2+}$的测定 (经允许转载自文献[114]。版权 2012 RSC)

石墨烯基电化学平台也已经用于金属离子的同时检测。例如，Wei 等基于 $SnO_2$/RGO 纳米复合材料改性的电极制备了一种传感器，可以对饮用水中超痕量的 $Cd^{2+}$、$Pb^{2+}$、$Cu^{2+}$和 $Hg^{2+}$进行同时电化学检测，而且也是对上述离子的选择性检测，其主要特点是采用了一种方波阳极溶出伏安法(SWASV)[116]。与裸玻璃碳(GC)电极和以氧化石墨(GO)改性的 GC 电极相比，$SnO_2$/RGO-GC 电极对四种重金属离子展现了显著改善的选择性与灵敏度，对 $Cd^{2+}$、$Cu^{2+}$和 $Hg^{2+}$的检测限远低于 WHO 规定的指导值。有人以 AlOOH-RGO 纳米复合物作为传感材料开发出一种新型平台，可以通过溶出伏安分析同时检测 $Cd^{2+}$和 $Pb^{2+}$，检测限分别达到 $4.46\times10^{-11}$mol/L 和 $7.60\times10^{-11}$mol/L。

### 11.4.3 有机污染物的检测

在有机污染物中，作为染料、化妆品与杀虫剂原料的酚类化合物广泛地用于化学与制药工业，在废水排放标准中已经严格规定了酚类化合物的最高允许排放浓度。此外，由于染料与杀虫剂对人类健康与环境造成的巨大风险，对其使用浓度也做出了同样严格的限定。因此，这些污染物的定性与定量分析是极具重要意义的。

为了检测酚类化合物，Li 等以热还原石墨烯(TRGO)作为电催化剂制造了一种电化学传感器，可同时检测苯二酚异构体，包括对苯二酚(HQ)、邻苯二酚(CC)和间苯二酚(RC)[118]。他们推荐的这款传感器具有成本低、易于制备、稳定性良好和再现性高等优点，能够以差分脉冲伏安法(DPV)方式同时测定 HQ 和 CC 而无需分离步骤，对两种酚化合物的检测限分别达到 0.75μM 和 0.8μM，成功用于合成废水样品的测定并获得可靠回收率。

文献中也报道了一种用于检测杀虫剂的生物传感平台，其基于还原态氧化石墨烯/全氟磺酸(RGON)制成的混合膜，具有无支撑、柔性和导电等特点[119]。

目前，有人提出了一种可提高电化学检测选择性与灵敏度的好方法，即利用与目标被测物有特异性相互作用的功能性小分子对石墨烯进行改性。在这一背景下，环糊精(CDs)自然进入了许多研究团队的视野，因为其具有独一无二的结构特性，可以有选择性地将许多种无机、有机和生物分子结合于其空穴之中。据此，人们已经成功地开发出许多基于石墨烯与环糊精的传感器并同样成功地应用于有机污染物的检测。

最近，Xu 等以水介质中的微波辐射作为辅助手段，采用一种简单而快速的方法成功地制备了羟丙基-$\beta$-环糊精(HP-$\beta$-CD)改性的石墨烯纳米片(GNSs)(HP-$\beta$-CD-RGO)，该方法包括两个步骤：i) 氧化石墨烯(GO)的羧基与 HP-$\beta$-CD 的羟基之间进行反应；ii) 利用肼将 GO 还原成 RGO[120]。这些新纳米复合材料具有高表面积和杰出的超分子识别能力，因此可以用来富集并检测无机、有机和生物分子。循环伏安法(CV)实验证实，HP-β-CD-RGO 改性的玻璃碳电极对 6 种酚类有机污染物展现出高电化学响应，对硝基酚的检测限达到了 $1\times10^{-8}$ mol/L。后来，Liu 及其同事利用 β-CD-RGO 片同时检测了硝基酚异构体，对 p-NP、o-NP和 m-NP 的检测限分别达到了 0.05mg/dm、0.02mg/$dm^3$和 0.1mg/$dm^3$。

Zhu 等成功地将 β-CD-PtNPs/GNs 纳米混合物用于萘酚异构体的选择性和超灵敏检测，样品中包括了 α-萘酚(α-NAP)和 β-萘酚(β-NAP)[122]。这些结果表明，在 β-CD-PtNPs/GNs-GC 电极上获得的萘酚异构体的氧化峰电流明显高于 β-CD/GNs/GC、PtNPs/GNs/GC、GNs/GC 和裸 GC 电极，与从前开发的其他电化学传感器相比，α-NAP 的检测限提高了一个数量级(0.23nm)，而 β-NAP 的检测限则提高了 3 个数量级。

就在最近，也有人为检测酚类化合物而开发了石墨烯基电化学酶生物传感器。HRP 石墨烯基生物传感器已用于检测酚、对氯苯酚[123]和 2,4-二氯苯酚(2,4-DCP)[124]。

Wu 等展示了可用于测定双酚 A (BPA)的纳米石墨烯基酪氨酸生物传感器，这种传感器表现出优异的分析性能(灵敏度为 3108.4mA$cm^2$ · M，检测限为 33nmol/L)，胜过了多壁碳纳米管(MWNTs)基酪氨酸酶传感器，这或许可以归因于其较大的比表面和独特的分层型酪氨酸酶-亲水纳米石墨烯(NGP)的纳米结构[125]。在对自来水(经过不同容器沥滤的)中双酚基丙烷(BPA)的检测中，这种生物传感器成功地得到了验证，证明这是一款理想而可靠的 BPA 快速检测工具，特别适用于检测从聚碳酸酯塑料产品萃取的 BPA 以及 BPA 紧急污染事件的现场快速分析。

此外，以氧化铜修饰[126]或以聚合物如聚 3,4-乙撑二氧噻吩[127]改性的石墨烯也已经用于检测酚类污染物(CC 和 HQ)。

关于杀虫剂检测，相关的研究方向主要集中在有机磷杀虫剂上。Wang 等在 AuNPs/CRGO 纳米混合物上自组装了 AChE (乙酰胆碱酯酶 - 译者注)，并以聚二烯丙基二甲基氯化铵(PDDA)作为连接剂，不仅改善了 AuNPs 的分散度，而且也使酶得到稳定化，从而获得了高活性与高负载效率[129]。生成的生物复合材料已经用于对氧磷(亦称磷酸二乙基对硝基苯基酯)的超灵敏检测(检测限达到 $1.0\times10^{-13}$ mol/L)。Zhang 及其同事制备了另一种 AChE 生物传感器，是由普鲁士蓝纳米立方/还原态氧化石墨烯(PBNCs/RGO)纳米复合材料构建的[130]。生成的这种 PBNCs/RGO 基 AChE 生物传感器对硫代乙酰胆碱的氧化显示了高电催化活性，对于久效磷也显示出快速响应与高灵敏度，其检测限达到 0.1ng/mL，见图 11.8。

为了检测甲基对硫磷(MP)，有人提出开发两种无酶传感器，一种以氧化锆纳米粒子修饰的石墨烯纳米片(GNSs)为基础($ZrO_2$ NPs-GNSs)[131]，另一种则以 Ni/Al 层状双氢氧化物为基础(LDHs-GNs)[132]，两种传感器的检测限均达到了

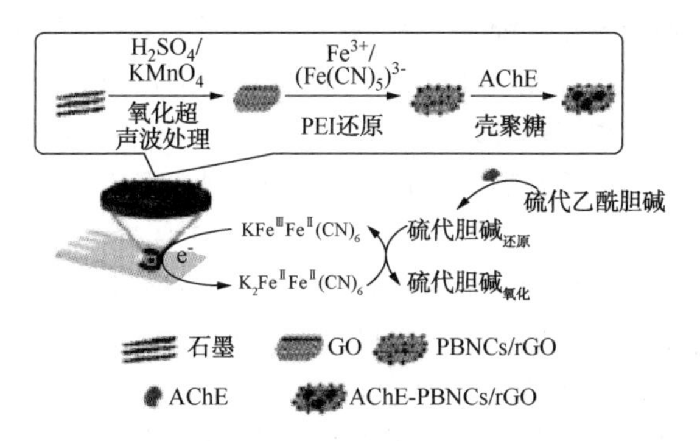


图 11.8 PBNCs/RGO 纳米复合材料-基 AChE 生物传感器的制备和硫代乙酰胆碱氧化的电催化机理示意图（经允许转载自文献[130]。版权 2012 RSC）

0.6 ng/mL。这两种纳米结构复合材料均结合了 $ZrO_2$ NPs 或 LDHs（对于含磷基团具有高识别能力与富集能力）与 GNSs（具有大表面积与高电导率）的优点，可以高效地捕获有机磷（OPs）杀虫剂。

最近，也有文献报道说，石墨烯基微分脉冲伏安法（DPV）传感器也可用于检测孔雀石绿染料（原文为 malaquite green dye，根据上下文内容似应为 malachite green dye -译者注）[133]。

## 11.5 结论与展望

鉴于石墨烯纳米结构具有独特的物理与化学性质，文献中有关这一主题的研究工作经历了爆炸式的增长，特别是在电化学（生物）传感领域。

本章选择性地总结了仍在迅速发展之中的电化学传感器与生物传感器于近期（特别是过去 10 年）内的研究方法，基于石墨烯纳米结构的这些传感器能够用于检测与临床诊断和环境监测相关的被测物。文中讨论的技术进步清晰地证明，电化学生物传感器技术经历了不同寻常的成长，无论是从器件的适用性与复杂程度来说均是如此，由于采用了以石墨烯改性的电极，不仅可以显著增强检测特异性分子的能力，也能提高生物分子固定化采用的新的方法论开发水平。出于诊断与管理糖尿病的重要性，酶基石墨烯纳米生物传感器的大量用应，特别是非常重大的应用，几乎都集中在采用葡萄糖氧化酶（GOx）的葡萄糖传感方面。在葡萄糖传感器的应用中，人们经常会遇到这样的问题，即在葡萄糖氧化之后，电子转移到电极的过程相当缓慢，这是由于黄素腺嘌呤二核苷酸（FAD）辅酶因子形成了 GOx 的氧化还原中心并通过保护性糖蛋白壳进行抑制的结果。不过，由于具有良好的电子性质与生物相容性，石墨烯基复合材料已经证明，其可以实现这种氧化还原酶的直接电子转移（DET），同时还可保持其生物活性，这样就可以不再需要共-衬底或促进剂；该材料的生态友好性已经为开发无试剂、无毒、生物安全和生物相容的优异生物传感器件铺平了道路；不仅如此，这种石墨烯基复合材料也可以用于开发可植入性的生物传感器。快速响应的优点与微型化的潜力也都证明，在以适当的酶进行功能化处理之后，利用基于石墨烯纳米结构的这些传感器平台，不仅可以用于检测葡萄糖，而且也扩展到了生物医学上颇为重要的其他被测物(如谷氨酸酯、乙醇、胆固醇、尿素、NADH、$H_2O_2$等)。人们也期望，采用这些纳米生物平台的酶基生物测定最终能够应用于多种被测物的同时分析，为制造创新性的生物传感器阵列提供机会，尽快为健康领域提供具有预期性能的传感器，尽管就目前而言这仍然是一项巨大的挑战。

除了酶以外，基于石墨烯纳米结构的平台已经用作固定其他重要生物受体(如 DNA、寡核苷酸适配子和抗体)的基体，以制取其他类型但分析能力同样优异的生物亲和型传感器，这样就可以对其他感兴趣的生物分子进行电化学检测，例如，重要疾病(如癌症)中涉及到的蛋白和基因生物标志物。

实验证明，这些新颖的生物平台能够用于开发生物传感器中的许多新信号传导技术，得益于这些平台的次微米级尺寸，所述传感器可以用于实施简单而又迅速的体内分析，这样就为新功能器件在医学诊断中的各种重要应用提供了新的视野，例如有可能在活体细胞内开展生物学相关的测量。

当前，在这一领域内开展的研究不仅是为了构建快速、廉价和更为有效的微型化器件，而且也有意提高电子学与生物体系的集成度。石墨烯的杰出性质表明，未来的多学科研究很可能会催生出新一代的电化学生物传感器。石墨烯表面的合理设计与量身定制将赋予设想之中的这种传感器以理想性质(分散性的、结构的、光电的和导电的性质，等等)并可以大力推进其应用，从而加速电化学传感器领域的进步，实现大规模生产灵敏、快速和廉价 POC 诊断器件与环境监测器件的既定目标。业内的研究者们正在利用这种神奇的纳米材料，潜心贯注地探索着各种生物分子-换能器相互作用的本质。在将纳米材料用作电极改性剂之前，一般需要对其进行详细的表征，不过，这里强调的是，这种表征的重要性不应受到过分的渲染。因为，对选定样品的综述表明，制备方法中的变化，哪怕是微小的变化，都有可能致使纳米材料呈现出显著不同的电化学性质，不妨以“差之分毫，失之千里”来形象地比喻两者之间的关系。

为数不少的研究者们正在寻求制造实时应用的生物传感器，他们面临的主要困难之一是如何使植入人体的器件成为实时器件，这存在环境与健康方面的问题。尽管如此，当前进行之中的诸多研究仍在致力于制造可用于实时检测的生物传感器。

另外，通过先进技术开发以改善这些纳米材料基生物传感器的复用性还需要进一步的深入研究，包括分子固定化方法的简化与组件稳定性的提高。

未来的努力仍然会致力于指引并继续改进新型材料的合成方法，以满足特异性电化学传感的应用与需求。人们期望，这些新近开发的生物共轭纳米架构可以显示出优于当前纳米生物界面的性质，并赋予电化学传感器更为出色的性能，进一步扩大石墨烯基电化学(生物)传感器的奇妙领域。

总之，虽然有关石墨烯的研究与开发仍处于材料科学的早期阶段，但其应用研究已经快速腾飞并继续以前所未有的步伐进一步扩张。石墨烯纳米材料的巧妙应用已经实现了新型生物传感器的制造，大幅改善了信号放大与编码策略，这有益于生物亲和性分析，当然更有利于与氧化还原生物分子/酶的有效电通信。毫无疑问的是，石墨烯基电化学(生物)传感平台在合成、表征与应用方面取得的巨大进步，必将极大地促进充满生机的商业电化学生物传感器与 POC 系统的制造，这些器件既可用于临床分析，也可作为环境监测的便携式设备，这将使未来的生物医疗诊断发生革命性变化，或许也可以解决人们对污染问题的重大关切，从而给人们的生活质量带来实质性的改善。不过，在与石墨烯纳米结构相关的理论、材料、合成与应用等领域中，科学研究与技术进步仍存在着很大的发展空间。在生物共轭的石墨烯纳米结构基平台的开发与应用中，仍然面临着诸多令人兴奋的机会与挑战，同时，为未来生物电子传感应用而开发的这些平台不仅具有极其重大的影响，而且也会使整个社会与人类健康受益良多。

## 致　谢

作者谨向希腊发展部、研究与技术总秘书处和欧洲委员会(特别是欧洲区域发展基金与国家资源)提供的资金支持表示诚挚的谢意，他们在希腊-斯洛伐克双边项目框架内共同资助了本研究项目(合同号为 12SLO_ ET30_ 1036)。同时，作者也感谢西班牙经济部和竞争性研究项目(CTQ2012-34238)以及马德里大区 AVANSENS 项目(S2009PPQ-1642)的资金支持。

## 参 考 文 献

1 S. K. Arya, S. Saha, J. E. Ramirez-Vick, V. Gupta, S. Bhansali, and S. P. Singh, *Anal. Chim. Acta*, Vol. 737, p. 1, 2012.

2 G.-P. Nikoleli, N. Tzamtzis, D. P. Nikolelis, N. Psaroudakis, B. Danielsson, M. Q. Israr, and M. Willander, *Electroanal.*, Vol. 25, p. 367, 2013.

3 S. Campuzano, and Joseph Wang, *Electroanal.*, Vol. 23, p. 1289, 2011.

4 J. Lei, and H. Ju. *Chem. Soc. Rev.*, Vol. 41, p. 2122, 2012.

5 A. Ambrosi, T. Sasaki, and Martin Pumera, *Chem. Asian J.*, Vol. 5, p. 266, 2010.

6 C. N. R. Rao, K. Biswas, K. S. Subrahmanyam, and A. Govindaraj, *J. Mater. Chem.*, Vol. 19, p. 2457, 2009.

7 V. Georgakilas, M. Otyepka, A. B. Bourlinos, V. Chandra, N. K., K. C. Kemp, P. Hobza, R. Zboril, and K. S. Kim, *Chem. Rev.*, Vol. 112, p. 6156, 2012.

8 M. S. Artiles, C. S. Rout, and T. S. Fisher, *Adv. Drug Del. Rev.*, Vol. 63, p. 1352, 2011.
9 H. Bao, Y. Pan, and L. Li, *Nano LIFE*, Vol. 2, p. 1230001, 2012.
10 K. ul Hasan, M. H Asif, O Nur, and M Willander, *J. Biosens. Bioelectron.*, 3: 1 http: // dx. doi. org/10. 4172/ 2155-6210. 1000114, 2012.
11 M. Pumera, *Materials Today*, Vol. 14, p. 308, 2011.
12 C. K. Chua, and M. Pumera, *Electroanal.*, Vol. 25, p. 945, 2013.
13 M. H. Asif, F. Elinder, and M. Willander, *J. Anal. Bioanal. Techniques*, S7, http: // dx. doi. org/10. 4172/2155- 9872. S7-003, 2011.
14 S. U. Ali, M Kashif, Z. H. Ibupoto, M Fakhar-e-Alam, U Hashim, and M. Willander, *Micro & Nano Lett.*, Vol. 8, p. 609, 2011.
15 C. Yang, C. Xu, and X. Wang, *Langmuir*, Vol. 28, p. 4580, 2012.
16 A. Wei, X. W. Sun, J. X. Wang, Y. Lei, X. P. Cai, C. M. Li, Z. L. Dong, and W. Huang, *Appl. Phys. Lett.*, Vol. 89, p. 123902, 2006.
17 Z. W. Zhao, X. J. Chen, B. K. Tay, J. S. Chen, Z. J. Han, and K. A. Khor, *Biosens. Bioelectron.*, Vol. 23, p. 135, 2007.
18 Z. Dai, G. Shao, J. Hong, J. Bao, and J. Shen, *Biosens. Bioelectron.*, Vol. 24, p. 1286, 2009.
19 T. Kong, Y. Chen, Y. Ye, K. Zhang, Z. Wang, and X. Wang, *Sens. Actuators B-Chem.*, Vol. 138, p. 344, 2009.
20 C. Shan, H. Yang, J. Song, D. Han, A. Ivaska, and L. Niu, *Anal. Chem.*, Vol. 81, p. 2378, 2009.
21 M. Zhou, Y. Zhai, and S. Dong. *Anal. Chem.*, Vol. 81, p. 5603, 2009.
22 M. Ahmad, C. Pan, Z. Luo, and J. Zhu, *J. Phys. Chem. C*, Vol. 114, p. 9308, 2010.
23 H. M. Asif, S. M. U. Ali, O. Nur, M. Willander, C. Brannmark, P. Stralfors, U. H. Englund, F. Elinder, and B. Danielsson, *Biosens. Bioelectron.*, Vol. 25, p. 2205, 2010.
24 S. U. Ali, T. Aijazi, K. Axelsson, O. Nur, and Magnus Willander, *Sensors*, Vol. 11, p. 8485, 2011.
25 M. Yano, K. Koike, K. -I. Ogata, T. Nogami, S. Tanabe, and S. Sasa, *Phys. Status Solidi C*, Vol. 9, p. 1570, 2012.
26 S. K. Shukla , S. R. Deshpande, S. K. Shukla, and A. Tiwari, *Talanta*, Vol. 99, p. 283, 2012.
27 Y. Huang, X. Dong, Y. Shi, C. M. Li, L. Li, and P. Chen, *Nanoscale*, Vol. 2, p. 1485, 2010.
28 A. Umar, M. M. Rahman, M. Vaseem, and Y. -B. Hahn, *Electrochem. Commun.*, Vol. 11, p. 118, 2009.
29 R. S. Dey, and C. R. Raj, *J. Phys. Chem. C*, Vol. 114, p. 21427, 2010.
30 M. Ahmad, C. Pan, L. Gan, Z. Nawaz, and J. Zhu, *J. Phys. Chem. C*, Vol. 114, p. 243, 2010.
31 M. Q. Israr, K. ul Hasan, J. R. Sadaf, I. Engquist, O. Nur, M. Willander, and B. Daniels-

son, J. *Biosens. Bioelectron.*, 2: 3 http: //dx. doi. org/10. 4172/2155-6210. 1000109, 2011.

32 H. B. Nguyen, V. C. Nguyen, V. T. Nguyen, H. D. Le, V. Q. Nguyen, T. T. T. Ngo, Q. P. Do, X. N. Nguyen, N. M. Phan, and D. L. Tran, *Adv. Nat. Sci.: Nanosci. Nanotechnol.*, Vol. 4, 015013 (4pp) doi: 10. 1088/ 2043- 6262/4/1/015013, 2013.

33 F. Zhang, X. Wang, S. Ai, Z. Sun, Q. Wan, Z. Zhu, Y. Xian, L. Jin, and K. Yamamoto, *Anal. Chim. Acta*, Vol. 519, p. 155, 2004.

34 S. U. Ali, N. U. H. Alvi, Z. H. Ibupoto, O. Nur, M. Willander, and B. Danielsson, *Sens. Actuators B-Chem.*, . Vol. 152, p. 241, 2011.

35 S. M. U. Ali, Z. H. Ibupoto, C. O. Chey, O. Nur, and Magnus Willander, *Chem. Sens.*, Vol. 1, p. 19, 2011.

36 N. Tzamtzis, V. N. Psychoyios, G. -P. Nikoleli, D. P. Nikolelis, N. Psaroudakis, M. Willander, and M. Q. Israr, *Electroanal.*, Vol. 24, p. 1719, 2012.

37 X. Lu, H. Zhang, Y. Ni, Q. Zhang, and J. Chen, *Biosens. Bioelectron.*, Vol. 24, p. 93, 2008.

38 C. Xiang, Y. Zou, L. -X. Sun, and F. Xu, *Sens. Actuators B - Chem.*, Vol. 136, p. 158, 2009.

39 B. X. Gu, C. X. Xu, G. P. Zhu, S. Q. Liu, L. Y. Chen, M. L. Wang, and J. J. Zhu, *J. Phys. Chem. B*, Vol. 113, p. 6553, 2009.

40 Q. Zeng, J. Cheng, L. Tang, X. Liu, Y. Liu, J. Li, and J. Jiang, *Adv. Funct. Mater.*, Vol. 20, p. 3366, 2010.

41 N. Palomera, M. Balaguera, S. K. Arya, S. Hernandez, M. S. Tomar, J. E. Ramirez-Vick, and S, P. Singh, *J. Nanosci. Nanotechnol.*, Vol. 11, p. 6683, 2011.

42 R. K. Srivastava, S. Srivastava, T. N. Narayanan, B. D. Mahlotra, R. Vajtai, P. M. Ajayan, and A. Srivastava, *ACS Nano*, Vol. 6, p. 168, 2012.

43 G. -P. Nikoleli, M. Q. Israr, N. Tzamtzis, D. P. Nikolelis, M. Willander, and N. Psaroudakis, *Electroanal.*, Vol. 24, p. 1285, 2012.

44 C. Shan, H. Yang, D. Han, Q. Zhang, A. Ivaska, and L. Niu, *Biosens. Bioelectr.*, Vol. 25, p. 1504, 2010.

45 K. Guo, K. Qian, S. Zhang, J. Kong, C. Yu, and B. Liu, *Talanta*, Vol. 85, p. 1174, 2011.

46 Y. Lei , N. Luo , X. Yan , Y. Zhao , G. Zhang, and Y. Zhang, *Nanoscale*, Vol. 4, p. 3438, 2012.

47 Z. H. Ibupoto, S. M. Usman A. Shah, K. Khun, and M. Willander, *Sensors*, 12, p. 2456, 2012.

48 Z. H. Ibupoto, S. M. Usman Ali, K. Khun, and M. Willander. *J. Biosens Bioelectron.*, 2: 3 http: //dx. doi. org/10. 4172/2155-6210. 1000110, 2011.

49 K. Fooladsaz, M. Negahdary, G. Rahimi, A. Habibi - Tamijani, S. Parsania, H. Akbari - dastjerdi, A. Sayad, A. Jamaleddini, F. Salahi, and A. Asadi, *Int. J. Electrochem. Sci.*, Vol. 7, p. 9892, 2012.

50 A. Fulati, S. M. U. Ali, M. Riaz, G. Amin, O. Nur, and M. Willander, *Sensors*, Vol. 9, p.

8911, 2009.

51 M. H. ; Asif, A. Fulati, O. Nur, M. Willander, C. Brannmark, P. Stralfors, S. I. Borjesson, and F. Elinder, *Appl. Phys. Lett.* , Vol. 95, p. 023703, 2009.

52 M. H. Asif, S. M. Ali O. Nur, M. Willander, U. H. Englund and F. Elinder, *Biosens Bioelectron.* , Vol. 26, p. 1118, 2010.

53 Y. Jia, X. -B. Yin, J. Zhang, S. Zhou, M. Song, and K. -L. Xing, *Analyst*, Vol. 137, p. 5866, 2012.

54 Biotech Week, Dec 29 2010, "Hitachi, Ltd. details research in bioelectronics."

55 J. -H. Ahn, S. -J. Choi, J. -W. Han, T. J. Park, S. Y. Lee, and Y. -K. Choi, *Nano Lett.* , Vol 10, p. 2934, 2010.

56 Y. Ohno, K. Maehashi , Y. Yamashiro, and K. Matsumoto, *Nano Lett.* , Vol. 9, p. 3318, 2009.

57 N. Mohanty, and V. Berry, *Nano Lett.* , Vol. 8, p. 4469, 2008.

58 P. R. Wallace, *Phys. Rev.* Vol. 71, p. 622, 1947.

59 X. Dong, Y. Shi, W. Huang, P. Chen, and L. -J. Li, *Adv. Mater.* , Vol. 22, p. 1649, 2010.

60 R. Stine, J. T. Robinson, P. E. Sheehan and Cy R. Tamanaha, *Adv. Mater.* , Vol. 22, p. 5297, 2010.

61 Z. Yin, Q. He, X. Huang, J. Zhang, S. Wu, P. Chen, G. Lu, P. Chen, Q. Zhang, Q. Yan, H. Zhang, *Nanoscale*, Vol. 4, p. 293, 2012.

62 S. Mao, G. Lu, K. Yu, Z. Bo, and J. Chen, *Adv. Mater.* , Vol. 22, p. 3521, 2010.

63 S. Mao, K. Yu, J. Chang, D. A. Steeber, L. E. Ocola, and J. Chen, *Sci. Rep.* 3, 1696; DOI: 10.1038/srep01696(2013).

64 Y. Ohno, K. Maehashi, and K. Matsumoto, *J. Am. Chem. Soc.* , Vol. 132, p. 18012, 2010.

65 A. Bonanni, A. Huiling Loo, and M. Pumera, *Trends Anal. Chem.* , Vol. 37, p. 12, 2012.

66 A. Bonanni, and M. Pumera, *ACS Nano*, Vol. 5, p. 2356, 2011.

67 Y. Hu, F. Li, X. Bai, D. Li, S. Hua, K. Wang, and L. Niu, *Chem. Commun.* , Vol. 47. p. 1743, 2011.

68 Y. Hu, K. Wang, Q. Zhang, F. Li, T. Wu and L. Niu, *Biomaterials*, Vol. 33, p. 1097, 2012.

69 M. Pumera, *Chem. Soc. Rev.* , Vol. 39, p. 4146, 2010.

70 G. S. Wilson, and Y. Hu, *Chem. Rev.* , Vol. 100, p. 2693, 2000.

71 J. Lu, L. T. Drzal, R. M. Worden, and I. Lee, *Chem. Mater.* , Vol. 19, p. 6240, 2007.

72 Y. Wang, Y. Shao, D. W. Matson, J. Li, and Y. Lin, *ACS Nano*, Vol. 4, p. 1790, 2010.

73 C. Fu, W. Yang, X. Chen, and D. G. Evans, *Electrochem. Commun.* , Vol. 11, p. 997, 2009.

74 C. Shan, H. Yang, D. Han, Q. Zhang, A. Ivaska, and L. Niu. *Biosens. Bioelectron.* , Vol. 25, p. 1070, 2010.

75 Q. Lu, X. Dong, L. -J. Li, and X. Hu, *Talanta*, Vol. 82, p. 1344, 2010.

76 H. Xu, H. Dai, and G. Chen, *Talanta*, Vol. 81, p. 334, 2010.

77 T. Wang, Y. Zhu, G. Li, S. Zhang, J. Song, C. Mao, J. Wu, B. Jin, and Y. Tian, *Sci. China Chem.*, Vol. 54, p. 1645, 2011.

78 Z. Zhong, W. Wu, D. Wang, D. Wang, J. Shan, Y. Qing, Z. Zhang, *Biosens. Bioelectron.*, Vol. 25, p. 2379, 2010.

79 D. Du, L. Wang, Y. Shao, J. Wang, M. H. Engelhard, and Y. Lin, *Anal. Chem.*, Vol. 83, p. 746, 2011.

80 B. Su, J. Tang, H. Yang, G. Chen, J. Huang, and D. Tang, *Electroanalysis*, Vol. 23, p. 832, 2011.

81 J. Tang, D. Tang, Q. Li, B. Su, B. Qiu, and G. Chen, *Anal. Chim. Acta*, Vol. 697, p. 16, 2011.

82 Q. Wei, Z. Xiang, J. He, G. Wang, H Li, Z. Qian, and M. Yang, *Biosens. Bioelectron.*, Vol. 26, p. 627, 2010.

83 H. Li, Q. Wei, J. He, T. Li, Y. Zhao, Y. Cai, B. Du, Z. Qian, and M. Yang, *Biosens. Bioelectron.*, Vol. 26, p. 3590, 2011.

84 Q. Wei, T. Li, G. Wang, H. Li, Z. Qian, and M. Yang, *Biomaterials*, Vol. 31, p. 7332, 2010.

85 Y. Cai, H. Li, B. Du, M. Yang, Y. Li, D. Wu, Y. Zhao, Y. Dai, and Q. Wei, *Biomaterials*, Vol. 32, p. 2117, 2011.

86 D. Du, Z. Zou, Y. Shin, J. Wang, H. Wu, M. H. Engelhard, J. Liu, I. A. Aksay, and Y. Lin, *Anal. Chem.* Vol. 82, p. 2989, 2010.

87 K. Liu, J. -J. Zhang, C. Wang, and J. -J. Zhu, *Biosens. Bioelectron.*, Vol. 26, p. 3627, 2011.

88 G. Wang, H. Huang, G. Zhang, X. Zhang, B. Fang, and L. Wang, *Anal. Meth.*, Vol. 2, p. 1692, 2010.

89 B. Su, J. Tang, J. Huang, H. Yang, B. Qiu, G. Chen, and D. Tang, *Electroanal.*, Vol. 22, p. 2720, 2010.

90 Y. Zhuo, Y. -Q. Chai, R. Yuan, L. Mao, Y. -L. Yuan, and J. Han, *Biosens. Bioelectron.*, Vol. 26, p. 3838, 2011.

91 E. Paleček, and M. Fojta, *Anal. Chem.*, Vol. 73, p. 74A, 2001.

92 J. P. Tosar, G. Branas, and J. Laiz, *Biosens. Biolectron.*, Vol. 26, p. 1205, 2010.

93 C. X. Lim, H. Y. Hoh, P. K. Ang and K. P. Loh, *Anal. Chem.*, Vol. 82, p. 7387, 2010.

94 M. Pumera, T. Sasaki and H. Iwai, *Chem. Asian J.*, Vol. 3, p. 2046, 2008.

95 A. Ambrosi, and M. Pumera, *Phys. Chem. Chem. Phys.*, Vol. 12, p. 8943, 2010.

96 J. Wang, Y. Kwak, I. Lee, S. Maeng, and G. -H. Kim, *Carbon*, Vol. 50, p. 4061, 2012.

97 G. Lu, S. Park, K. Yu, R. S. Ruoff, L. E. Ocola, D. Rosenmann, and J. Chen, *ACS Nano*, Vol. 5, p. 1154, 2011.

98 V. Dua, S. P. Surwade, S. Ammu, S. R. Agnihotra, S. Jain, K. E. Roberts, S. Park R. S. Ruoff, and S. K. Manohar, *Angew. Chem. Int. Ed.*, Vol. 49, p. 2154, 2010.

99 B. H. Chu, J. Nicolosi, C. F. Lo, W. Strupinski, S. J. Pearton, and F. Ren, *Electrochem. Solid-State Lett.*, Vol. 14, p. K43, 2011.

100 J. L. Johnson, A. Behnam, S. J. Pearton, and A. Ural, *Adv. Mater.*, Vol. 22, p. 4877, 2010.

101 W. Li, X. Geng, Y. Guo, J. Rong, Y. Gong, L. Wu, X. Zhang, P. Li, J. Xu, G. Cheng, M. Sun, and L. Liu. *ACS Nano*, Vol. 5, p. 6955, 2011.

102 M. Gautam, and A. H. Jayatissa, *Solid State Electron.*, Vol. 78, p. 159, 2012.

103 A. Esfandiar, S. Ghasemi, A. Irajizad, O. Akhavan, and M. R. Gholami, *Int. J. Hydrogen Energ.*, Vol. 37, p. 15423, 2012.

104 S. Mao, S. Cui, G. Lu, K. Yu, Z. Wen, and J. Chen, *J. Mater. Chem.*, Vol. 22, p. 11009 2012.

105 G. Singh, A. Choudhary, D. Haranath, A. G. Joshi, N. Singh, S. Singh, and R. Pasricha, *Carbon*, Vol. 50, p. 385, 2012.

106 L. Zhou, F. Shen, X. Tian, D. Wang, T. Zhang and W. Chen, *Nanoscale*, Vol. 5, p. 1564, 2013.

107 S. Deng, V. Tjoa, H. M. Fan, H. R. Tan, D. C. Sayle, M. Olivo, S. Mhaisalkar, J. Wei, and C. H. Sow, *J. Am. Chem. Soc.*, Vol. 134, p. 4905, 2012.

108 X. An, J. C. Yu, Y. Wang, Y. Hu, X. Yu, and G. Zhang, *J. Mater. Chem.*, Vol. 22, p. 8525, 2012.

109 X. Huang, N. Hu, R. Gao, Y. Yu, Y. Wang, Z. Yang, E. S.-W. Kong, H. Wei, and Y. Zhang. *J. Mater. Chem.*, Vol. 22, p. 22488, 2012.

110 W. K. Jang, J. Yun, H. I. Kim, and Y.-S. Lee, *Colloid Polym. Sci.*, Vol. 291, p. 1095, 2012.

111 K. Chen, G. Lu, J. Chang, S. Mao, K. Yu, S. Cui, and J. Chen, *Anal. Chem.*, Vol. 84, p. 4057, 2012.

112 H. G. Sudibya, Q. He, H. Zhang, and P. Chen, *ACS Nano*, Vol. 5, p. 1990, 2011.

113 Z. Q. Zhao, X. Chen, Q. Yang, J. H. Liu, and X.-J. Juang, *Chem. Commun.*, Vol. 48, p. 2180, 2012.

114 H. Zhou, X. Wang, P. Yu, X Chen, and L. Mao, *Analyst*, Vol. 137, p. 305, 2012.

115 I. Ion, and A. C. Ion, *Sens. Actuators B-Chem.*, Vol. 166-167, p. 842, 2012.

116 Y. Wei, C. Gao, F.-L. Meng, H.-H. Li, L. Wang, J.-H. Liu, and X.-J. Huang, *J. Phy. Chem. C*, Vol. 116, p. 1034, 2012.

117 C. Gao, X.-Y. Yu, R.-X. Xu, J.-H. Liu, and X.-J. Huang. *ACS Appl. Mater. Interfaces*, Vol. 4, p. 4672, 2012.

118 S.-J. Li, Author VitaeC. Qian, Author VitaeK. Wang, Author VitaeB.-Y. Hua, Author VitaeF.-B. Wang, Author VitaeZ.-H. ShengAuthor Vitae, and X.-H. Xia, *Sens. Actuators B-Chem.*, Vol. 174, p. 441, 2012.

119 B. G. Choi, H. Park, T. J. Park, M. H. Yang, J. S. Kim, S.-Y. Jang, N. S. Heo, S. Y. Lee, J. Kong, and W. H. Hong, *ACS Nano*, Vol. 4, p. 2910, 2010.

120 C. Xu, J. Wang, L. Wan, J. Lin, and X. Wang, *J. Mater. Chem.*, Vol. 21, p. 10463, 2011.

121 Z. Liu, X. Ma, H. Zhang, W. Lu, H. Ma, and S. Hou, *Electroanal.*, Vol. 24, p. 1178, 2012.

122 G Zhu, P. Gai, L. Wu, J. Zhang, X. Zhang, J. Chen, *Chem. Asian. J.*, Vol. 7, p. 732, 2012.

123 Y. Zhang, J. Zhang, H. Wu, S. Guo, and J. Zhang, *J. Electroanal. Chem.*, Vol. 681, p. 49, 2012.

124 Q. Xu, X. Li, Y. Zhou, H. Wei, X. -Y. Hu, and Y. Wang, *Anal. Meth.*, Vol. 4, p. 3429, 2012.

125 L Wu, D. Deng, J. Jin, X. Lu, and J. Chen, *Biosens. Bioelectron.*, Vol. 35, p. 193, 2012.

126 Y. Zhao, X. Song, Q. Song, and Z. Yin, *CrystEngComm*, Vol. 14, p. 6710, 2012.

127 W. Si, W. Lei, Y. Zhang, M. Xia, F. Wang, and Q. Hao, *Electrochim. Acta*, Vol. 85, p. 295, 2012.

128 L. Zheng, Author VitaeL. Xiong, Y. Li, J. Xu, X. Kang, Z. Zou, S. Yang, and J. Xia, *Sens. Actuators B-Chem.*, Vol. 177, p. 344, 2013.

129 Y. Wang, S. Zhang, D. Du, Y. Shao, Z. Li, J. Wang, M. H. Engelhard, J. Li, and Y. Lin, *J. Mater. Chem.*, Vol. 21, p. 5319, 2011.

130 L. Zhang, A. D. Zhang, D. Du, and Y. Lin, *Nanoscale*, Vol. 4, p. 4674, 2012.

131 J. M. Gong, X. J. Miao, H. F. Wan, and D. Song, *Sens. Actuators B-Chem.*, Vol. 162, p. 341, 2012.

132 H. Liang, X. J. Miao, and J. M. Gong, *Electrochem. Commun.*, Vol. 20, p. 149, 2012.

133 K. Zhang, G. Song, L. Yang, J. Zhou, and B. Ye, *Anal. Meth.*, Vol. 4, p. 4257, 2012.